U0271832

宠物中医药临证指南

CHONGWU ZHONGYIYAO LINZHENG ZHINAN

■ 著　赵学思

中国农业科学技术出版社

图书在版编目（CIP）数据

宠物中医药临证指南 / 赵学思著 . —北京：中国
农业科学技术出版社，2019.6
　　ISBN 978–7–5116–4261–5

　　Ⅰ.①宠… Ⅱ.①赵… Ⅲ.①中兽医学 – 临床医学 –
指南 Ⅳ . ① S853.2–62

中国版本图书馆 CIP 数据核字（2019）第 121322 号

责任编辑　张志花
责任校对　李向荣

出 版 者　中国农业科学技术出版社
　　　　　北京市中关村南大街 12 号　　　邮编：100081
电　　话　（010）82106636（编辑室）　（010）82109702（发行部）
　　　　　（010）82109709（读者服务部）
传　　真　（010）82106631
网　　址　http://www.castp.cn
经 销 者　各地新华书店
印 刷 者　固安县京平诚乾印刷有限公司
开　　本　787 mm × 1 092 mm　1/16
印　　张　19.75
字　　数　430 千字
版　　次　2019 年 6 月第 1 版　2019 年 6 月第 1 次印刷
定　　价　300.00 元

推荐序

　　很高兴看到执业兽医赵学思医师所著的《宠物中医药临证指南》整部书稿，该书荟萃了医师本人在长期宠物诊疗活动中使用中医药的经验集成和经典病例剖析。这些经验体会和感悟不限于宠物疾病案例的辨证施治记载，还涵盖医师对传统中医药理论的重新认识和阐释，赵医师摒弃了以往同类书籍多沿袭中（兽）医古籍和经典的做法，全书均以医师自己的语言风格，通俗易懂、言简意赅地记述了医师本人对动物传统生理、病因病理、辨证论治等理论在宠物诊疗活动中的感悟和重新阐释、对中药和方剂临证使用的心得体会和药性药理的辨析。此外，更值得研读的是作者还归纳了宠物脉诊和舌诊的基本特点与辨识方法，为广大宠物医疗从业者、爱好者以及中兽医教育者提供了难得一见的宠物中医药临证集。

　　纵览全书涵盖的理论、中药、方剂和临床案例四部分内容，基本上达到了可读性、趣味性、知识性和可操作性的有机结合，方便大家阅读参考、跟踪实践和进一步验证，从而有助于推动中医药在宠物诊疗活动中的应用，提高宠物某些疑难病、慢性病和外感病等各种疾病的治疗水平。

推荐人：李金贵　教授

扬州大学中兽医教研室

序　一

　　中兽医和中医的哲学观点相同，生理、病理理论和治疗手段相近。可以说，人是中兽医的基准动物（或者说是实验动物）之一。中兽医的另一类基准动物是马、牛等传统大家畜，在这些动物上的医疗总结已经积累了上千年。但从历史的角度看，犬、猫等宠物对于兽医界来说还是新事物。动物无法用言语自述，中兽医能从患者处得到的信息远远少于中医，大家畜的身体特点又与宠物有所不同，所以，宠物中兽医可算是一门新兴的分支学科，需要医者不仅学好中医的基础知识，继承大家畜中兽医的传统经验，而且要以踏实的心态，从基础的层面观察动物，掌握其各方面表现所提示的生理、病理意义。

　　赵学思同志的著作，是自己十余年来对宠物及其疾病的细致观察和思考的总结。书中所涉中药和方剂，均经作者亲自在宠物和人身上反复尝试，所涉案例均为亲身经历的一手资料。如此从实践中来的作品，近年来相对少见。说到实践，对于一个兽医工作者来说，不仅是指诊疗操作，更重要的是思考，是把诊疗工作所得的资料系统化、理论化，形成自己的观点，这才算是完成了实践的过程。作者在书中提出的观点，是经过思考和研讨的，并非人云亦云。

　　本书的另一特点是病历记录详尽，对治疗过程中动物的各种变化、药物的更替情况，都毫无保留地呈现出来，对多数病例的舌象、眼轮、脉象都做了描述，有些还配有图像资料。病历记录的目的是还原当时的场景，读者必须掌握到与作者接近的信息量，才有足够的资源对作者的诊疗做出自己的判断。作者把自己所经历的细节资料都公布出来，并敢于提出对医学的思考和疑惑，是本着实事求是的态度，是真正学者的态度。

　　中医和中兽医，虽然是传统医学，但也需要新的发展。无论其内容可能引起怎样不同的看法，本书都是对中兽医学术的有益探讨。作为临床一线的兽医，赵学思对中医和中兽医的兴趣，并非完全出自职业需求，而是源于对身体运行规律的好奇，源于探索自然的精神。唯有这样，才有可能成为优秀的医家。希望本书的出版发行，能集聚有共同志趣的同行，引发争鸣，从而共同推动中兽医学的发展。

中国农业大学中兽医教研组　范开

2019 年春

序 二

　　作为一个从业 20 余年的宠物医疗工作者，我从自身的职业视角深深地感受到在越来越多的家庭中，宠物们正在扮演着和"家人"同等重要的角色，而且其健康状况很大程度上影响着人们生活的幸福指数。因此，守护宠物健康成为当下要务。

　　在顺应时代发展趋势的同时，本书作者另辟蹊径，将自己研究的方向定为中兽医学。他大胆创新，经过自己不断地努力和钻研，为我国宠物医疗行业作出了巨大的贡献。作为业内人士，我深感欣喜。一是我国宠物医疗行业本就缺少科研型人才，更多的从业者定位为临床医疗，这导致国产的先进研究成果较少；二是绝大多数从业者走西方国家行业发展的道路，以西医作为学习基础进行宠物医疗工作，缺乏创新空间。本书作者以我国传统中医为理论基础，通过多年研究和临床积累，在很多常规和非常规的病症医治上都有非常独到的见解，如犬腹水与犬肾病的治疗、癫痫脑炎的治疗等等，疗效显著。而就传统医学理论在宠物临床中的运用方面，更是将中兽医学的核心"整体观念"和"恒动观念"贯彻始终，通过辨证论治，较为详尽地阐述了中兽医学中的病理与极为丰富的诊断方法，并结合临床案例介绍了部分方剂的特点和用法，令人不禁赞叹传统中兽医文化的博大精深。

　　最后，我代表北京宠福鑫医疗团队对作者这种格物致知，勇于开拓的精神致以崇高的敬意，并希望广大读者悉心研究和学习书中的理论与方法，学有所成，为我国宠物医疗行业作出更多的贡献！

宠福鑫创始人　曹钱丰

2019 年春

序 三

中（兽）医学是中华民族的瑰宝，也是中国人对世界兽医学的伟大贡献。中药是中（兽）医学最基本的保健和治疗方法。从古至今，中药在动物繁衍和疾病防治方面发挥着重要的作用，为我国畜牧业、农业乃至国防事业的发展作出了卓越的贡献，并且在海外得到传播和应用，促进了中华传统文化和技术的交流。

中兽医学与中医学同源，众多的中医经典著作也是中兽医学理论和诊疗体系的重要组成部分，继《黄帝内经》之后，《伤寒论》等中医经典对中兽医学的发展也产生着巨大影响。经过后世长期的动物医疗实践积累，中兽医学逐渐形成了自己独特的体系。从《肘后备急方》兽医篇的治六畜"诸病方"，《齐民要术》的畜牧兽医专卷，到《司牧安骥集》《元亨疗马集》《蕃牧纂验方》《痊骥通玄论》《抱犊集》《养耕集》和《活兽慈舟》等大量著作更是将古代中兽医的发展推向了高潮。

近现代，尤其是中华人民共和国成立后中兽医学更是取得了长足的发展，全国各地的中兽医教学、科研和临床工作者在畜禽疾病的应用和研究方面成绩斐然。随着时代的发展和以犬猫为主的伴侣动物饲养热在国内外的兴起，擅长个体辨证施治的古老中兽医学也迎来了新的发展时期，同时也面临着不断的挑战。

宠物犬猫与传统的畜禽有着本质的区别。它们除了经济价值，更重要的是在情感方面给人类的贡献，其常常作为家庭的一员受到无微不至的关怀。与猪鸡等畜禽相比，犬猫的寿命更长，加上生理结构和生活习性以及环境更接近人类，所以疾病谱也更接近人。因此，犬猫的健康与疾病防治需求也与畜禽有着很大的不同，这就对中兽医工作者提出了新的挑战。

由于种种原因以及所处发展阶段，当前宠物临床中兽医的发展面临"缺医少药"的现状，难以满足实际的需求。而传统中兽医教科书和著作中关于犬猫从诊断到中药治疗实际应用的内容甚少，也难以满足广大临床宠物医师学习的需求。因此，宠物临床呼唤大量能够真正供大家学习和参考的书刊。

本书作者赵学思大夫，学习兽医学在先，后又熟读中医古籍，并在中医院跟诊学习多年，取得执业兽医师资格后从事宠物临床中兽医诊疗10余年。在此期间，他人如其名"学"而"思"之，勤耕不辍。对众多中药和方剂亲身体验，逐一尝试，通过对临床病例的应用，总结出了许多宝贵的经验。更难能可贵的是，他谦虚好学，勤于整理，乐于分享。全书从基础理论到中药、方剂，从外感病证到内伤病证，尤其是囊括大量新奇案例，涉猎广泛，体裁独特，展现了中兽医疗法的神奇效果。

学思大夫作为当代中兽医传人，尚值青年，已然有此真知灼见，假以时日定可成为宠物临床中兽医大师。我们期待今后他还会不断有佳作奉献。

本书是广大临床医生思考和实践中兽医学不可多得的参考书，希望本书的出版，能进一步带动更多的青年兽医传承和发展中兽医学。我们相信，在一批青年骨干的带动下，古老的中兽医学在宠物临床新领域也一定能够开出绚丽的花朵并结出累累硕果，为宠物健康，为实现兽医人的中国梦作出应有的贡献。

陈　武

亚洲中兽医学会秘书长

BJSAVA 中兽医分会会长

2019 年早春于北京回龙观

自 序

本书分为 4 个部分，第一部分为理论篇，是我学习中医基础理论后的感想和对一些疾病的思考与认知。我从学习中医开始就对叶氏医学极为推崇，叶氏功底扎实，思维灵活，用方宽广。因此学习中医打好基础最为重要。第二部分为中药篇，均为临床使用中药，我写了一些个人心得和药对配伍，个别毒性较大且有争议的中药也做了品尝，感知其毒性反应。第三部分为方剂篇，重点介绍一些我个人临床常用方剂并作阐述。第四部分为案例篇，记录了从 2008—2018 年的部分案例，包含传染病、皮肤病、内脏病、营养代谢性疾病、内分泌疾病等。

10 年前较为系统地运用中兽医理法方药治疗宠物疾病的医生少之又少，没有前人的经验借鉴只能摸索前行。我从北京前往南昌，扎根南昌 10 年临床只为验证中兽医学是否能用于宠物临床，到底能解决宠物临床的哪些疾病，验证脉舌色症在宠物上的可行性。没有实践就没有发言权，10 年的实践积累可确定，中兽医学理法方药完全适用于宠物临床，特别是对于传染性疾病的治疗不仅提高了成活率，而且显著缩短了治疗周期。对于慢性病、疑难病通过"调"寻求平衡稳定，来提高患病动物的生活质量。

学习中兽医学切勿急功近利，切勿贪多，要有经验阅历的积累，要打好扎实的基础，才有利于深入学习，学习中兽医重要的是学习思维方式而不在于某一种治疗方法。学和思需要并重，在细致的观察后思考，往往是初学者忽略的。

本书不仅记录治愈案例，同时也记录了一些失败案例，在我看来失败案例比治愈案例更有价值。

本书在写作中得到了老师和一些同行的支持，部分舌象照片由同行提供，在此表示感谢。

本书内容可能尚有一些不成熟的地方还望广大同仁指正，不吝赐教。

赵学思

2019 年 1 月

前　言

学习中兽医目前有两种形式，其中一种就是现在学校的学习方式，从绪论开始学，一直学到临床常见病。这样学下来看似是系统的学习，但是往往前后不能顾及，在临床上很难使用。另一种是死记硬背。

我觉得要死记硬背的有以下几个地方。

（1）五脏功能，必须滚瓜烂熟。

（2）六气特性，必须滚瓜烂熟。

（3）背诵掌握50个方剂。

（4）熟练掌握病机十九条。

先不要想着背下来就一定要理解，因为阅历不够，先背下来，随着年龄的增长及阅历的不断丰富很多背得滚瓜烂熟的东西自然就会理解，或是自然就会找到规律，中医就是这么来的。千万不要上来就看经典，尤其是《内经》，会把自己看乱。过去古人学习医学要背诵汤头歌，先背下来，几年后就会用了。因为一味药物会反复出现，而出现的意义却不同，靠自己找寻规律。背诵这个事是个麻烦事儿，但想学这也是捷径。如果没有这个底子，就甭想学习中医的事儿。方子可以从《伤寒论》《金匮要略》《温病条辨》中选取，也可以从一些方剂专著中选取。背诵和反复看这些内容两三年就有了自己的积累，想速成是不可能的。

我学习中医从背五脏开始，然后抄方，抄书，在中医院跟着亲戚学习中医，并抄方3年，一本书反复抄写。到目前为止，《温热论》我已经抄写了23遍。每一次抄写都能获取新的感悟。《皇汉医学》条文归类清晰，我已经购买了5年，抄写了6遍。每一次都能从中学到东西。《湿热论》抄写了两遍。现代名家论述我所感兴趣的，均抄写不少于2遍，一本书最少反复看两次，我记得最开始学中医的时候，《中基》一本书看了3年多，做了不少笔记，这些就是积累，中医是日积月累的，并不是知道几个方子、能扎上几针就可以的。

方剂的学习，实际上就是中药的学习，一味中药反复出现，那就要琢磨哪些能加减，哪些不能动，方剂的整体意义是什么，每一味药起到什么作用，一个方子中哪些药物可以相互制约，做到减毒增效。这样学习一两年，不需要购买别人的书自己就能总结出一些"药对"，然后用于临床检验效果。

有了药物积累，就可以慢慢尝试每个药物的特性，并且翻阅资料，一个方子或一个理论如果三四个名家都认同，那么就要反复看，反复琢磨，然后自己尝试或是让其他人尝试，观察反应和效果。

记得范开老师经常自己尝试药物，这虽然是一个冒险的做法，但也是一个弄清药物作用的唯一方法。通常我会给别人先尝试，然后自己再尝试，特别是有争议的药物，如果有反应也好救助。我记得当时都对附子敬畏，对制附片也忌惮，我给一个学生一次用了 50g 制附片没有反应，但用到一次 90g 的时候有短暂的头晕现象。那么再翻阅资料查查，很多扶阳派的一次使用量达 250g 以上，而我用 90g 怎么会有反应呢？原来 250g 是逐渐加量，有一个适应过程。这样我再尝试逐渐递增制附片药量，我自己从 10g 开始递增到 150g 没问题。这样试药才知道这个药物到底是什么药性，急性不良反应有什么，同时这也说明中药使用不是按照体重来折算的。我过去从来不敢使用麻黄，因为书上把麻黄说得很可怕，也可能我信仰温病派的缘故。在找不到"小白鼠"的前提下只能亲自上阵，用生麻黄 15g，桂枝 15g，生姜 15g，细辛 15g，炙甘草 15g，同煎口服，看看发汗力量有多强。水煎煮一次，一碗量，口服半碗，15 分钟左右全身冒汗，体验大汗淋漓的感觉，这种发汗体内并没有烦躁感。出汗持续半个多小时，感觉头晕、四肢无力，这就是发汗过多的反应。甘草绿豆乌梅汤喝一碗，躺下休息几个小时就可以了，这说明麻黄、细辛并不热，只是发汗，加了生姜也无明显烦躁燥热的现象。只是发汗力度较大，伤津重。小剂量口服则发汗力量不大，但能感觉到似汗非汗的感觉，有刺痒现象，这应该就是开腠理的表现，因此在温病初期表郁证可以酌情使用麻黄，给犬实验小便明显增多，而雪纳瑞，背部可见潮湿。可能雪纳瑞背部汗腺比其他犬种相对发达一些。这些都是积累。把积累的东西带到临床就会有效果。

对于诊断，每看一条犬你就摸摸脉，感觉一下脉的运行速度、力量、松紧等等，只有做了才会知道，只有做得多了才会有积累，才会知道什么是浮沉滑数，才能探知二十来种脉象。舌色的积累也是一样，这些凭空想象是没用的，真要掰开嘴去看，分辨舌质的色、舌苔的薄厚、舌体的宽窄。

有了积累再去看一些经典才会有收获，可以充实积累。不要紧紧盯着阴阳五行不放，阴阳五行是积累以后归类的产物。如果盯着阴阳五行不放手那么只能把自己弄迷糊。

有了自己的积累，选取有兴趣的书籍，对作者应有基本了解，主要看其师承和学医过程。如果对这个学派感兴趣那么就找共性，探寻这个学派诊治疾病的思想，逐渐就会形成自己诊治疾病的思路。

目 录

第一部分　理论篇

第二部分　中药篇

第三部分　方剂篇

第四部分　临床案例篇

第五部分 图片总览

理 论 篇

一、中兽医学的核心

中兽医学是中国传统兽医学的简称，是传统医学中的一个分支，兽医通过望闻问切收集患病动物信息做出诊断，运用中药、针灸等传统方式治疗疾病。然而现今随着西方医学的进入和普及，中兽医学从西方兽医学中摄取新知，融为己用，即所谓的中西结合。不断地丰富中兽医学，但应明确中西医学产生体系不同，所以做到真正的结合可能性不大。作为医学最终目的就是要治愈疾病，因此可以说殊途同归。

中兽医学诊治疾病是以整体观、恒动观作为中心思想，在整体观和恒动观的前提下进行辨证论治。因此整体观念、恒动观念、辨证论治是中兽医学的核心思想。

（一）整体观念

中兽医学重视动物机体的整体性，认为动物机体是一个有机的、不可分割的整体。同时动物机体生存在自然界中，因此动物机体与自然界有着密切的联系。

动物机体有五脏六腑、奇恒之腑等等，它们之间都有着气血津液的往来，功能与物质的交替，因此每一个组织都是具有多方面作用的，而不是单一作用，所以动物机体是一个有机的完整体，是不可分割的，动一发而伤全身。现今主张给动物进行绝育，从控制动物繁殖量方面看这是最有效的手段，但从动物长远的健康角度看这一做法是不正确的，严重破坏了机体的完整性，造成机体功能失衡出现疾病，当然这种危害不会立即出现，会随着年龄的增长而慢慢出现，如绝育动物的肥胖、口腔问题等等。

中兽医所说的一个脏一个腑并非单纯指解剖学中的那个具体器官，而是全身功能与物质的划分，也可以理解为各个系统的划分，而仅仅是部分物质与解剖的器官相吻合，所以解剖的器官与中兽医所说的一个脏一个腑是不能画等号的。

在整个治疗疾病中，理法方药是环环相扣的，体现了中兽医学在治疗疾病中的整体性。

动物起源于自然界，生存在自然界，那么势必会受到自然界的影响，所以说机体与自然界是有密切关系的，如四季冷暖的变化就影响着动物毛发的生长与脱落；气候炎热的时候狗的脉搏就会跳动偏数，舌色就会偏红；气候寒冷的时候脉搏跳动就会相对迟缓一些，舌色也会偏淡。凡是自然界中的生物都与自然界有着密切的关系。

（二）恒动观念

恒动，就是动而不息，似乎是自然界中的基本规律。自然界有五季变化，是有规律的自然运动，机体则有生长化收藏的变化，是机体顺应自然而有规律的运动。健康机体气血津液就是动而不息地运动着，来调节和维持五脏六腑、奇恒之腑的基本功能。疾病是气血津液的运动出现异常所致，而造成运动异常的原因各异，因此形成了复杂的疾病，而气血津液异常产生了疾病仍然动而不息，并有一些产物出现，如瘀血、痰饮等。

传统医学中的阴阳五行学说就是在说阴阳五行的运动规律，保持着有规律的运动处于平衡状态，阴阳平衡，五行生克平衡，运动有规律，就是健康的机体。阴阳失去了平衡，五行生克太过或不及，循环运动规律失衡就是病。

从恒动观念的角度看，现今很多饲养场中，中药饲料添加剂存在弊端。在饲料中加入中药，目的是提高抗病能力，减少疾病产生，在平衡的状态下提高加快生长速度。以猪场为例，如果饲养场中的每一只猪体质相同，投入相应的中药添加于饲料来维持阴阳五行的平衡这就是正确的，但首先要先知道猪哪方面不足或太盛并进行合理的投料饲养。而目前很少见到这样的饲养场，况且饲养场中的猪体质并不相同，因此投入相同的中药添加于饲料中是错误的，始终投入同一种中药添加饲料也是错误的。而弄清养殖场每一只猪的体质并合理地投入中药饲料又不现实，因此就要考虑中药添加剂是否适合群体化养殖模式。

（三）辨证论治

在治疗疾病过程中必须在整体观念与恒动观念意识的前提下进行辨证论治，辨证是辨别证候，而证候是四诊收集信息，通过辨证法辨别性质和归类总结形成的。辨证并不是形式，是要真的去问，真的去摸，真的去闻，真的去看。根本目的在于探求病因、病机、病势和机体病前体质与现在体况。探求这些的目的在于合理的定证立法，依法开药。辨证法以八纲辨证法为基础结合其他辨证法，对疾病做出定证。在辨证过程中要求对脉舌色症的具体分析，有些要结合动物就诊时的具体情况，同时不能以单纯某一个诊法进行定证。有些脉舌色症是假象应忽略不计，如一些性格开朗的狗，病轻，即使外感风寒也见到数脉，若此时按照清热治疗而忽略舌色那么就会越治越差。有一些严重虚寒兼有湿邪的狗在疾病发展过程中出现眼底黏膜，皮表轻度泛黄，此时补虚温中兼以化湿即可，不能见到发黄就全部按照湿热处理给予茵栀黄滴入，这样只能加速死亡。

在临床中问诊是所有检查手段中最重要的一环，中兽医本身不以化验数据为诊断疾病的依据，重点是靠四诊收集的信息，那么问诊就是重中之重，对每一个症状都要细化，如鼻涕，就要弄清鼻涕出现的时间及鼻涕的变化过程，同时鼻涕变化过程中其他症状的发展情况（如初期鼻流清涕而鼻头湿润，逐渐鼻流脓黄涕，鼻头干，逐渐鼻涕无，鼻头龟裂等等类似问题），另外还要清楚鼻涕的颜色，黏稠度，气味，这些都是判断寒热虚实的依据。若仅仅知道有鼻涕是不能说明问题的。详细询问虽然需要花费时间但是意义重大，所以开始问诊前要先和饲主讲清楚其重要性。辨证论治不是一个概念，不是随口一说，是要拿出证据来分析辨别，若不细化辨证论治也就不存在了。中国农业大学中兽医教研室的范开教授曾说过："描述症状和记录病案应该能在脑海里形成一个清晰的有因果关系的电影。"这句话是很有道理的。清晰地描述和记录有利于医生的诊断和回顾，同时即使转院也能让接手医生看明白该病例的发展过程和各时期的用药及用药前后的对比，利人利己。

二、中兽医学中的生理

（一）精气血津液

精是本源，它既是功能也是物质，是化生气血和构成生命的基础，精的功能通过气来反映；精的物质通过津液、血来反映。精包括先天之精和后天之精，先天之精是父母所给的精，先天之精无法选择，可以通过后天之水谷精微补养先天本源，因此先天之精需要养，中医提倡的养生，其中最重要的就是养先后天之精。后天之精指水谷精微，就是从外界摄取的营养物质。摄入饮食后通过中焦的功能腐熟水谷，吸精避浊，运化升清，这清就是清净的精微物质，通过气化而成血，由于血的营养有助于气产生和连续，在气的推动下周流全身，发挥各自功能，因此可以得出精在机体中无处不在。同时精并不是游散的而是藏于肾中，肾藏精的功能发挥着作用。精气充盛，则气血旺盛，如果精气不衰外感病在正确的治疗前提下很快可以治愈，或是不药自愈。久病不愈往往会从养精开始。

气是机体的功能，肢体的动作，脑的思维，脏腑之间的协调都是通过气的功能来实现的。气在中医学术中有很多名词，如元气、卫气、胃气、心气、肝气、营气等等，实际上都在说一个气，就是元气，就是本源之气，本源就是精，是精功能方面的体现，叫作气，也称先天之气，也叫生发之气。有先天之气就会有后天之气，后天之气就是肺吸入的气，有人说是宗气，那么这个宗气的"宗"字只是一个代号而已。先天之气自出生后就藏于肾中，不断资助后天之气，靠后天之气来维持机体正常活动，当机体出现异常时就会调动肾中元气来协调。我们要知道的就是机体有两个气，一个就是精功能的表现形式；一个是肺吸入的气，而两者之间又是相互作用的。机体中什么部位强调功能就称作什么气，如肺的功能就叫作肺气，体表的功能就叫作卫气。气是精功能的表现，而精藏于肾，因此有气由下焦而生的说法，由于中焦是后天之本，是水谷精微化生的地方，后天之本不断补养先天之源，因此有气壮于中焦的说法。肺有宣发的作用又主皮毛一身之表，因此有气用于上焦的说法。在本篇中主要强调的一个思想就是气是功能的，功能是一种能力而不是物质，因此功能是看不到的，是无形的。气有四种运动方式，升降出入，气行驶的道路叫作气机。

血是机体重要的基础物质之一，是精，物质方面的表现形式之一，是水谷精微汽化后形成的，具有滋养全身各组织的作用，血是有形的，因此说血是物质。血具有滋养脏腑的作用，血是黏稠的，滋腻的，临床中凡是补血药物都是滋腻的，是以形补形的一个说法。气与血之间有着密切的联系，气可以推动血的运行，并且血的生成是靠气化水谷精微完成的，血的贮藏也是靠气来实现的；而血是滋生气的物质，没有血的存在气就没有它的作用。因此有人把气血提出来说"气为血帅，血为气母"，说明气血是相互的，是互根的。太极图是体现气血关系的最好表现形式，气是功能的，是无形的因此称为阳；血是物质的，是有形的因此称为阴。只有在有阴有阳的前提下才叫太极，而只有阴阳相互有规律的运行，才产生了动态太极。生命也是如此，有功能有物质在有规律的运行下相互为用，相互化生，才是一个活的生命体。

津液是机体重要的基础物质之一，具有润滑滋养的作用，比黏稠的血稀，是血的载体，与血结合叫作血液，均是精物质的体现，常说的水谷精微是以津液为基础的，因此津液是血液生成前的重要物质。营血中的营指的就是津液，血与津液是无法分开的。

在《内经》中有相关记载说"五谷之津液，和合而为膏者，内渗于骨腔，补益脑髓"由此可见津液还具有化生滋养髓的作用，从这点可以引出生殖之精的形成必定有津液的参与。不论津液化生血还是髓，都必须通过气化来完成，这个气化就是阳气的蒸化。病理产物的痰、饮一类均是气化不利所造成。有些研究《伤寒论》的名家说《伤寒论》中的补气，就是补津液，凡用人参时均为补充津液。虽然在学习《伤寒论》中也有这种体会但毕竟是一家之言。

后面讲的卫气营血实际就是说在表的功能，在里的功能；在表的津液和在里的血，伤津的同时气血也都在消耗，这从银翘散桂枝汤等方剂中均可以体现。机体的汗尿唾液精液血液髓液可以说凡是有液体存在的都有津液的存在。不少教材中说清净的为津，浑浊的为液，实际上津液是无法清晰分开的。本段主要清楚如下几点。

（1）津液是精物质方面的体现。

（2）津液是血、髓等物质的基础。

（3）津液具有滋润机体全身各组织器官的作用。

（4）津液的一切作用必须靠气化（阳气蒸化）来完成。

（二）藏象

藏象，藏读音为 cáng，《类经》中说："藏居于内，形见于外，故曰藏象"，内在的脏腑实质，其功能在外的体现。中国古代有解剖学，并且应该说通过凌迟这一刑法可以看出当时解剖学达到了一定的高度，通过解剖对身体的血管，脏腑应该是有直接的观察。同时传统医学传承中比较重视"以外揣内"，观察机体的功能与内在脏器之间的联系。藏象在本篇中主要介绍肝心脾肺肾五脏，不讲六腑和奇恒之腑，并相应采纳各家论述，因涉猎书籍有限，所以不能列举所有经典。

中医藏象学并不是单纯的只有功能没有实质，中医藏象学中含有解剖学，《内经》中有这样的记载："夫八尺之士，皮肉在此，外可度量切循而得之，其死，可解剖而视之。"《难经》中还记载了从唇到魄门的顺序，其中出现了会厌、贲门、幽门之词，同时记载了其消化系统的长度、容量、心肝肺的形态等等。到了清代王清任又有新的发展，不过从整个中医历史看，从事解剖的医家极少，因此解剖外科手术这一类发展缓慢。

肝

《内经》中记载"正月二月，天气始方，地气始发，人气在肝"；"肝主生发调达"；"其性随，其用曲直"；"肝藏血，血舍魂"；"肝之和筋也，其荣爪也"；"肝气通于目，肝和则目能辨五色矣"；"肝藏血，心行之，人动则血运于诸经，人静则血归于肝藏。何者？肝主血海故也"。

《石室秘录》中记载"肺金非木不能生，无木则金无舒发之气。"其"生"字应为升。

《血证论》中记载"肝属木，木气冲和调达，不致遏郁，则心脉得畅"；"木之性主于疏泄，食气入胃，全赖肝木之气以疏泄之，而水谷乃化；设肝之清阳不升，则不能疏泄水谷，渗泄中满之症，在所难免"。

《医学衷中参西录》中记载"人之元气自肾达肝，自肝达于胸中，为大气之根本"；"肝主疏泄，原为风木之脏，于时应春，实为发生之始，肝膈之下乘者，又与气海相通，故能宣通先天之元气，以敷布于周身，而周身气化，遂无处不流通者"。

从上述不同年代的古文中可知以下几点。

（1）肝的生发调达气血功能就是疏泄功能，维持机体气血平衡，并保持畅达的情志。

（2）肝的藏血具有调节血量的功能，是以肝的贮藏血液为前提的，贮藏与调节有规律地配合着，才能完成肝的疏泄藏血功能。

（3）肝的疏泄有助于肺的宣降和脾胃的升降。

（4）肝有协调心肾之气血周流全身的作用。

（5）从古代的条文中可以知道,肝主疏泄,贮藏血,主筋,其荣在爪,开窍于目,等等。

（6）查阅了相关古代文献,肝为什么主筋,筋为何由肝而生,没有找到明确记载。但从临床反向验证可知,筋和爪甲病通过调肝血解肝郁可以有效地缓解和治疗,这证明了肝与筋和爪甲关系密切。

综上所述得出,肝主疏泄,藏血,主筋,合爪甲,开窍于目。

心

《内经》中记载"心者,五脏六腑之大主";"心主神明,主血身之血脉";"心藏神";"心者,君主之官,神明出焉";"诸血者,皆属于心";"心为母脏,小肠为之使";"心气通于舌,心和则舌能知五味矣"。

《类经》中记载"心为君主而属阳,阳主生,万物系之以存亡,故曰生之本。";"心所藏之神,即吾身之元神也。外如魂魄意志五神五志之类,孰匪无神所化而统乎一心?是以心正则万神俱正,心邪则万神俱邪"。

《杂病源流犀烛》;中记载"十二经皆听命于心,故为君位。南方配夏令,属火,故为君火。十二经之气皆感而应心,十二经之精皆贡而养心,故为生之本,神之居,血之主,脉之宗。盖神以气存,气以精宅,惟心精长满,故能分神于四脏;心气常充,故能引经于六腑"。

《内经素问集注》中记载"心主血,中焦受气取汁,化赤而为血,以奉生身,莫贵于此,故为生之本,心藏神而应变万事,故曰神之变也。十二经脉三百六十五络,其气血皆上于面,心主血脉,故其华在面也"。

从上述古文看,可知以下几点。

（1）心主神明是强调心具有主宰机体精神思维意识的功能。

（2）心主血脉和与十二经之间的关系,体现了心之所以为主不仅仅是主宰精神思维意识,并且主宰了机体全身循环系统和协调全身的功能。同时反映了心气充盛有利于血的充盈和脉络的通畅;相反,血的充盈和脉络的通畅也决定着心功能是否正常。

综上所述得出心主血脉,主神明,与小肠互为表里,开窍于舌,五行属火,五季应夏,夏应炎热,其华在面。

脾胃

《内经》中记载"脾胃者,仓廪之官,五味出焉";"脾胃为气血生化之本";"脾胃为升降之枢";"五味入口,藏于胃,脾为之行其精气";"脾主身之肌肉";"脾气通于口,脾和则口能知五谷矣";"脾之和肉也,其荣唇也";"胃者,水谷之海,六腑之大源也。五味入口,藏于胃以养五脏气";"饮入于胃,游益精气,上输于脾;脾气散精,上归于肺;通调水道,下输膀胱;水精四布,五经并行,合于四时五脏阴阳,揆度以为常也"。

《脾胃论》中记载"夫饮食入胃，阳气上升，津液与气，入于心，贯于肺，充实皮毛，散于百脉。脾气禀于胃，而浇灌四旁，营养气血者也。"；"真气又名元气，乃先身生之精气，非胃气不能滋之"。

《类经》中记载"脾主运化，胃司受纳，通主水谷，故为仓廪之官"。

《医学衷中参西录》中记载"胃主降浊，在上之气不可一刻不降，一刻不降则浊阴上逆"。

从上述古文看，可知以下几点。

（1）脾胃摄入饮水，取清避浊，生化气血津液，有从外界摄取营养化为自己用的功能。

（2）脾胃是代表了整个消化系统，并参与造血机能。

（3）脾胃是后天气的本源，具有强壮卫气的作用，因此脾胃与免疫系统，与机体的免疫屏障有密切的联系。

（4）脾胃参与水液代谢。

（5）脾胃有滋养诸脏的功能，所以脾胃为生化万物的本源，所以五行脾属土。

（6）生理中脾升而胃降，清气升而浊气降，所以说脾胃为升降之枢，从脱肛、子宫外脱、胃下垂的治法用药看，脾胃的升降可能还有稳固脏腑形态和部位的作用。

综上所述得出，脾主运化升清，生化气血，后天之本，开窍于唇，合于肌肉，五行属土，与胃互为表里，胃主受纳以降为用，饮食入胃，结合饮温水而周身暖意，可知胃通十二经。临床中脾统血这个观点似乎是错误的，脾虚寒泄泻，带血，并非脾不统血所致而是气不统血。因此用补气药物是有用的，同时补气药物多以补助脾气为主，因此这与脾统血有联系。

脾

《内经》中记载"肺者，相傅之官，治节出焉"；"肺藏气，气舍魄"；"肺者，气之本。其华在毛，其充在皮"；"诸气皆，属于肺"；"肺和大肠，大肠者，皮其应"；"肺气通于鼻，肺和则鼻能知香臭矣"；"肺主通调水道"。

《类经》中记载"肺与心，皆居于隔上，位高近君，犹之宰辅，故称相傅之官。肺主气，气调则营卫脏腑无所不治，故曰治节出焉。"

《血证论》中记载"肺之令主行治节，以其居高清肃下行，天道下际而光明，故五脏六腑皆润利而气不亢，莫不受其治节也。"

《医学衷中参西录》中记载"盖谓吸入之气，虽与胸中不相通，实能隔肺膜透过四分之一以养胸中大气。"

从上述古文看可知如下几点。

（1）肺具有呼吸功能，并调节一身之气和呼吸之气，是机体呼吸之根本。

（2）治节有调节的意义，心为君主，肺为相傅，心主血脉，肺主诸气，气血运行又相辅相成，因此肺参与全身血液循环系统。

（3）从肺通调水道看，有调节全身水液代谢的作用，如排汗，这是由肺宣发功能所致。再如排尿，肺气肃降中下焦发挥各自功能，因此很多尿闭症单纯使用呋塞米类或是利水药物是无效的，但加入宣肺药物后尿液即可排出。

综上所述得出，肺主治节，主气，司呼吸，主宣发肃降，通调水道，开窍于鼻，外合皮毛，与大肠互为表里。现代所说的肺朝百脉也与血液循环有关。

肾

《内经》中记载"肾者主蛰，封藏之本，精之处也。"；"二七天葵至，任脉通，太冲脉盛，月事以时下，故有子；男子二八肾气盛，天葵至，精气溢泻，阴阳合，故能有子。"；"肾者主水，受五脏六腑之精而藏之，故五脏盛乃能泻。"；"肾生骨髓。"；"肾藏精，精舍志。"；"肾之和骨也，其荣发也。"；"肾合三焦膀胱者，腠理毫毛其应。"；"肾气通于耳，肾和则耳能闻五音矣。"

《医宗必读》中记载"婴儿初生先有两肾，未有此身，先有两肾，故肾为脏腑之本，十二脉之根，呼吸之本，三焦之源，而人资之以为始者也。故曰先天之本在肾。"；"肝肾同居下焦，肾藏精，肝藏血。"

从上述古文可以得知以下几点。

（1）肾为有封藏之性，因此藏精。

（2）由于肾藏精，精气满而肾气盛，因此具有生殖功能。

（3）骨髓的产生由气血津液所化生，气血津液是精的功能与物质的体现，因此肾主骨髓。

（4）肾藏精，肝藏血，精血同源，因此有肝肾同源、乙葵同源之说。

综上所述得知，肾藏精，主生殖，主骨生髓，主水，司二阴，主纳气，开窍于耳，外应毛发，与膀胱互为表里。

脏与脏，脏与腑，腑与腑之间存在着转化关系和贮藏、排泄的作用，因此脏腑需要协调运作，否则就是病。机体有一个大的前提，就是"通"，是指脏腑及周身气机通畅，气血津液可以正常无阻地生化运行。也就是说传统医学不论哪种治疗手段用什么方法根本目的在于恢复机体的这个"通"。因此需要从整体出发，认识到恒动变化。

（三）经络

经络在动物上面是最麻烦的，没有明确的说法，我按照临床的体会说说我的认识。首先可以肯定经络是存在的，在人体是可以体现的，但经络在动物身上不好反应，因为没有明确的表达，有些说经络交汇就是穴，针刺入相应的穴位可以调节相应的经络，改善相应的问题，在人是容易的，因为针刺入穴位会出现以刺入点为中心，单线或多线向离心端放射，或向周边放射，而放射末端则是另一个穴位的起始部位，能感觉到酸麻胀、微痛。如果刺入的不是穴位，那么疼痛感就非常明显。而目前动物无法表述，只能在一些沟沟坎坎里摸索，产生肌肉颤抖不排除是正确刺入，但也不能排除是紧张和刺碰到局部神经的反应。所以动物经络的实际操作是复杂的，我在犬病临床上也经常做针刺艾灸，但这方面的东西却很少写和发表意见，因为这个没有被扎者的准确定位描述，一切就都是悬空的。针刺我亲身尝试过，找不同的针灸师和爱好者在胳膊、腹部、腿部、背部分别施针，均能感到放射性感觉。因此我确定经络是存在的。但在动物上仍然未知，一些动物疾病通过针刺一些特定穴位，确实有很好的作用如后海穴止泻效果就很理想。目前动物取穴处于局部取穴状态，刺入一些神经末梢或神经根周围，来起到调节作用。在临床上习惯针刺脊椎两侧的对穴，又名夹脊穴，穴下分布着脊神经与血管丛，对功能调节是有帮助的。对于瘫痪、腹痛、咳嗽等疾病针刺夹脊穴有一定效果。夹脊穴是华佗传下来的针法，所以叫作传统针法也可以。但是与所谓动物的循经取穴则是两码事。要注意，中医内科医生与中医针灸科医生对经络的认识不一样，临床目的也各有区别。

经络一词是比较广泛的，同属于藏象。经络与气机是混乱的，可能是血管，可能是组织间隙，可能是筋膜，等等，总之经络遍布周身，功能是联系各组织脏器，进行气血津液的交换。在《黄帝内经》和陈士铎《黄帝外经》中均没有详细说明经络的实质和产生，而只是在不断地阐述其功能。

针灸技术在目前的动物临床上侧重针刺而轻视艾灸，艾灸温经通络，行气活血作用明显，艾灸可在临床推广。另外一些血针方法也可用于宠物临床，特别是对于中暑、土疳症等问题效果较好。

对于针灸的意见与建议：从临床看对于针灸应该抛弃一些所谓的怪力乱神，扎针就踏踏实实地在临床扎针，不需要附会上什么易经八卦，奇门遁甲，子午流注，要知道狗的生物钟、习性等与人不一定相同，所以弄一些人的东西完全照搬这是不现实的。另外很多人迷恋于针刺麻醉，这个从目前医院手术情况来看，最保险的还是麻药，针刺是否能止疼，这个肯定可以，因为临床可以观察到，但能不能"醉"这个真的很悬。有兴趣的可以看一看1972年拍摄的《针刺麻醉》，观察每个人在做什么。特别是芒针在产妇腹部两侧平行刺入，并做电针，这是否有阻断传到的作用，起到镇痛作用，有待探讨。

三、中兽医学中的病理

自然界中随着气候的变化会产生风寒暑湿燥火六种自然变化，如冬天天气寒冷，夏天天气炎热，春天温暖多风，长夏气候潮湿闷热，秋天气候干燥等。这六气的变化

规律实际上是完成了自然界中生长化收藏的过程。一般情况下，自然界的六气是不能致病的，但是如果自身的抗病力下降，或是自然界的六气太过，就会引发一系列疾病，这时自然界的六气就被称作六淫邪气（凡是致病因素都统称为邪气）。六淫邪气治病往往是两种及两种以上邪气联合治病。同时动物有自身的情志因素，动物本身有喜怒哀乐忧思悲恐惊七情，七情变化会衍生出内生邪气，又称内生五邪。

自然界中把风寒暑湿燥火称为常气，而有别于这六气并具有传染性的，称为疫疠，古称疫病。古时有"非其实而有其气，疫疠大作。"明末吴又可著《瘟疫论》一书，在序中说，"夫温疫之为病，非风、非寒、非暑、非湿，乃天地间别有一种异气所感。"也就是说不是普通的常气致病，但从临床看所表现的形式并没有脱离六气。只是具备了传染性，同时死亡率相对较高。

另外还有中毒，外伤，先天因素，均可造成疾病，甚至死亡。总体看发病因素最多的不外乎外伤邪气，内伤饮食情志。

（一）造成疾病发生的机理

机体有个动态平衡太极，就是阴和阳，只有阴和阳保持着动态平衡才会有所谓的正气，阴阳平衡，正气充足，那么病邪就很难侵犯机体。而发生了疾病，病邪侵入机体，这时阴阳动态平衡关系就被打破，或阴盛或阳旺，或阴亏或阳弱，疾病就会产生。这就是《内经》中说"正气存内，邪不可干""邪之所凑其气必虚"的道理。临床中观察，凡是正气相对充足的疾病恢复较快甚至自愈，正气较弱的则康复较慢。

如果外界因素太强，如极寒，极热，即使正气再强也无法适应，就会出现疾病。有一种现象值得注意，正气越是充足正邪斗争就会越激烈，其症状就会越明显，看似病重，通过合理用药治疗恢复也快。而正气弱的，正邪相争不激烈，症状表现看似不那么严重，但是病程长，是以正气不断减弱为代价，即使合理用药恢复也相对较慢。

（二）七情致病

七情致病目前最常见到的就是忧思、惊恐、怒郁。很多动物对主人有极强的依赖性，这样的动物，就会出现忧思，明显表现就是精神不振，少食或不食，消瘦明显。

惊恐多见于地震，春节期间，或是平日婚丧嫁娶等鞭炮齐鸣后，多表现精神萎靡，伴有呕吐，不食，少量饮水，卷缩嗜睡，身体颤抖等。两年前有饲主将狗送往瑞昌饲养，半个月后江西瑞昌出现五点几级地震，虽然没有造成任何财产上的损伤，但是狗自地震后开始精神萎靡，不食，卷缩嗜睡，颤抖，原饲主接回南昌就诊，血常规除了红细胞和血红蛋白相对偏低外没有什么异常，舌色淡白，脉中取而弦。这是典型受到惊恐所致，由于数日不食，仅仅给予补液补充营养物质供给能量，回家后饲主每日陪伴，两三天后狗的精神食欲都有明显好转。

在宠物临床中观察博美、京巴和吉娃娃，这三种犬比较易怒，伤人率也相对较高，这类犬脾气大，易怒，会出腹胀、腹泻、呕吐等症状，个别有癫痫史的犬由于愤怒惊恐等而引发癫痫。

宠物的七情往往对疾病有直接的干扰，如果心情愉快对疾病康复有极大的帮助，如果心情复杂，不愉快，那么会加重病情甚至产生绝望。

（三）外感六淫邪气

风邪，风作为病邪来看，一个是外感风邪或风邪与其他病邪结合感染；另一个是内在症状表现具有风的特性，但本质与风没有直接联系，在用药上也有很大区别。不论是真实的外感风邪还是其症状表现具有风的特性，统称为风邪。风与五脏相应者为肝，是因为治风从肝入手，凡是具有疏风、熄风作用的药物均入肝经，肝气疏泄正常，有助于肺气的宣发宣散，是治疗外感风邪的关键。而肝血的疏泄和藏养，有利于全身各脏器组织正常的血液循环和新陈代谢，因此养血、活血是治疗内风的必要法则。

风性善动，且为阳邪，因此凡是临床中见到抽动，瘙痒，游走性疼痛等，有善动特点的症状，多与风有关联。同时风邪可与诸多病邪联合侵犯机体，如风热，风湿，风寒等。

风邪有外感所致，也有内生所致，外感如外感风寒，属于风寒闭表所致，治疗需要疏风散寒。风邪外感以辛散为主。而内生风邪主要是以消耗气血津液所致，出现善动的症状，其性质与风善动性质吻合，因此称为内风，如血虚生风。治疗内风需要养血、活血。

寒，作为病邪看，主要是外界气候的寒冷使机体无法适应，和自身脏器功能下降，周身或局部血液循环速度降低或是说血流速度降低，血管或是毛细血管收缩，产热功能降低而感到寒冷。这也是寒主收引的一种解释。从自身体质看寒邪的出现是全身或局部阳气的衰弱，因此寒邪也代表了阳虚。这是从寒有内外之分看的。另外一些病理产物和一些症状归属于寒，是因为脏腑组织功能不足或衰弱，造成产热不足或血管收缩，血流速度下降，影响了体内物质的交换和造成新陈代谢障碍，如外感风寒血管收缩，本应内热外透，来维持体内温度平衡，由于体表血管收缩，血流速度减慢散热速度大幅度降低，内热积聚过盛就出现发热、恶寒等症状。需要提醒的是，常能见到热郁于内，而寒入肌腑，感觉很冷，但盖不住被子，不盖又冷，这种属于真热假寒（寒包火）。

从治疗用药看，治寒用温热性药物，同时温热性药物多是辛温、辛热，辛具有发散的性质，因此治疗寒邪是辛温并用，辛具有流动走窜性质，辛温、辛热可以不同程度地增加器官的功能，调整血管的舒张与收缩，促进血流速度。

再一种是药物的寒性，很多寒性药物是具有收引、抑制作用的，如对血管的收缩，减弱脏器功能，抑制脏器兴奋性，但是多用或不良使用就会出现一些具有寒特性的症状，如发热，外感风寒的发热是外感寒凉收缩血管，而药物的寒性是使用药物造成血管收缩，

最后的结果是一样的，只是方式不同。

寒与肾两者也是没有直接关系的，二者的联系在于收，寒的收是收集病理产物，如水饮，瘀血等。肾收的是精微，是机体的功能物质的基础和生殖之精。在其他方面两者似乎没有什么明显的共性。

暑为热之极，暑与热是层次关系，暑多认为是外感，确定是否是暑邪不能仅仅依靠《内经》中用时间来判定，如冬季犬瘟热后期，通身大热伴有神昏，这种表现就是暑，热到了一定程度就是暑。暑的由来确实多见于外感，在高温的环境下劳作运动等，造成津气大量消耗，消耗到一定程度使气机闭塞，血液循环出现障碍，津气不能运送内热外出，血热加剧，灼伤脏器，出现神昏，甚至死亡。

另有某些疾病不一定是暑邪治病，但是到了某一个时期出现了与暑邪相吻合的证候，即可按照暑邪治疗。

暑邪既然损伤津气，就要遵循生津凉血、活血化瘀、引血下行、开窍醒脑的治法。切勿过用寒凉，切勿给予冰水内服外泼，本身高热，血管扩张，血液流速加快，突然受冷刺激而血管收缩，血液流速未减，如洪水入小河，河堤崩溃而殃及城池，所以暑邪极容易动血，这是非常危险的事情，死亡较多。

暑多见于和湿邪合并治病，因为湿可以造成气机闭塞，最容易形成内环境散热系统障碍。暑湿不能按照中暑、暑热治疗。

另有阴暑，实际与暑无关，只是症状与中暑类似，也多发于夏季或长夏，这类是突然寒凝闭阻气机，热无法外透，急攻心包，造成昏迷，此时若用三宝或是凉药必死，当用辛温开窍之品，如苏合香丸。

火为热聚，火聚则成毒，这个毒并不是敌敌畏中毒这种药物毒，而是火热之邪聚于某处，日常所说的清热解毒，解毒解的就是这种火热聚集之毒。治疗火热毒邪往往使用苦泻之法。火热之毒聚于一点就会影响气血循环，因此会产生疼痛，红肿，发热，与现代炎症反应表现类似。由于其毒聚于不同的位置就需要使用不同的药物，如血中热毒，板蓝根、大青叶一类就可以使用，如果气分毒聚那么黄连、黄柏、黄芩就可以使用，如果在皮表蒲公英、银翘即可使用。

湿为阴邪，最伤阳气，且重浊黏腻，最易阻塞气机，往往以中焦为中心，弥漫三焦。湿阻滞上焦则肺气不宣，咳嗽，气喘，胸闷，少尿。阻滞中焦，呕吐，腹泻，腹胀。阻滞下焦，大小便异常，耳鸣，目蒙，肿胀。湿邪虽然是阴邪，由于阻滞气机仍然会耗伤津液。湿是广义词，包含了痰饮水湿。而痰饮水湿是临床中比较常见的邪，因此提出痰饮水湿。

痰饮水湿是四种病例产物，是中医临床中比较多见且相对难治疗的四种病理产物。不仅仅限于呼吸道，可存在于各个系统，造成阻滞和消耗。正常生理上存在津液，而津液发生病理变化，出现增多，溢出，受到寒热作用等就形成了病理产物，产生四种物质，痰湿水饮。

痰：是水湿饮高度凝结的产物，可以由热或寒掺杂。

饮：是水湿凝结产物，但没有痰浓稠，且量较大。

水：津液外渗，无黏稠度。

湿：津液分布异常或阻滞气机通畅性，具有弥漫性和黏腻性。

对痰的治疗，痰可分有形之痰和无形之痰，有形之痰浓稠甚至成块，需化痰。热痰常用贝母，瓜蒌皮，竹沥；寒痰常用橘红，半夏，天南星。无形之痰不易咯出或不能咯出，在组织内，可拥塞诸窍，一般选择豁痰开窍药和活血通络药，麝香，苏合香，雄黄，蜈蚣，地龙，蛇胆，石菖蒲，白僵蚕等。有些需要先增液养血散血再豁痰开窍。治痰不能光用祛痰药，而要保障气机通畅，在通畅气机的同时使用祛痰药往往效果较好，但是如果体弱，气血两虚，心脾肾亏，肝肺壅滞那么这痰就不易去除，非十几付药才能见效，且往往需要调理数月。正气亏虚不得用猛药豁痰。

对饮的治疗，饮为本虚，脾肾阳虚不能化水饮，饮和水机理相同，均可阻滞气机，郁而化热，消耗真阴，致阴阳两亡。因此治疗从脾肾入手，温阳可利水饮，但若用利水药则水饮难去。苓桂肾气等系列方剂专为温阳利水法所涉，应找寻共性及指向性。对于杂病后期或肝肾病中后期会出现水饮停聚，使用三两付温阳利水方剂很难见到成效，若不出现其他症状，脉舌无明显变化，建议守方使用半个月再看脉舌症，酌情调整。杂病多从里病，多耗损真阴，消耗阳气，里亏较重，三两付难见效果，不加重既是有效果，因此当守方。

对湿的治疗在其他篇章也会讲，针对弥漫性和黏腻性来治疗，当以宣畅三焦为主，用药多辛温苦，慎用补益。少予活血有利于化湿。对于湿造成的津亏，我个人建议先化湿，中焦开了能进饮食则津液自生。对于湿造成的发热一般通过宣湿透热可解，但一些湿热黏腻，一两付药不能退烧，持续性发热往往28天左右才能平缓退热，期间不能着急退烧而猛用寒凉和重用滋阴生津。

燥为阳邪，易伤津动血，说白了就是津亏血少不能荣养就是燥，燥有热燥和凉燥之分，治燥以润。有一年犬细小病毒死亡率很高，上午发病出现呕吐，大便稀腥恶臭，记得典型的症状就是舌红绛，口内干。按照体重给予补液，有些犬在输液过程中死亡，有些输液后便血且血量大，伴有发热，基本晚上或是第二日凌晨就死亡，病程相对往年明显缩短。从舌象看属于燥热，给予中药口服，西洋参、生地、玄参、白芍、炙甘草、滑石、黄连、竹茹、黄柏、大黄、阿胶、鸡子黄，诸药合用润燥清热。接诊舌绛红，口干，呕吐，大便腥恶臭、便血等。病例11例，死亡2例，痊愈9例。

养血生津是润燥的唯一方式，养血润燥采用生脉饮方意，以西洋参、玄参、生地、白芍、炙甘草，生津增液，以黄连阿胶汤清热润燥养血，两方相合增加养血润燥的效果。要注意的是，黄连、黄柏、大黄用量不宜过多，清热化湿，生津润燥。

另外一些辛味药物，说辛能润，但是具体看看药物基本都是养血活血类药物，一些血行不畅的不能荣养，局部就可能出现燥，用养血活血方式就能缓解和治疗，而一些风润品如防风，实际并不能缓解燥而是通，叫作风药中的润剂，与同类药物相比较不那么伤阴伤津。

《黄帝内经》中记载病机十九条，要熟读，经常思考。"诸风掉眩，皆属于肝；诸寒收引，皆属于肾；诸气膹郁，皆属于肺；诸湿肿满，皆属于脾；诸热瞀瘛，皆属于火；诸痛痒疮，皆属于心；诸厥固泄，皆属于下；诸痿喘呕，皆属于上；诸禁鼓栗，如丧神守，皆属于火；诸痉项强，皆属于湿；诸逆冲上，皆属于火；诸胀腹大，皆属于热；诸躁狂越，皆属于火；诸暴强直，皆属于风；诸病有声，鼓之如鼓，皆属于热；诸病胕肿，疼酸惊骇，皆属于火；诸转反戾，水液浑浊，皆属于热；诸病水液，澄彻清冷，皆属于寒；诸呕吐酸，暴注下迫，皆属于热。"

（四）疫疠

疫疠，疫是具有传染性的意思，疠是恶疾，很严重的疾病。合起来就是恶性传染性疾病。明末医家吴又可《瘟疫论》中有对疫疠的详细描述。内经中强调疫疠是非其实而有其气。《瘟疫论》中说是别有的一种戾气，有别于六气。但从实际临床看似乎"非其实而有其气"是对的，从临床看瘟疫并没有离开六气，因为用药仍然没有离开六气。有治疫方中多有朱砂硫黄一类矿物药材，具有解除疫疠毒邪之力，但是这些方的出处多见于丹道一类，而医道似乎不用，《瘟疫论》中有达原饮，《寒温条辨》中有升降散十五方，《疫疹一得》中有清瘟败毒饮，《温病条辨》中治论颇丰，但只有丸药安宫牛黄一类开窍药物中加入朱砂一类，而安宫牛黄并不作为治疗瘟疫的要药。从这些有关瘟疫的书中看均以因势利导为主，兼以清热解毒，增液凉血等诸法，喻嘉言的疗疫原则是正确的。

（五）外伤

论对外伤的详细程度，现代医学论述详细，分类清晰，治疗方法较多，从中医角度看，不论何种外伤皆要分清寒热虚实，从治疗手段看，中医有外病内治法和内病外治法。如创伤久不愈合，那么根据体况的寒热虚实来制定方剂内服，则达到创伤愈合。一些运动系统疾病如腰部扭伤，可通过悬灸这种外治法来温经活络，达到治疗目的。当然现代的一些手术确实能解决临床上的很多问题，这也是传统医学所欠缺的。

对于动物正骨我实际操作过两次，一只比熊髋关节右侧脱位通过曲转提拉等手法进行复位，操作后走路正常，随访半年未见异常。但另一只苏格兰牧羊犬，同样髋关节脱位，但体型较大，复位失败。对于小型犬正骨复位是可行的，大型犬目前除手术外尚未找到有效的办法。

（六）虫积

虫积，作为中医角度看是一种外来的消耗性疾病，可引起很多并发症，对于很多幼犬有寄生虫感染合并传染病的，往往成活率不高，因为虫可造成正气匮乏，气血生化不足，无力抗邪，因此我认为有虫者先驱虫。虫在中医讲主要是绦虫、蛔虫、（三虫，寸白一类），原虫一类不在此范围内。驱虫药物西药更为稳妥。

有些寄生虫与其他疾病并发，常见的是绦虫与细小病毒、冠状病毒并发，由于呕吐口服这类驱虫药物往往呕吐，那么可以考虑在中药中加入雷丸、鹤虱等品，但这类药品不宜煎煮使用。驱杀效果不如西药，但能安抚，不致因药物引起呕吐（如乌梅丸）。

四、中兽医学中的基本传统诊断方法

中兽医传统诊断，是借鉴传统医学中的诊断方法，望闻问切，但问诊只能询问饲主，而饲主往往观察不细致或饲主也无法代替动物感知痛苦，因此需要加入其他诊断方法辅助诊断，在我临床中主要加入眼诊进行辅助诊断。诊断诸法，是辨证的前提，极为重要。

（一）脉诊

脉诊可以反映出病位、病性和机体的虚实。犬的特殊生理结构并不适合采取三部九侯的诊脉方法，因为犬脉诊在股动脉，下有股骨并且游离性较高，同时犬种类繁多，大小不一，大型犬可三指平布，小型犬仅布一二指，所以寸关尺三关难定，不适合三部九侯之诊，临床诊脉以整体脉法为主，过去用浮中沉对应三焦，这两年阅读一些脉学的书籍发现浮中按沉相对浮中沉更适合临床。以浮中按沉对应卫气营血四个阶段，当然卫气营血并不是具体指温病，《温热论》开篇第一段就说"辨营卫气血虽与伤寒同，若论治法则与伤寒大异"，明确说了温病与伤寒辨证方法是相同的，只是用药不同。另外脉诊虽然重要但在犬病临床上也仅仅作为参考，必须四诊合参，单靠脉诊不可定证。

宠物临床常见 24 种脉，以整体脉法为主。脉分八纲，按照表里、虚实、寒热、气血分类，八类合计 24 种脉象。

（1）表：浮。

（2）里：沉，牢。

（3）虚：软，弱，微，革，代，大。

（4）实：实，滑。

（5）寒：迟，缓，结，紧。

（6）热：数，疾，促。

（7）气：洪，濡。

（8）血：细，弦，涩，芤。

浮：按之不足，举之有余，如水漂木。为病在表。轻取。

沉：重按始得。为病在里。

牢：重按至筋骨始得。主癥疾，积聚不化，寒邪郁久。若新感病见牢脉非佳兆。

虚软：柔软无力，按之柔软，稍加力则指下全无。主阳虚气弱。

弱：轻取不到，重按始得，按之柔软。主阳虚衰。

微：细弱欲绝，似有似无，浮取可得，稍加力反无。主久病体虚，气血双亏，尤其是阳气极虚。亦有亡阳脱液之兆。

革：浮取略弦，沉取若无。主精血大伤，久病正气大伤或产后失血过多，重病或过度虚弱，以血虚为主。

代：脉有定数的停跳一次。主气血不足，肾阳亏虚。

大：脉大为虚，顶手感明显，但速度慢，一下一下，有规律。加力则脉无或力量明显大减。

实：浮沉皆得而有力为实。主痰结火实，邪盛。

滑：脉从两指间滚过。痰，食，有形之邪郁于体内，主痰郁，湿郁，饮，食郁。

迟：脉来慢。主气血不畅，或阳衰寒阻，或痰郁，火郁，食郁，气郁。凡有物质滞留不行皆可造成迟脉。迟而有力为冷痛，迟而无力定虚寒。

缓：脉速基本正常，略有软滑，脉速均匀。主正常，亦主湿阻或不足。

结：脉来迟缓停跳一次。主阴盛之病，气阻痰瘀，湿遏，及正气不足，阳气衰微。

紧：脉来笔直有力。主寒痛停滞。

数：脉来较快。主热。

疾：脉来急速，而细小。主阳极阴竭，元气将脱。

促：脉来快而时止。主三焦火炽，郁积留滞，亦可见心阳气虚衰。

洪：脉粗大而濡软。主正虚邪实，阳热亢盛，耗气伤阴。久病见洪脉多不祥之兆，预示正虚阳亢，病情恶化。

濡：极柔软而浮，略有滑象。主阳虚，阳虚不能化物。

细：指下如丝线细小，虽软弱细小但指下清晰，始终能明显摸出。主血少。若细而弱则气血不足。

弦：端直且长，有弹性，指下挺然有力，按之不移。主郁结，阳亢，凡有余治病多弦，如痰饮，悬饮等。

涩：脉来不畅，如刀重刮竹。主气血不畅，血少伤精。怀孕亦可见涩脉。

芤：浮大中空而软，如按葱管。主失血，虚火耗血。

（二）舌诊

正常舌色如粉色桃花，夏季稍红，冬季稍淡，湿润适度，舌苔薄白，舌体灵活，宽窄适中。其实目前宠物的生活条件不比人差，所以要根据环境地域来看待舌色。

诊查舌象将舌体划分如下，舌尖心肺，舌中脾胃，舌根属肾，舌边肝胆，四畔脾土。

从舌与苔看，苔查气色，舌后血疾。

从舌质颜色上分，淡白虚寒；赤绛实热。

从舌形看，舌体胖大，水湿内停；若有齿痕，多为气虚、阳虚；舌体干瘦，气血津液亏虚。舌面裂纹，或血虚或热盛或湿阻均属舌体失养。

从舌的形态看，舌体短缩，多属病情危重，寒热虚痰至极均可造成此状。舌体萎软，多气血亏虚。舌体震颤，多属于阴虚动风。舌体歪斜，多血瘀阻络。

从苔看苔薄白属于正常或病情轻或在表，舌苔厚邪入里。舌面滑，痰饮水湿。舌苔黄，内热盛。舌苔腻，湿热盛。舌苔腐，湿浊或食积阻滞。舌苔剥脱，胃气大亏，胃阴枯竭。舌体灰白无粉色多病危。味蕾圆而渐大且半透明，多为虫斑（主要是蛔虫）。

临床上往往多种舌象混杂出现，因此要仔细观察。实际上舌象反应是在表现寒热虚实表里情况，颜色的深浅无非是舌体荣养与失养的表现，也是寒热程度的不同。形态问题往往是津液多少的表现。因此动物临床上舌象仅作为诊断之一，不能作为确诊依据，所以过去提出四诊合参。不论哪种单一的诊查手段均不能确诊，需要多种诊查相结合合才有利于确诊。临床中眼诊，气味诊断同样较为重要，眼诊观察其眼部色泽和形态，参考五轮学说。气味整体上遵循"寒腥热臭"的原则，不仅仅对排泄物辨别气味，对体味的辨别也非常重要，特别是在皮肤病的诊疗上有指导意义。

五、辨证法意义

传统医学的辨证法有很多，不同的医学流派传承，所掌握的辨证法也各异。这也是传统医学难学的地方，同一个病例不同的医生站在不同的角度进行诊断，阐述，处方，最后都能治愈，所用药物也不相同。这就是因为医生流派各异辨证法各异但殊途同归。目前犬病临床常用的辨证法有如下几种，八纲辨证，五行辨证，脏腑辨证，六经辨证，卫气营血辨证，三焦辨证。实际上是空间，时间，病位，病性，归类的关系。八纲辨证法和脏腑辨证法是基础，诸多辨证法都离不开八纲和脏腑，因此要对表里寒热虚实进行记忆，要对五脏六腑功能进行背诵。另外临床要注意一个真假的问题"大实若羸状，至虚有盛候"。

（一）三焦辨证法

在辨证法这段，我主要介绍三焦辨证法，因为三焦辨证法包含了六经，卫气营血，脏腑辨证，是集多种辨证法于一身，临床较为实用。三焦按上中下三段进行分类，这涉及用药问题，按三焦用药遵循"治上焦如羽，非轻不举；治中焦如衡，非平不安；治下焦如权，非重不沉"。此用药法不分所致病邪和内外伤感均可适用。用六经定位，用卫气营血反应疾病进程，如上焦太阴肺卫与上焦太阴肺气构成表里关系，反应病由浅入深，由轻到重，同时提示病可向里传遍和向中焦传遍，上焦太阴肺气向里传遍可以造成上焦厥阴心包气分证，也即是所谓的热入心包。向中焦传遍，出现中焦阳明胃或大肠的气分证。总之传遍过程注意向里或向下的传遍。在用药上要给予预防，做到未病先防。有的时候病入营分时在用凉营增液已经来不及了。在对其治疗的时候以保证三焦通畅为要，在通畅的前提下进行适当的补益攻下。三焦通畅是前提，一切治法的目的是保证三焦通畅。若盲目的扶阳、攻下、补益、清热均会造成气血津液出现过盛或不及，都会造成三焦气机不通，病自然就不会好。在后面的内容中会讲讲卫气营血的问题，具体内容见后。

2008年10月接诊金毛幼犬一例，3个月，公，疫苗注射两次，驱虫两次，驱虫后未见虫排出，当日下午开始精神不振，嗜睡喜暖，大便溏稀水样，脏腥味明显，小便清澈，呕吐清水，不食不饮，触按腹部无痛感，并未摸到肿块异物等，呼吸均匀，心音正常，体温38.1摄氏度，四末凉，气轮青郁，血轮淡白，舌淡白，脉濡（软滑而少力）。化验细小病毒，犬瘟热病毒，冠状病毒均呈阴性。

饲主介绍，当日清晨给狗洗浴后，外出玩耍，中午回家食后过了半小时，开始呕吐食物，之后呕吐清水，下午开始精神不振，腹泻等。

根据上述内容，诊断为中焦太阴脾气分虚寒证。首先该犬呕吐腹泻为主证，以胃不受纳和脾失运化为主，因此病位在中焦太阴脾（脾胃为一家，一般热证实症取阳明胃称呼，若虚证寒证取太阴脾称呼，实际意义不大）。精神不振，嗜睡喜暖，大便水样，且有脏腥味，呕吐清水，四末凉，血轮淡白，舌淡白，且脉软滑少力，皆为虚寒之象，符合诸病水液澄澈清冷皆属于寒的病机，而从临床看有寒腥热臭的规律，脉软少力反应功能减退，虽然损伤津液但主要是由于功能衰退造成，因此诊断为中焦太阴脾气分虚寒证，那么辨证本身是灵活的，因此不需要拘泥于一些所谓的名词称呼，所以通常这个证候也叫作中焦脾胃气分虚寒证或中焦虚寒证。

治法：温中益气散寒。

定方：附子理中丸，用附子、干姜、炙甘草，温中通阳，用党参、白术、干姜、炙甘草益气健脾，整个方子从药味看辛甘化阳，因此能达到温中益气散寒的目的。

（二）五行辨证

五行辨证实际上有两个方面，一是进行生理病理与五行之间的联系，这种联系不是对等的，生理病理的一些功能或性质与五行的一些功能和特性相吻合进行归类。二是自然的变化与五行进行关联，同时与生理病理进行联系。目的是帮助阐述生理和病理的变化。五行辨证脱自五行学说，是古人观察自然变化得出的一些规律。传统医学一些学派用以对疾病和生理功能进行阐述。

五行主要强调的生克乘侮关系，目的在于说明机体各功能存在相生和制约的关系，通过这种相生和制约的关系来达到机体平衡的目的。

按照顺序，木火土金水，对应肝心脾肺肾，同时五行归类是一个庞大而烦琐的归类，包括自然与机体两大部分，对此进行细致的划分。但要说明的是划分得越细致越不利于使用。五行本身就是个朦胧产物，只能说木的一些特性与肝的一些特性相吻合，这是相对的，不是绝对的，所以不能说肝＝木，实际上都是"象，形象"。

按照生克乘侮规律，顺者相生，隔一者克，克即是乘，反克为侮。同时生克之间形成子母关系，如木生火，木为母，火为子。火生土，火就为母，土就为子。在病理上用乘侮关系阐述病理，如肝乘脾土，火乘肺金，肝侮肺金，火侮肾水等。还存在母病及子和子病犯母的关系，这就形成了谁跟谁都能发生病理关系，一脏有病五脏皆病。

在治法原则上遵循"虚则补之，实则泻之"的原则。母病及子和子病犯母就是谁有问题治疗谁。在五行治法上还有培土生金，益火补土，滋水涵木，金水相生，从木生火这些用来相生的方法，也有抑木扶土，泻火补水，培土治水，佐金平木，助火消金等制约的法则。说实话临床意义有限。且五行只能用于说理而不能叫辨证。用其理和治法可以，但作为探求病因，病性，病位，病势，所谓的五行辨证无法做到，所以五行辨证的提法，是有问题的。

同样上面的病例，辨证为里虚寒证，那么寒盛则火消，火消则培土不足。所以要益火补土，培土治水。壮火之源，以消阴翳。用方仍然是理中汤，制附片、干姜、炙甘草壮火消阴，配合党参、白术达到益火补土，培土治水的目的。所以五行中的治法是可以借鉴的，但称不上是辨证。

六、扶正与祛邪

辨证后就要立法治疗，总的原则是扶正与祛邪，如果机体已虚，那么就要扶正为主，如果在邪气盛而机体正气不衰的前提下就要以祛邪为主，兼以扶正。从《伤寒论》方剂可以学习到如何扶正祛邪，如何祛邪扶正。扶正一方面是扶持脏腑津气，一方面是扶阳。扶正的目的在于恢复脏腑津气的功能，因为用药需要靠脏腑功能协调来起效，祛邪外出需要靠津气为载体，实施宣透泻下。

注意几个问题：①不要随意使用大散、大寒、猛下的药物。这些都可散热，都可去实，用此等法必须注意脉象，脉沉下去没什么力量了，细了，微弱了都不适合单用一法，必须兼顾脉，这时候保脉是第一位的。②不要随意使用大苦、大热的药物，要注意舌色的变化，不要过伤胃气，不论寒热苦甘均能引起胃败，均能引起阳衰。③注意辛温发散也是在散热，在虚寒较重的时候辛散药就要注意用量，要以温补里虚为主，兼以发散。④对于祛痰，不能仅仅想着半夏、南星、蛇胆、贝母、瓜蒌一类，对于黏稠痰要适当地生津养阴，特别是伴有高热或高热后的咳嗽，地黄当归亦能化痰。⑤退热切勿盲目使用大寒药物，尽量通畅气机来退热，不要随意上石膏清热，石膏仅仅对气分证有效果，但如果气机不通，盲目使用则会越用体温越高，甚至狂躁，所谓的白虎汤证由于大热，大汗，腠理大开，津气大泄，才使用石膏，清热，存津，调节腠理，盲目重用则会闭塞腠理，因此仲景方也有如麻杏石甘汤，小柴胡加石膏汤等方剂，来告知后世退热不在寒在通气机。⑥对于虚弱的幼犬，滋阴药要慎重给予，从临床看很多滋阴类药物有降低血糖的作用，如枸杞、黄精、地黄。⑦对于外伤，中药外用药物油／蜜膏或是调糊，尽量包扎，有利于组织恢复。治疗外伤注意探求体质的盛衰，合理立法，内服外敷取效迅速，若忽略体质问题，则伤口久不愈合较多。⑧针灸，要注意针灸前犬的体况，包括饮食，平日性格，饲主对其针灸的态度，针灸要适当地针刺熏灸配合使用，不要单一侧重针刺。在犬病上针刺只是一种辅助治疗手段，切勿迷信所谓的一针灵。如一些瘫痪病例，肢体肌肉出现萎缩，单一靠针刺是不行的，因此必须针药结合，另外针刺手法、进针手法都是有讲究的，不是扎上去随便捻针就完事儿的。通过临床观察发现凡是先使用糖皮质激素类药物的犬，如果激素药未能控制疼痛此时采用针刺效果不佳，因阳气消耗太过所致，此时无阳可调动，则针刺无效，可考虑先行灸。上述是临床最常见到的，最容易出错的八点，特此告知。

立法是多样的，随着病情变化而变化，辨证是没有框架的，立法就没有固定的框架，所以辨证立法不能死板，病不会按照固定证候而发展。一些注意事项在后面的内容中还有补充。

七、中兽医学中的哲学——阴阳五行学说

现在有人一讲到传统医学就是阴阳五行，讲者空而无味，听者糊里糊涂。阴阳五行在中医中的建立就是为了告诉人们一个事物有两个对立面，同时万物相互之间是存在其联系的，借助阴阳五行进行分类，也就是以物比类，符合自然的规律。自然规律存在相生、相克的关系，存在生长化收藏的关系。另外，既然万物之间存在联系，那么就不要随意的杀伐。在机体而言不要胡乱切除组织和随意使用大泻大散的药物。时刻维持着相互转换、相互滋生、相互制约的平衡关系，就是阴阳五行对临床的根本意义。

阴阳五行是传统哲学理论，传统医学借用来解释疾病发生发展的关系，没有具体的实际意义，中医的词汇万千，其中如胃阳，这个阳与阴阳五行的"阳"字同而意思不完全相同，阴阳五行是一个大的范围，是广义的，因为阴阳五行包罗了一切，但是用这个包罗了一切的概念去具体解释一个问题是不现实的。胃阳的阳指功能，这个阳也包含了所谓的气，就是大功能包含小功能，胃阳虚会出现纳差、吐食、胃中痛、喜暖、得温而缓等等，这是胃功能严重不足的表现，而胃气虚则纳差，可能伴有吐食，而胃中痛，喜暖则不表现，也就是胃阳虚包含了胃气虚。

而五行实际与五脏之间存在一定联系，生于自然必定与自然多少会有联系，但是

不能用五行强行等同于五脏，五脏的一些特性，自然界的一些特性与五行有相似的地方，那么与那行相似就归类于那行，这就是基本的归类方法。同时提醒一个症状存在对立的两个面，也就是说虚实或是寒热都可能造成一个症状出现，那么就要详细分辨，如呕吐，虚实均可导致呕吐，虚的呕吐多无声，实的呕吐多声音响亮，热的呕吐多呕吐物色黄或腐臭，寒的呕吐多呕吐物清晰，不能仅仅就知道呕吐，要细化到声音、颜色、气味、黏稠度、呕吐时间等等，这样才能弄清这个呕吐到底是寒热虚实的哪种。也有精神沉郁，流涎，四肢冰冷，不能站立，体温偏低，看似一派虚像，而脉沉取却有力，有句谚语叫作"至虚有盛候，大实有赢状"，这也是反映一个事物存在对立面，不注意就容易造成危险。

广义的阴阳五行在临床使用上其实并不多，要知道其存在的意义，而没必要在阴阳五行上去钻牛角尖。对于初学者而言建议不要先从广义的阴阳五行入手，而从藏象及六淫邪气着手，先弄清中医的基本生理病理，有利于对疾病的认识。另外对于阴阳要强调一点就是在一个事物上存在对立统一的。所以中医中存在很多的不一定，并不是舌头淡白就一定是虚寒，对此都要进行全面的分析后再判断。

八、中兽医学中的体质观念

动物的体质是影响疾病发生发展及用药治疗和预后防护的关键之一，是针对个体生理病理特点，来具体分析机体对病邪的反应情况，体质本身指的是机体的结构与生理功能特性。

决定体质的因素较多，归纳起来分为先天与后天两类，两者又可相互影响。

先天因素主要指先天禀赋，这多与遗传有关，如两只身体健硕的公母犬交配后所生产的幼犬往往相对体质较好，而一胎产量少往往幼犬体质好，产量高相对体质差。这是普遍规律。目前很多所谓的微型犬，或是茶杯犬，其先天体质相对较差，如果犬没有生长到应有的大小，反而人为控制食量使用钙剂或抗生素，使公母犬体型比正常犬小50%以上，并进行交配，所繁育出的幼犬先天体质多差。气血津液先天不足，若感受病邪呕吐腹泻3～4次即可出现虚脱现象。

后天因素较多，与年龄、饮食、运动、地域、气候、人等均有关系，随着幼犬年龄增长，气血津液的不断充盈，体质也会相对增强，若期间出现疾病，造成脏腑功能失调，气血津液生化不足，则体质相对较差。后天因素中饮食对体质的影响非常大，合理的饮食，可以增强体质，反之则体质会受到影响。适当的运动可以增强脏腑的功能，增强气血的运行，增强肢体的灵活性，维持机体功能的平衡。人对犬的体质影响非常大，会发现很多崇尚运动的人喜欢饲养运动型犬，这类犬运动系统疾病相对较多，而脏腑功能疾病较少。一些上班族，饮食不固定，所饲养的犬胃肠疾病和内分泌疾病相对较多。因此人的生活习惯会直接影响犬的体质。在不同的地域气候下生活就会受到当地自然

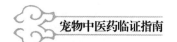

因素的影响，如南昌地区属于水中城市，多雨，湿气较重，人和动物在此环境下生存就会形成兼湿的体质，同时也容易感受湿邪。

在阅读王洪图教授的《内经》体质医学思想时有一句话总结得非常好，特引于此"人类体质是人群及人群中的个体在遗传的基础上，在环境的影响下，在生长、发育和衰老过程中形成的代谢、机能与结构上相对稳定的特殊状态。这种状态往往决定着它对某些致病因子的易感性及其所产生病变类型的倾向性。"因此弄清体质有利于诊断，医生在问诊时应对病前生活习惯和特性等进行了解。

一些反复发作的病例，如皮肤病、咳喘、慢性腹泻等反复发作，当审查体质，以皮肤病为例，如今高热量、高蛋白、高脂肪狗粮遍布全国，均仿照所谓的国外先进，但是很多地区的狗属于湿热型体质，而长时期食用高热量油腻的狗粮皮肤病就会反复，而从食物入手，改变饮食，改用低脂低热量狗粮，或配合大量蔬菜食用，很多皮肤病均有不同程度的减轻，有些反复或顽固性皮肤病由于饮食改善而康复，那么这就与体质有直接关系，营养与体质并不对等，高营养就能强壮体质也是错误的，机体追求平衡，过多的补就犯了虚实之戒。

体质分类有很多，湿热型体质，阴虚型体质，阳虚型体质，寒湿型体质较为常见。

2015年11月从云南来了两只贵宾犬，一红，一灰，同在一个环境下，同吃一款粮，而体质完全不同，红的性格外向，胆子大，舌平日多红甚至发暗，脉多弦数。而灰的性格内向，易惊吓，脉多弦软，舌平日多淡白。2014年冬季由于下雪两只狗外出感冒到当地医院治疗，受寒的前提下误用抗生素及清开灵，造成药物性肾衰，经过治疗后，肾衰康复，但胰酶缺乏，体重减轻，腹泻，每日均靠补入胰酶生活，并且体重仍然持续减轻。来南昌就诊，红的舌红暗，灰的舌淡白，脉均弦，两个体质完全不同，因此不能同用一方。红的以活血化瘀，理气和中为主。灰的则以益气健脾，疏肝理气为主，冬季适当温阳。饮食药膳也各有差异，这就是体质决定用药方向。群体化饲养是否真的适合中兽医真的很难说，除非每只动物都分出不同的体质来饲喂。如今两只狗体重恢复，饮食正常，大便正常，灰贵宾性格有所改善。

九、未病先防重在保健

保健是指在没有发生疾病前通过各种手段保持机体持久的健康。保健的意义远胜于治疗，前面提过当今医学虽然很发达，但是能治疗的疾病很有限，因此保健就显得极为重要，就要涉及保健品，特别是当下宠物保健品泛滥，中西配方的保健品均用，而很多医生虽然会建议使用某些保健品但未必了解产品。因此医生应该加强对所使用的产品进行细致的了解，合理的推荐使用才能够达到保健的作用。否则随意使用会造成严重问题。如幼犬从满月就开始补钙一直到成年，类似这样的言论越来越多，医生也是晕头晕脑，这当中不排除一些外国资料的不正当宣传。

　　传统医学对保健问题看得很重，历代认为"防大于治"，认为能有效地预防疾病出现的医生是"上工"，而只会看病，不懂得预防的，充其量是"中工"。传统医学中的保健方式有很多，而适合宠物使用进行日常保健的有药膳、药浴、锻炼、静养、按摩等等。这里主要说说药膳和药浴，这两个相对陌生，但临床上又具有重要意义。

　　药膳根据动物不同的体质，气候的变化，选择相应的药食材进行保健，来维持机体内与自然界的动态平衡，之所以选择药食材是因为既是食物又带有药性，且药力不强，相对温和，不会对机体产生强刺激，可以较长时间服用，改善机体对自然气候变化的适应能力和对疾病造成损伤的修复能力。在应对自然变化方面，可以结合农历节气，如冬至后，气候越来越冷，很多狗却一直在食用低热量狗粮，容易出现呼吸道或消化道疾病，尤其是一些小型犬，素来少食，在冬季气候寒冷需要食物充饥来摄取精微物质，以助机体脏器功能正常，维护机体温度，调节内外平衡。而少食其食物热量又低，难以抗寒，添加衣服只能保温而无法使机体产热，因此更换高热量食物才是正确的。我国本身不缺乏食材，狗粮只是方便，营养相对均衡，但不得不说其防腐剂是存在的，其中 B 族维生素的含量是否可以保证很难说，随着这些年各地宠物犬黄曲霉中毒越来越多，以及癌症犬越来越多，其长期食用品不得不怀疑一些问题。有能力的家庭应该尽量自制合理的食物供犬食用。对于患有慢性病的犬来说自制药膳最为合适，找各地执业兽医师进行诊断，摸清体质，了解家庭环境，制定合理的药膳，尽量就地取材。

　　药膳对慢性疾病如慢性呼吸系统疾病，慢性消化系统疾病，肾衰竭，皮肤病，肿瘤等都有很好的辅助调治作用。很多慢性病如果想治愈或是想改善生活质量，那么就要做到忌口，这个在动物上是很困难的，保健粮食和处方粮是无法满足的，尤其是不应该在食物中添加化学药物。对于药膳要求医生应熟悉一些药食材的药性味道及其功能，从整体出发，辨证论治，合理地开出药膳配方。对于目前的中药处方粮，应先弄清药物成分和药物量，合理的选择，并非消化问题就全部都用消化道的处方粮。另外要注意，往往因为要解决一个问题而选择相应的处方粮，会造成新问题的出现，所以成品中药处方粮要合理使用，弄清寒热虚实，作为保健慎重使用消导类药物。一个事物都有对立面，所以药膳也不例外，犬用药膳往往以粥或松软食物为主，虽然对脾胃是养护但是对牙齿确实不利，容易造成牙垢，利弊由饲主衡量。

　　药膳可分为两类，一类为保健类，一类为治疗类。保健类可以长期使用，这类药食药性不强，作用缓慢起到保健作用。治疗类是辅助治疗一些疾病，药性相对较强，不能长期使用，应定期纠偏。

　　药浴能够促进全身气血运行，温通周身，有利于气机通畅，且对皮毛有养护作用，对多系统有保健作用。每次浸泡 20 ~ 30 分钟为宜，温度应高于正常体温 5 摄氏度，犬浸泡在水里舌色正常，呼吸相对均匀或略快，没有明显的躁动现象为度，过高水温容易造成烫伤。一般疫病和极度衰弱病例及极度恐惧洗浴的犬不宜药浴。药浴后应准

备数条长浴巾，尽量擦干，然后用干的浴巾包裹犬身体，在圆形浴盆中热风隔浴巾吹干。对于体弱犬或幼犬切勿直接用吹水机直接吹干。另外要注意，药浴应在进食半小时后进行，尽量浴前排便。对于平素阴虚的犬，药浴后应给予乌梅蜂蜜水口服以快速补充津液。

药浴分类较多，犬常用的有温水浴、药水浴、冷水浴三类，其方法包括浸泡、浇淋、浸敷、冲洗、擦拭等。器具木盆和恒温瓷盆相对较好，根据目的定制相应形状，对于肢体瘫痪的病例可定制深盆或深桶。药浴可以为草药浴、精油浴、泥浴、盐浴等等，草药浴建议配药后煎煮 3 ~ 5 次取汤作浴，药渣根据具体情况可进行外敷。冷水浴水温不能过低，幼犬和皮脂分泌旺盛的犬不宜使用，老龄犬慎重，冷水浴以浇淋最为常见。浴盆 / 桶使用后应用温水和消毒剂进行消毒冲洗。

十、对《伤寒论》的学习和一些认识

《伤寒论》是经典，我们应该学习，但是学习什么，如何学习，仁者见仁智者见智，我学习《伤寒论》比较重视方证的结合。有何证必然用何方，存在因果关系。同时方与条文对应并随症的不同而加减变化药物，有利于帮助认识方子的本意和变化药物的功效。在临床中多数情况下疾病不会按照《伤寒论》的条文来发生发展，而同一条文记载的证候可能涉及多个方剂都可以解决，所以我对《伤寒论》的方子是比较重视的。《伤寒论》是一部临床著作，虽然说是治疗外感病的专著，但是其记载的方子对内科病也同样有效，机体本身就是一个整体，疾病无非是体内环境与体外环境的协调问题，所以既然《伤寒论》的方子可以治疗外感病就同样可以治疗内科杂病。

《伤寒论》的方剂被后世称作经方。探求经方的本意，是有利于临床的治疗，很多老年犬心脏病，属于心阳不足，气血瘀滞，本质是心阳不足，那么就可以施行桂枝法，兼以活血化瘀，来缓解病情维持生命，逐渐改善生活质量。法与方是结合在一起的，用什么法就确定了用方的思路。

另外要对一些条文进行分析和记忆，分析的目的在于了解仲景的用药习惯，也有利于自己对比用药学习。

整部《伤寒论》突出保胃气，存津液的思想，保胃气指脾胃之气，一方面防止药物损伤胃气，一方面防止久病胃气亏虚，因此姜草枣出现的频率是很高的，推测仲景好用姜草枣来顾护胃气。存津液方面好用人参和白芍炙甘草。汉代使用的人参生津益气，味甘性凉，是津气兼顾的要药。因此不论气虚津亏仲景皆用人参。白芍甘草酸甘化阴。同时在滋阴增液时仲景绝不单纯使用甘寒，而是加入少许辛温品让津液得以化生和敷布，典型方剂如炙甘草汤。同时对于热盛伤津的总以泄热为要来存津。类似这样的一些规律在《伤寒论》中有很多，应自己比对查找。

《伤寒论》中存在六经关系，六经是对阴阳进行分类，形成三阴三阳，用以联络协调各脏腑功能。据此演化出六经辨证，六经辨证以各经提纲为主证，同时也会有夹杂证、合并证出现。六经辨证结合脏腑辨证，弥补了脏腑辨证不能反映病程的弊端。六经辨证应对六经提纲熟悉。

太阳之为病，脉浮，头项强痛而恶寒。

阳明之为病，胃家实是也。

少阳之为病，口苦咽干目眩也。

太阴之为病，腹满而吐，食不下，自利益甚，时腹自痛。若下之，必心下结硬。

少阴之为病，脉微细，但欲寐也。

厥阴之为病，消渴，气上撞心，心中疼热，饥而不欲食，食而吐蛔，下之利不止。

上述六条为提纲，六经辨证还有经证，腑证，蓄水证，蓄血证之分。

在我看来六经辨证是对阳气多寡的辨证。从病程看初期病邪侵犯体表，而太阳经统摄体表，是机体第一道防线，若机体素有阳虚，病邪侵入肌表，正邪相争，气机郁阻，耗散津气，则出现表虚证，因此需要鼓动气血，行于肌表，达到解肌散邪的目的；若机体正气充足而外受强邪，壅滞体表，气机闭塞，耗散津气不得外出，则为表实证，治疗当宣散体表之邪。若病邪壅滞体表而未得到有效治疗或延误治疗，则会由太阳表传至太阳里，造成机体水液代谢失常，形成蓄水，若正邪交挣，伤津动血，血凝经络则出现狂躁，血瘀性疼痛等蓄血证。

若太阳表证不解，化热入里至阳明，与在里之正气交挣，发热最甚，机体各功能均处于兴奋状态，积极抗邪，在抗邪过程中会严重消耗津气，因此若不能在阳明段结束病程，继续发展则会逐渐由功能兴奋转为功能衰败，同时由侵犯功能逐渐侵犯实质，因此治疗应清热透邪，顾护津气。若机体素有食积或伤津较重，会造成胃家枯竭，食谷积留，形成腑气不通，郁热丛生，因此治疗须速通腑气。

若邪不解，则邪由阳入阴，此时段称为少阳，三阳之中少阳阳气最弱，由于病邪扰乱太阳阳明功能，造成气机郁阻，津气亏虚，阻碍气血生化，气机不畅，往往发热不持久，不猛烈，甚至阳渐入阴或阳渐出阴时发热，因此治疗在疏通气机的同时注意扶正顾护津气。在《伤寒论》三阳病主证用方，依次为桂枝汤，麻黄汤，白虎汤，大承气汤，小柴胡汤，不难看出，在少阳病中用小柴胡汤首次用到人参，目的在于顾护正气，以利于疏通气机，也从侧面说明了少阳属于弱阳。也由此开始从三阳证的祛邪扶正，转为三阴证的扶正祛邪。

少阳病不解入三阴，三阴少见高热，因正气亏虚，无力抗邪，所以邪入三阴往往损伤的是实质，如津、血、精，继而造成全身脏腑的衰败。若入太阴，影响食物的受纳和运化，气血生化无缘，各脏腑得不到滋养而衰败。若入少阴、厥阴则全身气血循环障碍和微循环障碍，气机阻滞不通，脏器不荣而衰败。《伤寒论》中的厥阴篇繁杂，此处的厥阴与《伤寒论》中的厥阴病不能等同。

从涉及的病位看太阳主要涉及体表和心肺。阳明涉及胃与大肠。少阳涉及肝胆、三焦。太阴涉及脾胃。少阴厥阴涉及心肾。解读六经辨证的方法、方式有很多，主要是受到以往学习的影响，所以理解内容各异，这也很正常。

十一、对《温热论》的认识

《温热论》为叶天士口述，其学生顾景文记录，此篇名称甚多，以下内容是通过这些年我读《温热论》并将其理论用于临床的体会和我个人对文章的理解。此篇《温热论》的底稿选自王孟英《温热经纬》中的《叶香岩外感温热篇》。选择其中30条进行讲解。

1. 温邪上受，首先犯肺，逆传心包，肺主气属卫，心主血属营，辨营卫气血虽与伤寒同，若论治法则与伤寒大异也。

（1）温邪易先伤肺，肺与心同为上焦，因此易传入心包，又因肺与心是气与血，卫与营的关系，而气血，营卫又是相互依附的，所以温邪犯肺易传入心包。从临床看，肺受邪，不仅仅是金与火的问题，从《金匮要略》"见肝之为病当先实脾"看，见肺之为病，当先实肝，肝火盛则母病及子，因此肺有热往往肝火旺，肝火旺则心火盛，心火盛则又乘肺金，肺热必加重。从临床用药上可得印证，如桑菊饮，已透散肺肝心三脏郁热。银翘散则是散肝郁，宣肺热，清心火。升降散更是以清透肝心肺三脏的郁热，符合临床用药规律，不论是风温从表而入，还是上受口鼻吸入，还是春温的邪由内发，均为脱离此三脏，肺主气，心主血，而肝为气血之脏，涉及表里气血，均可以此三脏作为治疗的门径。

（2）"逆传"二字，应与顺传相对，顺传应由上至下，由表入里，由卫入营，由气入血。"逆"也可理解为强调语气的词，引起人们重视。顺传则入胸膈，入胃腑等。按五行所述，心为火，肺为金，生理上是火克金，病理上是火乘金，逆传是金侮火。这也是"逆"的一种解释。

（3）肺主气属卫，心主血属营，气与卫，血与营，是表里关系，气血为里，营卫为表，所以后面讲，"辨营卫气血虽与伤寒同"，温病伤寒均伤营卫气血，只是表现不同。从阴阳归类看，卫与气为阳，是功能。营与血为阴，是实质。

（4）不论伤寒温病均可用营卫气血辨证，而治法则与伤寒大不同。伤寒是寒邪袭表，里阳盛衰有别，寒邪袭表，营卫闭塞，里阳盛则麻黄汤。寒邪袭表，营卫郁遏，里阳衰则桂枝汤。温病是温邪袭表，营卫郁阻，气机不疏，桑菊饮。温邪袭表，营卫热郁，气机不疏，银翘散。到后面伤寒最后亡阳较多且亡阳较重，一般多用附子干姜一类扶阳救逆药。而温病最后亡阴较多且亡阴较重，一般多用阿胶、鸡子黄一类滋阴填精药。

2. 盖伤寒之邪流连在表，然后化热入里，温邪则热变最速。未传心包，邪尚在肺，肺主气，其和皮毛，故云在表，在表初用辛凉轻剂，挟风则加入薄荷牛蒡之属，挟湿则加芦根滑石之流，或透风于热外，或渗湿于热下，不与热相搏，势必孤矣。

（1）"未传心包，邪尚在肺"，这里有个疑问就是"温邪上受，逆传心包"，"还是温邪上受，易传心包"。逆与易字音相似，这篇又是划船时叶天士口述，顾景文记录，的因此有可能是"易"而不是"逆"，从临床看也确实易传心包。所以这个"逆"我更认为是着重词。下文似乎也并没有直接提出顺传到哪。

（2）《伤寒论》中所述的太阳温病是："太阳病，发热而渴，不恶寒者，为温病。"而太阳病提纲是"太阳之为病，脉浮，头项强痛而恶寒"。太阳温病就应该是"脉浮，头项强痛不恶寒，发热而渴"。这个实际上说的是石膏证，脉浮，病在表（一些伤寒学家认为，脉浮主热，与后世李时珍的脉浮主表不同），但里有热，并且里热较重，因此才会发热而渴，并且不恶寒，发热而渴是胃中津亏的表现，不能上承与口，因此口渴。这个脉应是脉浮但重按有力，且数。是以里热为主，所以太阳温病与温病卫分证不是一回事，太阳温病与温病气分证吻合，类似麻杏石甘汤证。而越婢汤、麻杏石甘汤都是透发里热的方剂，只是外有寒而里有热，里热重于表寒，因此热重寒轻多不恶寒。温病中能否使用麻黄主要要看麻黄用量及配药，一般真有表寒闭阻，必须使用麻黄，如冬季犬瘟热初起，就经常能见到表寒闭阻，这个时候用麻黄就非常合适，麻黄用量一般不超过3g，就有效果，与方剂中的其他发散药物同用开表闭散寒效果很好，如银翘散中去薄荷换麻黄，薄荷发散力不小于麻黄，但与寒凉药物同用易伤脾胃。

（3）伤寒病在表，使表郁或表闭，阳气不能外透，是由热轻寒重向热重寒轻转变，因此由恶寒至不恶寒。郁久化热，化热则腠理开，邪由表入里。温邪其性温，使腠理开，即可入里，从热入里的速度看温邪入里快。

（4）病在肺卫，用辛凉轻剂，而此篇未给出辛凉轻剂方剂，从叶天士的几部医案来看，再结合吴鞠通《温病条辨》和俞根初《通俗《伤寒论》》看，辛凉轻剂的药物，无非是桑叶，菊花，竹叶，淡豆豉一类，吴鞠通给出的是桑菊饮，俞根初给的是葱豉汤（目前我没做过葱白入药，煎煮汤药是否会造成狗毒，仅看蒲辅周老中医用蜂蜜拌葱饲喂狗，而狗没有中毒。且葱豉汤中葱白量并不高。有待进一步验证）。均是轻清宣扬的药物，挟风加入薄荷，薄荷辛凉宣肺，醒脾提神，一般用量1~3g足矣。从宠物临床看，牛蒡子有对下颌淋巴结消肿的作用，因此牛蒡子具有辛凉疏风，清热消肿的作用。挟湿加入滑石，或六一散均可。目前鲜芦根很少能买到，鲜芦根清热生津利水，具有透散作用，因此能清热，而干芦根清热之力明显，生津利水作用及透散力较差。临床上可用鱼腥草，甘蔗汁代替鲜芦根。

（5）治热不能都用苦寒折热法，苦寒折热最易损伤中焦脾胃之气，最易造成气机郁遏，需要给热邪出路，通畅气机少佐清热，邪就可去。对于湿热利湿是必要的，但不能太过，我的经验是去湿热其药物可以多样，但用量需要减少。不能依仗一两味祛湿药物重用，这样会伤津助热。在祛湿药物中加入一两味活血药能帮助湿邪外透。见发热不能直接就用苦寒折热或用一些清热解毒药物往往热不能退而反伤正气。

3. 不尔，风挟温热而燥生，清窍必干，谓水主之气不能上荣，两阳相劫也；温与湿合，蒸郁而蒙蔽于上，清窍为之壅塞，浊邪害清也。其病有类伤寒，其验之之法，伤寒多有变证，温热虽久，在一经不移，以此为辨。

（1）清窍指口鼻耳目，风热所致，则伤津液最速，津液不能敷布周身，因此清窍干，重者皮肤泛干。湿为浊邪，最易壅塞气机，因此清窍未必干而是不通，用鼻子呼吸感到困难，同时鼻孔有灼热感。双目如有热风灌注，而见流泪，气轮多见灰蒙同时气分血丝渐多。口渴但又不多饮。

（2）伤寒和温病在发病初期由于感邪性质不同因此初起症状不同，进入中期均有栀子豉汤证，麻杏石甘汤证，白虎汤，柴胡汤证等。到了后期，由于感邪性质不同损耗不同，因此伤寒多亡阳而兼阴亏。温病多亡阴而兼阳虚。也就是阴阳离决的一种表现，阴阳失去了相互依存、相互转化的关系。

（3）此段主要讲风热和湿热的鉴别诊断。在治疗方面风热应辛凉散风，清热生津，以轻清透散风热为主，兼以生津。如加减葳蕤汤、银翘散等，银翘散中鲜芦根是生津的，而现在鲜芦根找不到可以用梨水或是甘蔗水煮后送服或取煮水果之水煎药，但梨与甘蔗用量不可过多，一般 30 ～ 50g，多了则生湿，加果汁一方面改善适口性，一方面有一定生津作用，如果热相对明显可以加入鱼腥草。湿热多用三仁汤，连翘栀豉汤等宣透湿热，湿热病以芳香宣透为主，少量佐以清热药物即可，湿热病见发热，往往高热不退，此时绝不可大量使用苦寒清热一类药物。若热重于湿，可以考虑白虎汤加桂枝苍术方或麻杏石甘汤一类，寒凉之中加入宣散，使气机通透。

4. 前言辛凉散风，甘淡驱湿。若病仍不解，是渐入营分也。营分受热则血液受劫，心神不安，夜甚不寐，或斑疹隐隐。即撤去气药，如从风热陷入者，用犀角，竹叶之属；如从湿热陷入者，犀角，花露之品渗入凉血清热方中，若加烦躁，大便不通，金汁亦可加入，老年或平素有寒者，以人中黄代之。急急透斑为要。

（1）辛凉散风，甘淡驱湿，是治疗病在卫分，若病仍不解，是渐入营分，说明了由卫入营，伤了津液，伤津液即伤了血液。出现一些热扰心神，热伤营血的症状。即卫营同病，热伤血分，重点在热伤营血。

（2）撤去气药，什么方撤去气药，《温病条辨》中的银翘散源自叶案方，因此撤去气药就应该是说银翘散撤去气药，银翘散也符合辛凉散风，甘淡驱湿的法则。气药指薄荷、荆芥这一类，这一类伤津耗血，因此营血已经伤了的时候不再使用。从风热陷入，陷入说明热盛，因此选用犀角，犀角据说是凉血最好的药物，但关键是我辈均没见过犀角入药的效果，目前用水牛角代替，一般水牛角配玄参，竹叶，干地，羚羊角。竹叶有清透热邪作用。从湿热陷入，是热相对重于湿，加入犀角花露，加入凉血清热方中，花露目前也很难买到，一般就用银花。

（3）凉血清热方，银翘散由银花、连翘、薄荷、荆芥、淡豆豉、杏仁、牛蒡子、前胡、桔梗、生甘草、芦根组成，去气药，剩下银花、连翘、生甘草、芦根，加入犀角，竹叶或犀角花露。加入凉血清热方中，凉血清热方吴鞠通提供了几个如犀角地黄汤、清宫汤、清营汤、化斑汤，俞根初提供了犀羚三汁饮、犀地清络饮等等，基本上犀角、生地、丹皮三药使用最频繁，一般凉血清热方我常用银花、连翘、竹叶用于透热，丹参、丹皮、郁金、白茅根凉血活血，西洋参、白芍、炙甘草、阿胶、干地黄生津养阴。热重加羚羊角、生石膏、玄参。湿重加入三石汤。金汁人中黄我没接触过，一般大便不通加大黄。但要注意，凉营血不可过寒，可适当加入一两味温性活血药。以制约其寒性。

5. 若斑出热不解者，胃津亡也，主以甘寒，重则如玉女煎，轻则如梨皮、蔗浆之类。或其人肾水素亏，虽为及下焦，自彷徨矣，必验之于舌，如甘寒之中加入咸寒，务在先安未受邪之地，恐其陷入易易尔。

（1）接上言，急急透斑，而斑出热不解，血分热透而营阴未复，因此生津凉营，胃为十二经之海，胃中津液干涸，十二经接受连累。用药以甘寒为主，重则用石膏、麦冬、干地、西洋参一类，如玉女煎一类的方剂。轻的可以使用梨皮、甘蔗汁一类，如五汁饮一类方剂。

（2）肾水素亏，多瘦，毛枯，舌暗红，病邪虽然没有传入下焦，但应先安未受邪之地，未病先防。治疗温病，时刻注意心脾肾三脏功能与实质的变化。肾水素亏，甘寒加入咸寒，如加减玉女煎，咸寒一类药物如玄参、羚角、知母、龟板、阿胶一类。肾水素亏是甘寒加入咸寒，咸寒药物不能过多。肾水素亏，若不坚固肾水，则病邪直入下焦，出现消瘦、肌肉肢体瞤动等症状。如犬细小病毒部分犬未病之时已经很瘦，皮包骨，但精神旺盛，且能食，二便正常，这种情况下舌色暗红，毛枯，多肾水不足，患细小后就应兼顾肾水，使用黄柏、玄参、干地、熟地清下焦热同时滋阴。这时仅仅输液，用氨基酸、白蛋白之类的是没用的。肾阴亏虚、消瘦、毛枯即使注射疫苗也往往会出现免疫失败现象。

（3）生津透热药物麦冬、天冬一类不可早用，不可大量使用，胃阳可盛不可衰，盛则能食，衰则不食。胃阳盛可用药去其盛，而衰则用药难复。

（4）温病热伤营血的时候生地使用最为频繁，因为有很好的生津透热凉血的作用，而目前药店能买到的都是干地黄，而非生地黄，干地黄生津凉血透热作用相对较差。我临床使用生津药往往用生白芍、炙甘草、西洋参，此三药生津效果较好，若胃中津亏加入天花粉，少许麦冬，频服。肝病高热不退而伤津的使用生白芍、炙甘草、西洋参配合、干地、麦冬、银花、连翘、竹叶、郁金、白茅根、丹皮，退热生津效果很好。

6. 若其邪始终在气分流连者，可冀其战汗透邪，法宜益胃，令邪与汗并，热达腠开，邪从汗出。解后胃气空虚，当肤冷一昼夜，待气还自温暖如常矣。盖战汗而解，邪退正虚，阳从外泄，故渐肤冷，未必即成脱证。此时宜令病者安舒静卧，以养阳气来复；旁人切勿惊惶，频频呼唤，扰其元神，使其烦躁。但诊其脉弱虚软和缓，虽倦卧不语，汗出肤冷，却非脱证；若脉急疾，躁扰不卧，肤冷汗出，便为气脱之证矣。更有邪盛正虚，不能一战而解，停一二日再战汗而愈者，不可不知。

（1）前言病流连在表，在卫，由卫入营伤血。此段病在气分，始终在气分，未伤血分，营阴未虚，法宜益胃，补胃之津气，以备战汗透邪，而战汗必伤营阴，因此要益胃中津气。

（2）战汗是鼓动胃中津气上透卫外，因此战汗的前提是必须营阴未虚，或说胃中津气未虚，有可战汗的资源。战汗后胃中津气空虚，不能温养十二经，胃中津气大亏，因此肤冷一昼夜，此时是胃中津气亏虚而未亡。待静养休息，等阳气来复。这也说明睡觉可以养阳。

（3）若胃中虚，营阴大伤，此时战汗，必成脱证。辨别脱证是从脉是否和缓有根来判定，若脉急数无根或是浮而急数无根即成脱证。

（4）战汗邪未透净，一二日后可再战汗。但前提是营阴必须充足。而从临床和一些医案来看一战再战的案例较少。

（5）战汗后胃中空虚可效仿桂枝汤，服后再频饮米汤，现代可给予适量补液。若是胃中热而外有寒邪，热重寒轻，可用白虎汤加桂枝，桂枝宜后下，取其香气。日常饮水后周身冒汗，是周身气机通畅。病后气机不畅，透汗需用宣透药物，如桂枝苏叶芳香宣透一类。宠物临床中使用战汗的很少，透表法却是常用之法，但透表后需要给予常温水或常温果汁。温度不能凉，冬季应给予温水或温果汁。

宠物临床中很多患大病的狗治疗回家后多睡眠，这可能就是狗的自行调节，也就是阳气来复的过程。而很多狗主怕狗睡眠中死去，因此一会喂水，一会喂食，时时呼唤，这样狗恢复得反而相对较慢。

7. 再论气分病有不传血分，而邪留三焦，亦如伤寒中少阳病也。彼则和解表里之半，此则分消上下之势，随证变法，如近时杏、朴、苓等类，或如温胆汤之走泄。因其仍在气分，犹可望其战汗之门户，转疟之机括。

（1）气分病不传血分，说明还在气分，邪留三焦说明，三焦气分失常。卫气营血是传遍的阶段，每一个阶段反映了不同的问题。三焦是具体到部位，气分与三焦不是一个层面的。在此段是说三焦气分，即三焦功能。

（2）在中医学派中对三焦认识均有不同，各家之言均有道理，所以三焦一词在中医中是比较混乱的，我取其功能而不落实具体部位。三焦为上中下三部，乃行水气之路。

（3）此段从整体看，讲如何治疗湿邪停留三焦，阻塞三焦气机的。首先提出分消上下，这个法则在《温病条辨》中运用较广，吴鞠通给出了很多分消上下的方剂。然后提醒没有固定的方剂和治法，要随证变法，不能古板用药。举出了三个代表性的药物，宣上的杏仁，畅中的厚朴，利下的茯苓，而这三药又恰恰可以相互为用兼顾上中下三焦。温胆汤，其意类似用生姜温中而宣上，用二陈竹茹除中之痰结，用枳壳宽中而导下，整体药味辛，少佐甘草以辛甘化阳而除痰湿。因此温胆汤也符合上下分消的法则。从临床看中焦湿热确实最易成痰，因此二陈竹茹用的频率相对较多。寒湿多加入干姜，热痰多加入瓜蒌皮。用药多以理气除痰为主，若是杂病多加入少许健脾益气药物。湿温病则慎用补药，并且用药宜多，而药量宜少，药轻才能透，且不伤正气，药重容易伤营血。总以通调三焦为要。

（4）战汗，湿邪阻塞气机，凡用辛温走窜温中宣上一类的药物均可使其战汗，但战汗不一定能痊愈。而辛温药物不能使用太多。

（5）宠物临床中湿热型或寒湿型犬细小病毒，湿热型或寒湿型犬冠状病毒，湿热型或寒湿型胃肠炎，湿热型肝病，湿热型肾病，寒湿性肝病，寒湿型肾病，寒湿型肺炎等均可考虑分消治法。但必须以湿邪为主的时候才可应用。

8. 大凡看法，卫之后，方言气；营之后，方言血。在卫汗之可也，到气才可清气；入营犹可透热转气，如犀角、玄参、羚羊角等物。入血就恐耗血动血，直须凉血散血，加生地、丹皮、阿胶、赤芍等物，否则，前后不循缓急之法，虑其动手便错，反致慌张矣。

（1）一般认为，卫之后言气，营之后言血。后世总结出卫气营血，说是温病的传遍顺序，但有哪一个病是按照这个传遍顺序传遍呢？无论伏气温病还是新感温病均非按照卫气营血顺序传遍。卫气、营血实际上就是按照阴阳归类而言的，卫气与营血是相对而统一的。另外伤卫之时即已伤营，营损耗严重即已伤血。

（2）在卫汗之可也，此汗非麻黄青龙之汗，而是微汗，温病的战汗即是出微汗，战汗是通阳的一种表现形式，目的在于透邪。卫分证是表有热郁，里热外透不畅，再详细一些就是肝肺热郁不畅，非闭塞不通，因此要通阳透邪，疏通疏通。温病本伤津，大汗不可取。

（3）到气才可清气，这"到""才可"告诉我们不到气分不能早用清气的药物，清气分的药物均过于寒凉容易闭塞气机，卫分热郁，给予疏通即可。若早用寒凉则凉遏气机反热不退，气机不通则死路一条。若卫气同病里热较重，则清里热的药物也不可用量过大，石膏、寒水石、三黄一类药要慎重。过量最易伤胃阳。一般卫气同病经常用银翘白虎或桑菊白虎或桂枝白虎相配。临床经常能看见犬瘟热气分病而大剂量使用抗生素和清开灵一类寒凉药物造成寒凝气机，热闭于内，扰乱心神而成狂躁。再有一些肺炎病例大剂量长时间使用抗生素和双黄连一类寒凉药物造成寒凝气机，引肺衰。

（4）入营又可透热转气，热入营分的治法有人说是清热凉营，有人说是清营透热，说法不一，我认为营分是生津凉营透热。透热转气是温病的核心治法，时刻以透热为主。药物如犀角、玄参、羚羊角。犀角、羚羊角按医书记载说其具有通透之性，药性寒凉，入心肝肺经。玄参滋阴降火先保肾阴。目前很多治疗犬瘟热或是一些猪的无名高热，或是高热不退，上来不辨证见发热就用清瘟败毒饮，有的热确实退了但过几天还热，或是一付药物下去马上寒凝。此方是治三焦大热，气血大热而营阴大伤的时候使用，而现在使用的其中生津凉血的生地都是干地，犀角也都换成了水牛角，剂量也相对较乱，因此效果本身就不理想，而石膏、三黄一类的苦寒药实际上都是在清气分热，这样一个是造成气机的闭塞热不出，二是败胃伤津，所以从网上找偏方找到清瘟败毒饮而自行使用的死多活少。

（5）入血就恐耗血动血，血热就会耗血动血，动血会出现出血。耗血首先会消瘦，然后出现心神不安，抽动一类症状。治疗采取凉血散血法，凉血是生津凉血，与凉营一样，使用生地、犀角、白茅根、板蓝根、紫草一类的凉血药物，但是目前生地不好找，都是干地，一般用石膏配干地。赤芍、丹皮一类都是活血化瘀的药物，活血能使血中热透，一般再配合一些透热药物以祛邪。活血化瘀一类相当于祛腐生新，而活血化瘀同时多加入阿胶、鳖甲一类养阴养血，以扶正。因此治疗血分，要生津凉血，活血养血。动血而出血一般不需要使用止血药物，一般用凉血活血的药物就可以了，血热下来了出血也就停了。再有肝肿大往往可以考虑凉血养血，活血化瘀，配合软坚散结和清热解毒，但清热解毒和软坚散结药物不要过量使用，多了效果不好。宠物临床中我治疗过几个心肌肥大属于血热气郁型而出现气喘的病例，采取凉血养血，活血化瘀，宣畅三焦的方法治疗，效果都很满意。再有一些犬细小病毒病例血热动血的用酚磺乙胺、巴曲酶之类的止血药物是无法止血的，必须采取凉血养血活血的办法血才能止。

（6）最后是说要考虑病在什么阶段就用什么阶段的治疗方法，否则卫分阶段使用了生津凉血的药物就会出现问题。

9. 且吾吴湿邪害人最广。如面色白者，需要顾其阳气，湿胜则阳微也，法应清凉，然到十分之六七，即不可过于寒凉，恐成功反弃。何以故耶？湿热一去，阳亦衰微也。面色苍者须要顾其津液，清凉到十分之六七，往往热减身寒者，不可就云虚寒而投补剂，恐炉烟虽熄，灰中有火也。须细查精详，方少少与之，甚不可直率而往也。又有酒客里湿素盛，外邪入里，里湿为合。在阳旺之躯，胃湿恒多，在阴盛之体，脾湿亦不少。然其化热则一。热病救阴犹易，通阳最难，救阴不在血，而在津与汗；通阳不在温，而在利小便。然较之杂证，则有所不同也。

（1）湿邪重浊黏腻，最易壅塞气机，内有湿邪壅塞，眼底黏膜，舌色，齿龈色均发白，此时化验血常规红细胞、血红蛋白等不一定偏低，而是湿阻造成，湿邪一去，气机通透，颜色即可恢复正常。临床中见到舌白，眼底黏膜白，齿龈白等要考虑顾护阳气，用药不可过于寒凉，去湿为主，热可随湿去，用药宜仿照三仁汤，藿香正气，大橘皮汤等一类方剂。三黄使用必须配以木香，厚朴，蔻仁一类流动之品，并且不可过用。若湿热之中热重于湿，茵陈，虎杖，栀子亦可使用。曾诊治一杂交犬，9岁，咳喘两周有余，到周边医院就诊，做了X光片，血常规等检查，告知为气管炎，给予头孢噻呋静脉滴入，连用三天效果不明显，给予阿奇霉素和地塞米松，静脉滴入，连用2日，药后咳喘略有减轻但开始腹泻，并且夜咳较重，转入我院，其舌色白，气轮青紫，脉弦滑少力，给予三仁汤合理中汤，一付药腹泻即止，连用5日咳喘痊愈。

（2）舌干，眼底黏膜干，毛色不光，应考虑从固护津液，除湿必用燥药，芳香药，但此类药物过用误用最伤津液，且又助热，因此使用时需要固护津液。

（3）湿阻体倦，药后湿去均可见到体倦，此时不可妄投补药，补药壅塞气机，且助热，应按前文所述，待静养一昼夜，等阳气来复，可少少给予小米薏仁粥。若真气虚，可少量给予补气药物，如在小米薏仁粥中加入少许黄芪或太子参或山药一类，以助调气。

（4）热病救阴犹易，通阳最难。救阴不在补血，不可见以虚或是伤阴马上使用当归、熟地一类药物，而是先清热生津，热去存阴，热去也才能生津，而阴伤不能再汗，即前文所说的战汗。通阳不在温，在于利小便，温能扶阳，也能耗阳，因此不能过用温药，通阳以宣通三焦为原则，采取宣上，畅中，利下之法，三焦通畅，水自上而下，若单用利下法则水之上缘不通，无法下利，有尿亦不多。因此不能用五苓八正辈利尿。

（5）杂症如血虚，多以补血药为君。又如砂淋、膏淋等病必用五苓八正辈为主方以利去。

（6）通阳不在温，而在利小便。提示了个问题，肾病从有尿到无尿，从尿清到尿浊，从病轻到病重，有尿时能补，一补往往无尿了，无尿时不能利，此时利尿则耗气伤肾，此时可以尝试宣上畅中，看看尿量和尿质。

10. 再论三焦不得从外解，必致里结。里结于何？在阳明胃与肠也。亦须用下法，不可以气血之分就不可下也。但伤寒邪热在里，劫烁津液，下之宜猛；此多湿邪内抟，下之宜轻。伤寒大便溏，为邪已尽，不可再下；湿温病大便溏，为邪未尽，必大便硬，慎不可再攻也，以粪燥为无湿矣。

（1）邪留三焦本应外透，若误用战汗之法无效，则津伤生燥易致里结。同时邪在上焦可战汗而解，三焦治法，在上宜宣，在中宜畅，在下宜利，因此里结于中，在阳明胃肠，需用下法。

（2）若温热或伤寒化热入里，邪结于阳明，既有有形之热结，也有无形热聚。有形热结应以承气汤下热存津，吴又可认为承气汤为祛邪而设，非泻下之方。无形热聚就要给予白虎汤一类。

（3）若是湿热内结于胃肠，下之宜轻，应是导法，用苍术，三仙，乌药，厚朴，枳实，大腹皮，滑石一类，宣导而下，辛温药中加入一两味凉药如黄柏，茵陈，大黄之类，若热所致，下后见便溏，即可停药，若是湿所致，用宣导法后大便干则停。

（4）有些病例大便溏稀恶臭，此时必用下法，去其在里之热毒，若用香连一类多死。若黏腻必用宣导法，凉药加入黄柏大黄即可，仅仅用宣法必死。

11. 再人之体，脘在腹上，其地位处于中，按之痛，或自痛，或痞胀，当用苦泄，以其入腹近也。必验之于舌，或黄或浊，可与小陷胸汤或泻心汤，随证治之。或白不燥，或黄白相兼，或灰白，不渴，甚不可乱投苦泄。其中有外邪未解里先结者，或邪郁未伸，或素属中冷，虽有脘中痞闷，宜从开泄，宣通气滞以达归于肺，如近俗之杏、蔻、橘、桔等，轻苦微辛，具流动之品可耳。

（1）小承气汤以中有实有热为主，宜重用大黄苦泻其实其热。而此有痞胀，疼痛，舌黄浊，舌上不燥者为湿热互结成痞，非实热所致，症状见呕吐痰饮或干呕，胃中胀痛为主症。当用小陷胸汤或泻心汤，此文说苦泻，是湿热之中热重于湿，从方看均为辛开苦泻法。

（2）若舌苔白滑，或灰白，或黄白相兼，不渴，不可乱投苦泻药物，湿重最怕苦寒泻下药。不渴说明胃中无热，胃中湿热，往往口渴但渴不多饮，少量饮水，同时往往食欲渐退，这种情况多胃中虚寒，若呕吐水饮多寒湿互结。这种情况应用辛开之法，温病治疗寒湿往往从三焦考虑，必宣上，畅中，利下，临床中这类病用紫苏，桂枝，藿佩，杏仁，蔻仁，陈皮，桔梗，苍术，厚朴等较多，药物多辛温芳香，轻苦微辛，使三焦通畅。

（3）临床中常可见到寒热湿交错的错杂症，胃中水湿停饮，呕吐清水，胃无痛感，而大便恶臭糖稀或黏稠，这类疾病就可以考虑几个泻心汤。或是加味藿香正气散。寒热药物并用。水湿重者考虑猪苓泽泻五苓散一类的利水药物。总之务必使气机通畅，稍加清热或利水即可祛邪。

12. 再，前云舌黄或浊，需要有地之黄，若光滑者，乃无形湿热中有虚象，大忌前法。其脐以上为大腹，或满，或胀，或痛，此必邪以入里矣；表证多无，或十只存一。亦要验之于舌，或黄甚，或如沉香色，或如灰黄色，或老黄色，或中有断文，皆当下之，如小承气汤，用槟榔，青皮，枳实，元明粉，生首乌等，若未见此等舌，不宜用此等法。恐其中有湿聚太阴为满，或寒湿错杂为痛，或气壅为胀，又当以别法治之。

（1）舌黄本应用下法，去在里之热邪，浊乃腹中糟粕太盛，也应用下法。但若兼有滑则提示有湿邪，光滑提示中虚而有湿邪。中虚而有湿邪不能纯用苦泻攻下法，辛开苦降兼以甘补，如半夏泻心汤中的参草枣。

（2）脐以上腹满,胀痛,此邪已入里,若舌苔黄裂,灰黄,说明里有燥热,用小承气汤,加元明粉、青皮、槟榔、生首乌一类与小承气汤药味相似。

（3）脾虚,寒湿困脾,中焦气滞均可见到腹满胀痛,此不能用下法。

（4）中兽医方剂中对于腹满胀痛的治疗相对较多,可参考用于小动物。

13. 再, 黄苔不甚厚而滑者, 热未伤津, 犹可清热透表; 若虽薄而干者, 邪虽去而津受伤也, 苦重之药当禁, 宜甘寒轻剂可也。

（1）舌上有津, 热未伤津, 犹可清热透表, 清热清气分之热, 透表辛凉宣透, 白虎银翘散, 病在气分, 虽然病在气分此时舌已渐红。若舌上滑, 津液量多, 则是湿热, 白虎苍术, 麻薏石甘汤之类, 清热透湿, 湿热病此时舌质未必红, 若红则湿热必伤营血。

（2）舌干少津, 津已伤, 病入营血, 舌质多红, 苦燥一类药物就不适合再用了, 宜甘寒之品, 前面说的玄参, 麦冬, 干地, 西洋参, 羚羊角, 水牛角, 天花粉一类, 根据具体情况选择。从临床看入营就要考虑凉血散血的问题, 先按未受邪之地, 但这类药物不能过多, 用量不能过大。

14. 再论其热传营, 舌色必绛, 绛, 深红色也, 初传, 绛色中兼黄白色, 此气分之邪未尽也, 泄卫透营, 两和可也; 纯绛鲜色者, 包络受病, 宜用犀角, 鲜生地, 连翘, 郁金, 石菖蒲等。延之数日, 或平素心虚有痰, 外热一陷, 里络就闭, 非菖蒲, 郁金等所能开, 须用牛黄丸, 至宝丹之类以开其闭, 恐其昏厥为痉也。

（1）热入营分, 舌色必绛, 深红色就是绛色, 血中水分减少, 血液浓缩颜色就是深红色, 也可以认为是津亏的一种表现, 这种舌色在肾阴虚, 心阴虚, 肺阴虚, 肝阴虚等均可见到。治疗的关键在于生津凉营, 或是生津凉血。现代医学给予输液来增加血中水分, 很快可以缓解津亏的现象, 但是热没清, 停止输液后舌色又开始绛, 补充的液体也随着代谢排出体外。中医的生津是恢复生津的功能, 通过摄入饮食转化为津液的能力, 而非吃了某些生津药物真能生出水分。而西医的生津采用的补液是暂时性稀释血液。缓解血液的黏稠度, 并非真的生津。

（2）若舌色绛, 兼有黄白苔, 说明气分未摆, 气分尚有余邪, 人的黄白苔多湿热为病, 因此不能用太凉的清气药物, 原文提示了用泄卫透营, 两和之法, 及和解表里法。也就是可以考虑使用小柴胡汤加减, 如加入石膏, 银翘散去荆芥豆豉倍元参之类, 既要透邪外出, 又要兼顾营分。桂枝汤是一个调和营卫的方剂, 其中合营是采用了白芍炙甘草酸甘化阴, 因此可以采用此法, 加入小柴胡汤中。由于黄白苔提示湿热为病, 那么湿热互结多成痰成痞,所以生姜半夏不可去。同时黄芩用量不宜过大, 一般3g为宜。

（3）纯绛色鲜, 多心包受病, 这就伤了血分, 就应该凉血散血, 不要等舌色紫暗或以成瘀在用此法，原文给了犀角，现代用水牛角代替，清热凉血，鲜生地多用干地代替，干地清热力远不如生地，加入连翘，郁金，石菖蒲一类，石菖蒲是一味辛温药，芳香温燥，具有豁痰通窍作用，有个名方叫作菖蒲郁金汤，菖蒲郁金合用就是豁痰通窍，兼能活血，对于轻度的痰热蒙蔽心包菖蒲郁金可以使用，菖蒲宣透力较强，可以防止诸多寒凉药物凉遏气机。在原文给出的药物中还可以加入羚羊角，麦冬，白芍，丹皮，丹参，玄参，西洋参，阿胶一类，根据具体情况加减使用，弥补干地和水牛角的不足，同时加入活血化瘀法。

（4）若是重度痰热蒙蔽心包，那么菖蒲郁金力量就相对不足了，此时需使用至宝丹，也可以使用菖蒲郁金竹沥一类汤药送服至宝丹，但是目前至宝丹价格高于安宫牛黄丸，并且相对难买。热重就是用安宫牛黄丸，要说明的是安宫牛黄丸最好用同仁堂的，江西樟树有个厂做的安宫牛黄丸36元一颗，做工极为粗糙，且药力太差，其中朱砂颜色相对鲜红，能把包药丸的纸染红，所以购买药物时要认清。

（5）这个昏厥，多湿热或热所致，病机十九条中有相关记载，因此急于清热，然后生津养血，痉证多热灼或血虚所致。

（6）治疗温病的时候一定要判断一下心阳是否旺盛，原文中的平素心虚有痰，这个心虚指的就是心阳虚。如果平素就是心阳虚，那么治疗温病时就要时刻注意。所以对于平素心阳不足而外感温病的可尝试从桂枝汤加减入手。

15.再，色绛而舌中心干者，乃心胃火燔，劫烁津液，即黄连石膏亦可加入。若烦渴烦热，舌心干，四边色红，心中或黄或白者，此非血分也，乃上焦气热烁津，急用凉膈散散其无形之热，再看其后转变可也。慎勿用血药，以滋腻难散。至舌绛望之若干，手扪之原有津液，此津亏湿热熏蒸，将成浊痰蒙蔽心包也。

（1）舌绛中干，心胃火盛，劫烁胃津，损耗心阴。在清营生津透热之中加入黄连石膏，增强清泻心胃热毒。黄连味极苦而燥，临床中我一般使用栀子、竹叶、连翘、玄参等代替，若心胃热盛可用大黄。

（2）舌红中干黄或白，见烦热烦渴，乃上焦气热烁津，用凉膈散散无形热盛。原文说此非血分也，但在临床上，见舌红其热以伤营血。提出的凉膈散也是上清下泻的方子，因此是中焦热盛，热灼营血，即会见到烦渴烦热。

（3）慎勿用血分药，是指不能使用熟地、阿胶一类滋腻补血药。

（4）舌绛望之若干，津亏，手扪之原有津液，为湿热熏蒸，此时气轮多蒙浊不透亮。将成浊痰蒙闭心包，治疗应先化浊开痰，至宝丹一类，轻者可考虑菖蒲、郁金先开湿闭透热，而后辅以芳香透热生津之品。

16.再，有热传营血，其人素有瘀伤宿血在胸膈中，挟热而抟，其舌色必紫而暗，扪之湿，当加入散血之品，如琥珀，丹参，桃仁，丹皮等。不尔瘀血与热为伍，阻遏正气，遂变如狂，发狂之证。若紫而肿大者，乃酒毒冲心；若紫而干晦者，肾肝色泛也，难治。

（1）热入营血，本损津耗血，易成瘀血，而其人素有瘀伤宿血而阻滞胸膈，则瘀血之证必重，因此舌色紫而暗，治疗当加入散血之品，见此等舌，临床还是以活血化瘀为主，兼用凉血生津清热透热之法。活血药物如琥珀，丹参，桃仁，丹皮一类。

（2）若不用此法瘀血与热相合，阻遏气机不通，邪无出路，则扰心神，而见狂躁，发狂之证。从病机十九条中看，狂躁证与火与热有关，因此清热透热泻热为要，同时要活血化瘀，潜阳开结。活血化瘀药物应以选用虫类药物为主，药力猛，如水蛭，土鳖一类。潜阳多重镇安神之品，只能起到辅助作用，见到狂躁不能以重镇安神之品为主药，否则会越来越狂躁，因重镇安神之品均有阻遏气机之弊，重镇安神多以龙骨牡蛎为主。血瘀成结，因此要开结，我最常用的就是醋鳖甲。

（3）若舌色紫而干晦，病在下焦，病情危重，难治。治疗一般凉血开郁解毒，活血化瘀开结，养血生津益气。

17. 舌色绛而上有黏腻似苔非苔者，中挟秽浊之气，急加芳香逐之。舌绛欲伸出口，而抵齿难骤伸者，痰阻舌根，有内风也。舌绛而光亮，胃阴亡也，急用甘凉濡润之品。若舌绛而干燥者，当生疳也；大红点者，热毒乘心也。用黄连，金汁。其有虽降而不鲜，干枯而痿者，肾阴涸也，急以阿胶，鸡子黄，地黄，天冬等救之，缓则恐涸极而无救也。

（1）秽浊在舌苔上的反应是似苔非苔，舌上有黏腻的物质。

（2）舌难伸出，痰阻舌根，有内风也，内风血虚所致，血虚而有瘀，其痰阻就是瘀所致。并非咳嗽之痰，其用药治疗也都是以养血活血化瘀通络为主，其中所谓的化痰药物并非贝母瓜蒌而是蜈蚣蝎子一类。

（3）舌绛而光亮，必有湿热，热盛于湿，胃中津液被灼而黏稠，口中唾液黏滑布于舌表因此见光亮，急用麦冬一类甘寒之品润燥生津，有稀释作用，一般是在甘寒濡润之中加入化痰药。

（4）若舌绛而干，真是胃阴亡之象，疳是胃阴亏虚而形体消瘦的一种脾胃病，治疗仍然以甘寒濡润之品为主，生津润燥，清营凉血。

（5）若舌绛而干有红点芒刺一类，是热毒乘心，就是热毒攻心，用黄连金汁，金汁目前已经不用了，黄连苦寒败胃，温病初期可能使用黄连还能承受，但若是温病逐渐发展而成，用黄连多服后呕吐。清热解毒，凉营透热，活血化瘀。用板蓝根、蒲公英一类，久病尽量避免太苦的药物。

（6）绛而不鲜，干枯而痿，说明肝肾阴亏十分严重，急用阿胶、鸡子黄、生地、天冬等救之，不过前提是必须在清热凉营活血化瘀之下配合使用这类药物。用此法前可先给予补液。否则此时单靠服用药物也很难挽救。犬温病后期常见此等舌色。

18. 再，舌苔白厚而干燥者，此胃燥气伤也，滋阴药中加入甘草，令甘守津还之意。舌白而薄者，外感风寒也，当疏散之。若白干薄者，肺津伤也，加麦冬、花露、芦根汁等清轻之品，为上者上之也。若白苔绛底者，湿遏热伏也，当先泄湿透热，防其就干也；勿忧之，再从里透于外，则变润矣。初病舌就干，神不昏者，急加养正透邪之药；若神已昏，此内匮矣，不可救药。

（1）舌苔的薄厚取决于胃中浊气的盛衰，干燥与否取决于胃中津液的盛衰。

（2）舌苔白厚而干燥，说明胃中浊气盛且胃中津亏，此胃燥气伤也，滋阴药中加入甘草，令甘守津还之意。滋阴药指麦冬，生地，天冬，人参一类，有个方子叫三才汤，到了胃中津亏的时候整体已经津虚，在这基础上加入甘草，甘寒育阴，甘寒育阴法是温病中常用的方法，我在临床中一般再加入生白芍，酸甘化津。这时候我一般将生甘草和炙甘草同用，炙甘草甘润，润燥。生甘草甘凉，清解。同时加入内金，以和胃气。

（3）舌白而薄者，外感风寒也，当疏散之。舌质淡白，薄白苔，气轮青郁，脉浮不数，浮弦浮紧，此为风寒外感，当用疏散之品，辛温疏散，如桂枝，生姜，紫苏，羌活一类，仿桂枝汤，杏苏散，九味羌活饮等。

（4）若白干薄者，肺津伤也。苔白而干，肺胃津亏，加麦冬，花露，芦根汁。花露，芦根汁，难找，用沙参，麦冬，银花，生甘草代替。

（5）上者上之，是治法，病在上用宣上法，不能用大黄一类泻下。

（6）舌绛苔白，口中滑，见脉滑，气轮蒙浊，湿遏热伏也，治疗宜开畅三焦，凉营散血。药量不能过重。

（7）从里透外则变润矣。犬瘟热中后期鼻头脚垫干硬，有人用甘油一类外涂于鼻头脚垫防止干硬，这是没有道理的，其干硬是内热所致，所以透热凉营生津是关键。

病初期舌就干在治疗时，时刻注意凉营散血，现今可以输液，基本上按原则用药的也少，如果真遇到病初起舌干的上来就输液也不是什么坏事。但若不是，尤其是湿病，初起输液那就要出问题了。原文说的养正药如三才汤，生脉饮一类。

19. 又，不拘何舌色，上生芒刺者，皆是上焦热极也。当用清布拭冷薄荷水揩之，即去者轻，旋即生者险矣。

（1）不拘何舌色，上生芒刺，皆是上焦热极，这有待商榷，而且后面用外治法治疗其效果难料。首先，舌上芒刺者为热极是多见的，有心肺热极，也有胃热极，治法类似，上病下治，清热凉血解毒是必用法则。我认为此时生大黄和生甘草是必用药物。再者舌生芒刺虽为里热但并不一定显现，或症状不明显。

（2）用冷薄荷水擦拭，薄荷有促进皮表血液循环的作用，又有一定开腠理的作用，但是用此法只能治标，后世有用青黛外敷的，也多为治标，但终究是里热盛，因此导热外出是正法。用牛黄解毒丸含化。

另外饮食积滞造成胃热也会有芒刺，用大黄、莱菔子一类导滞即可，但是热极的舌生芒刺伴有疼痛，而饮食积滞则无痛感。

20. 舌苔不燥，自觉闷极者，属脾湿盛也。或有伤痕血迹者，必问曾经搔挖否，不可以有血而便为枯证。仍从湿治可也。再，有神情清爽、舌胀大不能出口者，此脾湿胃热，郁极化风，而毒延及口也，用大黄磨入当用剂内，则舌胀自消矣。

（1）胸闷喘极或胸闷烦躁而舌苔不燥，或反滑，舌边有齿痕，此为脾湿盛。

（2）湿盛或湿热阻滞气机，血络失养而出现内风，因此湿盛或湿热可造成皮肤瘙痒，此时舌是滑的或是舌边有齿痕的，体型多胖。血燥皮肤干枯也会产生内风，造成皮肤瘙痒，抓挠出现血痕，而血燥舌体多干瘦，色红绛，同时体型多瘦，能吃能喝不长肉。英国斗牛犬等肥胖犬的瘙痒症可考虑湿与燥的关系，衡量用药。

（3）这些舌苔不燥，或滑，舌边有齿痕，舌宽等均可从湿治疗，三仁汤，普济消毒饮一类，原则是宣气活血。

（4）舌胀大不能出口是湿热所致，在宣气活血除湿的前提下加入生大黄粉，以泻胃热，升降散加减均可。

（5）从此可知用大黄消肿效果明显。

（6）脾胃湿热，郁极化风，若不在口而在经络或在脑则动风有抽动症状，脾胃虚寒气血不能上荣癫顶而出现癫痫抽动，按照一分为二的思想，脾胃湿热，郁极化风，其抽动应相对剧烈。治法应参考薛雪《湿温条辨》。

21. 再，舌上白苔黏腻，吐出浊后涎沫，口必甜味也，为脾瘅病，乃湿热气聚，与谷气相抟，土有余也，盈满则上泛，当用省头草芳香辛散以逐之则退。若舌上苔如碱者，胃中宿滞挟浊秽郁伏，当急急开泄；否则，闭结中焦，不能从膜原达出矣。

（1）舌上白苔黏腻，呕吐黏稠浊液，甚至流涎，为湿热与谷气相合所致，叫脾瘅病。

（2）瘅，《说文》中为"痨病"，作形容词为"盛"。也就是说口中唾液较多流涎，湿聚热蒸，再与谷气相合呕吐多黏稠。

（3）土有余，往往土有余则水不足，但此为水有余而土不足。因此治疗是利水而健脾。

（4）省头草，就是佩兰叶，芳香宣散之品，提示芳香化湿法，宣散湿邪，但与谷气相合则应配合少许三仙一类消谷药物有助于宣散湿聚，若热重则配合少许黄连大黄，辛开苦降。需要提醒的是虽有湿不能用白术、黄芪、党参等益气健脾药，服后多吐。

（5）舌上如碱者，多口臭，舌色红，大便正常但气味臭，多开泄阳明腑，给予大黄，莱菔子，枳实一类。癫痫，咳喘，皮肤病见此舌，且味道重者均可先用此法。

（6）见湿热互结壅塞中焦，上下不通危候易见。此时不应大量补液，若必须补液

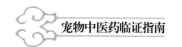

应缓慢滴入，否则徒增水湿，加重气机壅塞。

22. 若舌无苔而有如烟煤隐隐者，不渴，肢寒，知挟阴病；如口渴，烦热，平时胃燥舌也。不可攻之。若燥者，甘寒益胃；若润者，甘温扶中。此何故？外露而里无也。

（1）舌暗绛红泛黑，口不渴，肢寒，津亏气弱，津液亏少不能容血，血稠色绛，泛黑肾阴虚极或肾阳独盛至极，气弱功能低下，反应迟钝，津亏不能饮水自救，不能行阳温照四肢；若舌润则夹湿，甘温扶中，甘温复胃阳以生津液。如以干姜、白芍、炙甘草、大枣为主，甘温生津补虚，兼以桂枝、生姜行阳散血。若舌干不润，炙甘草汤加减，侧重生津兼以益气散血。

（2）舌暗绛红泛黑，口渴，烦热，里有郁热而伤津，伤津而口渴能饮水自救，其气不衰，虽有烦热，不能攻下损伤未衰之气，而应，甘寒益胃生津，兼以透热散血，甘寒益胃生地、玄参、沙参、麦冬、白芍、炙甘草、石膏等类，透热散血栀子豉与丹皮、丹参等类。亦可考虑知柏、地黄丸汤善后，扶阴抑阳。

（3）此条告知不能见舌绛红就凉血散血，应先弄清本质寒热虚实。

很多心脏有问题的狗舌绛红，用丹参等凉血散血药后效果不理想，反有病情加重的倾向，反而给予桂枝，一类温散行阳的药就有明显缓解，这就说明体质区别。如果是温病热耗所致津亏，舌暗绛红，那么应该予以二丹、生地一类生津凉血散血药。

23. 若舌黑而滑者，水来克火，为阴证，当温之；若见短缩，此肾气竭也，为难治，欲救之，加人参，五味子，勉希万一。舌黑而干者，津枯火炽，急急泻南补北；若燥而中心厚者，土燥水竭，急以咸苦下之。

（1）舌黑而滑，寒湿内盛，为阴证，当温三焦阳气并以散血养血利湿。重则苓桂姜附辛归芎鸡血藤一类。轻则金匮肾气也可治。

（2）若见舌短，舌黑，肾气竭，为难治，人参，五味子仅用此二味或是生脉饮恐难救治，拟参、姜、附、桂、山药、五味子温敛肾气。鲜山药大量补给。

（3）舌黑而干，津枯火炽，此热耗津液，血液受灼所致，急用大黄、黄连、阿胶汤泻热补阴。

（4）若舌燥而中心干且有厚苔，胃燥津亏，糟粕积聚，多腹满而痛。以咸苦下之，增液承气汤一类。

（5）舌黑而滑，寒湿内盛，在冬季的宠物临床中遇到过几例，舌黑是青紫无光，牙关紧闭，齿龈惨白无光，流涎，瘫软无力，大便失禁，低温，脉沉无力或浮而无力兼有滑象。给予苓桂姜附辛归芎参草。一般一付药后体温能恢复正常，诸证消减。

24. 舌淡红无色者，或干而色不荣者，当是胃津伤而气无化液也，当用炙甘草汤，不可用寒凉药。

（1）舌质淡红，舌苔无杂色，或舌干而不润，是胃津气亏虚，当用炙甘草汤。

（2）胃气虚参草枣必备，胃津不足多以地冬为主，若机体津亏多以地芍、五味、山茱萸为主。同时津液的由来需胃阳气化，因此在大队生津药中辅以姜桂生化津液，并通气机，不至于生津助湿或壅塞气机。

（3）不可用寒凉清热泻下药物伤胃阳。

25. 若舌白如粉而滑、四边色紫绛者，温疫病初入膜原，未归胃腑，急急透解，莫待传陷而入为险恶之病。且见此舌者病必见凶，须要小心。凡斑疹初见，须用纸捻照见胸背、两肋，点大而在皮肤之上者为斑；或云头隐隐，或琐碎小粒者为疹。又，宜见而不宜见多。按：方书谓斑色红者属胃热，紫者热极，黑者胃烂。然亦必看外证所合，方可断之。

（1）舌苔白厚而舌质紫绛是热邪灼血，湿阻气分，热外透不利的一种舌象。见到此等舌色应以透解之法，但要注意宣透不能伤了津血，宣透同时配合活血凉血。在杂病中特别是心脏病、肾病中常能见到。

（2）入营血则生斑疹，透解应在凉血活血养血生津的前提下透解，换句话说是要有透邪外出的资本。

（3）皮肤见斑疹热邪向外发散，这在犬瘟热中时能见到，忌用大苦大寒。同时如果皮下斑疹成片量大应查舌观脉，不应用止血药物，若热盛则从凉血治疗，若虚寒则从心肝脾治疗。血热妄行当凉血，散血，透血中热。脾不统血则健脾养心疏肝而理血。

26. 然而，春夏之间，湿病俱发，疹为甚。且其色要辨。如淡红色、四肢清、口不甚渴、脉不洪数，非虚斑即阴斑。或胸微见数点、面赤足冷，或下利清谷，此阴盛格阳于上而见，当温之。

（1）从多处条文可知，叶天士口述的这篇文章虽后人定名为《温热论》，实际并非仅仅论述温热，是寒湿热同论，而且是对比性论述。

（2）湿病发疹，先辨别疹色，疹色淡红，四肢凉，口不渴，脉不洪数，或脉浮数而无力，此为虚斑。

（3）若是胸见微疹，面赤足冷，下利清谷，上热下寒，浮火不得下沉，为阴盛格阳。均用温法治疗。

（4）传统诊断疾病除了靠脉舌外，对机体和分泌物排泄物的颜色、气味、形态等均要加以分析，结合脉舌做出诊断。这点和西医过去的诊断基本一样，只是考虑问题的思维不一样。

27. 若斑色紫，小点者，心包热也；点大而紫，胃中热也。黑斑而光亮者，热胜毒盛，虽属不治，若其人气血充者，或依法可治之尚可救；若黑而晦者，必死；若黑而隐隐，四旁赤色，火郁内伏，大用清凉透发，间有转红成可救者。若夹斑带疹，皆是邪之不一，各随其部而泄。然斑属血者恒多，疹属气者不少。斑疹皆是邪气外露之象，发出颐神清爽，为外解里和之意；如斑疹出而昏者，正不胜邪，内陷为患，或胃津内涸之故。

（1）斑色紫，斑小，心包热，病在血分，清营凉血透斑。斑色紫，斑大，病在气分，清气凉营透斑。我个人觉得意义不大，能出斑热必是入血分，应凉营血透斑为主，至于在血还是在气实际上就是石膏和大青叶的问题。仿照《疫疹一得》的清瘟败毒饮即可，但临床使用需要加减

（2）热越重色越深。见色深就可以使用凉血活血的方法，但要注意光泽，如舌色紫，色均匀，无层次变化热在里，可用丹参、丹皮、郁金、生地一类凉血活血药物。如果舌色紫，有层次感，是里有虚或寒热并存，治疗应以桂枝汤配辛温清热并用。同时切勿陷入某一脏的辨证中。

（3）治疗斑疹主要三个方面，一是保住胃气，气血才能生化。二是存津液，津液是交通各脏腑组织的联络者，津液亏虚各脏腑组织就会失常。因此生津凉营是关键。三是散血养血，既要凉血活血，又要养血生新。凉血降血热防止迫血妄行，凉血才能止血。活血才能化瘀，使离经之血散开。养血有新血产生祛腐生新。

（4）宠物临床中发斑疹的疾病除了一些皮肤病和犬瘟热、暑病外，其他疾病尚未见到发斑疹的症状。对于紫癜、钩体病目前尚未见到。

28. 再，有一种白陪小粒如水晶色者，此湿热伤肺，邪虽出而气液枯也，必得甘药补之。或未至久延，伤及气液，乃湿郁卫分，汗出不彻之故，当理气分之邪；或白如枯骨者多凶，为气液竭也。

（1）白陪，原文是广下有个音，读 pei 一声。是白疹的意思。湿热聚于皮表形成的一种感觉白疹。

（2）湿热伤肺，肺宣散失常湿热聚于皮表。当宣散透达湿热，但宣散透达的前提是必有充足的津液，若津液不足宣散透达则反伤津气，严重者津气枯竭，必用甘药补之，如桂枝汤中的芍草枣，以固津气。

（3）若用宣透法或若用汗法当先查津气，津气不亏则可发汗，若津气亏虚不可发汗，津气亏与不亏查脉舌、气轮及皮毛，若脉兼细或少力或濡软或无根，舌干或舌上不鲜或舌瘦，气轮干涩，皮毛枯燥，均属于津气亏虚不可用汗法，慎用宣透。一般宣散与生津并用。仿照桂枝汤方义。

29. 再，温热之病，看舌之后，亦须验齿。齿为肾之余，龈为胃之络。热邪不燥胃津，必耗肾液；且二经之血皆走其地，病深动血。结瓣于上。阳血者色必紫，紫如干漆；阴血者色必黄，黄如酱瓣。阳血若见，安胃为主；阴血若见，救肾为要。然豆瓣色者多

险，若证还不逆者尚可治，否则难治矣。何以故耶？盖阴下竭，阳上厥也。

（1）看舌是诊治温病的重要手段之一，通过看舌可以知道全身气血的运行情况，病邪的性质和盛衰，胃气的存亡，津液的多寡。因此舌诊在临床中极为重要。

（2）看舌之后看齿看龈，齿龈糜烂，红肿，当清胃火凉血散血生津，牙齿如枯骨无光，当滋肾阴。

（3）紫血，是血色深暗，并非紫色，重用大黄，去年我见过一个齿龈肿痛、流血的饲主，血色就是暗紫色的，而且口臭，给予熟大黄、黄连、黄柏、丹皮、丹参、生甘草口服，并漱口，吃了两次，血止，痛止。黄血目前尚未见过。

（4）温病伤津耗血，肾阴枯竭，此多死，不论输液还是给予血浆全血，或是口服胶类成活率都不高。所以需要步步顾护津液。吴鞠通《温病条辨》列举了温病死法的五条大纲，可以参考一下。

30. 若咬牙啮齿者，湿热化风，痉病。但咬牙者，胃热气走其络也。若咬牙而脉证皆衰者，胃虚，无谷以内荣，亦咬牙也。何以故耶？虚则喜实也。舌本不缩而硬，而牙关咬定难开者，此非风痰阻络，既欲做痉证，用酸物擦之即开，木来泄土故也。

（1）咬牙啮齿，前提是热伤营血后出现咬牙啮齿，是湿热化风的痉病。高烧时猛用寒凉药也能造成湿热化风。

（2）咬牙是胃热所致，脉若无力，则是胃虚。但是咬牙而见到脉弱无力的，说是胃虚，我目前没见到。

（3）牙关不开，用酸物擦之。这可能是酸味的东西对口腔有刺激性。我用醋和十滴水都尝试过，都可以使牙关紧闭的犬恢复吞咽功能（要说明的是这类犬的病例最后多死，但是要不断尝试，作为医学这种没有顶端的学科，只有不断尝试才能有突破，如果尝试几次就放弃了，果断地说没得治，这可不是一个正常医生该有的想法）。

十二、《薛生白＜湿热论＞》读书笔记

薛生白湿热病其实看着很累，因为这篇文章，注解的人也不少，但都是逐句注解，字体忽大忽小，看着很是费劲，本片选择章虚谷及王孟英注释为主，选择有意义的注释为主，王孟英注释为"雄按"，章虚谷注释为"章按"，并附个人读后认知，我自己的认知用"释"做开头。

1. 湿热证，始恶寒，后但热不寒，汗出胸痞，舌白或舌黄，口渴不引饮。

自注：此条乃湿热证之提纲也。湿热病属阳明太阴经者居多。中气充实则病在阳明，中气虚则病在太阴。病在二经之表者，多兼少阳三焦，病在二经之里者，每兼厥阴风木，以少阳厥阴同司相火，阳明太阴湿热内郁，郁甚则少火皆成壮火，而表里上下，充斥

肆逆，故是证最易耳聋、干呕、发痉、发厥。而提纲中不言及者，因以上诸证，皆湿热病兼见之变局，而非湿热病必见之正局也。始恶寒者，阳为湿遏而恶寒，终非若寒伤于表之恶寒；后但热不寒，则郁而成热，反恶热矣。热盛阳明则汗出，湿蔽清阳则胸痞，湿邪内盛则舌白，湿热交蒸则舌黄，热则液不升而反口渴，湿则饮内流而不引饮。然所云表者，乃太阴阳明之表，太阴之表，四肢也，阳明也；阳明之表，肌肉也，胸中也。故胸痞为湿热必有之证，四肢倦怠，肌肉烦疼，亦必并见。其所以不干太阳者，以太阳为寒水之腑，主一身之表，风寒必自表入，故属太阳。湿热之邪，从表伤者十之一二，由口鼻入者十之八九。阳明为水谷之海，太阴为湿土之脏，故多阳明太阴受病。膜原者，外通肌肉，内近胃腑，即三焦之门户，实一身之半表半里也，邪由上受，直趋中道，故病多归膜原。要之湿热之病，不独与伤寒不同，且与温病大异。温病乃少阴太阳同病，湿热乃阳明太阴同病也。而提纲中言不及脉者，以湿热之证，脉无定位，或洪或缓，或伏或细，各随证见，不拘一格，故难以一定之脉，拘定后人眼目也。湿热之证，阳明必兼太阴者，徒知脏腑相连，湿土同气，而不知当与温病之弊兼少阴比例，少阴不藏，木火内燔，风邪外袭，表里相应，故为温病。太阴内伤，湿饮停聚，客邪再至，内外相引，故病湿热。此皆先有内伤，再感客邪，非由腑及脏之谓。若湿热之证，不夹内伤，中气实者，其病必微，或有先因于湿，再因饥劳而病者，亦属内伤挟湿，标本同病。然劳倦伤脾为不足，湿饮停聚为有余，所以内伤外感，孰多孰少，孰实孰虚，又在临证时权衡矣。

注释：

（1）湿热证，始恶寒，后但热不寒，汗出胸痞，舌白，口渴不引饮。

释：首先介绍了湿热证的初期发病过程，先恶寒，后不恶寒而恶热，汗出胸痞，动物汗出表现在鼻头的湿润程度，而胸痞为自感症状，动物症状表现不明显，但往往精神呆滞，舌白，另有版本为舌白或黄，这里说的舌是舌苔的表现，舌质多淡或淡红，或淡白，或淡粉色。口渴不引饮。注意，这个口渴不引饮是很关键的表现症状，有口渴感但是想喝水又喝不下去，在犬病上能见到口渴饮水，但是舔水很长时间，不见水少，反而水黏稠或是白沫较多，均为口渴不引饮，口内热，自感黏腻，通过水涮洗舌头。见这样的症状，临床考虑按照湿热病治疗，王孟英：说甘露消毒丹最妙。在动物临床中遇到此等情况我使用甘露消毒饮效果确实好，舌苔白或黄，口渴不引饮，是我使用甘露消毒饮的必有症状之一。

（2）湿热病属阳明太阴经者居多。

章按：阳明经指足阳明胃经，太阴经指足太阴脾经。湿热病多围绕脾胃经致病为主。

（3）中气充实则病在阳明，中气虚则病在太阴。

章按：外邪伤人，必随人身之气而变。如风寒在太阳则恶寒，传阳明即变为热而不恶寒。今以暑湿所合之邪，故人身阳气旺即随火化而归阳明，阳气虚即随湿化而归太阴也。

（4）病在二经之表者，多兼少阳三焦，病在二经之里者，每兼厥阴风木，以少阳厥阴同司相火，阳明太阴湿热内郁，郁甚则少火皆成壮火，而表里上下，充斥肆逆，故是证最易耳聋、干呕、发痉、发厥。

章按：少阳之气由肝胆而升，流行三焦，即名相火。《经》曰：少火生气，壮火食气。少火者阳和之生气，即元气也；壮火为亢阳之暴气，故反食其元气。食尤蚀也。外邪郁甚是阳和之气悉变为亢暴之气，而充斥一身也。暑湿之邪，蒙蔽清阳，则耳聋；内扰肝脾胃，则干呕而痉厥也。

（5）而提纲中不言及者，因以上诸证，皆湿热病兼见之变局，而非湿热病必见之正局也。

章按：必见之证，标于提纲，使人辨识，不致与他病混乱。其兼见之变证，或有或无，皆不可定，若标之反使人迷惑也。

（6）始恶寒者，阳为湿遏而恶寒，终非若寒伤于表之恶寒。

章按：湿为阴邪，湿遏其阳而恶寒，即与暑合，则兼有阳邪，终非始寒邪之纯阴，而恶寒甚也。

释：这是鉴别湿热所致的恶寒与伤寒所致的恶寒机理上的区别。湿热证之恶寒，是阳被湿遏，阳气不能透达于表，是皮表感觉冷，但里有热，是加衣添被则热，而不盖又冷，出现矛盾现象。伤寒之恶寒，是喜暖，加衣添被甚至都不能缓解其寒。

（7）后但热不寒，则郁而成热，反恶热矣。

雄按：后则湿郁成热，故反恶热，所谓六气皆从火化也。况与暑合，则化热尤易也。

（8）热盛阳明则汗出，湿蔽清阳则胸痞，湿邪内盛则舌白，湿热交蒸则舌黄，热则液不升而口渴，湿则饮内流而不引饮。

章按：以上皆明提纲必有之证也。

释：汗与汗也有区别，正常之汗为水样，无油腻感。而湿热热盛蒸湿则为油腻之汗。犬正常口内是湿润的，用手扪之无黏滑感，如手指蘸吸水的海绵。湿热病犬口内黏滑，口水呈现不同程度的黏滑现象。

章按：热在湿中蒸湿为汗。

释：湿蔽清阳则胸痞，胸痞为自感症状，观察动物较为困难，但多为呆滞，纳差，干哕。热则液不升而口渴，湿阻郁热，津液不能上承，且消耗津液。湿热证亦有伤津的情况。湿盛饮内流而不引饮，是说湿邪盛，水饮内流，感觉不到口渴，属于痰湿水饮一类的现象。

（9）然所云表者，乃太阴阳明之表，而非太阳之表。太阴之表，四肢也，阳明也；阳明之表，肌肉也，胸中也。

章按：湿热邪归脾胃，非同风寒之在太阳也。四肢禀气于脾胃，而肌肉脾胃所主，若以脾胃分之，则胃为脾之表，胸为胃之表。

（10）故胸痞为湿热必有之证，四肢倦怠，肌肉烦痛，亦必并见。

章按：此时热在脾胃之表证也。

（11）其所以不干太阳者，以太阳为寒水之腑，主一身之表，风寒必自表入，故属太阳。湿热之邪，从表伤者十之一二，由口鼻入者十之八九。阳明胃水谷之海，太阴为湿土之脏，故多阳明太阴受病。

释：此段是说伤寒与湿热的感邪途径，伤寒或是风寒从临床看多先侵犯太阳寒水之腑，也就是太阳膀胱经，太阳膀胱经主一身之表。所以风寒初起多为太阳病。而湿热病，多从口鼻而入，直入脾胃，所以太阴脾与阳明胃多病，另外湿热虽多以脾胃为中心但具有弥漫之性，可弥漫上下二焦。在治疗之时仍以畅中为主，兼以宣上利下，务必使三焦通畅，但用药不宜过猛。

章按：是湿随风寒而伤表，郁其阳气而变热，如仲景条内之麻黄连翘赤小豆汤证是也。湿轻暑重，则归阳明；暑少湿多，则归太阴。

（12）膜原者，外通肌肉，内近胃腑，即三焦之门户，实一身之半表半里，邪由上受，直趋中道，故病多归膜原。

雄按：此与叶氏温热篇第三章之论合。

章按：外经络，内脏腑，膜原居其中，为内外交界之地。凡口鼻肌肉所受之邪，皆归于此也，其为三焦之门户，而近胃口，故膜原之邪必由三焦而入脾胃也。

释：对于膜原到目前为止也没有解释出任何形态，位置均是按照"近于""之间"等模糊词汇。《温热论》中也提到膜原，但首开"温邪上受，首先犯肺，并没有说受犯膜原。《瘟疫论》中吴又可较为推崇膜原病位，还建立了达原饮。对膜原感兴趣的可查阅《瘟疫论》及《内经》《针经》等著作"。

（13）温病乃少阴太阳同病，湿热乃阳明太阴同病也。而提纲中言不及脉者，以湿热之证，脉无定位，或洪或缓，或伏或细，各随证见，不拘一格，故难以一定之脉，拘定后人眼目也。"温病乃少阴太阳同病。"

章按：此仲景所论伏气之春温，若叶氏所论外感风温，则有不同者矣。

释：温病乃少阴与太阳同病，说的是病位，表里同病。也就是病从里发，在温病中称为伏气温病，与叶氏《温热论》论述外感风温则有不同，外感风温多以卫分证或卫气同病，或卫营同病为主，乃太阴阳明同病。湿热乃阳明太阴同病。

释：湿热以脾胃同病为主，这是从太阴脾、阳明胃的角度去思考的，清代注释也多从脾胃着手，但如果从太阴肺、阳明大肠也未尝不可，从临床治疗看，宣肺展气，对于治疗湿热病是较为实效的。

释：对于湿热病脉的情况并不好概括，湿热病并非均有滑脉，需要脉舌互参，有些脉滑，舌滑，也有些舌滑，脉濡，或舌滑，脉弦（但若舌面水润太过，舌质泛绛，脉沉取有力而数，此非湿邪，乃里热蒸腾津液上承于口所致）。有些舌干或舌不滑而脉滑数或濡数，此多内有痰热互结（湿热互结）于里，阻滞气机，口内并不一定水滑甚至偏干。

若互结于上焦则为叶氏所云："湿与温合，蒸郁而蒙蔽于上，清窍为之壅塞，浊邪害清也。"

（14）湿热之证，阳明必兼太阴者，徒知脏腑相连，湿土同气，而不知当与温病之弊兼少阴比例，少阴不藏，木火内燔，风邪外袭，表里相应，故为温病。

释：温病，少阴不藏，木火内燔，风邪外袭，表里相应。此少阴指少阴肾，不藏是指不藏精，也可解释为不藏火，不藏命门之火。不藏精则虚不能养（命门火太旺则不能藏），心肝火旺，与外感之风邪相合，则为温病。银翘散方，过去加玄参，以辛凉苦甘清透心肝之火，以玄参降火滋阴，去火热之源。命门火太旺不藏所致。这是表里相应，即新感引动伏邪。从原文王孟英的注释看似乎这篇《湿热论》并非出自一人之手，仅从 13 和 14 两段看是有些出入的。

（15）太阴内伤，湿饮停聚，客邪再至，内外相引，故病湿热。

章按：脾主为胃行津液者也，脾伤而不健运，则湿饮停聚，故曰脾虚生内湿也。

雄按：此言内湿素盛者，暑邪入之，易于留著，而成湿温病也。

释：客邪，指外感之邪。外感并存在一个内外相引的现象，所谓无内鬼，引不来外贼。所以治疗外感病，在开处方时要思考，"内鬼外贼"的情况，不能一味地祛邪。

（16）此皆先有内伤，再感客邪，非由腑及脏之谓。若湿热之证，不夹内伤，中气实者，其病必微，或有先因于湿，再因积劳而病者，亦属内伤夹湿，标本同病。然劳倦伤脾为不足，湿饮停聚为有余。

雄按：脾伤湿聚，曷云有余？盖太饱则脾困，过逸则脾滞，脾气因滞而少健运，则饮停湿聚矣。较之饥伤而皮馁，劳伤而脾乏者，则彼尤不足，而此尚有余也。后人改饥饱劳逸，为饥饱劳役，不但辨证不明，于字义亦不协矣。

释：若湿热之证，不挟内伤，中气实者，其病必微。这里可以看出湿热证对中气较为强调，所谓中气实是指中焦能正常升降运化。"挟通夹"。

2. 湿热证，恶寒无汗，身重头痛，湿在表分，宜藿香、香薷、羌活、苍术皮、薄荷、牛蒡子等味，头不痛者去羌活。

自注：身重恶寒，湿遏卫阳之表证。头痛必挟风邪，故加羌活，不独胜湿，且以祛风。此条乃阴湿伤表之候。

（1）湿热证，恶寒无汗，身重头痛，湿在表分，雄按："吴本下有胸痞腰疼四字（吴本即吴子音《温病赘言》）"宜藿香、香薷、羌活、苍术皮、薄荷、牛蒡子等味。头不痛者，去羌活。雄按：吴本无藿香、香薷、薄荷、牛蒡子，有葛根、防风、广皮、枳壳。

（2）释：形成两张方子：①藿香、香薷、羌活、苍术、薄荷、牛蒡子。芳香燥湿，兼以透热，芳燥有余。身重恶寒，恶寒无汗，湿在表分，阴湿伤表。藿、薷、羌、术，均为芳化燥湿之品，对于寒湿闭表，湿热证湿重郁热尚未形成或湿热证湿重初起较为常用。薄荷牛蒡的加入有些耐人寻味，如果是湿热证突显薄荷有醒脾清头目的作用，但用量宜轻。牛蒡子若在此方中也多为佐使药物，不宜重用，借其流动之性。湿遏卫阳要注意，要看是否形成郁热。②葛根、防风、广皮、枳壳、苍术。流动之品以行阳运湿。我更觉得两方应适当调整合方使用。此条有病机有寒湿所致的影子。

（3）释：头不痛者去羌活，说明羌活能入颠顶，入颠顶之气药。入颠顶之血药为川芎。湿热头疼可加薄荷、牛蒡，寒湿疼痛可加羌活、川芎。

（4）头痛必挟风邪，故加羌活，不独胜湿，且以祛风。杨云：湿宜淡渗，不宜专用燥药，头痛属热，不必牵涉及风。

释：湿邪在表，当芳宣，淡渗不合适。

（5）身重恶寒，湿遏卫阳之表证。头痛必挟风邪，故加羌活，不独胜湿，且以祛风。此条乃阴湿伤表之候。

章按：恶寒而不发热，故为阴湿。

雄按：阴湿故可用薷、术、羌活以发其表，设暑盛者，三味皆为禁药。

释：王孟英提示了暑热或是化热，燥药当禁用。若湿遏卫阳，郁热以生，当慎用燥药，防止伤阴，但并不是一点燥药不用，而是要慎重使用。

3. 湿热证，恶寒发热，身重关节疼痛，湿在肌肉，不为汗解，宜滑石、大豆黄卷、茯苓皮、苍术皮、藿香叶、鲜荷叶、白通草、桔梗等味。不恶寒者，去苍术皮。

自注：此条外候与上条同，唯汗出独异，更加关节疼痛，乃湿邪初犯阳明之表。而即清胃脘之热者，不欲湿邪之郁热上蒸，而欲湿邪之淡渗下走耳，此乃阳湿伤表之候。

（1）湿热证，雄按："吴本有'汗出'二字"恶寒发热，身重关节疼。

雄按："吴本下有胸痞腰三字"痛，湿在肌肉，不为。

雄按："吴本做'不可'"汗解，宜滑石、大豆黄卷、茯苓皮、苍术皮、藿香叶、鲜荷叶、白通草、桔梗等味。不恶寒者，去苍术皮。雄按："吴本此句做汗少恶寒者，加葛根。条内无荷叶、藿香、通草、桔梗，有神曲、广皮。"

（2）释：两个版本得出两个方子：①滑石、大豆黄卷、茯苓、苍术、藿香、鲜荷叶、通草、桔梗。宣畅三焦的方子，以荷叶、藿香、大豆黄卷、桔梗，宣上焦之湿郁；藿香、苍术、茯苓畅中焦之湿郁；茯苓、滑石、通草，利下焦之湿郁。用于阳湿伤表且兼有弥漫之性。②神曲、陈皮、苍术、滑石、大豆黄卷、茯苓。此方有平胃散的影子，用大豆黄卷轻宣上焦湿郁。用苍术、陈皮、神曲、茯苓，燥湿行中。用茯苓、滑石，淡渗利湿。两个方子区别在于：①方重在宣上，符合阳湿伤表。②方重在畅中，用于湿邪阻滞中焦。

（3）释：汗出，恶寒，发热，说明湿郁不在表，而在肌肉，所谓阳湿伤表，这个表指的是阳明之表，前面提到过，阳明之表肌肉也。此条比条文一，病位深一层。留意病位层次与药物变化规律。同时这第二条文，湿郁已化热。注意此条更加关节疼痛，乃湿邪初犯阳明之表，关节疼痛仍然没有离开阳明之表的范畴。不恶寒者，去苍术皮。去温燥，防伤阴。

（4）章按：以其恶寒少而发热多，故为阳湿也。

4. 湿热证，三四日即口噤，四肢牵引拘急，甚则角弓反张，此湿热侵入经络脉隧中。宜鲜地龙、秦艽、威灵仙、滑石、苍耳子、丝瓜藤、海藤风、酒炒黄连等味。

自注：此条乃湿邪挟风。风为木之气，风动则木张，乘入阳明之络则口噤，走窜太阴之经则拘挛，故药不独胜湿。重用熄风，一则风药能胜湿，一则风药能疏肝也，选用地龙诸藤者，欲其宣通脉络耳！

或问仲景治痉，原有桂枝加括蒌根及葛根汤两方，岂宜于古而不宜于今耶？今之痉者与厥相连，仲景不言及厥，岂《金匮要略》有遗文耶？余曰非也。药因病用，病源既异，治法自殊。伤寒之痉自外来，证属太阳，治以散外邪为主；湿热之痉自内出，波及太阳，治以息内风为主。盖三焦与肝胆同司相火，中焦湿热不解，则热盛于里，而少火悉成壮火。火动则风生，而筋挛脉急，风煽则火炽，而识乱神迷。身中之气随风火上炎，而有升无降。常度尽失，由是而形若尸厥，正《内经》所谓血之与气并走于上，则为暴厥者是也。外窜经脉则成痉，内侵膻中则成厥，痉厥并见，正气犹存一线，则气复返而生，胃津不克支持，则厥不回而死矣。所以痉之与厥，往往相连也，伤寒止痉自外来者，安有是哉？

暑月痉证，与霍乱同出一源。风自火生，火随风传，乘入阳明则呕，贼及太阴则泻，是名霍乱；窜入筋中则挛急，流入脉络则反张，是名痉。但痉证多厥，霍乱少厥，盖痉证风火闭郁，郁则邪势愈甚，不免逼乱神明，故多厥；霍乱烽火包泄，泄则邪势外解，不至循经而走，故少厥。此痉与霍乱之分别也。然痉证邪滞三焦，三焦乃火化，风得火而愈煽，则逼入膻中而暴厥；霍乱邪走脾胃，脾胃乃湿化，邪由湿而停留，则淫及诸经而拘挛。火郁则厥，火窜则挛。又痉与厥之疑惑也。痉之挛急乃湿热生风，霍乱之转筋乃风来胜湿，痉则由经及脏而厥，霍乱则由脏及经而挛。总由湿热与风混淆清浊，升降失常之故。夫湿多热少，则风入土中而霍乱，热多湿少，则风乘三焦而痉厥。厥而不返者死，胃液干枯火邪盘踞也；转筋入腹者死，胃液内涸，风邪独劲也。然则胃中之津液，所关顾不钜哉！厥证用辛开，泄胸中无形之邪也，干霍乱用探吐，泄胃中有形之滞也。然泄邪而胃液不上升者，热邪愈炽，探吐而胃液不四布者，风邪更张，终成死候，不可不知。

（1）此条乃湿邪挟风。风为木之气，风动则木张，乘入阳明之络则口噤，走窜太阴之经则拘挛，故药不独胜湿。重用熄风，一则风药能胜湿，一则风药能疏肝也，选用地龙诸藤者，欲其宣通脉络耳！

章按：十二经络，皆有筋相联系，邪由经络伤及于筋则瘛疭拘挛、角弓反张。筋由

肝所主，故筋病必当舒肝。

雄按：地龙殊可不必，加以羚羊角、竹茹、桑枝等亦可。

释：地龙咸寒，清热熄风，平喘，通络，利尿，多用于热极生风，主善于清热。羚羊角咸寒，平肝熄风，清肝明目，清热解毒。多用于肝风内动，肝阳上亢。地龙和羚羊角还是有区别的。我个人认为地龙能清血中之热，羚羊角主要清气分之热。本条湿热证是湿热侵入经脉，而用地龙诸藤自注中也说明目的，用其宣通经络，一方面改善湿阻成郁，另一方面通络，清热利湿才能有效缓解症状。所以原文中的方子并无不妥，而羚羊角，说实话，十多年来不知道用过多少次羚羊角粉，除了对于一些气血两燔，气营两燔的病例有暂时性退热的功效外，对于抽搐热极生风所致的抽搐效果一般，效果并不稳定，且价格昂贵。

（2）释：到了抽搐痉挛的地步，仅仅从症状上是很难辨证的，在抽搐过程中脉的准确度较低会受到抽动的干扰，因此不论谁治疗都属于难解之证，因此不论《伤寒论》还是《金匮要略》中的方剂还是《湿热论》的方剂都只能作为参考，但注意尽量弄清具体病例的发展过程及不同阶段用药后的反应，这对于治疗抽搐来讲是十分有意义的。本段自注中主要说了两个内容，一是痉，二是厥。痉是因热对经脉刺激，引发肢体或全身抽搐，病位是邪侵经脉。治疗上并非纯用清热凉血，而是虚与清热凉血通络的权衡，还有考虑兼夹之邪，说着容易实际治疗较难。厥是热入心包造成的昏厥或狂躁。注意如狗瘟的抽搐，有意识清醒状态下肢体或全身抽搐，这种属于痉。另有意识不清的状态下伴有肢体或全身抽搐，这种属于痉厥。还有意识不清伴有狂躁症状，这种为厥。对于犬瘟热的抽搐大概每年能治好几例，但事实上没有找到共性，因此方子几乎没有相同的，所以我只能不断地收集信息和总结过程探寻抽搐的辨证特点。

（3）外窜经脉则成痉，内侵膻中则为厥，痉厥并见，正气犹存一线，则气复返而生，胃津不克支持，则厥不回而死矣。

雄按：喻氏云：人生天真之气，即胃中之津液是也。故治温热诸病，首宜瞻顾及此。董废翁云：胃中津液不竭，其人必不即死，皆见到之言也。奈世人既不知温热为何病，更不知胃液为何物，温散燥烈之药漫无顾忌，诚不知其何心也！

5.湿热证，壮热口渴，舌黄或焦红，发痉，神昏谵语或笑，邪灼心包，营血已耗。宜犀角、羚羊角、连翘、生地、玄参、钩藤、银花露、鲜草蒲、至宝丹等味。

自注：上条言痉，此条言厥。温暑之邪，本伤阳气，及至热极，逼入营阴，则津液耗而阴亦病。心包受灼，神识昏乱，用药宜清热救阴，泄邪平肝为务。

（1）宜犀角、羚羊角、连翘、生地、玄参、钩藤、银花露、鲜草蒲、至宝丹等味。

雄按："吴本无银花露。"

释：去银花露，诸药水煎，水牛角先煎，冲羚羊角粉送服至宝丹。按上条，厥为热入心包，或湿热蒙蔽心包，或痰热蒙蔽心包，理论上讲确实至宝丹或牛黄丸可用。但注意这个药其实在临床上不能直接口服，昏厥病例口服药物极为困难，一般将药煎好，取一部分候温化开至宝丹或牛黄丸，用于点舌，至清醒。剩余汤药候温适当灌肠。

（2）释：舌黄或焦红，舌黄指舌苔黄，后面说邪入营血，再结合用药看舌质多绛红而暗（焦红）。

6. 湿热证，发痉，神昏笑妄，脉洪数有力。开泄不效者，湿热蕴结胸膈，宜仿凉膈散；若大便数日不通者，热邪闭结肠胃，宜仿承气微下之例。

自注：此条乃阳明实热，或上结，或下结。清热泄邪止能散络中流走之热，而不能除肠中蕴结之邪。故阳明之邪，仍假阳明为出路也。

（1）章云：曰宜仿，曰微下，教人细审详慎，不可孟浪攻泻。盖暑湿黏腻，须化气缓攻，不同伤寒化热而燥结，须咸苦峻下以行之也。

释：曾见类似证几例，未用凉膈散，但遵其法，给邪以出路，宣上导下，使三焦得通。在《宠物中医临床与医案》中有一些介绍，常用淡豆豉、栀子、蝉衣、僵蚕、片姜黄、生大黄。升降散合并栀子豉汤，效果极佳，用于阳明热盛邪实所致的狂躁、抽动。药后多排出粗硬大便或恶臭泥酱样黑色大便，排后多热退神醒。

（2）章按：阳明实热，舌苔必老黄色，或兼燥。若犹带白色而滑者，乃湿重为夹阴之邪。或胀满不得不下，须佐二术健脾燥湿，否则脾伤气陷下利不止，即便危证。盖湿重属太阴证，必当扶脾也。

雄按：苔色白滑不渴，腹虽胀满，是太阴寒湿，岂可议下？但宜厚朴、枳、术等温中化湿为治。若阳明之邪，假阳明为出路一言，真治温热病之金针也。盖阳明以下行为顺，邪既犯之，虽不可猛浪攻下，断不宜截其出路，故温热自利者，皆不可妄行提涩也。

7. 湿热证，壮热烦渴，舌焦红或缩，斑疹，胸痞自利，神昏痉厥，热邪充斥表里三焦，宜大剂犀角、羚羊角、生地、玄参、银花露、紫草、方诸水、金汁、鲜草蒲。

自注：此条乃痉厥中之最重要。上为胸闷，下挟热利，斑疹痉厥，阴阳告困。独清阳明之热，救阳明之液为急务者，恐胃液不存，其人自焚而死也。

（1）宜大剂犀角、羚羊角、生地、玄参、银花露、紫草、方诸水、金汁、鲜草蒲。

雄按："吴本无银花露、方诸水、金汁，有丹皮、连翘。"

释：方诸，这个东西历来说法不一，有人认为是含铜一类的物质或是器具，有人认为是铜镜，有人认为是大蚌，等等。不论什么基本上就是用于镇静一类的药物。

（2）释：又形成了两个方子：①犀角、羚羊角、生地、玄参、银花露、紫草、方诸水、金汁、鲜草蒲。这个方子其实算是大寒之品，犀角、羚羊角、生地、玄参、紫草、金汁都属于清气凉血之重品。方诸水主要用于镇静，鲜草蒲、银花露芳香宣透，以开窍。

②犀角、羚羊角、生地、玄参、紫草、连翘、丹皮、鲜草蒲。这个方子也是大寒之品，但相比上方没有那么败胃，整方重在凉血，属于治疗血分证之正法，加入鲜草蒲有透热转气之意。

（3）独清阳明之热，救阳明之液为急务者，恐胃液不存，其人自焚而死也。

雄按：此治温热病之真诠也。医者宜切记之。方诸水俗以蚌水代之，腥浊已甚，宜用竹沥为妙。此证紫雪、神犀丹皆可用也。

（4）释：4、5、6、7，此四条均为痉厥条文，注意分痉与厥的比重。

8. 湿热证，寒热如疟，湿热阻遏膜原，宜柴胡、厚朴、槟榔、草果、藿香、苍术、半夏、干菖蒲、六一散等味。

自注：疟由暑热内伏，秋凉外束而成。若夏月腠理大开，毛窍疏通，安得成疟？而寒热有定期，如疟证发者，以膜原为阳明之半表半里，热湿阻遏，则营卫气争，证虽如疟，不得与疟同治，故仿又可达原饮之例。盖一由外凉束，一由内湿阻也。

（1）湿热证，寒热如疟。

雄按："吴本下有'舌苔滑白口不知味'八字。"

（2）宜柴胡、厚朴、槟榔、草果、藿香、苍术、半夏、干菖蒲、六一散等味。

雄按："吴本无柴胡、槟榔、藿香、草蒲、有神曲。"

（3）章按：膜原在半表半里，如少阳之在阴阳交界处，而营卫之气内出于脾胃，脾胃邪阻，则营卫不和而发寒热似疟之证矣。

9. 湿热证，数日后，脘中微闷，知饥不食，湿邪蒙绕三焦，宜藿香叶、薄荷叶、鲜荷叶、枇杷叶、佩兰叶、芦尖、冬瓜仁等味。

自注：此湿热已解，余邪蒙蔽清阳，胃气不舒。宜用极轻清之品，以宣上焦阳气。若投味重之剂，是与病情不相干涉矣。

此条须与三十一条参看，彼初起之实邪，故宜涌泄，投此轻剂，不相合矣。又须与厚条参看，治法有上中之分，临证审之。

（1）湿热证，数日后，脘中微闷，知饥不食，湿邪蒙绕三雄按："宜作上"焦。

（2）芦尖即芦根，王孟英按："芦尖即芦根，用尖取其宣畅。"

（3）雄按：章氏谓轻剂专为吴人体弱而设，是未察病情之言也。或问湿热盛时，疫气流行，当服何药，预为消弭。余为叶诃人《医案存真》，载其高祖天士先生案云，天气郁勃泛潮，常以枇杷叶拭去毛，净锅炒香，泡汤饮之，取芳香不燥，不为秽浊所侵，可免夏秋时令之病。余则见兰叶、竹叶、冬瓜、芦根，皆主清肃肺气，故为温热暑湿之要药。肺胃清降，邪自不容矣。若别药恐滋流弊，方名虽美，不可试也，而薄滋味，远酒色尤为要务。

（4）此条须与三十一条参看，彼初起之实邪，故宜涌泄，投此轻剂，不相合矣。又须与厚条参看，治法有上中之分，临证审之。章按：解后余邪为虚，初发者为实。上焦近心，故有懊恼谵语，中焦远离心，故无。如其舌黄邪盛，亦有发谵语者。

（5）释：本条湿邪蒙蔽上焦，出现胸闷，知饥不食，发呆，用药多用芳香宣化之品，一能开郁，二能化湿浊，一般我习惯用栀子豉汤加入藿佩、枇杷叶、郁金、橘红、杏仁等，但用量宜轻。曾治疗湿热蒙蔽上焦的呆滞，干呕，舌苔薄白，质淡，口内略黏，脉浮软而滑，大便黏腻，小便少。给予淡豆豉 3g、栀子 1g、藿佩各 3g，枇杷叶 3g，薄荷 1g，郁金 3g，橘红 3g，杏仁 3g。先煮郁金，沸后下诸药，小火煎煮三分钟，焖 1 分钟，频服。药后 2 小时内排尿 3 次，尿量无明显改善，但次数增加，且尿色加深成深黄色。一般 1 ~ 2 付药可解除湿热蒙蔽上焦的情况。但用药需要注意频服和温服，如果凉服猛进几乎无效，甚至反吐。另长夏季南昌潮湿，多用薄荷叶、佩兰叶、菊花、神曲、少许蜂蜜做茶饮。

10. 湿热证，初起发热，汗出胸痞，口渴舌白。湿伏中焦，宜藿梗、蔻仁、杏仁、枳壳、桔梗、郁金、苍术、厚朴、草果、半夏、干草蒲、佩兰叶、六一散。

自注：浊邪上干则胸闷，胃液不升则口渴，病在中焦气分，故多开中焦气分之药。此条多有挟食者，其舌根见黄色，宜加瓜蒌、山楂肉、莱菔子。

（1）湿热证，初起发热，汗出胸痞，口渴舌白。湿伏中焦，宜藿梗、蔻仁、杏仁、枳壳、桔梗、郁金、苍术、厚朴、草果、半夏、干草蒲、佩兰叶、六一散。

雄按："吴本胸痞下曰不知饥，口渴下曰不喜饮，舌白做舌苔滑白，无杏仁、苍术、厚朴、草果、半夏。"

（2）释：湿热证，初起发热，汗出胸痞不知饥，口渴不喜饮，舌白。

（3）释：吴本，藿梗、蔻仁、枳壳、桔梗、郁金、干菖蒲、佩兰叶、六一散。藿香、佩兰、桔梗宣上，枳壳、菖蒲、蔻仁畅中，六一散利下，妙在一味郁金，行气血助开郁，助散邪。湿热证在各种化湿药基础上佐一味行血药有助于散湿热。此九味药味治疗湿热的基础方，随证加减使用。湿热证对于六一散的使用十分频繁，且效果理想。一些老先生认为六一散不单清利水湿尚能育阴，可能是热去津存。

11. 湿热证，数日后，自利溺赤，口渴，湿流下焦，宜滑石、猪苓、茯苓、泽泻、萆薢、通草等味。

自注：下焦属阴，太阴所司。阴道虚故自利，化源滞则溺赤，脾不转津则口渴。总由太阴湿胜故也。湿滞下焦，故独以分利为治，然兼证口渴胸痞，须佐入桔梗、杏仁、大豆黄卷，开泄中上，源清则流自洁，不可不知。以上三条具湿重于热之候。

湿热之邪，不自表而入，故无表里可分，而未尝无三焦可辨，犹之河间治消渴亦分三焦者是也。夫热为天之气，湿为地之气，热得湿而愈炽，湿得热而愈横，湿热两分，其病轻而缓；湿热两合，其病重而速。湿多热少，则蒙上流下，当三焦分治；湿热俱多，则下闭上壅，而三焦俱困矣。犹之伤寒门二阳合病、三阳合病也。盖太阴湿化，三焦火化，有湿无热，只能蒙蔽清阳，或阻于上，或阻于中，或阻于下，若湿热一合，则身中少火悉化为壮火，而三焦相火有不起而为虐这哉！所以上下充斥，内外煎熬，最为酷烈，兼之木火同气，表里分司，再引肝风，痉厥立至，胃中津液几何，其能供此交征乎？至其所以必属阳明者，以阳明为水谷之海，鼻食气，口食味，悉归阳明。邪从口鼻而入，则阳明为必由之路。其始也，邪入阳明，早已先伤其胃液，其继邪盛三焦，更欲资取于胃液，司命者可不为阳明顾虑哉！

或问木火同气，热盛生风，以致痉厥，理固然矣。然有湿热之证，表里极热，不痉不厥者何也？余曰：风木为火热引动者，原因木气素旺，肝阴先亏，内外相引，两阳相煽，因而动张。若肝肾素优，并无里热者，火热安能招引肝风！试观产妇及小儿，一经壮热，变成瘛疭，以失血之后，与纯阳之体，阴气未充，故肝风易动也。

或问曰：亦有阴气素亏之人，病患湿热，甚至斑疹外见，人暮谵语昏迷，而不痉不厥者何也？答曰：病邪自盛于阳明之营分，故由上脘而熏胸中，则入暮谵妄，邪不在三焦气分，则金不受囚，木有所畏，未敢起而用事。至于斑属阳明，疹属太阴，亦二经营分热极，不与三焦相干，即不与风木相引也，此而痉厥，必胃中津液尽涸，耗及心营，则肝风亦起，而其人已早无生理矣。

（1）湿热证，数日后，雄按："吴本下有胸痞二字。"自利溺赤，雄按："吴本做涩。"口渴，雄按："吴本上有身热二字。"湿流下焦，宜滑石、猪苓、茯苓、泽泻、萆薢、通草等味。雄按："吴本无泽泻、通草。有神曲、广皮。"

（2）释：本段是湿热流于下焦，用三苓滑石等味，吴本无泽泻、通草，有神曲、广皮，说明是从中焦流入下焦。如果是小便赤说明热盛，如果涩说明湿重，热重六一散，导赤散，龙胆泻肝汤，三妙散等均可考虑。如果湿盛，吴本方子可用，亦可考虑苍术茯苓燥中焦，合并六一散，金钱汤，二妙散一类方剂清利中下二焦。从临床效果反馈看龙胆泻肝汤和四苓六一散效果较好，对湿热流于下焦可治。既然是湿热流入下焦，不应仅仅清利下焦湿热，应去除来源。但也应注意如一些肾衰病例下焦湿热，小便困难，治疗时应兼顾心肾阳气，不能一味地使用清利品。

（3）热得湿而愈炽，湿得热而愈横。

雄按：热得湿则郁而不宣，故愈炽；湿得热则蒸腾而上熏，故愈横。两邪相合，为病最多。丹溪有云，湿热为病十之八九，故病之繁且苛者，莫如夏月为最。以无形之热，蒸动有形之湿。素有湿热之人，易患湿温，误发其汗，则湿热混合为一，而成死证，名曰重暍也。

（4）湿多热少，则蒙上流下，当三焦分治。章按：调三焦之气，分利其湿也。

（5）湿热俱多，则下闭上壅，而三焦俱困矣。章按：当开泄清热两法兼用。

（6）雄按：肺胃大肠一气相通，温热究三焦，以此一脏二腑为最要。肺开窍于鼻，吸入之邪先犯于肺，肺经不解，则传于胃，谓之顺传。不但脏病传腑为顺，而自上及中，顺流而下，其顺者有待言者，故温热以大便闭者易治，为邪有出路也。若不下传于胃，而内陷于心包络，不但以脏传脏，其邪由气分入营，更进一层矣，故曰逆传也。因叶氏未曾说明顺传之经，世多误解逆传之理。

（7）余曰：风木为火热引动者，原因木气素旺，肝阴先亏，内外相引，两阳相煽，因而动张。章按：木旺由于水亏，故得引火生风反焚其木，以致痉厥。若水旺足以至火而生木，即无痉厥者也。

（8）若肝肾素优，并无里热者，火热安能招引肝风也！

雄按：喻氏云遇暄热而不觉其热也。乃为平人，盖阴不虚者不畏暑，而暑不易侵，虽侵之，亦不致剧，犹之乎水田不惧旱也，阴虚者见日即畏，虽处深宫之内，而无形之书气偏易侵之，更有不待暑侵，而自成为厥者矣。

（9）释：4、5、6、7和本条均涉及痉厥，对痉的产生也有认为热所致，此热多由肝肾之阴大亏，一方面阴补养筋，另一方面是热刺激筋脉。

（10）试观产妇及小儿，一经壮热，便成瘛疭者，以失血之后，与纯阳之体，阴气未充，故肝风易动也。

雄按：原本未及产妇，今从吴本与小儿病论，尤为周密。然妇科不知血脱易痉，往往称为产后惊风，喻氏避之违矣。幼科一见发热，即以柴、葛解肌，为家常便饭，初用不究其因何而发热也。表热不清，柴葛不撤，虽肝风已动，瘛疭已成，犹以风药助虐，此叶氏所以有劫肝阴，竭胃汁之切戒也。

12. 湿热证，舌遍体白，口渴，湿滞阳明。宜用辛开，如厚朴、草果、半夏、干菖蒲等味。

自注：此条湿邪极盛之候。口渴乃津液不上升，非有热也。辛泄太过，即可变而为热，而此时湿邪尚未蕴热，故重用辛开，使上焦得通，津液得以下也。

（1）释：舌遍体白，指舌苔布满舌面，甚至较厚，说明阳明邪盛。

（2）释：湿滞阳明以辛开苦降为主，使气机升降有常，若舌苔白厚则滞，滞则导，厚朴、草果均为辛开苦降之品行气消导，若有食积又应与焦三仙配合使用。方中半夏、菖蒲有宣降气机之能，但二药配合亦能开痰，湿阻最易生痰。

（3）章按：舌白者言其苔。若苔滑而口不渴者，即属太阴证，宜温之。

（4）雄按：苔白不渴，须询其溺不热者，始为宜温之证也。

（5）杨云：湿盛热微之证，初起原可暂用此等药开之，一见湿开化热，便即转手清热，若执此常用之法，则误矣。

13．湿热证，舌根白，舌尖红，湿渐化热，余湿犹滞。宜辛泄佐清热，如蔻仁、半夏、干菖蒲、大豆黄卷、连翘、绿豆衣、六一散等味。

自注：此湿热参半之证。而燥湿之中，即佐清热者，亦所以存阳明之液也。上二条凭验舌以投剂，为临证时要诀，盖舌为心之外候，浊邪上熏心肺，舌苔因而转移。

释：舌根白舌尖红，湿渐化热，这是临床常见舌象之一，治疗辛开苦泄法，六一散为治疗湿热证是妙品。湿热证仍需要固护津液，用燥药不可太过。特别是对胃津的保护尤为重要。此条选用绿豆衣，六一散，大豆黄卷等清泄湿热，而不用苦燥芩连，其意就在于护津液。

14．湿热证，初起即胸闷不知人，瞀乱大叫痛，湿热阻闭中上二焦。宜草果、槟榔、菖蒲、芫荽、六一散各重用，或加皂角、地浆水煎。

自注：此条乃湿热俱盛之候，而去湿药多，清热药少者，以病邪初起即闭，不得不以辛通开闭为急务，不欲以寒凉凝滞气机也。

（1）释：芫荽即香菜，取芳香发散逐邪，宜重用，常人重用香菜煮汤亦能发汗。

（2）雄按：芫荽不知用薤白，或可配瓜蒌、栀、豉者则配之。

15．湿热证，四五日，口大渴，胸闷欲绝，干呕不止，脉细数，舌光如镜。胃液受劫，胆火上冲，宜西瓜汁、金汁、鲜生地汁、甘蔗汁，磨服郁金、木香、香附、乌药等味。

自注：此营阴素亏，木火素旺者，木乘阳明，耗其津液，幸无饮邪，故一清阳明之热，一散少阳之邪。不用煎者，取其气全耳。

（1）雄按："吴本做西瓜白汁，谓不取瓤中汁，而以瓜肉导汁也，并无金汁，蔗汁。"

（2）释：此条热重，胃液受劫，用四汁增液凉营，与流动之品相合。古人清热好用金汁，现多难买，我多用竹沥代替，临床竹茹竹沥合用配入三才汤加玄参，用于清热凉营增液，增胃中津液，并除胆火。佐流动之气药以疏散其郁，香附由于气味浓郁，不少犬对其味颇为不适应。我临床多以沉香代替香附。香附我个人对其气味也颇为反感，香附号称开十二经之气郁，但我单闻气味便以作呕感，所以此药并非每人都喜好。

（3）章按：舌光无苔，津枯而非浊壅，反胸闷欲绝者，肝胆气上逆也，故以诸汁滋胃液，辛香散逆气。

（4）雄按：凡治阴虚气滞者，可以仿此用药。

（5）俞惺庵云：嘉善一人胸胀脘闷，诸治一效，一瓢用续随子煎汤，磨沉香、木香、檀香、降香、丁香，服一月，泻尽水饮而瘥。

16.湿热证,呕吐清水,或痰多,湿热内留,木火上逆,宜温胆汤加瓜蒌、碧玉散等味。

自注:此素有痰饮,而阳明少阳同病,故一以涤饮,一以降逆。与上条呕同而治异,正当和参。

（1）湿热证,雄按:"吴本下有身热口苦四字。"宜温胆汤加瓜蒌,雄按:"吴本作黄连。"

（2）释:注意"呕吐清水或痰多,湿热内流,木火上逆。"内经云:"诸病水液澄澈清冷,皆属于寒。"这里呕吐清水或痰多,清水指呕吐物颜色清透,如水色,而不是水样,如果呕吐清水具有黏稠性,或是像痰一样黏稠度较高,这种情况为湿热内流,木火上逆,热煎熬湿所致。宜用温胆汤加瓜蒌、碧玉散。如果是清澈水液,无黏性多饮虚寒所致。温胆汤:竹茹、枳实、半夏各一两、橘红一两五钱、茯苓七钱、炙甘草四钱、生姜一片、大枣一枚。加黄连为黄连温胆汤。此方重用竹茹,枳实,半夏,橘红,此四药为治疗湿热呕吐痰饮之要药。呕吐色黄,脉舌症有明显热像加黄连,黄连不宜过多,3g为宜。碧玉散为六一散加青黛。青黛苦寒,清热解毒之品。

（3）章按:碧玉散即六一散加青黛,以清肝胆之热。上条液枯已动肝胆之火,故干呕;此条痰饮郁其肝胆之火,故呕水。

17.湿热证,呕恶不止,昼夜不差欲死者,肺胃不和,胃热移肺,肺不受邪也。宜用川连三四分,苏叶二三分,两味煎汤,呷下即止。

自注:肺胃不和,最易致呕。盖胃热移肺,肺不受邪,还归于胃。必用川连以清湿热,苏叶以通肺胃,投之立愈者,以肺胃之气非苏叶不能通也。分数轻者,以轻剂恰治上焦之病耳。

（1）释:川黄连三四分,苏叶二三分。一般临床使用各1g,水煎,苏叶一般后下,煎煮5分钟。呷下,每次一小口,动物每次0.5～1mL滴入口内。这种服药方式是灌肠所不能代替的,我认为这种方式是药的苦辛味刺激舌所产生的止呕。如果灌肠基本无效,并非通过药物吸收起效。

（2）雄按:此方药只二味,分不及钱,不但治上焦宜小剂,而轻药竟可以愈重病,所谓轻可去实也。合后条观之,盖气贵流通,而邪气绕之,则周行窒滞,失其清虚灵动之机,反觉实矣。唯剂以轻清,则正气宣布,邪气潜消,而窒滞者自通。设投重药,不但已过病所,病不能去,而无病之地,反先遭其克伐。川连不但治湿热,乃苦以降胃火之上冲,苏叶味苦辛而气芳香,通降顺气,独擅其长。然性温散,故虽与黄连并驾,尚减用分许而节制之,可谓方成知药矣。世人不知诸逆上冲皆属于火之理,治呕辄以姜、萸、丁、桂从事者,皆粗工也。余用以治胎前恶阻甚妙。

18. 湿热证，咳嗽昼夜不安，甚至喘不得眠者，暑邪入肺络，宜葶苈、枇杷叶、六一散等味。

自注：人但知暑伤肺气则肺虚，而不知暑滞肺络则肺实。葶苈引滑石直泻肺邪，则病自除。

（1）湿热证，咳嗽昼夜不安，雄按："吴本咳嗽下有'喘逆面赤气粗'六字。"

（2）释：从用药看应遵从吴本，湿热证，咳嗽喘逆面赤气粗昼夜不安，暑邪入肺络，宜葶苈、枇杷叶、六一散等味。葶苈子泻肺热而平喘。暑邪入肺络在动物临床上可以考虑清肺散加减，清肺散用板蓝贝，葶苈柑橘共相随，蜂蜜为引同调灌，肺热咳喘用之宜。暑伤肺络易动血，务必凉血散血。本条自注中"葶苈引滑石泻肺邪"可作对药使用，汪逢春先生治疗暑病喜用生荷叶包六一散水煎。生荷叶取暑伤肺络之良药。

19. 湿热证，十余日，大势已退，惟口渴汗出，骨节痛，余邪留滞经络，宜元米汤泡于术，隔一宿，去术煎饮。

自注：病后湿邪未尽，阴液先伤，故口渴身痛。此时救液则助湿，治湿则劫阴，宗仲景麻沸汤之法，取气不取味，走阳不走阴，佐以元米汤，养阴逐湿，两擅其长。

（1）湿热证，十余日，大势已退，唯口渴汗出，骨节痛。

雄按："吴本有'隐'字"。

雄按："吴本下有'不舒小便赤涩不利'八字"。元米即糯米。

（2）释：本条为湿热证恢复期的调治，用糯米汤浸泡苍术一夜，去术煎汤饮，对其效果高度怀疑。糯米汤本身浓稠，在浓稠的液态中浸泡苍术，我认为很难泡出什么成分。如果是温泡，为何不用微煎或后下，或沸水或温水焖，而偏偏用糯米，糯米汤本身黏腻，湿热证恢复期真的适合吗？

雄按："用沙参、麦冬、石斛、枇杷叶等味，冬瓜汤煎服亦可。"王孟英之法更可信。

20. 湿热证，数日后，汗出热不除，或痉，忽头疼不止者，营液大亏，厥阴风火上升。宜羚羊角、蔓荆子、钩藤、元参、生地、女贞子等味。

自注：湿热伤营，肝风上逆，血不荣筋而痉，上升颠顶则头痛。热气已退，木气独张，故痉而不厥。投剂以熄风为标，养阴为本。

（1）雄按：蔓荆不若以菊花、桑叶易之。

（2）释：玄参、生地、女贞子凉营养阴以养筋，羚角钩藤蔓荆清热平肝以熄风。历来羚角钩藤一类熄风药认为对抽有效，实为误导，熄风本身是标，且有效者多因热而肝阳上亢，用于平息肝阳，对抽无效。自注中最后一句实为关键，投剂以熄风为标，养阴为本。

21. 湿热证，胸痞发热，肌肉微痛，始终无汗者，腠理暑邪内闭，宜六一散一两，薄荷叶三四分，泡汤调下，即汗解。

自注：湿病发汗，昔贤有禁。此不微汗之，病必不除。盖既有不可汗之大戒，复有得汗始解之治法，临证者当之所变通矣。

（1）湿热证，胸痞发热，肌肉微痛，始终无汗者，腠理暑邪内闭，雄按："吴本无此四字，作气机沸郁湿热不能外达。"宜六一散一两，薄荷叶三四分，雄按："吴本做三四十片。"泡汤调下，即汗解。

（2）释：腠理气机沸郁，湿热不能外达。病邪交争于表。做宜上开郁，利下泄热一法。读《衷中参西录》一书中张锡纯认为薄荷少用辛凉疏散头面热郁，多用则辛温发汗。这里讲一下"透"，夏季运动后汗出，表里均热，甚至烦躁，口不一定渴，此时不论是喝雪碧，还是温水，均会顿时一身大汗，也就是加速的汗液排出，即使喝凉雪碧后也觉得皮表一阵热感而过，汗后舒爽。这个过程叫作"透"。也就是说得先有里热向外发散，而散不出或散不透彻，用药轻开，里热外越，随汗液而出即是透。夏末秋初，天气逐渐干燥，运动后，也发汗，口渴，有燥感，此时口渴明显，饮温水或雪碧一类碳酸饮料会有明显发汗的感觉，但是不一定有多少汗，这是因干而郁，得水润而容，营卫不合的一种表现，而饮后有发汗的感觉，这个过程叫"透"。冬季外出回家后，心中寒（胃寒），四末冷，喝点温水，或是姜汤顿时胃中暖，由胃为中心暖意布散全身，如果微微有冒汗的感觉，这个感觉就叫作"透"。因此透不是以出汗为目的，而使用透法的前提是里有可透的邪气，说白了，透是开腠理的同时加速里的运动，使其向外排出，往往以津液为载体，又不刻意的以发汗为目的。

（3）吴云：此湿热蕴遏，气郁不宣，故宜辛凉解散，汗出灌浴之辈，最多此患。若加头疼恶寒，便宜用香薷温散矣。

（4）章云：湿病并非一剂禁汗者，故仲景有麻黄加术汤等法。但寒湿在表，汗解；湿热在里，必当清利。今以暑湿闭于腠理，故以滑石利毛窍，若闭于经者，又当通其经络可知矣。

22. 湿热证，按法治之，数日后，或吐下一时并至者，中气亏损，升降悖逆，宜生谷芽、莲子、扁豆、薏仁、半夏、甘草、茯苓等味。甚者用理中法。

自注：升降悖逆，法当和中，犹之霍乱之用六合汤也。若太阴愆甚，中气不支，非理中不可。

（1）雄按："吴本无此条。若可用理中法者，必是过服寒凉所致。"

（2）章按：忽然吐下，更当细审脉证，有无重感别邪，或伤饮食。

雄按：亦有因忿怒而致者，须和肝胃。

（3）释：中气不足，升降悖逆，宜用生谷芽、莲子、扁豆、薏仁、半夏、甘草、茯苓。七味药，以生谷芽疏气行郁，甘草、茯苓、半夏，此三药调和胃气，兼化湿邪，叶氏最善此三味和胃气。薏仁、扁豆、莲子，健脾利湿止泻。

23. 湿热证，十余日后，左关弦数，腹时痛，时圊血，肛门热痛。血液内燥，热邪传入厥阴之证，宜仿白头翁汤法。

自注：热入厥阴而下利，即不圊血，亦当宗仲景治热立法。若竟逼入营阴，安得不用白头翁汤凉血而散血乎？设热入阳明而下利，即不圊血，又宜师仲景下利谵语，用小承气汤之法矣。

（1）雄按：章氏谓小承气汤乃治厥阴热痢，若热入阳明而下利，当用黄芩汤，此不知《伤寒论》有简误之温也。本文云：下利谵语者有燥矢也，宜小承气汤。既有燥矢，则为太阴转入阳明之证，与厥阴无涉矣。湿热入阳明而下利，原宜宗黄芩汤为法，其有燥矢而谵语者，未尝无其候也，则小承气汤亦可援例引用焉。

（2）释：肠道郁热下血，即动血，便可凉血散血，宜白头翁汤法，注意是白头翁汤法，对于热痢便血用白头翁汤凉血泻热即可，但我坚信一病多证，一证不可能仅有一方，所以用白头翁汤法，仿照白头翁汤组方，原则是凉血泻热。宠物临床中对于湿热病，热重于湿，且热重动血，破血妄行，以拳参、苦参、茜草、马齿苋，免煎剂冲开灌肠。其凉血泻热之力强于白头翁汤。拳参，清热燥湿，凉血活血。苦参，清热燥湿。茜草，凉血止血，活血化瘀。马齿苋，清热燥湿。拳参、苦参素来用于热痢，马齿苋用于湿热痢，茜草我认为是凉血散血之佳品。

如果热痢尚未动血，宜黄芩汤，若有谵语，腹内有燥屎，宜用小承气汤。从临床看脉沉，脉沉取有力略数，腹诊按压痛或满或胀，或舌苔厚，伴有下痢应先承气法下之。特别对于犬细小一类病毒性肠炎用下法先清除肠道之浊邪，有利于后面的治疗，但凡用下法必先审脉舌和腹诊。

24. 湿热证，十余日后，尺脉数，下利，或咽痛，口渴心烦，下泉不足，热邪直犯少阴之证。宜仿猪肤汤凉润法。

自注：同一下利有厥少之分，则药有寒凉之异。然少阴有便脓血之候，不可不细审也。

（1）章按：仲景论中，厥阴有热利而无寒利，以厥阴为风木而有相火，邪入之则化热也。少阴直中风寒，则寒利厥逆，用四逆等法回阳散寒。其由阳经传入之邪而化热也，及温病伏邪将发而咽痛下痢，皆为热邪也。少阴便脓血，仲景用桃花汤，以邪热在少阴，而太阴虚寒。

（2）释：章先生所论少阴便脓血，仲景用桃花汤，以邪热在少阴，而太阴虚寒，此邪热在少阴。我认为如果邪热在少阴断不会用干姜，且便脓血，伴有腹痛，为虚寒所致，大便次数较多,造成大量肠黏膜脱落而出血,有血腥味及内脏腥味而无臭味,因寒而致,可见腹痛,久泻多虚,所以重用赤石脂止血固脱涩肠止泻,用干姜温中散寒,以粳米汤调和减少对肠道刺激。

(3)释:《伤寒论》原文说少阴病,下痢咽痛。胸满心烦,猪肤汤主之。猪肤汤,猪皮,米粉,白蜜。此多下痢脱水之证,口渴心烦,小便不足则是津亏表现,下泉即为小便。白米粉能止泻,白蜜煎煮去寒性,减滑肠之性,能生津液。猪皮煎煮得大量胶原蛋白,内服能快速补充白蛋白,增加血中胶体蛋白,减少血中水分外渗。猪肤汤因此是中药中的补液良方,这与现在因脱水给予常规补液配合血浆较为类似。

25. 湿热证,身冷脉细,汗泄胸痞,口渴舌白,湿中少阴之阳,宜人参、白术、附子、茯苓、益智仁等味。

自注:此条湿邪伤阳,理合扶阳逐湿。口渴为少阴证,乌得妄用寒凉耶?

(1)章按:津液出于舌下少阴经之廉泉穴,故凡少阴受邪,津液不升则渴也。然胸痞舌白,当加厚朴、半夏或干姜,恐参、术太壅气也。渴者,湿遏阳气,不化津液以上升,非热也。

(2)雄按:此湿热病之类证,乃寒湿也,故伤人之阳气。或湿热证,治不如法,但与清热失于化湿,亦有此变。但口渴而兼身冷,脉细汗泄,舌白诸证者固属阴证,宜温,还须察其二便。如溲赤且短,便热极臭者,乃湿热蕴伏之阳证,虽露虚寒之假象,不可轻投温补也。章氏所云,湿遏阳气,不化津液之渴,又为太阴证,而非少阴证矣。

(3)释:身冷脉细,汗泄胸痞,口渴舌白。若为湿邪所致其脉多滑,舌多滑。而条文未见滑象,身冷脉细,虚热之象,阴虚血少,自感身冷。口渴舌白,口渴多喜饮热水,若湿重则口内滑,若热重则口渴舌红或口渴喜冷饮,因热蒸湿而成痰,舌苔多黄,动物看似饮水其水量未减。本条口渴舌白,多为喜热饮,舌白多气血不足。所有的虚实均有一定程度,不见得实就舌红,虚就舌白。从本条用药看定不是湿热证,多为寒湿证,若寒湿证,用药有理。这里涉及一个口渴的解释,如果寒湿为什么口渴的问题,我想既然阴阳是对立统一的,那么口渴可以因热所致,那么因寒就不行么?寒湿伤阳,消耗津液,就会有口渴之象。另机体以阳为生,那么寒湿遏阻阳气,久而郁热内生,也会有口渴之象。

(4)释:犬的一些疫病,出现呼吸道症状伴有消化道症状,大便如豆渣(灰色)极臭,舌质淡白,苔灰白,口渴,脉细数,沉取有力。从脉,泄热存阴,泻后,舌见淡红,灰白苔去。《湿热论》本篇对脉的记录并不十分清晰。

26. 暑月病,初期但恶寒,面黄,口不渴,神倦,四肢懒,脉沉弱,腹痛下利,湿困太阴之阳,宜仿缩脾饮,甚则大顺散、来复丹等法。

自注：暑月为阳气外泄，阴气内耗之时，故热邪伤阴，阳明消烁，宜清宜滋。太阴靠困，湿独弥漫，宜温宜散。古法最详，医者鉴诸。

（1）缩脾饮：缩砂仁、乌梅肉、煨草、果仁、炙甘草各200g，干葛、白扁豆各100g。每服20g，水一碗煎八分，水澄冷服以解烦，或欲温欲热，任意服。

雄按：脾为阴土，喜燥而恶湿，贪凉饮冷，则脾阳为湿所滞，而缓纵解侏，不能宣运如常矣。故以砂仁、草果快脾而去其所恶之湿；臣以甘草、扁豆，甘淡以培其正气；即佐葛根、乌梅，一以振其敷布之权，一以缩其缓纵之势，况每能生液，湿去津生，最为可法。

大顺散：炙甘草、煨干姜、杏仁、肉桂。

（2）释：缩脾饮，藿香正气，龙虎人丹似乎均可使用。即夏季感受寒湿所致。若寒湿较重，大便溏稀水样，四逆凉，有腹痛，舌淡白，脉无力无数，可用理中法。平素体虚，暑季再感寒湿当用缩脾理中，重在温中扶阳以散寒湿。

（3）雄按：凡寒湿为病，虽在暑月，忌用凉药，宜舍时从证也。昔贤虽知分别论治，惜不能界画清厘，而创阴暑等名，贻误后学不少。

27. 湿热证，按法治之，诸证皆退，惟目冥则惊悸梦惕，余邪内留，胆气未舒。宜酒浸郁李仁、姜汁炒枣仁、猪胆皮等味。

自注：滑可去著，郁李仁性最滑脱，古人治惊后肝气滞而不下，始终目不冥者，用之以下肝气而去滞。此证借用，良由湿热之邪留于胆中，胆为清虚之腑，藏而不泻，是以病去而内留之邪不去。寐则阳气行于阴，胆热内扰，肝魂不安，用郁李仁以泄邪，而以酒行之，酒气独归胆也。枣仁之酸，入肝安神，而以姜汁制，安神而又兼散邪也。

（1）雄按：吴本无此条。

（2）释：从条文用药看似乎与前文有异。目冥：视物模糊不清。若因胆气不舒所致，可考虑晚蚕砂，合欢花等。

（3）章按：肝性喜凉散，枣仁姜汁太温，适宜酌加凉品。

雄按：如黄连、山栀、竹茹、桑叶，皆可佐也。

28. 湿热证，曾开泄下夺，恶候皆平，独神斯不清，倦语不思食，溺数，唇齿干，胃气不输，肺气不布，元神大亏。宜人参、麦冬、石斛、木瓜、生甘草、生谷芽、鲜莲子等味。

自注：开泄下夺，恶候皆平，正亦大伤。故见证多气虚之象，理合清补元气，若用腻滞阴药，去生便远。

（1）雄按：此肺胃气液两虚之证，故宜清补。不但阴腻不可用，且与脾虚之宜于守补温运者亦异。

（2）释：清补宜重用山药、百合、生脉饮、三才汤等为使，佐木瓜，谷芽，助胃气。山药最宜脾肺两虚，且不燥。

29. 湿热证，四五日，忽大汗出，手足冷，脉细如丝或绝，口渴，茎痛，而起坐自如，神清语亮，乃汗出过多，卫外之阳暂亡，湿热之邪仍结，一时表里不通，脉故伏，非真阳外脱也。宜五苓散去术加滑石、酒炒川连、生地、黄芪皮等味。

自注：此条脉证，全似亡阳之候，独于举动神气得其真情。噫！此医之所以贵识见也。

（1）释：此条有症有脉，无舌象。湿热证多矛盾症状，脉舌不统一，我在宠物临床中见脉舌不统一者均按痰湿处理，具体方药结合症状，推敲脉舌舍从，或从脉，或从舌。湿热证，务必详细询问和记录发病过程及用药过程，有助于判断脉舌症的从主关系，如果单纯就眼前病例的脉舌症分析极容易误诊。

（2）章按：以口渴茎痛，知其邪结，以神清语亮，知非脱证。

雄按：此条原注全似评赞，章氏以为自注，究可疑也。至卫阳暂亡，必由误表所致，湿热仍结，阴液已伤，故以四苓家滑石导湿下行，川连、生地清火救阴，芪皮固其卫气，用法颇极周密。

（3）雄按：吴本无川连、生地。

30. 湿热证，发痉神昏，独足冷阴缩，下体外受客寒，仍宜从湿热治，只用辛温之品，煎汤熏洗。

自注：阴缩为厥阴之外候，合之足冷，全似虚寒。乃谛观本证，无一属虚，始之寒客下体，一时营气不达，不但证非虚寒，并非上热下寒之可拟也，仍从湿热治，又何疑耶？

（1）释：本条较乱，发痉神昏足冷因缩可因热，可因寒，可因实，可因虚。无脉舌概括，不能仅仅因症状就单独做诊断，同时从症状描述看怎么就从湿热治疗呢？此条疑问颇多。

（2）章按：发精神错，邪犯肝心，若邪重内闭，厥阴将绝，必囊缩足冷而舌亦卷，是邪深垂死之证，本非虚寒。今云由外受客寒，临证更当详细察问为要。

（3）雄按：此条本文颇有语病，恐非生白手笔。

31. 湿热证，初起壮热口渴，脘闷懊恼，眼欲闭，时谵语。浊邪蒙闭上焦，宜涌泄，用枳壳、桔梗、淡豆豉、生山栀、无汗者加葛根。

自注：此与第九条参看。彼属余邪，法当清散，此则浊邪蒙闭上焦，故懊恼脘闷。眼欲闭者，肺气不舒也；时谵语者，邪郁心包也。若投轻剂，病必不除，《经》曰：高者越之。用栀子豉汤涌泄之剂，引胃脘之阳，而开心胸之表，邪从吐散。

（1）释：从症状描述，类似人高血压症状。从药物看高血压病例符合郁热胸中的也可以考虑使用。用栀子豉汤十多年了未见一例呕吐情况出现。所以所谓的栀子豉汤涌吐到底怎么回事儿尚不清楚。

（2）章按：若舌苔薄而滑者，邪未胶结可吐散；如舌苔厚而有根，浊邪瘀结，须重用辛开苦降。如吐之，邪结不得出，反使气逆，而变他证矣。

（3）雄按：此释（章按内容）甚是，病在上焦，浊邪未结，故可越之。若已结在中焦，岂可引吐？不但湿热证吐宜慎也，即痰饮证之宜取吐者，亦有辨别要诀。赵恕轩串雅云：宜吐之证，必须看痰色，吐在壁上，须在痰干之后，有光亮如蜗牛之涎者，无论痰在何经，皆可吐也。若痰干之后，无光亮之色者，切忌用吐。彼验痰渍，此验舌苔，用吐者识之。又按何报之云：子和治病不论何证，皆以汗下吐三法取效，颇有值理存焉。盖万病非热则寒，寒者气不运而滞，热者气亦壅而不运。气不运，则热郁痰生，血停食积，种种阻塞于中矣。人身气血贵通而不贵塞。非三法何由通乎？又去邪即所以补正，邪去则正自复，但以平淡之饮食调之，不数日而精神勃发矣。故妇人不孕者，此法行之即孕，阴阳和畅。男子阳道骤兴，非其明验乎，后人不明其理，而不敢用，但以温补维稳，杀人如麻，可叹也。

32. 湿热证，经水适来，壮热口渴，谵语神昏，胸腹痛，或舌无苔，脉滑数。邪陷营分，宜大剂犀角、紫草、茜根、贯众、连翘、鲜菖蒲、银花露等味。

自注：热入血室，不独归妇女，男子亦有之，不第凉血，并须解毒，然必重剂，乃可奏功。

（1）释：此脉舌皆备。脉滑数，湿热所致，无苔邪以内陷。从方剂看重用清热凉血，连翘、菖蒲、银花露透邪外出，这与清营汤之连翘、竹叶、银花之意同，意在透热，与叶氏"入营犹可透热转气之理同。"此方为凉血透热之典范。紫草、茜草的使用我认为比赤芍、丹皮活血凉血要强。

（2）章按：仲景谓阳明病，下血谵语者，此为热入血室，即指男子而言，故无经水适来之语。

33. 湿热证，上下失血，或汗血，毒邪深入营分，走窜欲泄，宜大剂犀角、生地、赤芍、丹皮、连翘、紫草、茜草、银花等味。

自注：热逼而上下失血、汗血，势极危而犹不即坏者，以毒从血出，生机在大进凉血解毒之剂。以救阴而泄邪，邪解而血自止矣。血止后须进参芪善后乃得。汗血，即张氏所谓肌衄也。《内经》谓：热淫于内，治以咸寒。方中当曾入咸寒之味。

（1）释：此血热动血，破血妄行。必凉血散血。临床便血我一般不用丹皮，多用白头翁。如果非便血而血热甚至动血，我惯用重楼配茜草，丹参配赤芍，务必尽快降低血热，血才能止。并且增液，生地配玄参。至于水牛角，目前用的次数较少，而羚羊角可以少量使用，主要用于热极生风所致的抽动，如果是气分热不如生石膏，如果是血热羚羊角可以考虑，但我在临床上体会这东西真是可有可无。在本条自注中说血止后须进参芪，从临床看未必需要，应观脉察其力度，再定是否进参芪。目前糖盐水配能量合剂静脉滴入，已是补虚，只是易助湿邪。

（2）雄按：以上四条吴本无之。丹皮虽凉血，而气香走泄能发汗，唯血热而瘀者宜之，又善动呕，胃弱者勿用。

34. 湿热证，七八日，口不渴，声不出，与饮食亦不却，二便自通，默默不语，神识昏迷。进辛香凉泄，芳香逐秽，具不效，此邪入手厥阴，主客浑受，宜仿吴又可三甲散：醉地鳖虫、醋炒鳖甲、土炒穿山甲、生僵蚕、柴胡、桃仁泥等味。

自注：湿热先伤阳分，然病久不解，必及于阴。阴阳两困，气钝血滞，而暑湿不得外泄。遂深入厥阴，络脉凝瘀，使一阳不能萌动，生气有降无升，心主阻遏，灵气不通，所以神不清而昏迷默默也。破滞通瘀，斯络脉通，而邪得解矣。

释：此三甲散，土鳖配桃仁，鳖甲配柴胡，山甲配僵蚕。土鳖配桃仁行血开郁。鳖甲配柴胡，滋阴退热。穿山甲配僵蚕，通络开郁。注意，此条有重浊黏腻的症状表现，神识昏迷非今所说的昏迷不醒人事，而是一种呆滞，呆滞一证湿热证最多，湿热阻滞上焦，中焦气分均能见呆滞，尚内有瘀血亦可见呆滞，若无大热其舌必见绛色斑。

35. 湿热证，口渴，苔黄起刺，脉弦缓，囊缩舌硬，谵语昏不识人，两手抽搐，津枯邪滞，宜鲜生地、芦根、生首乌、鲜稻根等味。若脉有力，大便不通，大黄亦可加入。

自注：胃津劫夺，热邪内据，非润下以泄邪则不能达，故仿承气之便，以甘凉易苦寒，正恐胃气受伤，胃津不复也。

释：两手抽搐，指两手出现不自主的攥握症状。《内经》说："手得血能握。"这种不自主的攥握症状多与湿热阻滞经络有关。本条认为是津枯邪滞，用生地、芦根、鲜稻根用于凉营生津，养胃阴。生首乌本是凉营养阴之品，常与生地同用。另有一种情况是腑气不通所致抽搐，宜增液承气汤加减，我认为更稳妥。如果我治疗此证多从湿热阻滞经络入手，口渴，苔黄起刺即是热盛，而脉弦缓与舌象不符，这也是湿热证的一个特点，我用桑枝、片姜黄配合生地、芦根等药物，若腑气不通，先行通便。

36. 湿热证，发痉撮空，神昏笑妄，舌苔干黄起刺或转黑色，大便不通者，热邪闭结胃腑，宜用承气汤下之。

自注：撮空一证，昔贤谓非大实即大虚。虚则神明涣散，将有脱绝之虞；实则神明被逼，故多缭乱之象。今舌苔黄刺干涩，大便必而不通，其为热邪内结阳明，腑热显然矣。徒事清热泄邪，只能散络中流走之热，不能除胃中蕴结之邪，故假承气以通地道。然舌不干黄起刺者不可投也。

承气用硝黄，所以逐阳明之燥火实热，原非湿热内滞者所宜用。然胃中津液为热所耗，甚至撮空撩乱，舌苔干黄起刺，此时胃热极盛，胃津告竭，湿火转成燥火，故用承气以攻下。承气者，所以承接未亡之阴气于一线也。湿温病至此亦危矣哉。

（1）释：此条是阳明腑气不通所致的神经症状，我曾用升降散合并承气汤治疗该证效果较快，一般一付药见效，如果一付药投之无效，不可随意再投，恐辨证有误。

（2）雄按：第二十八条，有曾开泄下夺之文，则湿热证原有可下之证。唯湿未化燥，腑实未结者，不可下耳，下之则利不止。如已燥结，亟宜下夺，否则垢浊熏蒸，神明蔽塞，腐肠烁液，莫可挽回，较彼伤寒之下不嫌迟，去死更速也。

（3）雄按：凡治感证，须先审其胃汁之盛衰，如邪渐化热，即当濡润胃腑，俾得流通，则热有出路，液不自伤，斯为善治。

37. 湿热证，壮热口渴，自汗，身重，胸痞，脉洪大而长者，此太阴之湿与阳明之热相合，宜白虎加术汤。

自注：热渴自汗，阳明之热也；胸痞身重，太阴之湿兼见矣。脉洪大而长，知湿热滞于阳明之经，故用苍术白虎汤以清热散湿。然乃热多湿少之候。白虎汤仲景用以清阳明无形之燥热也，胃汁枯竭者，加人参以生津，名曰白虎汤加人参汤。身中素有痹气者，加桂枝以通络，名曰桂枝白虎汤，而其实意在清胃热也。是以后人治暑热伤气身热而渴者，亦用白虎加人参汤；热渴汗泄肢结烦痛者，亦用白虎加桂枝汤；胸痞身重兼见，则于白虎汤中加苍术，以理太阴之湿；寒热往来兼集，则于白虎汤中加入柴胡，以散半表半里之邪。凡此皆热盛阳明，他证兼见，故用白虎清热，而复各随证以加减。苟非热渴汗泄，脉洪大者，白虎便不可投。辨证察脉，最宜详审也。

（1）白虎汤仲景用以清阳明无形之燥热也，胃汁枯竭者，加人参以生津，名曰白虎人参汤。

雄按：余于血虚加生地，精虚加枸杞，有痰者加半夏，用之无不神效。

（2）雄按：余治暑邪炽盛热渴汗泄而痞满气滞者，以白虎加厚朴极效。

（3）雄按：热渴汗泄而脉虚者，宜甘药以养肺胃之津。

（4）汪按：若大汗脉虚身凉不热口润不渴，则为亡阳脱证，非参附回阳不能挽救。

38. 湿热证，湿热伤气，四肢困倦，精神减少，身热气高，心烦溺黄，口渴自汗，脉虚者，用东垣清暑益气汤主治。

自注：同一热渴自汗，而脉虚神倦，便是中气受伤，而非阳明郁热，清暑益气汤乃东垣所制，方中药味颇多，学者当于临证时斟酌去取可也。

（1）雄按：此脉此证，自宜清暑益气以为治。但东垣之方，虽有清暑之名，而无清暑之实。余每治此等证，辄用西洋参、石斛、麦冬、黄连、竹叶、荷秆、知母、甘草、粳米、西瓜翠衣等，以清暑热而益元气，不无应手取效也。

（2）释：冒暑之象，湿热伤气分，阻滞气机，郁热内生，有口渴自汗等热像，但脉虚，不可猛用清热。我临证见此证，多以绿豆、红豆、荷叶、六一散、西洋参等治疗，二豆及荷叶不宜久煎，否则无清暑之效。若热盛自里而起，已入营血，则凉血散血，清营汤加减，多加西洋参。西洋参为降火养阴之品，兼有补气之效，但多用则脑兴奋影响睡眠。

39. 暑月热伤元气，气短倦怠，口渴多汗，肺虚而咳者，宜人参、麦冬、五味子等味。

自注：此即《千金》生脉散也。与第十八条同一肺病，而气粗与气短之分，则肺实与肺虚各异，实则泻而虚则补，一定之理也。然方名生脉，则热伤气之脉欲绝可知矣。

释：条文暑热为病，伤其元气，气短倦怠，口渴汗多，均为暑热所致，而肺虚咳，肺新病，多素有肺虚咳，多为气虚，若平素阴虚再中暑热多动血，非单一咳。如果肺阴虚咳用生脉散路子是对的，益气养阴。五味子能收敛肺气。一般用于正虚，难点在于正邪虚实的比例，有何症用何药，凡符合病机即可使用，不必太多条框约束。但此条是暑热未退，不宜多用五味子。现代的人参亦不可多用，可用西洋参代替。凡暑热为病我好用绿豆六一散，出现阴虚合入西洋参、玄参、麦冬、生地。若平素胃阳不足，则最为麻烦，该输液就要输液，配合中药调治。如果暑热肺阴虚，应先退暑热，或暑热后出现肺阴虚而见咳，可以考虑从百合固金汤，养阴清肺口服液似乎效果不佳。

40. 暑月乘凉阴冷，阳气为阴寒所遏，皮肤熏蒸，凛凛畏寒，头痛头重，自汗烦渴，或腹痛吐泻者，宜香薷、厚朴、扁豆等味。

自注：此由避暑而感受寒湿之邪。虽病在暑月，而实非暑病，昔人不曰暑月伤寒湿，而曰阴暑，以致后人淆惑，贻误非轻，今特正之。其用香薷之辛温，以散阴邪而发越阳气，厚朴之苦温，除湿邪而通行滞气，扁豆甘淡，行水和中。倘无恶寒头疼之表证，即无取香薷之辛香走窜矣。无腹痛吐利之里证，亦无取厚朴、扁豆之疏滞和中矣。故热渴甚者，加黄连以清暑，名四味香薷饮。减去扁豆，名黄连香薷饮。湿盛于里，腹膨泄泻者，去黄连，加茯苓、甘草，名五物香薷饮。若中虚气怯汗出多者，加入参、芪、白术、陈皮、木瓜，名十味香薷饮。然香薷用之，总为寒湿外系而设。不可用以治不挟寒湿之暑热也。

释：香薷用于寒湿外袭于表，那么麻黄为何不能使用？不重用小剂量使用达到外散寒湿的目的就可以了，有何不可用之理！另若见本条亦可考虑藿香正气散或加减方。自汗烦渴，多为郁热所致，开郁为第一要义。若平素气虚，十味香薷饮可用之。

41. 湿热内滞太阴，郁久而为滞下，其证胸痞腹痛，下坠窘迫，脓血稠黏，里结后重，脉软数者，宜厚朴、黄芩、神曲、广皮、木香、槟榔、柴胡、煨葛根、银花炭、荆芥炭等味。

自注：古人所谓滞下，即今所谓痢疾也。由湿热之邪，内伏太阴，阻遏气机，以致太阴失健运，少阳失疏达，郁热湿蒸，传导失其常度，蒸为败浊脓血，下注肛门，故厚重气壅不化，仍数至圊而不能便。伤气则下白，伤血则下赤，气血并伤，赤白兼下。湿热盛极，痢成五色。故用厚朴除湿而行滞气，槟榔下逆而破结气，黄芩清庚金之热，木香、神曲疏中气之滞，葛根升下陷之胃气，柴胡升土中之木气。热侵血分而便血，以银花、荆芥入营清热。若热盛于里，当用黄连以清热；大实而痛，宜增大黄以逐邪。昔张洁古至芍药汤以治血痢，方用归、芍、芩、连、大黄、木香、槟榔、甘草、桂心等味，而以芍药名汤者，盖谓下血必调藏血之脏，故用之为君，不特欲其土中泻木，抑亦赖以敛肝和阴也。然芍药味酸性敛，终非湿热内蕴者所宜服。倘遇痢久中虚，而宜用芍药、甘草之化土者，恐难忍芩、连、大黄之苦寒，木香、槟榔之破气。若其下痢初作，湿热正盛者，白芍酸敛滞邪，断不可投。此虽昔人已试之成方，不敢引为后学之楷式也。

（1）释：芍药似乎并没有太过的收敛，敛阴不一定就敛邪。五色痢，邪郁肠中所致，宜尽快通腑排出，若体虚仍应先攻邪，迅速补液缓其虚。芍药汤我临床一般使用白芍15g，赤芍15g。但近两年治疗痢疾初起，多喜用黄芩汤，邪重郁阻多合用升降散或承气汤。里急后重多并入四磨汤。亦有成药香连化滞丸，可用少许大黄甘草汤调开频服。

条文所列大便里急后重，便脓血黏稠，且脉软数。气已先亏，但不能益气，先行通导。一般银花炭我多改为大黄炭，或炭药用伏龙肝代替。

（2）雄按：呕恶者忌木香，无表证者忌柴葛。

42.痢久伤阳，脉虚滑脱者，真人养脏汤加炙甘草、当归、白芍。

自注：脾阳虚者，当补而兼湿。然方中用木香，必其腹痛未止，故兼疏滞气。用白芍，必其阴分亏残，故兼和营阴。但痢虽脾疾，久必传肾，以肾为胃关，司下焦而开窍于二阴也。况火为土母，欲温土中之阳，必补命门之火，若虚寒甚而滑脱者，当加附子以补阳，不得杂入阴药矣。

（1）叶天士云：夏月炎热，其气俱浮于外，故为蕃秀之月。过食寒冷，郁其暑热，不得外达；食物厚味，为内伏之火，锻炼成积，伤于血分则为红，伤于气分则为白。气质不行，火气逼迫于肛门，则为后重；滞于大肠，则为腹痛。故仲景用下药通之，河间、丹溪用调血和气而愈。此时令不得发越，至秋收敛于内而为痢也。此理甚明，何得误认为寒，而用温热之药。余力证四十余年，治痢唯以疏理推荡清火而愈者，不计其数。观其服热药而死者甚多，同志之士，慎勿为景岳之书所误，以杀人也。

（2）尤拙吾云：痢与泄泻，其病不同，其治亦异。泄泻多由寒湿，寒则宜温，湿则宜燥也；痢多成于湿热，热则宜清，湿则宜利也。虽泄泻有热证，毕竟寒多于热；痢病亦有寒证，毕竟热多于寒。是以泄泻经久，必伤于阳，而肿胀喘满之变生；痢病经久，必损于阴，而虚烦痿废之疾起。痢病兜涩太早，湿热流注，多成痛痹；泄泻疏利过当，中虚不复，多作脾劳。此余所亲历，非臆说也。或问热则清而寒则温是矣，均是湿也，或从利或从燥，何欤？曰寒湿者寒从湿生，故宜苦温燥其中；湿热者湿从热化，故宜甘淡利其下。盖燥性多热，利药多寒，便利则热亦自去，中温则寒湿俱消。寒湿必本中虚，不可更行清利；湿热郁多成毒，不宜益以温燥也。然则真人养脏汤，须慎重而审用矣，犹谓其杂用阴药，岂未闻下多亡阴之语乎？须知阳脱者，亦由阴先亡而阳无依，如盏中之油干则火灭也。

（3）释："火为土母，欲温土中之阳，必补命门之火。"这句话理解不通，补命门火与火为土母挨不上。真人养脏汤：人参、焦白术、肉桂、诃子、木香、肉豆蔻、罂粟壳。一方有白芍、炙甘草。甚者加附子。肉桂、肉豆蔻补命门火。诃子、罂粟壳涩肠收敛。亦可真武汤加黄芪、诃子、伏龙肝、骨碎补一类。

43. 痢久伤阴，虚坐努责者，宜用熟地炭、炒当归、炒白芍、炙甘草、广皮之属。

自注：里结欲便，坐久而仍不得便者，谓之虚坐努责。凡里结属火居多，火性传送至速，欲于大肠，窘迫欲便，而便仍不舒。故痢疾门中，每用黄芩清火，甚者用大黄逐热。故痢久血虚，血不足则生热，亦急迫欲便，但久坐而不得便耳！此热由血虚所生，故治以补血为主。里结与后重不同，里结者急迫欲便，后重者肛门重坠。里结有虚实之分，实为火郁有余，虚为营阴不足。后者有虚实之异，实为邪实下壅，虚由气虚下陷。是以治里结者，有清热养阴之异；治后重者，有行气升补之殊。虚实之辨，不可不明。

（1）雄按：审属痢久而气虚下陷者，始可参用升补，若初痢不挟风邪，久痢不因气陷者，升、柴不可轻用，故喻氏逆流挽舟之说，尧封斥为伪法也。

（2）释：对于里急后重，里急当因势利导，通因通用，内有邪热秽浊炽盛，刺激肠道所致，亦可由寒湿之邪至脾虚寒，而不能统治，出现里急。但因热，因秽浊所致多恶臭难闻；而因寒湿所致多脏腑"腥气味"或无味。后重，可因虚所致，可以湿黏腻所致。从本条文所述及用药看多为血虚所致，自注中所述的久痢血虚，血不足则生热，此为虚热。从方剂看，补血力缓，若真血虚所致此方恐难以胜任。因虚所致的后重往往采取塞因塞用的方法，用以补虚。如人参，白术。白术重用确实可以达到通便作用。肾虚亦可考虑从肉苁蓉，当归一类，补肾气润肠道。若因湿所致，当祛湿调气，调气则后重自除。

44. 暑湿内袭，腹痛吐利，胸痞脉缓者，湿浊内阻太阴，宜缩脾饮。

自注：此暑湿浊邪，伤太阴之气，以致土用不宣，太阴告困，故以芳香涤秽，辛燥化湿为剂也。

（1）雄按：虽曰暑湿内袭，其实乃暑微湿盛之证，故用药如此。

（2）释：此条符合藿香正气散加减。

45.暑月饮冷过多，寒湿内留，水谷不分，上吐下泻，肢冷脉伏者，宜大顺散。

自注：暑月过于贪凉，寒湿外袭者，有香薷饮；寒湿内侵者，有大顺散。夫吐泻肢冷脉伏，是脾胃之阳，为寒湿所蒙，不得升越，故宜温热之剂调脾胃，利气散寒，然广皮、茯苓似不可少，此即仲景治阴邪内侵之霍乱，而用理中汤之旨乎！

（1）雄按：此条名言暑月饮冷过多，寒湿内留，水谷不分之吐利，宜大顺散治之。是治暑月之寒湿，非治暑也，读者不可草率致误。若肢冷脉伏，而有苔黄烦渴溲赤便秽之兼证，即为暑热致病，误投此剂，祸不旋踵。

（2）释：此条仍可考虑从藿香正气散加减。里寒重则肉桂、干姜可用。但如果是食入变质食物所致，应通腑香连化滞一类，配合抗生素口服用药。

46.腹痛下利，胸痞烦躁，口渴，脉数大，按之豁然空者，宜冷香饮子。

自注：此不特湿邪伤脾，抑且寒邪伤肾。烦躁热渴，极似阳邪为病，唯数大之脉按之豁然而空，知其燥渴等证，为虚阳外越，而非热邪内扰。故以此方冷服，俾下咽之后，冷气既消，热性乃发，庶药气与病气，无扞格之虞也。

雄按：此证亦当详审，如果虚阳外越，则其渴也，必不嗜饮，其舌色必淡白，或红润，而无干黄黑燥之苔。其便溺必溏白而非秽赤，苟不细察，贻误必多。

本篇学习后应与叶天士《温热论》相互印证，相互补充。

十三、对癫痫的认识

目前临床病例中癫痫病有增加趋势，小体贵宾犬的癫痫发作病例最高，博美吉娃娃次之。从临床看癫痫有原发性和继发性之分，癫和痫也是有所区别。另外要提出一个问题是犬瘟热的癫痫样症状是否与癫痫病相同。癫：多精神抑郁，神情呆滞。痫：口吐涎沫，牙关紧闭，肌肉痉挛，神昏倒地，伴有呼噜音等怪声。癫痫发作往往先精神抑郁，呆滞，随后出现口吐涎沫，牙关紧闭，肌肉痉挛，神昏倒地，伴有呼噜音等怪声。

癫痫从治疗看,过去分为两类,一类治痰,一类治镇静。认为是癫痫的本质在于痰阻,阻滞气机,或生郁热或成瘀滞或成失养。因此四类药物最多,一是开痰药如南星,半夏,菖蒲,郁金;二是清热痰药如牛黄,熊胆,僵蚕,贝母一类;三是重镇安神类如朱砂,雄黄,白矾,龙牡一类;四是化瘀熄风类,蝎子,蜈蚣,水蛭,甘遂一类。另外辅佐药物中往往还会加入黄芪,当归一类。

发病部位以脑为主，而诱因较多，但是治疗的话，病位，病因，病性都要弄清，否则见到癫痫全用卡马西平，苯巴比妥也没什么用处，反而容易死于药物。该病病位在脑，不论中西医这个是共性，脑功能的改变造成了癫痫的发作，而功能靠血来滋养，就是气血关系，脑内脑充血和脑贫血均会造成功能的改变，而造成这种现象发生的诱因较为广泛，痰湿，气郁，精神刺激等均可为诱因，因此用药要标本兼治。但目前临床成药方面基本都是我上述所说那四大类药物，对于脑充血都有一定改善，对癫痫有一定治疗作用，而脑贫血方面的药物极少，主要是由于癫痫发作病势比较急，很少有敢用辛热类药物治疗的，一旦误判那就是纠纷，且诸多医生认为癫痫只能用镇静药不能用其他药物，造成即使需要辛温也只能用辛凉或镇静药。医学其实是一个可以无限想象需要去验证的，所以敢想敢干有利于发展创新。

　　另外提出一个有争议的问题，按照事物阴阳两个方面的辨证角度看，一个事物的出现会有好的一面和不好的一面，那么癫痫的出现可能是一种保护性反应，肌肉痉挛等症状对血液循环是有改善和影响的，其他如流涎症状可能在指像机体代谢的情况等，但是癫痫频繁出现也会对脑产生严重的影响。所以我想如果癫痫真具有保护反应，那么查找保护的目标，通过什么进行调节起到保护作用，就可以针对此来用药达到治疗的目的。

　　在辨证上应对病前情况仔细询问，对发作时的表现应仔细询问和辨别。对舌象要仔细观察，尤其是舌滑润程度，舌的形态表现和舌色。从临床观察对于1月龄以内的幼犬出现癫痫以熄风镇痉为主，效果理想。而兴奋类毒品造成的癫痫或是癫狂，主要以清心重镇为主，往往能收到好的效果。很多体弱的贵宾往往较容易出现癫痫，这可能与脾胃之气匮乏有关系，气血生化不足，不能上荣巅顶所致，此时需要温阳通脉，上达脑络，荣养周身，若脾胃之气虚极多死，但治疗上应先考虑温中，恢复食欲，增强脾胃功能，气血得以生化后再考虑通阳。对于平日脾气暴躁的犬出现癫痫一方面平肝息风，一方面疏肝理气，一方面活血化瘀，三者结合。

　　另一个犬瘟热的癫痫样症状与癫痫病应该是一样的，由于犬瘟热长时间的内消耗，造成痰湿阻滞，气滞血瘀，络脉不通，脾胃虚弱，气血生化不足等引发脑充血或脑贫血。但由于犬瘟热的癫痫样症状是继发症状，通过长期消耗和功能损伤后出现的，比一般癫痫病发病要重，且相对频繁，我现阶段治疗的原则是以先生津养血，然后再通络，配合温阳或开痰，或活血化瘀或镇痉熄风。

　　针刺对于癫痫也是有一定治疗作用的，主要穴位为风池、风府，白针或水针均有作用，能缓解抽动或停止抽动，但又有部分病例针刺后只能暂时缓解，而无法彻底治愈。

十四、犬腰痛病的认识

　　犬腰痛病是指犬腰部疼痛，以疼痛为主要症状，这种病可以造成后肢运动障碍，严重者可引起后肢瘫痪，肌肉萎缩，二便排泄失调。继而造成局部感染，下肢栓塞等。造成此类疾病出现的原因，一为外伤，二为风寒湿邪侵袭。

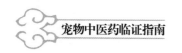

外伤

外伤造成此病，多踢打腰部肌肉组织，或蹦跳造成腰部肌肉拉伤、扭伤、闪伤等。出现局部实质性损伤，局部气血循行障碍引起疼痛，日久瘀血成形，阻塞经络造成瘫痪。现代医学认为是局部炎症压迫神经，日久造成局部神经麻痹，后肢瘫痪。

风寒湿邪侵袭

一些犬卷卧睡在空调下或窗下，风寒湿邪侵袭局部肌肉造成气血循行障碍，醒后后肢步态蹒跚或不能站立，数小时后疼痛明显。日久邪入经络，多成痹证，痿证。

症状：病前有运动或被踢打，或睡在空调或窗下。病初步态蹒跚，逐渐腹部紧绷，腰部按压疼痛明显，按压时狗反应相对较大，对后肢末端进行刺激有痛感神经反射，逐渐后肢不能站立，后腿前伸或跪行，跪行犬往往后肢无知觉，精神和食欲状态一般，疼痛明显期精神食欲不佳。由于腰部疼痛剧烈，排泄姿势异常，因此二便减少，严重者二便失禁甚至二便闭，引起自身中毒威胁生命。

由于饲主带犬就诊时往往属于疼痛明显期，脉诊不能提供，同时口色观察不明显，未明显观察到腰疼病与口色的联系。而口色往往在后期的诊断上以及既发病合并病中有一定意义。如后期双后肢无知觉跪行，造成双后肢皮肤肌肉损伤感染影响全身，进行治疗口色是很关键的。后期双后肢肌肉萎缩，在进行治疗时口色也是重要依据。但就腰痛病而言问清发病原因最为关键。若能在犬配合的前提下进行影像诊断是可以的。但如果病犬强烈挣扎，则应该放弃影像诊断，防止犬因疼痛而出现晕厥。

要注意该病与颈椎病和脊髓炎进行鉴别。若病犬后肢蹒跚逐渐后肢不能站立而无明显痛感则要警惕，尽快排查脊髓炎，一些病若能找到疼痛部位可进行治疗前评估，若找不到部位则相对危险。曾见到一犬步太蹒跚24小时后双后肢不能站立，但找不到疼痛点，并逐渐向上发展，48小时后双前肢萎软，72小时后，双前肢不能站立，颈部不能抬起，次日凌晨死亡。病情有明显向上进行的发展，怀疑是脊髓炎。

治疗：犬腰痛病不论外伤还是风寒湿邪侵袭，活血化瘀，温阳散结为主法。成药由于相对易于饲喂可以选择活络定痛丸，中华跌打丸，同仁堂跌打丸，七厘片，三七伤药片等。这类药比糖皮质激素和非激素抗炎药效果慢2日左右，但无明显副作用，尤其是未见到药后肠道出血的反应。同时每日可进行温灸，对于这类病而言，灸比针刺效果明显，针对疼痛部位及周边部位进行加热，做巡回灸，有助于活血化瘀而止痛，但由于中西方观点不同，一些学者认为疼痛明显期不应该加热而应该冷敷，但冷敷虽然当时能缓解疼痛但会造成郁阻，出现持久性疼痛。

针刺则选择疼痛部位的周边穴位，进针后提插捻针手法宜缓和不要给予强刺激。后期无知觉时可进行强刺激或是电针治疗，一般每两日一次为宜。但不论口服用药还是针灸治疗在此期间要保证犬能得到静养，若疼痛减轻后继续外出则会加重病情，若反复则很难治愈。

疾病后期会出现肌肉萎缩现象，这类病与痿证类似，后期气血两亏，筋肉失养，见而萎缩，用药以温阳活血，健脾养血为主，此法既可补益气血充养肌肉，又可化湿散寒以去诸邪，这类犬多见舌色淡白，毛暗而枯，临床我往往定期给予桂枝汤加味口服，以增强气血运行防止肌肉萎缩。

若双后肢无外伤又久病不愈，可每日或定期进行药浴，目的在于促进双后肢血液循环，预防和辅助治疗双后肢肌肉萎缩。药浴前进行剃毛，防止受寒，不可用吹水机吹干。

若老龄犬双后肢有破损，先检查血糖，然后清创，伤口久不愈合则内服外托生肌散，外敷生肌散并包扎伤口。若出现全身性感染必须配合抗生素使用。

犬腰椎间盘突出症与犬腰痛病症状类似，但是本质不同，用治疗腰痛病的方法治疗腰椎间盘突出症只能起到缓解疼痛的作用而无法根治，所以二者不能混淆。

十五、犬鼓胀病的认识

我对鼓胀病的最初认识是 2008 年的一只吉娃娃，腹胀三四日未减，到某医院就诊，彩超检查未见腹腔积液，由于生化较慢，饲主未做生化检查，当地医生用开塞露通肠，排除稀粪，建议口服宠儿香，连用 2 日没有明显效果，同时不食，精神不振，到我院就诊，眼底黏膜淡白，舌淡红，通过触诊腹部，腹大如瓮，明显能感知腹腔内积液，与饲主商议后决定腹腔穿刺放水，抽出 300 多毫升液体，腹腔内还有较多液体未放，液体淡红清澈，诊断为腹水，水液蓄积多为肝脾肾问题，由于没有什么经验，给予护肝片和四磨汤口服，四磨汤经常使用对于郁证的不食这个药物很好用，2 日能食少量食物，但腹水又起，精神仍然不振，给予白蛋白静脉滴注，效果不理想，给予一些利水药物，小便明显增多但是效果不理想。护肝片四磨汤和利水药物连续使用了 3 天，第三天夜里死亡，腹部胀大，骨瘦如柴。

第二只是昆明犬，2 个月，未免疫，未驱虫，瘦而腹胀，触之有明显水感，舌上虫斑明显，咳轻，畏寒喜暖，毛糙，舌色淡白而瘦，饮食饮水量大，大便稀软，小便失禁，脉沉滑无力，肉轮淡白，时常前肢扶墙坐立约半小时左右。这个病例应该是虫鼓水胀。先驱虫。吸取上一只犬的教训，水液失节，应与肾，脾，肝，肺有关，功能不足无力控制水液的代谢，因此当时诊断是肝脾肾虚，用温阳利水法，方剂主要是苓姜术甘汤加猪苓阿胶，后用金匮肾气丸善后，有效果，药后小便量大，且腹部明显减小，停药后腹部没有增大，治疗一个多月康复，这个病例主要是虫鼓，不知道肝肾功能是否异常，如果有异常异常到什么程度。这个病例提示了我用温阳利水法治疗鼓胀有效果。

第三只苏格兰牧羊犬，与昆明犬病例相似，同为虫鼓，用同样的方法痊愈。

第四只是博美犬，5 岁，腹部膨大，不食，精神不振，从腹部抽取出约 200mL 液体，腹腔内尚有较多液体，舌色灰（白而无光），脉滑细数，每 3 个月驱虫一次，使用拜宠清。按照温阳利水，解郁散结治疗效果较好，治疗一个多月痊愈，但半年后不明原因突然

死亡。

第五只是一只 2 岁泰迪，7kg，我院就诊，腹大如瓮，触诊水感明显，肝区有痛感，怀疑是肝腹水，建议到某院做 B 超检查同时做生化检查，B 超显示腹水，生化显示肝肾功能正常，白蛋白正常，球蛋白升高，总蛋白升高，又做了血常规，白细胞较高，红细胞 5 万多，留在那家医院治疗，抽出腹水 600mL，水液清澈淡黄，给予白蛋白，地米，呋塞米，抗生素，血浆之类，治疗 7 天未见效果，未确诊，但告诉饲主不是肝腹水，7 天后体重 5.26kg。

返回我院时不食，大便稀酱，精神萎靡，牙龈无血色，眼底黏膜苍白无血色，舌白无血色，脉细弦滑，看着化验单琢磨半天，总觉得化验单与那家医院的用药有些违背。怀疑是化验单有误。决定先补液，因为不能进食，输液后给予中药口服，其法为温阳利水，给予苓桂剂加减，一付药物恢复食欲，大便逐渐正常，精神明显好转，但烦躁明显，一夜在房间来回走动，二日用温阳利水法加入育阴安神法即苓桂剂基础上加入阿胶黄连汤，三日烦躁感大减，立法温阳利水，育阴安神，解郁化瘀，在前方中加入柴郁归鳖，效果很好，腹部未见明显增大，又连续用药三天，眼底黏膜及舌色逐渐恢复。

从 5.26kg 逐渐恢复到 6kg，决定让饲主自己在家饲喂中药，但两日后饲主又来医院，说食欲下降，我诊察舌色又无血色，饲主告知由于没有时间饲喂，并且犬不配合服药，两日没有饲喂药物，腹部膨胀明显，我决定给一些药力猛的药物，制作椒苈历黄丸，以求泻水，但效果不佳，反加重病情，再看脉不知为何有力而数，舌色淡白有一些粉色，但当时认为久病多虚，同时虚则水蓄，所以认定当时脉为假脉，仍然使用温阳利水药物症状没有缓解，抽出腹水 500mL，黄色恶臭浑浊液体，提示为热证，从以往经验看多死证，查阅相关文献说这类病后期多血热证，会出现便血，吐血等动血证，用凉血法，但从当时情况看真是不敢用凉血法，于是告知饲主该犬成活无望，给予生脉饮维持，当时实在不相信后期会出现吐血便血的现象，到了晚上，饲主电话告知该犬吐血，我才相信文献所记载非虚。凌晨该犬死亡。

这些病例提示了共同症状腹大如翁，重者腹部青筋暴露，触诊腹部有水感，舌色多淡白，脉象多弦细滑，用温阳利水法对该病有效。第五个病例我总想加入宣肺药物，来通调三焦水道，然后配合温阳利水，育阴安神，疏肝解郁，但是由于体质虚弱宣肺药物一直没敢用，也是个遗憾。肺脾肾三脏可统领三焦，使水道通畅，温阳利水与通调三焦相合则可使水动而不凝，有利于消除水臌，疏肝解郁则用其气，疏理郁瘀，育阴安神，滋养心肝肾，使阳能有所化生，又防利水伤阴。后期的热证是存在的，到了后期出现脉数有力的时候需要使用凉血散血法。整个病程中融入开瘀法，能防止后期动血证的发生。另外《金匮要略》中记载的椒苈历黄丸为治标之药，胃弱则不能使用，使用时则其丸如梧桐子大，直径 7mm 左右。椒苈历黄丸临床报道多治疗胸水，腹水，实证时使用，但邪实之时正就虚了，我理解为凡胃不虚的可使用。不过这种病看来无法速效，只能慢中求稳。

2016 年接连接诊腹水，有些肝胆指标明显升高，伴有总蛋白，白蛋白下降，低于 20g/L，舌色淡白，脉弦涩，沉取少力，或有力，血常规多白细胞升高，红细胞下降，血红蛋白下降。吸取前面的教训，总结温阳利水是有效治法，因此温阳利水不变，以五苓散为基础方进行加减，抽出腹水中含有蛋白质，从中医角度看此为漏精与肾衰尿蛋白类似，又因白蛋白等从中医角度看为阴性，属于物质不足，且这类犬体瘦，因此给予收敛养阴之品来固精养阴，养阴药物中熟地当慎用，观察到犬此时服用多吐。由于抽水后多数犬伴有精神不振，则急当固气，整个方剂温阳利水，固精养阴为宗旨兼益气则病例均活，其血常规及血生化指标恢复正常。但所遇到腹水均为虚寒性，抽出腹水均为清亮淡黄。若为脓性可考虑开双口进行引流并反复冲洗，而后根据脉舌症再给予中药口服。

十六、谈春季犬咳嗽的治疗

2012 年入春以来多地区很多犬开始咳嗽，有的仅仅是咳嗽而已，严重的开始出现咳痰、气喘、腹泻，发热，持续数日后出现严重的肺炎导致死亡。此次咳嗽恢复较慢，开始有做雾化，有吃药，有输液，从证候上看一类属于阳虚体质的寒湿阻肺甚至困脾伐阳等，另一类则是阴虚体质的新感引动伏邪，属于春温病范畴。其实对于咳嗽很多饲主开始都没有太在意，或是直接给予抗生素口服，有的用阿莫西林，有的用头孢拉定，有的用土霉素，有的用阿奇霉素，效果都不理想，阳虚体质的吃完痰更多。阴虚体质吃完不但热没退反而食欲和精神更差。这种情况在现在的北京也可以看到。前两天回北京待两天周边不少犬都咳嗽。而且不少饲养者都是成盒的购买曲松钠、阿奇霉素之类。

其实咳嗽首先分清体质，因为同一种病原体感染不同体质的人就可以造成不同的表现，当然这次是否是同一病原体感染导致咳嗽我并不知道。若阳虚体质的犬染之，则咳嗽日渐痰多，逐渐成喘，随着天气转晴转暖，咳痰喘相对减轻，但随着风扇，空调或是天气突变则又会加重，症状可见清涕，气轮青郁，流泪，流涎，咳嗽痰多，从黏稠到可咯出，则可见大便溏稀，少食，全身倦怠。凡此类种种皆可扶阳，在起初用过干姜用过桂枝，用过细辛用过制附片，都没出现什么不好的表现，我个人对这类咳嗽的方药模式为：苏叶、干姜、白术、茯苓为基础模式，其中以干姜白术为主药，两药偏于温中燥湿，治痰之本；苏叶偏于宣上散寒，并有和胃止呕的作用，提调中阳，入卫分，散上之寒湿。茯苓淡渗利水而健脾，合用则助姜、术燥湿健脾，使邪从小便而出。此方为守中阳，而上下分调。若寒湿组织气机较重咳痰喘甚则入细辛、五味子、姜夏。若痰多则加入二陈、桔梗，若喘重则收敛肾气，用五味子、龙牡等，但上焦不得通，则气不下降，此时必须注意先宣上"揭盖"。若后期干咳无痰，则酌情使用沙参、太子参、炙黄芪等。成药方面可考虑宣肺丸配合橘红化痰。糖浆一类的总是效果不理想。寒包

火的病例最为麻烦，可以参照伤寒麻杏石甘汤的方意进行组方。

若春温病，邪从内出，临床可见到发热，眼分泌物增多，黄涕，干咳，咳嗽，下颌淋巴结肿大。用药不可过于寒凉，如果中西结合，可以使用抗生素，但务必配合清宣药物，成药如桑菊、银翘之类。但如果组方使用则以银翘升降为主，进行加减，痰多可见川贝，不过川贝目前价格不菲，若经济有限可用浙贝代替，个人加以磨粉冲服，或用瓜蒌皮代替，内热可加栀子、石膏之类。干咳则麦冬、沙参是不能少的，另外有久咳的则使用当归、熟地往往能见到好的效果。咳喘严重的也可以与银翘清肺合用。总而言之不能单一使用苦寒。同时治疗春温病药量不要重，轻清即可，即使需要使用石膏一般 10 ～ 15g 即可，务必给邪予出路。若单纯使用抗生素配合干扰素则不仅治疗周期延长，同时会造成气机闭阻，会发现气轮青瘀，咳喘加重。另外，外感寒湿的注意肾阳，下虚多死。感温热的注意心阴，因为咳嗽造成心肌炎太不划算。

说咳嗽复杂是五脏六腑均可导致咳嗽，用中药治疗确实麻烦，因为要考虑药物做用于脏腑后的协调问题。虽然麻烦但是其临床效果较好。说容易其实就是那么几个药物的选择。

十七、关于宠物临床的夹脊穴

夹脊穴，是目前动物临床使用较为有效的穴位，夹脊穴不是一个具体穴位，而是一系列穴位，成对出现，临床上可作针刺、熏灸、手法按摩等，能起到调节临近脏器功能的作用，并且能有效抑制缓解局部疼痛。属于临床实效穴位。

（一）部位

夹脊穴部位历来众说纷纭，没有固定统一，从历史看夹脊一词追溯到内经，而位置在《后汉书·华佗别传》中有所描述，后世往往把夹脊穴称为华佗夹脊穴，而这个名词也是近代针灸泰斗承淡安先生确定的。

部位在脊椎棘凸两侧，两横凸之间，旁开几寸历代医家说法不一，但均能举出诸多成功案例。旁开 1 ～ 2 寸，从局部解剖看，针刺入深度周围有丰富的脊神经根和血管，毛细血管，起到调节脊神经掌控的相应器官和周边组织，包括脊神经本身的作用，这与俞穴起到的效果是一样的，因此考虑俞穴刺入实际也是在刺激脊神经及周围血管，起到调节作用，因此所谓脊椎旁开 0.5 寸还是 2 寸实际意义基本一样。

（二）主治规律

临床中使用夹脊穴往往从颈椎开始至尾椎，规律即脊神经所掌控的相关脏器，脊神经分别从脊椎的椎间孔穿出并贯穿全身，调节机体全身的生理功能，而疾病就是正常的生理功能异常，适当刺激脊神经可以起到调理或是治疗作用，要研究的其实是刺激程度。

根据人及动物解剖学内容结合人及动物临床观察，不同区域的脊神经调节不同的位置，分布如下。

颈椎 1 ~ 4：治疗头面部疾病，脑部疾病，包括血压和供血问题，及局部损伤。

颈椎 5 ~ 7：治疗肩部疾病，包括血压和供血问题，及局部损伤，前肢疾病。

胸椎 1 ~ 7：治疗胸中疾病，心肺疾病及局部损伤，前肢疾病。

胸椎 8 ~ 13：治疗胃部疾病，肝胆疾病，及局部损伤。

腰椎 1 ~ 7：治疗腹腔疾病。

1 ~ 2 腰椎主要针对于肾部疾病，肠道疾病，局部损伤。

3 ~ 4 腰椎主要针对肠道疾病，生殖系统疾病，泌尿道疾病，局部损伤，及下肢疾病。

腰椎 3 ~ 7：治疗腹腔疾病。

荐椎 1 ~ 3：治疗泌尿道疾病，肠道疾病，下肢疾病，生殖系统疾病。

（三）刺激程度

一般采取豪针刺入，做白针，或电针，总体均以豪针刺入并进行留针，而豪针针尖和针体较细，对脊神经本身不会造成什么严重损伤，仅仅起到刺激调节作用，捻针的速度及提插的速度，应随着犬的反应而调整，不能一味地做强刺激。另外针刺入的位置只要是在脊神经周围即可，进行捻针提插等均能在临床上看到针刺效果。也就是说动物上的所谓穴位，并不是一个点，而是一个区域，刺入的点距离脊神经深浅远近是有别的，从临床看进针后进行捻针刺入，有针感后即可留针，3 ~ 5 分钟进行手法操作。我本人不喜用电针，目前白针刺入已收到较好效果，觉得电针刺激有些过猛，但见到一些同行使用电针也未出现不良反应，所以如果白针效果不理想时可考虑尝试电针。

犬在不自主抽动或呈现化水样的作用时，这类以动为主的症状，通过针刺，进行缓刺激，缓捻针，达到镇静安神止抽的作用。

（四）近两年的临床观察

近两年使用夹脊穴治疗腹痛病例 12 例，其中 6 例为肠梗阻所致腹痛，4 例肠炎所致腹痛，2 例胰腺炎所致腹痛，通过采取夹脊穴腰 1 至腰 5 随意成对刺入 2 ~ 3 组，留针 20 ~ 30 分钟，每 5 分钟捻针一次，对腹痛总有效率 100%，通过针刺治疗一次均能达到缓痛作用，根据各病种因素一般需要 1 ~ 5 次治疗达到无疼痛症状，这类疾病的治疗需要配合药物同时进行。

近两年来使用夹脊穴治疗腰椎疼痛类疾病 5 例，5 例均为疼痛明显期病例，通过夹脊穴在疼痛部位及前后进行刺入，留针 20 分钟，每 5 分钟捻针一次，并配合悬灸止疼效果明显。一般 1 ~ 2 次治疗可达到止痛作用。对于腰椎疾病往往采取针灸、中药并

用的治疗方式。

近两年来使用夹脊穴治疗因腰椎疾病造成瘫痪的病例 3 例，双后肢瘫痪均在 1 个月以上，6 个月以内。采取夹脊穴腰 1 至荐 5 随意选取 3 ～ 4 组刺入，还会选择环跳六缝等穴位，留针 30 分钟，并作悬灸，灸 30 ～ 40 分钟。每两日 1 次，一般通过 10 ～ 30 次治疗能达到蹒跚行走的程度，一般还需配合中药口服，疏通经络，活血化瘀，防止肌肉萎缩。

近两年来使用夹脊穴治疗湿热型腹泻 10 例，夹脊穴胸 12 至腰 5 随意 2 ～ 3 组刺入后有缓解和缩短病程的情况，但单一通过针刺治疗腹泻，需要 5 ～ 10 次达到粪便逐渐成形，对于临床而言治疗速度太慢，不可取。但可针药结合缩短病程。

近两年来使用夹脊穴治疗虚寒型腹泻 15 例，夹脊穴胸 12 至腰 5 悬灸配合夹脊穴胸 12 至腰 5 随意 2 ～ 3 组针刺，留针 30 分钟，缓慢捻转提插，悬灸 30 分钟，能明显减轻腹痛，针灸后精神明显好转，一般 1 ～ 2 次后食欲均有改善，2 ～ 3 次后大便由溏稀水样逐渐变酱样。但这类病容易节外生枝，因此应速效，如果配合理中丸等药物使用往往缩短病程。

近两年来使用夹脊穴治疗肺炎及呼吸道感染 5 例，夹脊穴胸 3 ～ 5 针刺随意 2 组，对于呼吸道疾病往往还会配合身柱或陶道，留针 30 分钟，对呼吸有明显改善，通过针刺 1 ～ 3 日呼吸急促逐渐平稳，咳嗽一般针刺 1 ～ 2 日能缓解，但不能止咳。对痰效果并不明显。临床针药结合缩短病程。

近两年来使用夹脊穴治疗尿闭证 2 例，均为车祸所致，通过夹脊穴腰 35 荐 1 ～ 5 随意 3 组刺入，并作悬灸，往往 2 ～ 3 次能正常排尿。

对 8 只发热（40℃以上）的金毛幼犬通过夹脊穴手法按摩，每次 15 ～ 30 分钟，能达到短暂退热作用，维持 4 ～ 5 小时。

（五）总结

夹脊穴可以确定是通过刺激不同区域的脊神经而起到调节全身的作用，刺激脊神经可以改善所管辖范围内的脏器功能，对于疾病有治疗及缩短病程的作用。从目前临床针刺观察来看动物脊椎周边穴位对机体全身及局部有调节作用，而四肢穴位则见效者甚微。而奇效的穴位也往往是脊神经分支。

（六）设想

设想①动物是否存在传统意义上的穴位和经络？设想②动物四肢结构与人不同，而穴位真的相同吗？设想③穴位是否可以借鉴？设想④功效是否可以借鉴？设想⑤动物循经取穴是否具有现实临床意义？设想⑥穴位如果与人不同，那么不论国内外所谓的经络图是否具有意义？

上述所设想的问题实际上也是需要解决的问题，一些问题看上去有些"离经叛道"，但是仔细想想谁又能拿出证据去证明，又如何去证明。如从结果来证明穴位有效或存在，那么应该做单穴实验，并参照人单穴效果做比对（不能用时间把疾病耗到痊愈，针灸对多数疾病，求的就是快速）。单个穴位都尚未清晰更谈不上经络图及经络走势，而经络图的经络走势更是一个神一般的存在。动物不能描述刺入后的反应这是最大的障碍。

传统中医的穴位，和针灸应该分开理解，很多针灸的方法如血针、火针、悬灸等都可以用到动物临床，与经络穴位关系并不是那么大，具备现代解剖学知识与传统血针和火针理论结合运用到临床是可行的。

十八、对阿是穴的认识

在接诊颈腰部疼痛疾病的时候，一个最基本的检查就是触诊局部探求疼痛点，但由于犬不能表述具体部位只能根据疼痛区及叫的程度来判别。

中医中有一种刺穴方法叫阿是穴，也就是痛点进针，在过去介绍阿是穴的时候总是说一些什么效如桴鼓，效如神等，意思是说针刺阿是穴止疼效果好，扎上去就不疼了，但是在扎犬的时候应该注意，在针刺入病位的时候是有明显痛感的，通过进行缓和的捻转疼痛会逐渐减轻，找到痛点后犬有明显痛感表现挣扎和尖叫，操作者灵活地固定后刺入疼痛区犬往往先尖叫，随着捻针而停止，缓和捻转数分钟停止捻转，留针20～30分钟，每间隔5～10分钟进行缓和捻转。出针后在按压疼痛区往往痛感减轻，挣扎及尖叫情况缓和，针刺结束20～30分钟后按压疼痛区无明显挣扎和叫声。由于疼痛呼吸急促在针刺过程中及结束后呼吸会逐渐平稳，舌色充血度会得到改善。在保定犬的时候尽量由操作者灵活保定，如果是机械式绑定在挣扎过程中可能会出现更严重的损伤甚至因为疼痛而昏厥。

这种阿是穴止痛在动物上应配合药物及静养要求，如果疼痛缓解后活动不受约束，数小时或一日后会反复。药物上以活血化瘀止疼药物为主，但要注意犬的舌色，及平日饮食和平日体况，注意药物药性的选择，尽量寒热药物并用。如果选择非激素类抗炎止疼药则注意大便颜色。

有人说这类病打几针就好，何必扎针，实际上任何一个病或是一个症状应该都会有不同的方式或方法解决，也就是没有绝对的一种方法或方式。探寻针刺止疼就是要证实和掌握在没有药物的前提下如何缓解疼痛，多一条路总不是坏事。另外一些有肠道轻微出血的病例，出现颈腰疼痛类病似乎针灸要比药物安全有效得多。

阿是穴作为缓解疼痛的主要穴位，确实有快速缓解疼痛的作用，但是维持时间有限，起到治标作用，在犬上观察缓解疼痛维持时间一般在6～12小时，此后可再进行针灸仍然可缓解疼痛，二次针灸后维持时间未观察，对于止痛，我个人倾向于悬灸，悬灸对颈腰椎病的止痛效果有明显缓解作用，且维持时间比针刺时间长，悬灸应在宠物临床进行推广使用，悬灸一般做循回灸及雀啄灸。特别是对于阿是穴，悬灸我认为止痛

比针刺快，更安全。

十九、从传统医学角度论治犬肾衰

近年来犬肾衰病例日益见多，从临床看食物和药物造成肾损伤的病例较为突出。从生化，尿检来看血肌酐和尿素氮增高数倍，尿中蛋白含量 1+ ～ 3+，尿比重下降。病犬多表现无力，不食，呕吐，大便溏稀或无大便，小便增多或无尿，体瘦，贫血，血钙降低，高磷等。

犬肾衰往往早期症状表现不明显，但能通过血生化，尿检等检查方法得到相应指标进行评估，因此定期体检是必要的。若肾衰不加以控制，进一步发展成为尿毒症就更为棘手。通过临床总结我认为肾衰多从邪立论，注重祛邪，慎重补益。恢复期注重药膳调理，切勿乱吃，注意冷暖防止外感。

（一）肾的影响

肾衰是造成肾功能下降，使血内垃圾不能外排或排出减缓，淤积成毒，毒随血布散周身损害各脏器，因此对五脏均会造成损害，毒淤积越多损害也就越重。从功能的损伤到物质的损伤，从而由肾衰发展到尿毒症。

肾主藏精，主水，主骨生髓，通脑，主纳气，司二阴。蛋白质属于机体的精，本应固藏，而出现肾衰后尿中蛋白质呈阳性，这说明藏精的能力出现异常。而肾衰的病例往往会出现小便减少或增多，伴随饮水量增多或减少，水液代谢异常，甚至出现四肢水肿，或消耗性脱水。而在血生化检查过程中发现所有肾损，肾衰的病例血钙均不足，从现代医学看钙是构成骨的重要元素。随着血毒的淤积可影响肾心肺三脏的功能协调，出现肾不纳气的动则气喘，舌色暗，严重者呼出尿骚味气体。由于淤积毒素的增多各脏器受损，出现亢奋和抑制状态影响食欲和精神，食量减少或不食最为常见，造成排便异常。

从上述看肾损伤实际上是对传统医学中"肾"的损伤。中医说的肾参与了机体各大系统的协调工作，因此肾损伤可以使机体全身各个组织系统受到影响。

（二）从邪论

肾衰出现的一系列证候多为气分郁滞,邪在营血,耗损物质,邪聚成毒。伤营血为本,气分郁滞是标。临床出现呕吐腹泻是气分郁滞升降功能失常所致，同时由于升降失常亦可见到咳喘，纳差，消瘦，无力。气血生化无源则贫血或物质不足，物质不足则功能不能相互转化，出现各种功能障碍包括二便闭或二便频多，周而复始形成恶性循环。造成气分郁滞的原因是邪伤营血聚而成毒，这点从血肌酐,尿素氮的指标明显升高看，完全可以说明血中毒物已成。毒为邪聚而成，而邪为对机体有害的物质。 从脉看肾衰病例多沉取有力不绝，多弦滑数，亦能见到浮象，对于病程一月有余或多日不食的病例也多沉取不绝，而多弦细或弦滑细。从脉看其脉象不虚而实，见细也多体虚而邪实。从舌色看其舌质多红，或舌质淡而暗，舌面不鲜，甚者舌尖边腐烂，此均为内有郁热之象。因此提出肾损从邪论。

邪在营血，损伤实质，实质受损则功能亦不足，但实质受损之初往往出现功能先亢奋而后衰败。因此用药在祛邪的同时应当注意扶正。

（三）重祛邪，慎补益

本病治疗原则祛邪兼扶正，但重在祛邪，去血中之毒，开气分之郁，目的在于使气血循行代谢有常，有利于病邪的外出。在祛邪同时应扶植心脾肾之精，即阴和阳。这里说的扶植并不是大队的使用补益药物，而是扶植三脏之阳的同时兼顾阴分。

叶天士说入营尤可透热转气，入血则耗血动血，直需凉血散血。这里的透热即可理解为透邪。透邪转气，前提是气分郁滞得开，气机得畅，方能透邪转气，而后的凉血散血亦可奏效。邪入营血，聚而成毒，因此凉血散血兼以解毒，解毒有利于对脏器的保护。对于开郁畅气多以四逆散、越鞠丸、香砂养胃丸等方剂为基础进行加减，而凉血散血解毒则以升降散，桃仁承气汤，清营汤，导赤散等为基础进行化裁。

扶正方面是以扶植心脾肾三脏为主，其中脾最为紧要，脾胃一家即中焦，时时呵护中焦之气，保持中焦升降正常。扶植三脏勿让凉药所伤，因此常用四逆汤，附子理中汤等扶植三脏之阳，阳不衰则阴能化，即可维持正常生活。同时这类病例贫血消瘦，为阴不足，物质得不到气血的充养，每开方时滋阴养血药必加，如当归、白芍、枸杞、五味子一类，但注意肾损病例往往影响中焦升降，又多由湿热阻滞气机，过用滋阴养血则容易造成呕吐，滋阴养血药中熟地应慎用，肝肾病每用砂熟地或熟地填精补血多吐，用其他药物代替则不吐。

该病时常先损其阳，功能不振，小便闭塞或失禁，大便溏稀或便秘。此时正虚邪实，温阳以祛邪。不能见到小便闭而猛用利尿剂包括西药利尿剂。另外如果舌面舌质有色斑沉着则需使用活血化瘀药但初期使用不能过多，逐渐加量。再者在治疗肾损肾衰时应当减少不明成分的保健品及药品，同时在治疗过程中生化中的几项肝脏指标可能会出现升高，待肌酐正常后停药则多自行回落。另外还应与膀胱炎、尿道炎、隆闭等鉴别。

对于尿中蛋白质首先公犬要排除包皮垢干扰，而尿中出现蛋白质则视为漏精，因此适当加入少许固精药。治疗肾损肾衰不单一靠药物，必须食物的配合即药膳，在治疗期间仍然给予高热量食物包括高热量犬粮，高热量处方粮则多影响疾病的治疗。

（四）药膳的选择

肾衰的饮食宜低盐，低热量，忌油腻。至于所谓的营养这个时候不需要特别强调，因为这个病的发生一部分犬就是因为饲主长期追求高营养造成内蕴湿热所致，所以这

个时候能吃进去的只要不是白开水一般传统药膳都会有相应的营养价值。

药膳是药材与食材有目的的结合，在很多疾病治疗中都需要药膳的配合。针对肾衰病例，我首推三豆饮，又称扁鹊三豆饮，在此基础上加入粗粮、瓜类、绿叶菜、瘦肉等。这样有利于促进排便，降低血脂，降低胆固醇，降低肌酐尿素氮等。食物则以煮的形式最为方便，每日少吃多餐，食量不可过大。

特别要强调挑食的犬药膳很难饲喂，多日不食适当进行补液及和胃治疗。使犬能少许进食。同时一定要注意高热量犬粮和一些处方粮的使用，往往不能辅助治疗反而起不良反应，出现肌酐反复升降的现象。

（五）治疗中常见的一些问题

激素是治疗肾衰最常见到的药物，该药物注射后，往往食欲亢进，饮水亢进，多尿，舌红，但连续用药后往往脉细数或浮细数，而少力或先脉大而后少力或无力。这是强行损阴耗阳的做法，往往用药后前期能相对稳定，1～2星期后出现反复，主要是阴虚火旺的表现，轻者消瘦，毛枯，烦躁，纳差，口臭，重者口腔内出现溃疡无法进食，或出现其他并发病。补救当从滋阴降火着手，一方面审阴虚的程度，一方面查虚火的程度，临床常用给予知柏地黄丸或是导赤散一类。

治疗肾衰过程中，最怕见到继发外感寒、湿、暑、热、燥，因为本病肾阳不足，胃阳衰败，气血生化不足，毒邪郁瘀于内，若再感外邪则更无力抗邪，必病情恶化，衰败迅速。因此治疗期间务必注意环境因素对犬机体的影响，患病期间犬的适应能力大减，变天，空调，风扇，暖风机，潮湿等均易使犬患病。这类病下焦已亏，再患外感病则往往直入三阴，无阳可用，因此多死亡。

其实很多病是娇生惯养的后果，本病多数病例也存在这个问题，但发病后需要服用中药，部分犬极为不配合，甚至出现攻击行为，而这个时期又不能进行管教，从而往往用药量达不到有效量，不能快速稳定病情，易生它患。若不能口服药物时当选中药灌肠对该病有一定治疗意义。

二十、治痢感悟

过去治疗犬的痢疾已通为主，去其积腐为第一要义，从这些年的临床看这个思路是正确的，但是对于重症，拖延数日再来就诊的病例来说，仍然以通为主就不合适了，重症多虚象已成，但虚不能直补，用党参、人参过于壅塞，病邪未退，用参多加重病情，黄芪也多小剂量使用，大剂量用多发热。对于痢疾重症早期我是不敢使用涩法的，除非出现失禁，正气大衰，此时不涩则阴阳两亡，成效死多活少。几年前看书，发现一些老中医用各种炭治疗痢疾重症，但用于临床效果并不理想，因为痢疾多以湿热秽浊为主，凡炭药虽有原药材之药性但多以涩为主。

后来为了完善犬痢疾重症的用药思路，从《伤寒论》和《金匮要略》中找到了两个方子，一个是桃花散，一个是黄土汤，两个收涩方子，但是并非单纯收涩，这两个方子给了很多启发，后来查看叶案和泊庐医案及赵老的著作发现这一派系对药材使用极为讲究，治疗重症痢疾兼有虚像，往往在药物的炮制上下功夫，虽然也用涩剂但用的是那么的灵活，涩而不壅。如用焦类药，如焦白术、焦三仙、焦薏仁、煨葛根，比炭类药以涩为主有所不同，用于临床效果好。同时对于重症，不光抓住病邪的性质，同时兼顾了正虚。也就是分出了五类药，第一类固护阳气的温阳药用量虽然少但是起到固护阳气而化药的作用；第二类升提药，为葛根，升麻，防风等不过均为制用，保留升提之性，又具有一定固涩之性；第三类祛邪治因药，如马齿苋，贯众，香连丸；第四类消导，也就是说通仍然是常法；第五类涩，各种炭类药及收涩药，如炮姜炭、大黄炭、荆芥炭、赤石脂、伏龙肝等。

不过细想想这个时候所谓的补不是益气养血，而是收涩，停止外排是补的第一步。

二十一、对粪便的判断

此章出自仉即吾先生的《民国中医教案》。读后认为与临床颇为贴合，并对一些名词做了解释。

大便的其黄色之正者为中，得干湿之中者为常。此为传统医学对正常大便的判断。

总则，暴注下迫，皆属于热。澄澈清冷，皆属于寒。①出黄如糜者，肠中热。②肠鸣渗泄者，肠中寒。③濡泻（水泻）者，因于湿。④飧泄者，伤于风（飧泄：因肝郁脾虚，清气不升，大便泄泻清稀，并有不消化的残渣，伴有肠鸣腹痛，脉弦缓等）。⑤粪如鹜溏者，泄泻之病，大肠寒（鹜溏，大便水粪相杂，青黑如鸭粪）。⑥如羊屎者，噎膈之病，大肠枯（噎膈：梗塞格拒。《医学心悟》指出："凡噎膈症，不出胃脘干槁四字"。《临证指南》提出："脘管窄隘"）。⑦完谷不化者为寒（腐熟水谷，避别清浊，运化糟粕，均为阳气发挥着功能。阳气不足则寒生）。如水倾下者属湿（若完谷不化，下利如水倾下此为寒湿）。泄利无度者肠绝，下利清谷者里寒。⑧自利清水，色纯青者，少阴病。⑨急下之症，行其大便，燥且结者，胃家实下后之证（伤寒大便溏为邪已尽，不可再下。湿温病大便溏为邪未尽，必大便硬，不可再攻，以粪燥无湿矣）。⑩白痢者，属乎气。赤痢者，属乎血。⑪大便色白者，大肠泄。便脓血者，小肠泄。泄清白者大肠虚。便肠垢者，大肠实。纯下青水者，风痢。泄如蟹渤者，气痢。黑如豆汁者，湿痢。黄如鱼脑者，积痢。白如鼻涕者，虚痢。黑如鸡肝者，蛊疰痢（蛊疰痢：凡下痢脓血，兼杂瘀黑成片，如鸡肝色，与血俱下者，蛊痢也。此由寒暑不调，湿毒之气侵袭经脉，渐至脏腑，毒气挟热，与血相搏，客于肠间，如病蛊疰之状）。五液注下，痢兼五色者，脾弱之症（五色痢：痢兼杂色，分虚实，攻下不净，收涩太早或久泻不愈，邪郁肠中，均可造成五色痢。非脾胃虚弱一证）。⑫谷道不闭，黄汁长流者肠绝之证。⑬粪黑如狂者，蓄血（大便色瘀黑稀，且量大）。⑭痢下蛔未死者，胃气未绝。下利蛔已死者，胃气将绝。⑮卧而遗屎，不知觉者死。病而大便，如污泥者死（结合现代医学，能点滴补液，供应能量及水，配合温阳利水攻下等法对于大便如污泥者未必死）。

第二部分

中药篇

（一）麻黄

麻黄是一味比较常用的辛温发散类药物或者称为宣扬类药物。辛，微苦而温，入肺和膀胱经，能发汗平喘，利水。一般用于外感风寒，恶寒发热，注意外感风寒的恶寒发热，恶寒较重，由于表闭里阳不得外出，所以热也相对较重。由于表闭所致，造成肺气不宣，引发咳喘。所谓的平喘，是宣降肺的气机，发散寒邪，使腠理得开，气机宣降正常，喘自然平息。由于麻黄能开表发汗，因此有利水作用，同时在治疗消化道疾病上面，或者是尿闭时，往往用到麻黄宣扬上焦，开表，使肺气得宣，升降有序，达到通利二便等作用，也是所谓的提壶揭盖法之意。

使用麻黄尤其是生麻黄在犬猫用药上要特别注意，因个体差异所致，部分犬，特别是小体型犬对麻黄敏感。曾在临床上多次见到使用1g生麻黄造成兴奋的案例。因此用宣降肺气，发散平喘的方法时多用蜜麻黄，一般用量6g左右未见明显兴奋作用，也就是说蜜麻黄相对安全。特别是小体型的犬应当慎重使用生麻黄，若确实表闭严重需要用生麻黄宣开，则应从小剂量开始。

麻黄发汗力较强易燥伤阴，阴虚津亏不可使用。若因表闭伴有吐泻又因吐泻造成伤津，这时应进行补液生津，在脉恢复后才能使用麻黄宣扬，能否用麻黄宣阳开表，必须先查其脉，脉有些力量了，没有那么细弱了才能考虑发散。宣阳开表用发汗法需有汗可发，就是说体内得有相应的水分，或者说相应的津液，否则伤津耗气。

另外麻黄有发散宣扬的作用，在皮肤病上特别是脂溢性皮肤病上有使用的机会。而在风湿类关节病上也有配合附片、细辛等有开郁止疼去风湿的作用，一般还会加入仙灵脾，巴戟天，续断，杜仲，威灵仙，海风藤等一类的助阳强腰，祛风除湿通络的药物。

开表用生麻黄，根据犬体型大小先从 1 ~ 3g 开始，观察兴奋性，虽然蜜麻黄开表力弱，但是这个弱是与生麻黄相比较，蜜麻黄配合桂枝生姜等发散仍有较强的开表力量，对于南方的犬来讲足矣。用饮片煎煮时一般多先煎去上沫，但用量较小的时候，不一定有上沫。

在配备麻黄汤的时候应注意麻黄与杏仁的比例，一般我的经验是 1：1 或 1：2，麻杏配是宣降肺气，杏仁降气平喘，多润，与麻黄配合可以防麻黄伤肺阴。如果仅仅外感风寒，体质较好，症状仅为咳喘那么可以考虑蜜麻黄、杏仁、炙甘草，即三拗汤，去掉桂枝发汗就相对缓和了。增强平喘祛痰常加入桔梗。

麻黄配苍术，这是我临床上较为常用的一组药对，用于湿阻，二药均能宣阳燥湿，且具有流动性，两药配伍相得益彰。表闭湿阻所致腹泻最为常用。

（二）生姜

生姜是一味兴奋中焦之阳的药，属于刺激性药物，辛，微温，入肺，脾经。温中，发散，止呕，用于中焦感寒所致的呕吐，其呕吐物多为清澈水饮，在没有吃药进食的时候仍然出现频繁呕吐，这个时候结合脉舌，若属于寒饮水湿一类可考虑使用生姜，温中止呕，温散胃中阴邪。

生姜与半夏配合使用，如小半夏汤，小柴胡汤，几个泻心汤，等等，一方面生姜能降低半夏的毒性，另一方面能增强消散水饮痰湿的作用，两药均为刺激性药物，是兴奋脾胃之阳的药物，促进脾胃功能旺盛，也就是促进胃肠蠕动，并产生黏滑液引胃中之物向下传导，这就是和胃降逆的作用。因此要注意现在临床上不分寒热虚实，见呕吐或是呕吐水液就用生姜半夏，如果是寒所致效果较好，但如果是热证或实证或虚证使用生姜半夏甚至大剂量使用则效果不佳，最常见到的是呕吐水液后使用生姜半夏反而吐出来的是黏稠较滑的液体，随着用量增加黏稠滑性就越高，这是不断刺激胃产生的产物，这个产物并不能引导下滑，因为脾胃功能并没有恢复，所以不能见到呕吐就依赖生姜半夏，更不能不分证的使用大剂量的生姜半夏。那么两药合用还能消痰，实际上就是稀释痰液促进痰液排出。在胃内有明显出血的前提下要对半夏生姜慎重使用。

对于纳差，就是不太爱吃东西，我一般常用生姜配砂仁，用来兴奋胃阳，实际上这算是调料，就是促进食欲用的，是通过兴奋胃阳来促进食欲，砂仁的功效与生姜类似，也有温中止呕的作用，也都是辛香类药物，一般用于胃阳不足引起的纳差，呕吐。如果是胃阳虚往往用干姜配合砂仁。姜与砂仁配合使用是目前临床常用药对，由于抗生素及补液的泛滥以及苦寒成药的增加，造成胃阳不足或胃阳虚的情况较多，出现舌质淡，苔薄白，脉沉取少力或无力，伴有纳差，而精神相对较好，这种情况均为被寒湿所伤，用姜配砂仁是非常合适。

在学习《伤寒论》的时候会发现"姜,草,枣"这组药对会经常出现,我管它叫"健中三药"。姜能兴奋胃阳,炙甘草甘缓和胃,又能补益心气,是扶正大药,大枣味甘补益心脾,兼能养血。三药合用是扶持中焦脾胃的基础方。所以从方子看张仲景对中焦脾胃是极为重视的。中焦脾胃是"转化"外来物质的部位,如果中焦脾胃亏虚转化不足,那么吃入的药物也就不能发挥效果,从这点看治疗疾病时保护脾胃是非常重要的事情。

姜是一个总称,临床常用的有生姜、干姜、炮姜等,三者均能温中散寒,但各有侧重,生姜辛香发散,对于一些湿证使用频率比较高;干姜热性最高,多用于寒凝中焦引起的一系列证候。干姜比生姜热性重,但发散性较弱。炮姜,是干姜的一种炮制品,与热砂同炒,一般用于脾虚寒,比干姜刺激性小,热性相对略低,但持久性高,对于脾虚寒所致的泄泻、便血等可以考虑使用炮姜代替干姜。

（三）桂枝

桂枝是一味温通心阳的要药,辛,甘,温。入心,肺,膀胱经。有发散解肌,温经通阳的功效,用于外感风寒,心阳不足,心脾阳虚,水湿内停。又可用于风寒湿痹经络不通。另桂枝能做引药,引诸药达于肌肉。本品助心阳,易伤阴液,在治疗温热病,舌红,脉数有力时应忌用,防止助热伤阴,损伤心阴。

临床上我一般将桂枝用于扶持心阳,增强气血功能,改善舌质淡嫩及脉象虚弱的情况。常配合炙甘草,五味子等同用,三药合用有明显强心阳的作用,注意强心阳并不是指单纯心率加快,而是脉搏从微弱到清晰,从无力到有力,我管这个过程叫作强心阳的过程,这个结果就是强心阳。用于逐渐降低强心药(西药)的使用。临床常用于老龄犬心肺病的治疗,但要注意舌色,如果舌质绛紫而暗,脉涩有力或疾,往往血热有瘀不能单一侧重桂枝,而是凉血散血养血,桂枝只能作为佐使药物使用。而舌质紫而鲜嫩,脉少力或结代,可侧重使用桂枝等扶阳品。

对于心脾阳虚水湿内停,经典的苓桂剂组合,用桂枝炙甘草扶持心阳,用茯苓桂枝温阳利水,通过增强心脾的功能促进全身机能对水液代谢的增强。《伤寒论》的几张苓桂剂的方子较为经典。讲桂枝就不能不提桂枝汤,这是一张调和营卫,重扶正的方子。五味药物是调和营卫的基础,调和营卫目的在于表里通透,有利于祛邪,在治疗呕吐腹泻等疾病的时候,做常规补液后鼻头干仍然没有缓解,这就属于营卫不合的一种表现,输入的液体不能正常敷布,因此可以考虑使用桂枝汤或苓桂剂等进行调和营卫。而一些皮肤病表现为舌淡脉弱的也有使用桂枝汤的机会,如双侧对称性脱毛,皮肤真菌等。

在接转诊病例时,常常能接到凉遏气机或寒凝气机的病例,多表现于呆滞或是无力瘫软,舌色蛋白,呼吸促,气轮青郁,脉多模糊或是弦滑、弦紧、弦缓等,沉取多少力或无力。询问治疗史时多长期或大量使用抗生素或是寒凉性中药,造成阳气闭阻,成消耗状态,引发衰竭死亡。对于此等情况桂枝、生姜、麻黄、荆芥、藿香、石菖蒲、

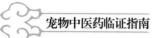

附子、干姜、细辛等温阳辛散品是最为常用的。根据凉遏或寒凝程度选择一两味开通气机，宣畅三焦即可。

（四）紫苏

紫苏，辛、温，入肺，胃，脾经。有解表散寒，行气和胃的功效，用于外感风寒引起恶寒，纳差，胃胀，呕吐，也就是常说的受寒呕吐。常配合生姜，砂仁，藿香，陈皮，六神曲等同用。卫分气分热郁，清窍必干，紫苏一类药物当慎用，切勿伤阴。

紫苏辛温芳香为流动之品，能宣扬中上焦寒湿之邪。紫苏这类药物属于"辛香避秽"品，用于感秽浊之气，表现是胸闷，纳差，呆滞，乏力，伴有恶心，嗜睡等，而辛香品能开窍醒神，解郁畅气，开通气机。

风寒外感症状相对较轻，出现咳喘，恶寒发热，脉浮略数，舌淡红苔白的情况，不适合给予麻桂类药物时可以考虑使用紫苏配生姜、防风、荆芥，辛温宣散祛风散寒，也是辛温开郁的一种方式，临床应当注意表郁与表闭的区别。

苏黄配就是紫苏配黄连，两药共性是除湿，紫苏芳香化湿，行气散寒。黄连苦降，清热燥湿。这两药合用用于妊娠呕吐，紫苏、黄连各1g或是0.5g。这是辛开苦降的一个范本，不过黄连太苦，用量确实不宜太过，太苦亦可刺激胃出现黏稠液体，且败胃气。我临床很少单独用这两味，往往用紫苏、黄连配入藿香正气当中，治疗急性胃肠炎或病毒性胃肠炎，属于湿阻郁热证的效果不错。

紫苏配生姜，这东西能解鱼虾蟹毒，一个是去寒毒，一个是去腥味。这两年发现一些犬身上有明显的腥味，一股很浓郁很明显的湖水腥味，开始以为是真菌，因为刮皮检查能发现真菌，但是一些犬虽然有腥味但是没有任何症状表现，用沐浴露及药用沐浴露洗后仍然腥味重。后来琢磨苏叶、生姜能去腥，用苏叶30g，生姜30g，肉桂6g，丁香6g，茴香3g，陈醋50mL水煎，泡澡20分钟，药浴后腥味大减，连用2～3次性味全无。后来琢磨了一下，这不是炖鱼蒸蟹的方法么。看来生活与中医密不可分。

（五）荆芥

荆芥，辛，微温，入肺，肝经，为疏风要药，有疏风宣透的功效，用于风寒，风热，寒湿，湿热等袭表所致表郁证。荆芥芳香走表，能开表郁，风寒多配苏叶，防风在中成药如清热感冒颗粒中含有。风热多配桑菊、银翘等，有中成药如桑菊饮、银翘散。寒湿多配防风，藿佩，羌活等，如荆防败毒散。湿热用荆芥主要用于上焦湿热阻滞，多与防风，薄荷，杏仁等同用宣开上焦郁热。

值得注意的是荆芥有很好的升阳作用，升提阳气，特别是用于凉遏气机，效果极佳。荆芥能透血分郁热，当然透血分郁热必然要与清营凉血药配合使用，使其"透热转气"。由于能透血分郁热，在皮肤病上使用较为频繁，往往作为引药使用。

荆芥穗，透达之力更胜，用量也相对较少，由于透达之力较强能引药入脑，因此在治疗脑病时可以考虑加入少许荆芥穗。

荆芥炭，此物能升阳止血，赵绍琴先生对荆芥及炮制品极为推崇，对于湿阻，凉遏等均为常用药物，特别是对慢性肾衰竭蛋白尿的治疗，使用荆芥炭较为特色。在动物临床上采取温阳利水，导浊解毒，凉血散血的方法治疗慢性肾衰竭较为理想，其中配入荆芥炭能解毒亦助散血，效果非凡。便血较重有失禁倾向，此时荆芥炭配合乌贼骨、伏龙肝、赤石脂等收涩止血治酸药效果较好。

荆芥穗一般临床使用1g，后下。荆芥使用量3～6g。荆芥炭6～10g，荆芥炭一般冲服。

注意本品虽然微温，但有燥性，易伤津耗阴，对于外感温热病初期可以使用，但卫分向气分过渡阶段或是气分之后对荆芥当慎重使用，对荆芥穗更要慎重，切勿引邪入脑。

（六）防风

防风，一味风胜湿要药，辛，甘，微温，入膀胱，肝，脾经，具有祛风胜湿的功效，与荆芥常常同用，合称"荆防"，二药属于"风胜湿"的代表，防风有股特别的香味，我觉得是浓郁的椰蓉面包奶香味，甚是好闻。它的祛风胜湿是祛一身的湿，与荆芥、羌活等配合用于祛在表之湿。与白术、苍术等配合用于祛中焦之湿。与附片、细辛、威灵仙等配合用于祛筋骨之湿。与伸进草、鸡血藤、丝瓜络等同用以祛经络之湿。防风祛湿很奇怪，本身的气味浓郁，闻久了有"椰蓉面包奶香"的感觉，并不像荆芥、羌活、苍术那种燥烈的感觉，防风有风中润剂的说法，不像其他风药闻着那般燥。

防风流动之品，亦能疏肝，常用于肝郁困脾引起的腹痛腹泻。临床我常用于开中上焦之郁，且本品能去"肠风"，肠风指因外感所致的便血，血色鲜艳而清晰，多先血后粪。常配合地榆、仙鹤草、炒槐花、炒白芍。

从历代医家对防风的认识看，说防风有解痉止抽的作用，但多年来每遇到痉挛、抽搐等使用防风皆无明显效果，重用还是轻取均无明显解痉止抽的功效，凡有效之方似乎去掉防风仍然同样有效，所以防风的解痉止抽到底是否有效很难讲。而风类药物的祛湿解郁作用往往与配伍药有关，刺激不同的部位使局部循环改善，这与范开教授说的微循环可能有密切关联。

（七）白芷/辛夷/苍耳子

白芷、辛夷、苍耳子为通鼻三药，三药皆辛温之品，入肺经。三药共同的特点是能通鼻窍，对于因风寒外感或寒湿、湿阻等所致鼻窍不通用之效佳，但注意并不是所有的鼻窍不通均有作用。此三味是在肺气已开的前提下，仅仅对鼻窍不通使用有效，而若肺气不开，仍郁闭不通，使用此三药无效，若重用，则能见鼻血，三味药的作用主要在于局部，改变局部微循环，有利于消炎，消肿，促进呼吸通畅，使清水涕正常代谢，与局部热敷效果类似。而热性所致，废物较多，似乎使用并不理想，不如局部给予西药见效迅速。若慢性鼻炎属于热性或湿热性，往往是通过改善全身湿热而缓解局部问题，或是配入冰片、黄柏等药物制成滴鼻液，局部使用改善一时。

曾治疗几例犬瘟热，鼻塞严重，黄脓涕，开口呼吸，通过脉舌诊断为肺热郁闭，开始用通鼻三药配合双黄连等同用，效果不佳，可以说无任何改善，鼻涕无明显增多或减少，而改用麻杏石甘汤配入大量鱼腥草加入桔梗、薏仁、白芷，宣其肺热，泄其壅塞，鼻窍得通。

此三药又多用于皮肤病的治疗，对于周身瘙痒，往往多考虑白藓皮，地肤子等，清热利湿止痒药，但其痒在中医看来多属于血热生风，"诸痛痒疮皆属于心"，而风性善动，在结合临床，用凉血散血结合熄风透达的药物往往止痒效果较好。而这通鼻三药恰恰是透达药的代表，如果内服我仅用三药中的一两味，且剂量轻，起引药作用（此三药学习应参考各版教材及诸家经验）。

（八）薄荷

薄荷辛凉解表或解卫药物的代表，在目前现代中药学教科书中均把薄荷列在辛凉解表药物的开头，又称辛凉解表第一药，但这个薄荷是否真是辛凉？现代中药学类的教科书其药性多来源于古籍，如《神农本草经》《本草纲目》《本草新编》《珍珠囊》等，发现薄荷在历史的记载中有出入，我所看的药物方面的著作有两类：一类为古籍，一类为近代名家药物方面论述。我所有的古籍中薄荷一药《神农本草经》中没有记载，《伤寒论》和《金匮要略》中没有出现，而唐代的《新修本草》说薄荷药性为辛温，《本草纲目》说薄荷药性辛温，《本草新编》说薄荷辛温，《本草经疏》提到薄荷"辛多于苦而无毒，又兼辛温"，《玉揪药解》却说薄荷辛凉，《本草类辨》说薄荷"味辛微苦，凉散透窍"，《衷中参西录》则说"少用则辛凉多用则辛温"。根据这些典籍整理可知薄荷认识是混乱的，清康熙以前不少医家认为薄荷辛温，从清乾隆以后多认为辛凉。明代的药性歌括四百味，言"薄荷味辛，最清头目，祛风散热骨蒸宜服"。可以看出龚廷贤认为薄荷辛凉。实际上从张锡纯对薄荷的运用上来看，真正说出了薄荷的药性，同时也说出其用法。温病多用薄荷少用麻黄，甚至禁用麻黄，但发现薄荷用量少，少而辛凉，而麻黄，仲景方中用量相对较大，但若在温病中尤其是卫分证用麻黄量少，仅仅0.5g，是否还会辛温发汗，是否也像薄荷一样少用辛凉，多用辛温？我目前在临床治疗温病卫分证上多用麻黄少许，用其开宣卫气，效果很好，在开宣卫气方面未见到不良反应，在对温病误治方面出现凉遏、湿阻之类用麻黄比薄荷更合适，温病卫分证少许麻黄在何廉臣对俞根初书中的注中也得到了印证，但若病在头目则薄荷比麻黄效果好，薄荷有一定指向性，多向上散，多用在头目。麻黄多在体表周身向外发散，温凉意义不大，两药共性主要是发散。另外薄荷是不能真正清除肝热的，只是给热找了条出路，作为引药使用。一些药厂目前生产兽药往往使用薄荷的时候，用的是其挥发油，而从一些文献资料看薄荷的作用不仅仅在于其挥发油，薄荷挥发油无法代替薄荷本身的作用，因此效果很难保证，应注意。

对风热外感一般使用 3 g 左右，宜后下。若银翘散中薄荷量大，则发汗，易伤津液反而加重病情，容易出现抽动。临床中配合杭菊、桑叶、青葙子、决明子之类，治疗引肝火上炎引起的眼部疾病效果较好。

（九）菊花

菊花，辛，微甘，苦，凉，入肺，肝经。属于药食同源品。菊花入药有白菊，黄菊，野菊。黄菊疏风清热，散肝肺经之郁热，注意是郁热，开郁的重要性大于清热。白菊清肝泻火，用于目赤肿痛，迎风流泪，目生云翳。野菊清热解毒，消肿，最有名的当属五味消毒饮。湿热成毒，热重为主造成皮肤潮红，瘙痒等情况往往用野菊花做成药膳食用。

临床用于外感风热或温病初期所致的咳嗽，目赤，舌质淡红，脉浮弦数，如桑菊银翘散。用于肝肾阴虚，虚火上亢所致的目涩流泪，视物不清，如杞菊地黄丸。用于肝火上炎的目赤肿痛，往往多配合蝉衣，桑叶，黄芩，谷精草，密蒙花等同用。

宠物临床用于外感风热，我是多用黄菊（不同的人对黄白二菊的功效有所出入），一般用量是 12 ～ 15g，如配置桑菊饮用量是 12 ～ 15g，过去用量总是 3 ～ 6g，对于肝肺郁热所致咳嗽，黄眼分泌物效果不佳，后重用 15g 左右，对肝郁肺热所致的咳嗽，黄色眼分泌物增多有较好的改善。

（十）淡豆豉

淡豆豉宣透郁热第一品，辛，甘，微苦，微温，入肺，胃经，具有宣阳透热，开郁除烦的功效。淡豆豉用麻黄苏叶水煮，具备了麻黄苏叶发散透表之性，但又没那么强的发散力量，最适合温病开郁，开畅气机，对于卫分证肺卫郁阻，必用淡豆豉，配合银翘等轻清宣散之品将热外透。一些高热不退的病例，单用栀子豉汤轻清宣透郁热，开通气机，其热自退，用量一般 6 ～ 15g。

但要注意虽然淡豆豉热性不高，但毕竟是宣散之品，重用、久用多伤阴。

外感风热，热郁胸中，造成肺气升降失司，出现咳嗽，有痰，痰鸣音明显，舌质红如镜面或舌质红，苔薄白，脉浮弦滑数，呈现痰阻肺卫证。此时给予抗生素配合化痰药物效果不佳，输液效果更不理想，给予雾化往往暂时缓解咳嗽，但雾化后两三天又开始出现咳嗽。甚至误治造成痰凝气机，或痰湿阻肺。遇此证学习叶天士轻开气机的方法，给予淡豆豉，杏仁，桔梗，橘红，郁金，瓜蒌皮，轻清宣透，仿上焦宣痹汤效果极佳，热重可加连翘。

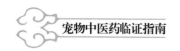

（十一）葛根

葛根，甘，辛，凉，入脾，胃经。具有升阳解肌，清热生津的作用。单味葛根煨用有升阳止泻的作用，对于热痢，频泻，津气已伤，当升阳止泻，宜煨葛根，配合芩连。若有发热宜用生品。注意药用葛根是柴葛。对于脾虚泄泻日久，中焦阳气亏虚，应益气升阳，用生葛根，仿照七味白术散或补中益气汤。一些颈腰椎病亦可使用葛根，但用量宜大，有助于缓解疼痛。另外，一些角弓反张类的抽搐，亦需重用葛根进行解痉，需要配合蝎子蜈蚣同用。煨葛根用量一般 15 ~ 30g，生葛根用量 10 ~ 30g（葛根学习应参考各版教材及诸家经验）。

上述十二味药物是宠物临床常用的解表类药物，共性是均能宣阳透表，有不同程度的发散作用，同时共同的弊端是久用重用伤阴，因此使用时应当注意量和使用时间。解表类药物有辛凉、辛温之别，但不论凉温均是以耗损阳气，发散津液为代价，以津液为载体，通过阳气推动透达于外。用解表发散法时务必先衡量津液与气的程度，以脉为主。另外辛温类药物多有升阳作用，一些辛温药物少量加入到寒凉药物中更有利于清热祛邪并且防止纯寒伤胃。在宣散药物与清热药物配比时特别要注意散与清的比例，如栀子配淡豆豉，郁热重宜开郁，淡豆豉就要重用。而郁阻并不是那么严重，脉弦的感觉轻微，但数而有力，那么就要重用栀子，淡豆豉用量就宜轻。

（十二）石膏

清热第一品生石膏，平淡，凉，入肺，胃经，功在清气分之热，用于阳明气分热盛，腑无胀满及按压痛，以大热，大渴为主要表现，此时可以考虑使用生石膏，如白虎汤，症见大热，大渴，鼻头水湿，脚底潮，脉数大。洪大脉及纯白虎汤证在临床上极少见到。

生石膏的性味是有争议的，其一是认为生石膏能发小汗，具有辛的特性。二是认为生石膏不寒仅仅是凉。这个问题有一些同行聊天时提到过，实际上发小汗与生石膏没什么关系与喝药的温度有关，与伤津程度有关，喝热水也冒汗难不成说水也辛？至于寒不寒要看用量和在什么情况下用，《本草经》及部分教材认为生石膏凉，而一些临床医家认为此药大寒，其实是医家警戒后人不要见到热就大量用石膏。

我用生石膏注重两点，第一点是否口渴，饮水量是否大，小便与鼻头是否正常。因为用生石膏前提是气机得通，不通就要配合通气机的药物，小便有无和鼻头干湿是气机是否通畅的一个证据。另外有些水湿病也有口渴，但渴不多饮，这是水湿阻滞，内生郁热所致，喝多了还吐。对湿热互结成痰，口中黏腻，舔水涮嘴，不下咽，舔水几分钟，但水量不减少，反而水变得黏稠浑浊，此为湿热互结成痰所致，这种情况对生石膏应慎用。

第二点，是否发热与腑实有关，腹胀，腹满，按压痛，此阳明腑证以大黄为主，不以生石膏为主，如果有阳明腑证一般不考虑生石膏，但经腑同病可以适当配合使用。

使用生石膏其实还是在于肺胃，肺胃有热则用，无热则不用，不是肺胃所致的热一般用生石膏意义也不大。

用生石膏务必保证气机通畅，越婢汤，麻杏石甘汤，大青龙汤，白虎加术汤，小柴胡加石膏汤，竹叶石膏汤，等等，这些方子其实都在教我们，去热不要单纯重用凉药，应保证气机的通畅。

生石膏临床用量 15 ～ 30g，单味生石膏浸膏剂最多曾用了 90g，对于肺胃热盛，口渴喜饮的犬（10kg 左右拉布拉多）来说喝完 90g 生石膏浸膏剂并没有什么反应。

目前药店出售的生石膏有粉末样的，此种务必绢布或是无纺布布包煎。过多服用生石膏粉末会引起腹泻及胃痛。熟石膏，此品不做内服，多用于外用膏剂，起到敛疮生肌的作用。

（十三）竹叶

竹叶，透热转气之妙品，淡，寒，入心，肺，胃经。功效：清热除烦，生津利尿。用于上焦郁热，心火亢盛所致的心烦，尿赤，口舌生疮，常与淡豆豉，栀子，生石膏，灯芯草等同用。用于温病透热，宣透上焦郁热，亦能热入营阴而用竹叶透热转气。常与连翘，玄参，丹皮等同用。

近年由于高热量食物的摄入，不少犬出现泌尿道炎症，多属于心火下移或湿热互结膀胱等，都亦可使用竹叶，如竹叶与瞿麦、木通、虎杖等同用，亦有成药导赤散。

但注意竹叶看似平淡无奇，其药性为寒，不宜久用，不可大剂量使用，用量大则腹泻。心脾肾阳虚者慎用。临床用量一般为 3 ～ 6g。

（十四）栀子

栀子，清泻三焦之火的要药。微苦，寒，入肝，胆，心，三焦经。功效：利三焦炽热，退黄利湿。用于各种火热性质疾病。这里的"火"要注意，热聚成火，多为局部出现肿胀，充血等情况，栀子利三焦之火，对三焦各处出现因火所致的肿胀充血，可改善局部肿胀充血程度，具体原因不明，但从一些医案中可以发现，使用栀子的目的在于对局部组织起到消肿的作用。临床用于口舌生疮，牙龈肿痛，目赤肿痛，火毒疔肿等，目前临床上用于宠物口炎，胰腺炎，黄疸，膀胱炎等。从治疗的这些症状或是疾病看，基本都是局部有肿胀类疾病或是按照现代医学讲局部有炎症出现。通过这些考虑栀子可能有对局部有消肿的作用。

栀子有凉血透热作用，炽热伤血，破血妄行，应凉血散血，透热外出，此时栀子多配合茜草、紫草、丹参、丹皮、生地等同用。肝有湿热多配合龙胆草、黄芩、茵陈。膀胱湿热多配合牛膝，木通，通草，虎杖。在胸中多配合淡豆豉，枇杷叶等。中焦热盛多用芩连配合。消肿多用蒲公英，马齿苋，鱼腥草等配伍用于不同部位的热性、湿热性肿胀。

栀子有退湿热性黄疸的作用，我想这个作用大家都知道，与茵陈、大黄配合使用，即著名的"茵栀黄"，但注意用量不可以过猛，务必是湿热型热盛型黄疸，否则心脾胃阳大虚则多死。

服用栀子尿必黄，从这一现象看认为栀子走小便，可用于清利下焦湿热。

栀子用量一般为 3 ~ 6g，用于胰腺炎可到 25g 以上（大量栀子或大剂量苦药可直肠滴药），但药后多腹泻。任何药物过量均会造成腹泻，但是这样的腹泻在对证的前提下未必是坏事。

（十五）苦参

苦参，苦，寒，入心，肝，胃，大肠，膀胱经，这是归经较多的一味药物，其苦味与黄连，龙胆草合称"清燥三苦"。功效在于清热燥湿，杀虫利尿。用于湿热所致的腹泻，尿浊，黄疸，皮肤瘙痒等。通过历代医案可知本品能止痒，结合现代医学看本品能杀螨虫抑制真菌。

宠物临床中我用本品主要是两方面，一是用于治疗胃肠湿热证或热证，尤其是动血倾向的，以苦参，马齿苋，拳参，茜草，大黄煎煮去渣，候温灌肠，亦可用免煎药冲开候温灌肠，一般 1 ~ 2 付药即可痊愈，对湿热型胃肠炎有动血倾向的可考虑使用。但对滴虫，球虫，蛔虫，绦虫造成的腹泻效果不佳。二是用于皮肤病，对于皮肤油腻，伴有瘙痒且有臭味的皮肤病多使用苦参，丹皮，白藓皮等药物煎煮药浴，每次浸泡刷洗 15 ~ 20 分钟，每两日 1 次，严重者每日 1 次，效果较好。

苦参用量一般 10 ~ 15g，我使用苦参只用于灌肠和外洗，不做内服，由于味道太苦，多数犬药后即吐，且不断吧唧嘴产生较多泡沫。本品用于湿热型尿道炎多入丸药或填充胶囊，对于脾胃阳虚，气血不足的，最好慎重口服。如果气血不足，脾胃阳虚，所致的皮肤病药浴都应当慎重，注意水温及吹风控制，极容易在药浴及吹风环节出现受风寒，回家后腹泻，引起不必要的麻烦。

（十六）生地

生地，甘，苦，寒，入心，肝，肾经。功效：清热凉血，养阴生津。用于热入营血所致的发热，舌面干，舌红或红绛。代表方剂清营汤，常与玄参，麦冬，连翘，竹叶等同用。入血分则重用生地凉血，配合紫草，茜草，丹参，丹皮，赤芍，竹叶，连翘凉血散血。血热退后，需注意养血散血。

生地用于阴虚不足或阴阳两虚，首先要知道生地是清补药物，具有清热和补养两方面作用，使用时要看配药，比如桂附地黄丸，金匮肾气丸等，用生地方子，阴中求阳，久服不助热。

生地、麦冬的增液似乎是增加了局部的水分，严格说应该是调动了其他部位的水分，如增液汤，这个药物能增加肠道水分，用于改善大便干燥，这其实不是在向体内生津而是由体内向体外转出津液。若用于养阴生津用量宜轻，一般 3 ~ 6g。用量高时已配合干姜，砂仁，白术等药物。

本品一般用量为 10 ~ 15g，脾胃阳虚，心肾阳虚的均不适合单独使用本品，本品过量或阳虚体质服后大便溏稀，腹痛，腹胀，可用理中缓解。

（十七）玄参

玄参，苦，甘，咸，寒，入肺，胃，肾经。功效：清热解毒、养阴。清热与生地类似，用于热入营血。不同的是解毒，玄参用于热聚成毒所致的肿胀疼痛，咽喉肿痛，目赤肿痛，痈肿疮毒等。在临床中滋阴降火时爱用玄参，认为本品能气营两清，不伤阴不滋腻，并且在用于治疗杂病时开出的大处方中，经常用到玄参，用以制衡整方的燥热。

曾用玄参，生地，天花粉，生石膏为主方进行加减，用于治疗犬糖尿病，表现多吃，多喝，多尿，消瘦，精神旺盛，舌红绛，脉细数沉取有力，血糖较高，尿糖 2+。有明显的阳盛伤阴的表现，连续用药 3 日，多吃多喝多尿的症状有所缓解，精神仍然旺盛，但血糖指标并没有明显下降，因此滋阴降火药物用于糖尿病的治疗还有待观察及尝试。

用量一般 6 ~ 10g。这类药物用量均不宜过大，过大久用易伤脾阳，对于慢性病长期吃药的，务必保护好中焦脾胃的阳气，否则无力化药。

（十八）重楼

重楼，苦，微寒，入心，肝经。功效：清热解毒，消肿止痛，熄风定惊。本品又名七叶一枝花，草河车等。我用本品主要在于清热解毒，清热在于舌红或红绛，脉沉取有力说明内有邪热，而热重伤血，邪热伤心，解毒是解这个血中热毒，另解血中有害物质。要说明一点，上面说的"邪热伤心"，这不符合传统医学认知，传统认为心不受邪，心包代之。其实这都是一些"君臣观所致"，和历史传统有关。

我用重楼解毒重在解热毒和血中垃圾，所以在治疗肾衰的时候基本是必用药物，但前提是有脉舌做支撑，符合其脉即可用之，效果颇佳。

（十九）鱼腥草

鱼腥草，泻肺热痰壅要药，辛，微寒，入肺经。清热解毒，排脓，利尿。用于肺热肺痈所致的咳嗽，咳喘，脓痰，亦可用于小便淋漓，因热毒所致的皮肤疮疡。

宠物临床上除了用于皮肤病外，主要用于肺热咳喘脓痰。2017 年 1 月，接诊一例拉布拉多犬瘟热病例，肺炎明显，咳喘脓痰，较重，且高热，大便溏稀，连续使用麻杏石甘汤加鱼腥草，苍术，山药，3 付，热退喘平痰消，见效较快。而鱼腥草的用量这几年摸索着似乎小于 15g 效果不佳。但曾去云南听说有人对鱼腥草生品过敏，所以动物使用本品后应观察是否有唇及口内红肿的现象。本品我个人使用多年只是听说生品做凉菜食用有过敏，但在动物上还未见到过敏案例。

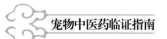

风寒外感初期本品慎用。对于肺卫郁热或是邪热壅肺，多配合银翘散加玄参瓜蒌皮同用。亦可鱼腥草煮水送服桑菊银翘片。

（二十）马齿苋

马齿苋民间治痢良药，性味寒酸，入大肠，肝经。功效：清热解毒，凉血止血。用于湿热泻痢及下痢脓血，里急后重等证，注意里急后重是湿热下痢的主要表现症状。常加入白头翁汤中使用，给药方式多以免煎剂灌肠为主，用量30g起。

临床观察本品对湿热所致的膀胱炎，尿道炎，皮肤病等均有较好的效果，但用量宜大。曾用本品30g，蒲公英30g，鱼腥草30g，薏仁60g，生麻黄6g，杏仁10g，桔梗10g，炙甘草6g，治疗湿热型肺炎两例，效果较好，清热排脓效果佳。但注意中焦虚弱者禁用。

马齿苋常规用量为30~60g，鲜品加倍。马齿苋一般野地里、树林里都能见到，鲜品清洗后水抄可食用，是药食同源品。另外鲜品捣烂外敷可治疗皮肤红肿。

（二十一）白鲜皮

白鲜皮，祛湿清热止痒要药，味苦性寒，入脾，胃经。功效：清热解毒，祛湿止痒。临床用于湿热所致的皮肤瘙痒，皮肤糜烂，黄水淋漓，疮疹多脓。宠物临床多用于皮肤病的治疗，如真菌，细菌，螨虫，脂溢性皮炎等混合型皮肤病，浓煎药浴亦可配合内服，表里两清。

病机十九条中说"诸痛痒疮，皆属于心"，六淫邪气中，风邪善动。也就是说瘙痒多由内外风热所致，而皮肤病又往往与湿相合，因此治疗皮肤病常规原则是熄风清热，祛湿活血，不论外洗还是内服的方剂原则是不变的。对于脂溢性皮肤病个人经验是必须配合内服药物，同时加入少许引药，缓祛血中湿热，不可求快。

在药浴方面要提一下，中药药浴应每日1次或每两日1次，每次浸泡15~30分钟，在浸泡过程中需要反复擦洗，坚持药浴到痊愈，并且应每7日进行一次常规洗澡，应用沐浴露或药用沐浴露洗浴除脏。需要注意不要小看沐浴露的作用，很多皮肤病是长期使用不适宜的沐浴露造成皮毛抗病力下降所致的，因此要根据皮毛情况合理使用沐浴露，药浴后务必吹干。

（二十二）绿豆

绿豆，清气凉营佳品。甘，辛，寒。入心，胃经。功效：清热解暑，解毒，利尿，透热。临床用绿豆主要在3个方面，第一就是清气凉营，一般用于暑热，高热，肤烫，但未神昏，舌绛脉数。喜用绿豆源于十多年前我自己的一次冒暑，暑天中午回家，一路酷暑少水，回家后头胀痛，全身沉重无力，皮肤烫，但体温正常，家里煮了绿豆汤，喝了一碗后躺了会儿，没有什么好转，让我妈抓两把绿豆大火煮沸，改小火煮3分钟，少加点冰糖。

温服一碗，顿时有感觉，寒从心中起，喝完有点冒汗，喝了两碗感觉有冷气由内向外散，但持续时间并不长，并没有感觉没力气，洗澡后，睡了一小时，冒暑症状全消。过去以为绿豆解暑，喝绿豆汤都是瞎掰，这次的尝试确实知道绿豆汤可以解暑，喝完的寒意真是由内外发，有个明显的感觉是由于绿豆汤是热的喝下去胃是热的，但是心中顿时凉了，这个感觉还是挺明显的，有待更多人的尝试。

犬夏季饮水量较多，我常用绿豆 150g，乌梅 3 个，生甘草 10g，陈皮 3g，鲜荷叶一张（干品 30g），冰糖（蜂蜜）少许，盐少许，诸药浸泡 1 小时，大火煮沸，小火 3 分钟起锅，化冰糖和盐，候温。用于犬夏季解暑，一般中午晚上各给一碗。对于温病或阴虚发热的也常用绿豆配伍进行退热合营。一般重用绿豆后小便量增多。但注意如果有脾胃虚寒的犬，在盛夏时节仍然舌质淡白，此不适合给予绿豆，可尝试给予红豆一类。

第二就是解毒，绿豆对金属类毒物（砷，磷等）和热性毒物（巴豆，附子等）有解毒作用，一般配合甘草使用，如果是金属类我习惯用炙甘草；附子等中毒习惯用生甘草。绿豆用量一般为 150 ~ 250g 加入 15 ~ 30g 甘草，配成绿豆甘草汤，民间号称是解百毒的良方。

2008 年初到南昌时有个鹿犬误服老鼠药，已全身痉挛，饲主抱来医院，当时未备解磷定，阿托品又没货了，让饲主赶紧煮绿豆甘草汤，直接煮，温着喝，第二日，饲主弄来说喝了药不抽了，今天精神挺好。这就说明绿豆甘草汤对有机磷中毒有解毒作用。有机磷中毒这几年少了，但每次遇到，都基本用绿豆甘草汤解救。对于有机磷中毒严重的，给予阿托品、解磷定，3 日后仍然伴有全身痉挛情况的可结合绿豆甘草汤使用，临床碰到两例结合使用效果较好。

曾尝试制附片百余克出现所谓的中毒，尝大剂量的麻黄汤加桂枝出现所谓的药物不良反应，喝绿豆甘草汤均能缓解。

要注意很多人说绿豆解药，实际解的是药的热性，但可以与连翘，银花，竹叶，玄参，生地等清热凉营药同用。但心阳虚的人喝完后有胸闷，心悸的情况，脾胃阳虚的人喝完出现腹胀，腹泻，纳差的现象。

煎煮绿豆汤应注意煎煮时间，如果把豆煮炸开，似乎就谈不上什么清热了，所以不宜久煎。

第三，宠物临床用绿豆做药膳，这需要绿豆成粉，或泥状，与其他成分合用取利水作用及营养补充。常用在肾病及慢性泌尿道疾病上。

（二十三）贯众

贯众，苦，微寒，入肝，脾经。功效：杀虫，清热解毒，止血。本品在宠物临床中我仅用于清热解毒，对于驱虫虽然号称对肠道多种寄生虫有效，但从实效性和安全性

考虑我建议还是用西药保险。本品一些教材说有小毒，但用了几年下来没发现所谓的小毒到底指什么。

本品清热解毒我还是从一个学生的嘴里知道的，说他爷爷"非典"那年给厂里的人开预防药的时候就有一味贯众，后来看了看处方是一张治疗湿热的方子加了贯众，查阅了一些资料并问了一些老先生，说贯众过去并不是常用药物，是发现这东西有很好的抗流感等抗病毒的作用，而配伍到方剂中也确实有协同作用，但都是热性或湿热性，而流感表现风寒或是寒饮症状时不使用贯众，因此近十来年一些医生往往在一些清解或是清透方中加入贯众。也就是说这药不论是不是抗流感，在有热的证候下可以考虑使用，因此在治疗犬瘟热肺炎时，表现为风热外感或湿热阻肺等情况均加入贯众，效果良好，与银翘散合用有协同透热作用。临床常用剂量10g。

（二十四）甘遂 / 大戟

两味大毒的猛药，也是重症良药。甘遂，苦，甘，寒，有毒。入肺，肾，大肠经。大戟，苦，辛，寒，入肺，肾，大肠经。二药功效相同，均能泻水逐饮，消肿散结。如今两药临床基本都用炮制品，醋甘遂，京大戟或是醋京戟，醋能降低两药毒性又能增强辛散作用。两药主要用在内服泻水，用于腹水和胸水，有个成药"子龙丸"由醋大戟，京大戟，白芥子组成，泻水力强，用于治疗腹水证，腹大胀，脉沉取不绝的，如果真阴大亏，其脉多微多细，沉取多无力或沉取多空，这种情况应用汤剂送服，注意方中不宜使用炙甘草，而可重用大枣，我多以真武汤加减合并阿胶等滋养药送服子龙丸，每日2次，用量以大便水泻为度，注意好脾肾阳气的保护，一般连续用药2～3日大便可逐渐恢复稀酱至成形，也就是说会有一个水泻的过程。

外用主要是将两药打成粉，用醋调成糊外敷，动物上并不好操作。

（二十五）巴豆

巴豆，其实也算是不常用的药物之一，辛，热，大毒，入胃，大肠，肺经。功效：泻下冷积，逐水退肿，祛痰利咽。临床使用巴豆为巴豆霜，目的是去油减毒，而且一般药房不让卖。这个药我临床用的不算太多，一般只用在肠道疾病上。有兴趣的可以尝试一下，可以与生半夏做口感对比，巴豆咬一点（1/3米粒大小）仔细咋嘛，吞咽，口腔上腔及咽喉部有明显的灼热感，非常明显，这个量吃下去似乎肠道没什么太大反应，大概能持续不到半小时，也就是说这东西能让局部黏膜充血，不过舌面的灼热感并不明显。而生半夏咬一点（1/3米粒大小）仔细呸摸，上腔，舌尖，咽喉有明显的刺痛微麻的感觉，如果量大一点明显有刺喉感，量大应该能窒息。刺痛微麻感大概能维持半小时，用蜂蜜水无缓解。

巴豆霜每次使用0.05～0.1g，配合大黄，黄连，黄芩，木香，当归，白芍等配成肠炎散或丸，用于治疗五色痢。可用汤药送服，用药务必先观其脉。若脉已无胃气则伴有五色痢则死。若有胃气则先去腐浊，再益气扶正，这个用药的度全凭脉上的经验。有犬细小初见五色痢，其气不衰，先行口服肠炎散，有时用量略大则泻下太猛，宜用补中益气汤等升提益气药固护。

（二十六）威灵仙

威灵仙，辛，咸，温，入膀胱经。功效：祛风湿，通经络。本品主要用于风湿痹痛，宠物临床中一般多用在关节及颈腰椎病上面，多配入当归，桂枝，杜仲，续断，牛膝等，一类活血化瘀，通络止痛的药物，对于慢性病应求平和，药物选择不宜过猛，如果用于急性病应用猛药但不能伤胃。

本品走窜较强，能消痰水，治骨鲠。消痰水我是多用在痰饮病上，呕吐极度黏稠，在体制尚佳的前提下一般使用 3 ~ 6g，加入方中，增强通窜作用。治疗骨鲠我目前没有尝试过但在治疗结石病上往往配入本品 10g 左右。威灵仙走窜性强，易伤正气，体弱者慎用。对于阴虚血少者不宜使用。

（二十七）木瓜／蚕砂

木瓜，酸，温，入肝，脾经。功效：舒筋活络，化湿和胃。用于风湿痹痛，筋脉拘挛，脚气肿痛。中焦湿阻，吐泻转筋，消食。注意上述提到"脚气"一词，这里说的脚气并非日常所谓的"脚癣"，而是湿热下注于足，造成脚肿胀疼痛，麻痹，不能正常行走，并由足向上发展至心脏的一种湿热性病症。

蚕砂，甘，辛，温，入肝，脾，胃经。功效：祛风除湿，和胃化浊。用于风湿痹痛，肢体不遂，湿疹瘙痒。用于湿浊内阻所致的吐泻转筋。

两药合用增强祛风除湿，通络化浊的功效，在临床中常用于治疗湿或湿热性疾病，如呕吐灰浊胃液，大便秽浊，基本考虑使用木瓜，蚕砂，配合芩连，丁香，沉香等同用。或是考虑蚕矢汤。

曾遇到犬瘟热后肢抽动，属于筋脉拘挛，抽搐疼痛，不能落地，给予大剂量的木瓜蚕砂，配合去杖汤，效果极佳，两付药再无抽动。

常用剂量 10 ~ 30g。

（二十八）苍术

苍术，燥湿圣药，辛，苦，温，入脾，胃经。功效：燥湿健脾，祛风湿，透表。用于湿阻中焦证，舌苔白厚腻，脉有滑象，纳差，呕吐，腹胀，大便溏稀均可考虑使用，另外肺炎或伴有胃肠炎合并感染，属于湿热证的可考虑从麻杏配薏苍。苍术不仅能燥湿止泻，亦能助麻黄透散表邪。

另外外洗可治疗真菌性皮肤病，但不宜久煎。临床用量内服 3 ~ 10g，外洗 30g 起。

（二十九）白术

白术，健脾燥湿的主流。苦，甘，温，入脾，胃经。功效：健脾燥湿，益气养血。近几年临床使用白术较频繁，健脾止泻等功效就不讲述了，对于益气养血，确实有效，以气虚所致的血虚当用益气养血，而白术用量不能少，一般不少于15g，否则生血力弱，且对于病毒性疾病造成的白细胞低下，脉舌属于虚像的可重用白术，临床使用30g左右，提高白细胞效果较好。而腹水病例因脾虚所致，则应重用白术，健脾利水，常用方剂真武汤用于温阳利水，用在治疗腹水病例时白术的用量即可加大，重在拾脾。

大剂量的白术服后确实有通便作用，且有助于减肥，有明显知饱的感觉。服用白术期间体重下降了3kg，并非白术本身减肥，而是服用大剂量白术后吃一点东西就觉得饱了，使总体摄食量减少，且大便通畅，有明显祛湿的作用。另外对于因脾虚所致的杂病，往往第1~2次使用白术会出现便溏稀的现象，属于正常现象，2次后基本粪便成形。

使用白术时应注意调气机，切勿单纯猛补，气机壅塞则郁热自生。在犬病上过多使用白术黄芪等造成中焦火盛，气有余便是火，上攻出现土疳症。又宜栀子大黄降火消肿。

（三十）砂仁

砂仁，温中开胃佳品，辛温，入脾，胃经，功效：化湿行气，温中开胃。安胎目前没有尝试过。主要用于中焦寒湿阻滞，或中焦阳气虚弱所致的纳差，不思饮食，呃逆，呕吐。砂仁辛香，善于行气化湿，最能醒脾开胃。砂仁属于辛温芳香类醒脾药；薄荷属于辛凉芳香类醒脾药。

一些消化道疾病后期，精神良好，大便正常，但时而上反（呕吐），纳差，此时观舌若舌淡白，薄白苔，舌面水滑等，多为中阳不足或湿遏中焦，可用砂仁化湿开郁，温中行气，当然需要配合一些行气或是益气药，成药中常用的是香砂养胃丸和香砂六君颗粒。

（三十一）肉桂

肉桂，辛，甘，大热，入心，脾，肾经。功效：补火助阳，散寒止痛，温通经络，宣导百药。用于肾阳不足、命门火衰、所致的畏寒肢冷、腰膝无力、尿频阳痿及心脾阳虚所致的大便溏稀，腹痛，呕逆痰饮等。另凡大队滋腻及补益药物中可加入少许肉桂能起到宣导作用，补而不壅，如十全大补丸。

宠物临床使用有两方面，一是温阳，用于心脾肾阳不足所致的虚寒泄，水饮痰湿，如理中汤加肉桂，四逆汤加肉桂，苓桂术甘汤去桂枝加肉桂，等等。二是用于引火归元，也算是温阳的一种，是用于上热下寒的病证，当肾阳不足，不能化阴，肾阴不能上济心阴，造成心火独旺，而心火上炎，不能下注肾阳，或肾阳不足不能封藏下注之火，也就是局部出现了不能相互转化，相互制约的情况，形成了虚性的兴奋状态，此为虚热。引火归元就是将上浮的虚火（热）引入肾中封藏，做法是滋阴降火药中加入肉桂等，降虚火同时温起肾阳。在宠物临床中用于治疗犬猫糖尿病和口腔疾病，但尚在摸索期。

（三十二）伏龙肝

伏龙肝，止血止泻良药，淡，涩，温。涩虽然不属于六味之一，但入口却有涩感，功效：温中止血，止呕，止泻，用于中焦虚寒所致的泄泻，便血，久泄。止血多与阿胶，炮姜，焦白术等同用。止泻、止呕，多配合干姜，半夏，砂仁等同用。久泄多与葛根，赤石脂，五味子等同用。本品用量宜大 30g 起，量少难见效果。煎煮时布包煎。

使用本品时注意，应用于自身功能不足所造成的不统血，失禁滑肠等，如果湿热邪气壅滞肠腑则不宜用本品。如需要使用则本品作为佐药，防止通泻太过，万不可纯用涩肠止泻。

（三十三）茜草

茜草，凉血止血圣药，苦，寒，入肝经。功效：凉血止血，活血化瘀。用于血热所致的各种出血，并且与大黄、重楼等同用可明显增强去除血液垃圾的作用，因此在治疗肾衰竭控制血肌酐尿素氮上往往同用。

在接诊细小病毒时及当日用药前后应仔细观察其脉，如果犬表现为脉浮中取，数而有力，沉取脉强劲，不论舌色是否红绛均应凉血攻下，此时邪已入血分，有血热妄行之势，往往夜间出现大量便血或吐血的情况，因此接诊时或用药前后凡见此等脉必先凉血散血，配合攻下，去其热邪，第二日往往不出血或大大减少出血量，有利于快速康复。需要注意接诊时的脉与当日药后的脉有变化，在补液后再进行诊脉，防止血热动血造成死亡。宠物临床用量一般为 10g。用于此等凉血散血多给予灌肠法。

（三十四）山药

山药，性平，味甘，入肺、脾、肾经，有健脾益气的功效，有人认为白术健脾益气则是补脾之阳，为燥；而山药则是补脾之阴，为润。临床上两者往往同用，用于脾虚泄泻，脾气亏虚，对于补益脾气效果也确实不错，但是两者壅塞，宜与行气药物同用，除壅塞之弊。

我用山药也是用其补性，山药为药食，具有药性且安全，用量宜大。对于日久咳喘我往往从肺、脾、肾入手，则大剂量用山药，一次用量 250～500g，单味独煎，也可与其他药物同煎。取其补三脏之虚，效果较快，曾治疗几例咳喘日久的病例往往均能缓解其急，甚至稳定病情，缓解咳喘。

过去缓急补虚我总爱用炙甘草，但发现这是个错误，甘草固然能缓急解毒，有其优点，但是对于体虚病例效果不好，近半年来对缓急药物进行了筛查，主要筛查 5 个药物，炙甘草，山药，大枣，粳米，蜂蜜。均能缓急，但各有优点。山药补虚第一，山药为真补之一，对于久病或是传染性疾病如犬瘟热，咳喘，伴有腹泻，体瘦，寄生虫，贫血等可以山药补之，能固护中焦之气，又能保肺肾之津气，使其宣清而不害中。对于腹水则与白术、茯苓同用增强健脾利水效果，利水而不伤真阴。腹水这类病如果利水伤真阴则死得快。

对于多日不食的病例人们往往觉得应该给予牛肉，给予无谷粮，吃好的，其实是错误的，所谓的营养在这个时候是邪，增加了机体的负担，宜清淡，其实这个在《世卫援非》上就可以得到印证，在脾胃论中也能得到答案。此时宜山药粥或蜂蜜饮，而且是稀粥稀饮，有助于中焦之气的恢复。冒然给予高汤则会加重负担造成滞，不适当的流食仍然会造成积滞，因为助热助壅。山药使用学于张锡纯，亦学于金匮的山药丸。

山药与党参、黄芪比较，其补益是温和的，是真能补虚的药物，在体虚阳气虚极的时候山药是可以用的，而参芪不可以用，残存之气调之便死。只有配合温阳药物缓缓给予，缓缓添柴。若缓给仍死则多为胃败除中。

在宠物临床上用山药剂量一般为 10 ~ 60g，体虚者可增加。宜配合理气或消导药使用。气滞已成的病例不宜多用。服用 F5 等药物的病例宜根据脉舌给药，不宜冒然大剂量使用，壅塞气机使血压升高。山药选择宜古怀庆府的铁棍山药为好。

（三十五）粳米

粳米，味甘而性平，属于药食两用品，为养中正品，山药为补益第一，粳米则是养胃第一。粳米是药食中最为平和的一味，所以不能用粳米救急，当然这东西可以解饿。笔者所述的救急是指出现急性症状，采用粳米为主药会误事。但这东西能缓急，养胃气。所以笔者在宠物临床中多用于频繁呕吐，胃气虚弱等情况。

重症胃肠炎或出血性胃肠炎大部分属于胃气大虚，由于拒食或是大便血量较重，导致体弱阳气大亏的，往往使用粳米固护中焦之气。粳米的运用学于附子粳米汤，桃花汤，白虎汤及叶天士案。以粳米最善护胃气，抓住胃气大亏之证，用之多效。

有人说炙甘草缓急，效果比粳米强，但细查历代大家的医案，到了胃气大亏的时候多以粳米护胃气，缓和药性，而不用炙甘草，或是同用炙甘草。治疗一些细小病毒吐泻较重，犬体温低下，四肢痿软无力且四末凉，呼吸尚平稳，大便纯血，血量较多，舌色蛋白，脉微软无力，因胃已大亏不能受纳药物，从口入药多呕吐。从症状看，给点四逆汤或是用炮姜代替干姜，或是姜炭或合入附子理中汤或是合并伏龙肝或是合并赤石脂。扶阳救逆并以止血，理论上没什么错误，但是此时口服药后往往几小时后呕吐，这时候每吐一次就向死亡迈进一步。吃进的药物需要靠阳气转化，同时服用的药物如果药力猛，多损胃而呕吐，无阳气可调动，此时吃药、喝水或是补液都是向体内注入邪气，便会加重气机的郁阻。

这类情况笔者多以四逆汤为底方,四逆汤姜附用量 3 ~ 6g 即可,炙甘草可适当加量,原文也说体弱者不宜重用姜附。同时山药 10 ~ 15g,粳米一大把或一把半不必具体用量,山萸肉 10 ~ 15g(例如,李可先生的破格救心汤中为什么不用五味子而用山萸肉,经过试验表明,应该是味道问题的影响,因此用山萸肉而舍取五味子,但胃气非大败的时候用五味子要比山萸肉效果好)。赤石脂,伏龙肝宜包煎重用,此时务必先止血,血得止才能回阳有望。待米煮烂药即得。

用粳米的汤药要注意服药温度宜温,比体温略高即可。粳米的方剂宜大量频服(注意此时是大量频服)。量少则血不能止。但若用于病后与和胃气则可量少而频或改为丸剂调理。

(三十六)大黄

大黄味苦色黄,气味香浓,入五脏之经,兼入气血,有活血化瘀,攻邪去毒,祛腐生新的作用,分生大黄和酒大黄,生大黄攻邪作用明显,一般后下使用或打粉使用,酒大黄比生大黄活血化瘀效果好一些,其药借酒力而行,目前我仅仅用酒大黄配伍他药治疗肺部疾病。生大黄临床使用较多,一般用量为 1 ~ 30g。一般 1g 多为打粉内服,3 ~ 12g 多入汤剂,15g 以上多为外用。若去腹内有形之邪用量一般为 3 ~ 9g,若用攻下只能后下 9g 需加入芒硝、枳实一类,单纯大黄 6g 泡水作用并不是十分强烈。根据焦树德老中医的用药十讲学习到甘草配大黄各 1g 用于通行胃肠,有很好止呕的作用,从宠物临床上看也确实很好用,有效果,因热结引起的呕吐有效,对于虚寒呕吐用后必吐加剧,因此并非见呕吐就用甘草大黄。对于目前生活水平的提高,很多老年犬有所谓的心脑血管问题,属于血热证候的可以适当配合口服大黄。另外,大黄外用可以推陈致新,清热解毒止血效果好,对局部热聚肿毒用黄连蜜调匀外敷可以清热消肿止痛。对于直肠炎或子宫炎症等可以配合使用大黄煎水滤过后冲洗或灌肠。

有些咳喘病例因腹满而致的可用大黄,2008 年我刚到南昌时接诊一例两个多月的巴哥犬,咳喘半个月,鼻流黄涕,脓样眼分泌物,食欲旺盛,大便软每日 1 ~ 2 次,犬瘟热阴性,体温 39.3 ~ 39.6℃徘徊,使用辉瑞速诺,拜有力,阿奇霉素,穿琥宁,和雾化等均无效,舌红而干燥,气轮赤郁,腹满硬,脉数。中焦实邪阻塞气机不通。法当攻下开郁,处方:淡豆豉 12g,栀子 6g,僵蚕 9g,蝉衣 6g,天花粉 6g,生地 6g,生大黄 9g 后下,枳实 6g,杏仁 6g。水煎一付分 4 次口服,大便出后停药复诊。口服药一半后排出约十几厘米长粗硬粪便带有稀水,便后全身瘫软,给予党参 9g,麦冬 9g,山药 6g,五味子 3g 水煎频服。并给予犬用奶粉频服,两日精神正常,咳喘全无,鼻涕眼分泌物全无。之所以能达到迅速通便的作用与大黄 9g 和枳实 6g 有直接关系,二者缺一不可。另外曾用大黄治疗伤口久不愈合等数十例,效果均较好。

大黄可以说是逐邪良药,在对于肾衰病例上,是常用药物,能降低血中垃圾排出体外。详见肾衰案例。

（三十七）黄芪

黄芪是目前使用较为频繁的中药，药性温，味甘，入脾肺经，具有益气固表的作用，益气是补益脾肺之气，固表是壮中焦之气，通过宣发而布散周身加强卫气功能。而利水、补血等功效都是建立在益气固表的基础之上，是强化脾肺功能的结果。黄芪在《伤寒论》中少有提及，而在《金匮要略》中使用相对较多，从临床看黄芪并不是一味起效迅速，药力猛烈的药物，对于急需益气扶正的往往不单一使用黄芪。

黄芪药力平和且持久，对一些顽固性疾病，慢性病较为适合。对于舌淡苔薄白或少苔无苔，舌滑而宽，脉沉取少力的应重视扶正，一方面权衡阳，一方面权衡气。不要形成补气就是补阳气的概念。这几年宠物药品中及饲料中对黄芪的使用有些泛滥，同时将黄芪多糖的作用与黄芪混称，这些错误临床上应该重视。黄芪药性温，助热，有表实的犬或内热较重的犬不应使用含有黄芪的粮食。而对于传染病而言，凡属于热性或湿热性病例，脉舌不符药症者，均不可以使用黄芪。真虚当补，假虚者临床亦不少见。

黄芪分生黄芪和炙黄芪，生黄芪偏于固表，也就是药气走表，对于伤口久不愈合，心肺气虚咳喘等多用生黄芪。炙黄芪补中气，一般对于脾胃虚弱的多用炙黄芪，有个很有名的方子叫玉屏风散，是个增强脾肺功能的药，经常感冒的人或犬是比较常用的，前提是表虚，而且是作为日常强化用，因此不是"速效"方剂，玉屏风散中用的黄芪有人说是生黄芪，有人认为是炙黄芪，我个人临床使用多用炙黄芪，因为卫气需要中气的培养，因此我用炙黄芪。

黄芪补血，实际上是气血转化关系，一般黄芪配当归补血，黄芪配羊肉，牛肉也都能补血，黄芪当归羊肉汤就是比较经典的益气补血食疗方子，气虚而不能气化精微所致的使用较好。而利水等说法不外乎强化脾肺功能而达到利水效果。

对于腹水有气虚者或是抽完腹水后多气大亏，一般重用黄芪益气，缓解抽腹水后的精神不振。

黄芪用量一般为 6 ～ 12g，重用可到 30g。黄芪饮片与黄芪注射液、黄芪多糖不能混称混用。切勿把黄芪当作免疫增强剂和抗病毒药物使用，不辨证而用黄芪较为危险。

临床中对心肝肾疾病和风湿痹症痿证尤其是重症病例，有气虚表现时往往重用黄芪 30g。

（三十八）黄连

黄连是清热燥湿药物的代表，味苦，色黄，药性寒，有清热祛湿的功效，入心、胃、大肠经，因此可清心、胃、大肠之湿热，不少著作中称黄连具有"泻心火厚肠胃解热毒"。泻心火一说是心与小肠互为表里通过泻小肠之热而达到泻心热的目地。厚肠胃是指有清胃肠湿热的作用并非真有补养作用。若说苦，黄连可说是苦的猛烈，苦参则是苦的悠长，临床内服方中多用黄连拒用苦参。心火过旺而出现目内眦肿胀，齿龈肿，烦躁胸中痰阻，皮肤肿毒，大肠湿热而出现的里急后重，腹泻，大便恶臭等均可酌情使用黄连。此物因苦而败胃气，所以不适合犬养殖场作为日常长期保健食用，曾看到很多猪场用三黄散作为日常保健十分疑惑，不论从药性看还是从中药价格上看猪场都不太适合长期使用黄连这类相对较贵，又伐正气的中药。临床中使用黄连往往也随"对"使用即为药对，如干姜黄连，黄连黄芩，黄连大黄，等等。若脾胃虚弱，心气亏虚的病例则禁用。临床中对湿热病效果确切，是热重于湿的病例用量一般 2～9g，湿重一般不超过 3g，用量太多易寒凝气机湿无所去。对于肺胃寒湿不化成饮，上逆咳呕，肠中湿热不去，里急后重，临床常用干姜与黄连同用，寒湿在肺多合细辛茯苓，在胃多合二陈，若肠中湿重热轻则枳实厚朴必用，若湿热并重则黄连量略加。对于纯热痢白头翁汤或三黄解毒汤可用。《本草纲目》中用其治痈肿，曾多次用黄连粉调蜜外涂治疗皮肤化脓感染性效果较好。对于壮年狗有痰热结胸证，出现发热、咳喘、痰鸣、按胸疼痛、舌红、脉滑数即可给予小陷胸汤加减。

2010 年夏季，接诊某学生饲养 3 只阿拉斯加，年龄 3 个月，同为一窝，未注射疫苗和驱虫，呕吐清水频繁，已两日，大便稀酱恶臭，里急后重，腹痛明显，不食，精神不振，饮水后约一小时后吐出，舌淡湿滑，脉细数少力，检测细小为阳性。

学生经济负担较重，给予中药治疗，诊断为中焦湿热伤津，治法甘酸辛苦法，扶阳生津，清热除湿，方药给予炙甘草 12g，白芍 12g，干姜 6g，黄连 6g，大黄 6g，枳实 6g。水煎频服，每只狗一付，当日服后吐止。大便 4 次，气味由重到轻，里急后重全无。二日，少许大米绿豆粥加入少许陈皮生姜，取汤口服未吐，脉细略数少力，未吐，大便一次，大便稀软臭，略有形，给予上方大黄改为 1g，干姜 3g。6 只狗共服一付。药后未吐，食汤后未吐。三日大便成形，精神好转。立即停药，给予益生菌口服，连用 7 日停药。15 日后来院注射疫苗。

该方从《伤寒论》干姜白芍炙甘草汤中加味而得，干姜白芍炙甘草汤用于治疗胃阳不足，津液亏虚，是甘酸化阴，甘辛化阳，阳主阴从的经典方子，在此基础上加入黄连大黄枳实，之苦味下行药，清肠之湿热解里急后重之感。

黄连黄芩同为清热燥湿药物，而黄芩多清肝肺大肠之热，黄连多清心胃大肠之热。若再加入栀子大黄则可清三焦之热，但气味极苦易伤脾胃不能久用。皮肤型感染属于湿热毒聚的尽可使用，曾用此方治疗多例皮肤感染。

黄连配大黄两药多用于治疗大肠湿热，效果较好。一除大肠湿热，二除肠中毒秽。

（三十九）制附片

制附片，色黑，味苦，用高温，胆巴等减毒。咀嚼未感觉到麻感和咸味，走窜通络效果较好，能通十二经，这应该是其大辛的真正原因。药性温，单独口服本品 20g

无热感，助心肾之火，青年人单服本品时间较长后易面部生脓疹及周身夜间瘙痒。该药走里，散寒，《伤寒论》和《金匮要略》中凡是治疗关节骨肉疼痛血虚用桂枝，热痛用石膏，寒痛用附子。一般助心阳用 3 ~ 6g，助肾阳 6 ~ 12g，通络温阳一般 9 ~ 15g，必要时可以使用更多，临床中我在人身上使用制附片量最高为 120g，犬最高用量为 45g，但用量一般逐渐加量，若首付方子剂量为 120g 口服会有约半小时到一小时的头晕状态，而由 12g 逐渐加量到 120g 则未见不良反应。

临床中温阳多用干姜。温心阳多用桂枝，炙甘草。温肾阳多用肉桂，苁蓉。通络多用地龙，桂枝，细辛等。干姜与制附片相比，制附片并不热，但干姜守而不走，制附片则走而不守。从临床看制附片有 3 个作用，一为回阳救逆，多配红参，炙甘草，干姜。看俞根初的书后发现回阳救逆方中可入少许冰片，增强其方药显效速度。二为通络燥湿，对风寒湿造成的气血凝滞有很好的效果，多用于运动系统疾病，如风湿类关节病。多配伸筋草，鸡血藤，赤白芍，苍术，当归，威灵仙，五灵脂，羌活，独活，等等。三为温肾助阳，多用于治疗泄泻，阳痿等肾阳不足的病例，多配入鹿角胶，鳖甲胶，菟丝子，肉苁蓉，葫芦巴，白术，茯苓，等等。在处于高热不退的情况下又伴有阳不足的病例，可少许生附子 1 ~ 3g。

生附子一是不好购买，二是担心其毒性，制附片相对于生附片而言用着放心很多，一些学者认为生附子毒性低，但却看到了一些所持此论者死于久服生附子，应该注意。

（四十）贝母

贝母，临床中应用最多的有两种：一种是浙贝，一种是川贝，浙贝比川贝大，有说川贝为野生，价格昂贵，浙贝为人工，价格便宜。但从动物的临床上看没什么区别，在人往往使用川贝粉，据呼吸科中医师说川贝止咳效果比浙贝好，临床中润肺效果理想，对燥咳效果好，用川贝粉 3g 可以代替 12g 浙贝。但散结作用不如浙贝。我个人一般使用浙贝较多，此药药性凉，味苦，没有尝到辛的味道和感觉。入肺经，止咳化痰，消结。止咳化痰用量一般 9 ~ 12g，用于热痰的治疗，多配瓜蒌皮，桔梗，生甘草，鱼腥草，黄芩等。散结方面我多用于消奶结，产后奶水充足，乳房内有乳块，在使用生麦芽退奶时一般使用 30g 以上，一般需要 14 天左右能退净，但加入浙贝 15 ~ 20g 能加速消奶结速度。

内伤咳嗽有痰，基础方：桑叶 6g，杏仁 6g，前胡 6g，桔梗 6g，浙贝 9 ~ 12g，瓜蒌皮 6 ~ 9g，枳实 3g，柴胡 6g。热重加连翘，银花，鱼腥草，黄芩。阴伤加入沙参，枸杞，麦冬。

临床中化痰常用中药有浙贝，半夏和瓜蒌皮，半夏药性温燥，温燥除痰，分消水饮。瓜蒌皮药性寒，除胸中热痰，清肠道。浙贝药性凉，对于热痰结效果好。

（四十一）西洋参

西洋参又名花旗参，来源于国外，有医书记载"人参不受补之人，可用西洋参代之"，西洋参先甜后微苦，药性凉，具有生津益气，滋阴降火的作用，那么在临床使用上对于宠物患温病而气虚津伤的多用西洋参扶正每次 10g 左右，生津降火益气。比太子参 10g 服后在精神状态方面改善明显。临床上遇到高热伤津，适合使用白虎人参汤的病例时，一般使用西洋参 15g 代人参并去知母或加麦冬或加天冬或加玄参，白虎人参汤中用知母滋阴降火，用人参生津益气，用西洋参代知母人参，临床效果很好。但对于有心脏问题的老年病例其西洋参使用量应当减少，一般 6g 左右，或西洋参粉 3g 左右，因大剂量使用可能造成兴奋，影响犬的睡眠，耗损心阴心阳，肾阴肾阳，造成血压不稳定，对于患有心脑血管疾病的犬来说是不利的。

年后曾接诊一个 13 岁的老年蝴蝶犬，咳喘五六年，近日发现咳喘频繁而舌色红绛，脉沉无力略数。病在营血，处方：丹参 10g，郁金 10g，赤芍 6g，生甘草 6g，生地 10g，熟地 10g，麦冬 6g，西洋参 6g，五味子 6g。水煎温服频服，每日 1 付，连用 7 日，该汤药味酸，酸中带苦，苦中带甜。凉血活血，益气生津。7 日后复诊，舌色红，脉沉少力，咳喘大为缓解，精神较好。在上述方中加入制附片 3g 先煎，连用 7 日，温服，频服，每日 1 付。7 日后舌红，脉沉，偶有咳喘。另其将丹参 12g，郁金 12g，赤芍 12g，西洋参 9g，生甘草 6g，五味子 6g，打粉，每日 2 次拌食口服，每次 3g 左右，连用 3 个月。若用药期间有其他疾病出现，停药就诊。

（四十二）甘草

甘草自古就有记载，随着历史的变迁，各医学流派的兴旺变化，对于甘草的性味应用也都有一定的变化。目前对甘草共识是味甘性平，用蜂蜜炙后为炙甘草，味甘性平，也有不少人说炙甘草性温或微温，也有人认为是平。甘草具有缓急解毒，调和诸药的作用，炙甘草具有补益建中，缓急止痛，调和诸药。从临床上看，不论甘草还是炙甘草都具备缓急解毒的作用，临床遇到狗中毒病例不论何毒均给予炙甘草或甘草 20 ～ 30g，绿豆一把，加水急煮候温灌服。每多获良效。同时与有毒药物同用可以降低其毒性或过烈之性，如可以缓解半夏附子之毒等。对于危重病例甘草首当其冲，如换细小病毒后由于呕吐腹泻造成狗气血虚弱，拒食呕吐等，此时若方剂中的甘草量较少则往往很难挽救，遇到这种情况必加炙甘草 15g 以上再加其他药，甘草不仅仅可以缓解药物的毒和药物的性，同样可以化解病势的猛烈，换句话说甘草是很好的扶正之品。

很多老师在讲授甘草的时候告诉学生炙甘草为"和事佬"，一个方子开完，再加点炙甘草这样显得平稳，但对一些求快的方药，如真武汤，五苓散，升降散等加入炙甘草就失去了方意。温病中使用生甘草最长见到的就是育阴，一般白芍配甘草，酸甘化阴。另外就是甘草配大黄缓下行之性。生甘草的使用可以将其打粉，送服，生甘草送服有

通利的作用，若水煮后用可能会见到尿潴留的现象。

临床上我常用方剂之一：干姜 6g，黄连 6g，白芍 9，生甘草 6g。用于治疗病毒性胃肠炎造成寒热错杂证。症见呕吐清水，大便溏稀恶臭，腹紧痛。

（四十三）乌药

乌药辛温而微苦，多入脾、肾、小肠经，李时珍《本草纲目》中记载"治猫，犬百病，可磨服"，从目前临床看乌药主要具有理气散寒的作用，一般多用于脾肾虚寒，引起的腹胀、腹泻、小便不利、小便淋漓。本药药性温和，一般临床使用 6g，用此药治疗犬寒湿性腹泻最多，一般配合藿佩、苍术等使用，2008 年冬季每诊治腹泻不论是食伤还是传染性疾病，凡是符合寒湿性腹泻的均可使用。

从一些医案和本草专著中看到乌药可以治疗疝气，我用乌药治疗过疝气病例一例，一只博美，年龄 4 岁以上，腹股沟疝气，易怒，检查时有攻击性，对精神饮食等没有影响，舌色暗红，让饲主用乌药 15g 水煎，送服逍遥浓缩丸，每次 3 丸，2 次 / 日，连用 10 日再诊。复诊时饲主说还是有个气包，但从药后第 3 天开始，脾气好很多，排便次数增加，粪便正常，一周没出现过攻击行为，所以一周没见到汽包增大。从这个病例看，乌药到底能否对疝气有效，还很难确定，毕竟疝气是个结构问题，但其疏肝理气作用明显，逍遥丸虽然也是疏肝理气类药物但是作用缓慢，一般要吃上数日才能见效，而药后两三日就见效必是乌药的作用，同时连续每日口服 15g 乌药未见到不良反应。

成药中有个叫作"四磨汤"的药物，里面有乌药、槟榔、沉香、党参（四磨汤配方有多种），此药对气滞的腹胀、喘满、便秘、便稀都有很好的治疗作用。对于幼犬特别是贵宾犬，出现外感风寒咳喘、腹胀食积、大便溏稀的病例往往使用四磨汤去槟榔，加少许焦三仙，配苏叶、生姜。药后必服温陈姜瘦肉粥。起到宣上导下，平益中州的作用。对于因寒所致的气滞性腹胀腹泻，往往用妈咪爱、益生菌效果不理想，用抗生素更无效，此时，可先将四磨汤成药加热 40 ℃左右，分次慢慢口服，不可一饮而尽。

近日治疗英牛膀胱结石病例，大剂量使用乌药具有缓解金钱草、海金沙之寒性的作用，又有缓解尿道疼痛的作用。

第三部分

方剂篇

一、方剂学入门

学习方剂当从小方剂着手，理由是所有的方剂均由小的对药或是小的经验方组成，也包含了所谓的《伤寒论》经方和后世方剂。这样学习方剂由简入繁。学习方剂一方面既要了解药物的性味归经及功效，也要了解"对药"或是经验小方的目的，所谓"对药"或是经验小方一般由两三味药组成，药少而目的明确，用量轻重有别。另一方面要能从临证中抓住病机，根据病机用药，而不是单纯根据症状用药，因为一个症状可能是不同病机所致，或是说多个病机都可以出现同一个症状，所以辨证论治的"辨"就格外重要。

很多学习宠物中医的人总想弄个什么方，弄个什么秘方，其实没有什么秘方可言，认为是秘方只能说明读书少，很多所谓的秘方实际上都在古籍中。而一个方剂也不可能治疗一个病，只能治疗一个病中的某一个证，而相同的证，重复出现概率并不是那么高，这其实也是很多中兽药厂没弄明白的地方。学习宠物中医就要踏踏实实地打好基础，无捷径可走。

（一）从小方开始

白术分生用和炒用，均能健脾，生用偏于益气，炒用偏于燥湿。亦能用于脾虚而胎动。味苦辛，药性温，入脾经。

茯苓一般使用茯苓块，朱砂拌主要是有些安神作用。茯苓主要是利水，是淡渗利水的代表药。味淡，药性平，入脾经，膀胱经。

白术与茯苓为"对药"，主要是用在水湿病上，那么水湿的由来多从虚上来，白术茯苓主要是脾虚，脾虚不能运化水湿，白术侧重机体因虚而功能不足，不能运化水湿是本虚，健脾才能燥湿。茯苓侧重利湿，是用于邪，邪多超过机体的承受，通过茯苓利湿而达到恢复脾的功能，因此叫作利湿健脾。因此临床上把这二药称为"药对"。

二药健脾与利水，是标本兼治，那么先说利水，也就是侧重祛邪，白术茯苓用于祛邪，是指利水而健脾，临床常见水泻，一方面由于脾虚，一方面是水湿较重，那么增强利水，减轻脾的负担，往往加入泽泻，也就是白术，茯苓，泽泻。而水多不仅仅可造成水泻，也可以不水泻而聚于皮下或是各腔体，如腹腔，胸腔，膀胱，眼内等，白术茯苓泽泻三味药利水力量不够，加入利水药力比较强的猪苓，这就是所谓的"四苓"！腹泻还是尿闭、尿淋漓等均有使用的机会。水湿不能单纯利水，前面说过水湿一方面是脾虚，一方面是邪重，那么茯苓猪苓泽泻用于利水，用于祛邪，扶正方面只有白术，如果就是脾气不足所致可以增加白术用量，也就是增强功能代谢水湿，代谢过程中需要使水入正道向外排出，代谢的过程需要阳气的作用，称作"化"，阳气不足不能化水，那么也分是谁的阳气不足，如脾阳不足，那么一方面可以增强脾阳，一方面可以增强心阳，子虚补母嘛。增强脾阳常用的就是姜，用于温阳健脾一般是干姜，炮姜，煨姜等。增强心阳的话常用的是桂枝，炙甘草。如果阳虚较重四肢不温，则多加附子或是肝脾阳虚多加入丁，萸。

总结一下上面说的这些，病邪是水湿，病机是脾虚不化，围绕这个展开用药，就形成了用于治疗水湿停聚的五苓散，苓桂术甘汤，苓姜术甘汤，真武汤等。治疗脾阳不足而不能运化水湿的理中汤，桂附理中汤，丁萸理中汤。这是用白术茯苓为"对药"侧重脾虚不能化水的一路。

白术茯苓，侧重扶正也就是健脾，一方面强调扶植脾阳，一方面强调扶植脾气，扶植脾阳前面已经说了，可以通过子虚补母的方式，配合一些温阳药物来使用。而健脾气则多用山药，黄芪，党参等配合使用，如健脾利水增强益气，通过益气增进脾的功能，称为益气健脾。强健脾的功能而增强全身功能叫作健脾益气。后世经典之一的四君子汤，在白术茯苓，健脾的同时强化功能，加入人参也好党参也罢，太子参亦可。加入炙甘草，成了健脾和益气方面的基础方剂。这就引出强化中焦而健全身的结果，四君子汤的病机在于气虚，气虚功能低下不能运化，不能发挥功能，是本虚，需要扶正。从叶案当中可以看出凡是中焦气虚，胃气不足则多用人参茯苓炙甘草，胃气虚则水饮易蓄。这与外台茯苓饮中的参苓草意义相同。说回四君子，是基础益气方，通过健脾而健全身，那么不足是缺乏流动性，补虚易壅滞，造成气滞，腹胀，胃口不佳，嗳气，壅滞形成，则不仅不能益气反而制造邪气，生郁热，就有了五味异功散，在四君子的基础上加入了陈皮，用于理气，陈皮善于疏理肝胃气滞。有些素有气虚兼有痰湿的一方面要益气，一方面要化痰，单纯的益气容易助热灼痰。所以有人在四君子上开发了六君子，加入陈皮半夏，用于咳吐痰饮，不思饮食，倦怠喜卧，苔薄白滑，脉濡滑少力，这六君子不就是四君子与二陈汤的合方嘛！如果出现大便溏稀，腹胀，纳差，或不食，呕吐痰饮，舌苔白滑，脉濡滑少力，往往在六君子的基础上加上木香调肠行气，砂仁温中暖胃，形成著名的健中行气名方香砂六君子。也有说香砂不是木香和砂仁，是香附和砂仁，实际上大同小异，香附是疏肝解郁的要药，精神总是提不起来，总是食量上不去，吃得很少，但是大小便也没问题，也没有明显呕吐表现，这时候多选择香附用于疏理气机。但是要注意不论是木香还是香附，作为丸剂是可以的，作为汤剂很多犬服用后明显呕吐增加，这与人因药气味拒药是一个道理。

四君子汤作为健脾益气的基础方是健脾与利水与益气相结合，很多幼犬在湿气重的时候，平素又气虚，出现倦怠喜卧，不思饮食，腹胀腹泻，干呕，少吐等。往往在四君子的基础上加入芳香醒脾的藿香，芳香行气的木香和平淡清凉的葛根，这是著名儿科医家钱乙的方子，叫作七味白术散，诸药研成细粉，灌入鸡蛋中，蒸熟去皮，可作为药膳食用，犬多能接受，但正处于腹泻的幼犬不宜。用四君子汤加减一些焦三仙，四仙，内金一类配合山药，泽泻等，做成丸药用于健脾益气消食导滞，如健脾丸，启脾丸一类。

总结上述是以白术茯苓侧重健脾而益气方面的方剂，主要形成以四君子汤为基础的加减。是否还有加减呢？其实还有如气血两虚，那么就是以补气基础方的四君子与补血基础方的四物汤合并叫作八珍汤，增强益气固表，引火归元，宣导诸药八珍汤基础上加黄芪，肉桂，称为十全大补汤，也可做丸。众多益气补血方剂均不离其八珍法。

生姜与半夏

生姜：辛温发散之品，能温胃，发散水饮，能宣达滋腻苦寒药，防止壅塞或凉遏气机。能解鱼虾蟹等腥味，即为解鱼虾蟹毒。临床应用于水饮停滞，虚寒呕吐。另外购买生姜尽量选择姜味浓郁的，沾有少许泥土的，过于鲜亮的所谓鲜生姜要注意，姜味淡，且辛辣低，或不明显，多为假生姜或是使用药物熏蒸所致。生姜，味辛，性温，入胃，膀胱经。

半夏：辛燥之品，能化痰结（注意中医中的很多词汇可分开看，痰和结，痰结，这就不限用于治疗咳嗽之痰）。降逆止呕，辛燥化湿。生半夏味辛，这个辛是能明显刺激口腔黏膜，舌及咽喉，刺激性极强。药性温。入肺，脾，胃经。生品由于刺激口腔黏膜等较强因此有小毒，一般配合生姜使用，生姜可解半夏毒，生半夏不宜做散剂。半夏炮制目的在于减毒，至于增效从这十年的半夏使用看似乎没什么增效作用，能有效就已经很不错了。另外要注意饮片使用半夏以旱半夏为主，价格较高。目前很多药店尤其是南方的药店出售的则是水半夏，用水半夏充当旱半夏。旱半夏为球形，水半夏为锥形。半夏与附片同用在《伤寒论》中即可见到，后世认为半夏与附子不可同用这是误传，但两者同用应当久煮，无麻口感即可。

生姜半夏为对药，这组药物在临床上也是常见的，多见于呕吐，水饮等病例，另外生姜半夏配合使用又为辛开苦降法中最常用的两味，主辛开，能宣开气机，助化湿邪。

由于二者能辛开化湿，降逆止呕因此很多治疗呕吐及水饮病的方子中常能见到。同时两者配合使用亦能化痰，生姜宣阳发散，有助于半夏燥湿化痰，前提是水饮痰湿。

《金匮要略》中有个著名的止呕方剂小半夏汤，即生姜和半夏，仅此两味药。呕吐频繁而伤胃阳气，所以有大半夏汤，大半夏汤去生姜加人参，白蜜，取半夏的降逆止呕，去掉宣阳发散的生姜，那么我们看这时候为什么要去掉生姜，生姜的宣阳发散，发散的是谁？也就是胃阳气太虚的时候不宜使用生姜，而是重用甘补法。如果水饮内停，呕吐水饮，生姜半夏自然配合使用，由于呕吐频繁而不食，阳气不足因此生姜，半夏，人参，三味药物往往配合使用。把这三味药物带入温阳利水药中，如桂枝，生姜，半夏，茯苓，白术，人参，炙甘草。即为温阳利水之常用方。

生姜半夏，辛开。用于湿阻或气郁往往配合苦降，入生姜半夏，配合柴胡，黄芩，很多人认为柴胡是辛开的，《本草经》上面有答案。生姜半夏，柴胡黄芩，即为辛开苦降，用于疏理气机，疏散郁热，肝气郁滞，肝气不舒多乘脾土，叫作木旺乘土，容易引起腹泻，腹胀，腹痛等脾胃问题，所以要兼顾中焦脾土，多加入人参，炙甘草，大枣，这不就是小柴胡汤嘛，小柴胡汤是一张用途广泛的方子，病机在于郁滞。

以上举例都是在说明一个复方基本都是有由小的基础方组成的，或说是由"药对"组成的。这就要求对单味药物和"药对"功效的记忆和理解。这样就可以灵活用方。

（二）方歌意义

一些医生学习中医是从方歌或药歌开始的，方歌前后押韵，易背诵，方歌内容包含了大体剂量，主治等，对初学者有很大的帮助。我记得开始学习方剂的时候也是从方歌开始，背诵的第一个方剂就是龙胆泻肝汤，以至于十几年后在方歌中记忆最深的还是龙胆泻肝汤。方歌对于初学者来说可以不求甚解，先记忆。随着阅历加深很多方剂都能理解。临床上可变化使用。

如小青龙方歌，"小小青龙最有功，风寒束肺饮停胸，细辛半夏甘和味，麻黄姜桂芍药同。"

组成：细辛，半夏，炙甘草，五味子，麻黄，干姜，桂枝，芍药。

从方歌里可以得知，小青龙汤主要治疗，风寒所引起的肺气不宣，水饮停聚胸中，表现既有风寒表证的恶寒，清涕，也有水饮停聚胸中的咳喘，痰饮。用麻，桂，芍，草开表，散寒。用细辛，干姜，五味子，半夏，温肺化饮止咳喘。

方歌背诵记忆后要对一些中医名词特别是不同时期的名词进行理解。否则名词不懂就无法运用和深入学习。

二、方剂各论

（一）桂枝汤

桂枝汤出自于汉代张仲景的《伤寒论》，且为开篇第一方，桂枝 45 g、芍药 45 g、炙甘草 30 g、生姜 45 g、大枣 12 枚。水煎，日 3 服，也就是 3 次治疗量。药后温服稀粥，以助药力。需要注意的是此方中生姜应切片，大枣应掰开。药后不得再受风寒。

适用于太阳中风证，营卫失和。此方桂枝、生姜，辛温通阳，芍药、甘草，酸甘化阴，姜枣甘，温补中，桂枝、甘草，甘温化阳，是养正透邪的方子。整部《伤寒论》中白芍配炙甘草酸甘化阴，姜草枣甘温补中的频率很多，用于临床效果很好。桂枝汤主要针对治疗心胃阳虚，内热无力透散于表。同时提示了，不能盲目发汗解肌，要在胃气充盈，津液不亏的前提下使用，这样发汗后正气不伤。这对治疗温病有着重要的指导意义，桑叶薄荷虽然辛凉，但为发散之品，而辛凉发散只会徒伤津液耗散正气，因此应在发散之中佐以生津养营之品，做到扶正祛邪兼顾。桂枝汤是扶正祛邪法的典型，是透邪存津的范例。从现代医学角度看，简单地说桂枝汤具有扩张体表血液循环，加速血液运行，鼓动津液外透，并且有一定补养的作用。笔者通过一些药后观察得知，于平日怕冷体弱的犬口服一段时间的桂枝汤其抗寒能力有明显提高。日本学者说桂枝汤为强壮剂是有一定道理的。

（二）桂枝龙骨牡蛎汤

桂枝龙骨牡蛎汤是在桂枝汤的基础上加入龙骨牡蛎，二药镇心平喘效果较好，一些慢性病出现心率过速、出现心慌气喘可以考虑使用龙骨牡蛎。对属于热性的狂躁症也可考虑使用龙骨牡蛎，一般给予柴胡桂枝龙骨牡蛎汤加减，调肝镇心。

（三）桂枝汤加附子

桂枝汤加附子，是见桂枝汤证并出现四末逆冷的症状，桂枝汤用于心胃阳虚，而加附子是心阳虚较重。附子温阳走窜。因此虚寒出现的四末逆冷往往使用附子助阳通脉。另外肢体周身疼痛往往也加入附子，与真武汤中的附子白芍意义相同，通络止痛。附子止疼可能多在肢结末梢，白芍止疼可能多在肌肉。

（四）桂枝汤倍芍药方

桂枝汤倍芍药，这芍药指的是白芍，这味药小剂量使用敛阴养阴，与甘草同用酸甘化阴，与黄连苦寒同用酸苦泄热。在桂枝汤中使用是为了敛阴养阴，而加量使用目的是止痛。桂枝汤治疗心胃阳虚，体表阳气弱气血循行相对较差，会出现不荣则痛的现象，加大白芍的使用目的就是为了增强止疼效果。根据文献报道说白芍可以抑制平滑肌痉挛，起到止疼作用。

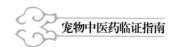

（五）苓桂术甘汤／苓桂姜甘汤

苓桂术甘汤由茯苓20g、桂枝15g、白术10g、炙甘草10g组成，苓桂姜甘汤将白术改为干姜10g。苓桂术甘汤、苓桂姜甘汤大同小异，是治疗心脾两虚兼有水气蓄积体内的方子。茯苓白术健脾利水，茯苓干姜温阳利水。二者不同，我认为是脾气与脾阳的不同，是程度不同，脾虚则大便软而不成形，腹胀，乏力，则需健脾。而大便溏稀水样，不纳食，乏力则需温脾阳。因此苓桂术姜甘汤的使用频率较多。由于茯苓味淡性平因此用量不可过少。

（六）苓桂枣甘汤

苓桂枣甘汤用于心阳不足，水气凌心，出现心悸心慌。心阳不足，心动过缓，就会出现心悸心慌的情况，因此桂枝大枣炙甘草可以看作一种强心药。对于心动过缓长期服用匹莫苯丹的犬不知苓桂枣甘汤是否可以逐渐代替。

（七）五苓散／猪苓汤

五苓散由桂枝、茯苓、猪苓、白术、泽泻组成，侧重行阳健脾利水。猪苓利水作用强于茯苓，二者多勿用。猪苓，茯苓二药性味平淡，用量宜大。白术，泽泻，茯苓，是健脾利水的基础方。若大便初期稀软则用炒白术效果更好，大便稀软不臭则是脾功能衰退，因此用炒白术健脾燥湿。若大便水样或带血则用炒白术和炮姜或姜炭，水样便不臭，则是阳虚，不仅仅是气虚，因此温阳健脾同用。生白术健脾益气，气味浓厚，容易助热，并且壅塞气机，对于脾虚泄泻证，用白术配干姜即可，白术亦可用苍术代替（侧重燥湿，苍术可代替白术），苍术味辛温发散，无白术壅塞之性，行气燥湿强于白术，脾虚蓄水白术宜用生白术，脾虚泄泻宜用炒白术。

猪苓汤是五苓散去桂枝白术加入滑石阿胶。侧重利水清热育阴，本方在热病上使用较为频繁，滑石泽泻，利水止泻，又能清利膀胱尿道，因此尿道炎膀胱炎经常使用本方。阿胶止血养阴，在我看来猪苓汤加阿胶主要目的在于止血，和白头翁汤加阿胶道理一样。临床使用时滑石用六一散、益元散等代替，清热利湿效果更好。这两方是利小便止大便的经典方剂。

（八）苓甘五味姜辛汤

该汤由茯苓、炙甘草、五味子、干姜、细辛组成，用于肺因寒湿而咳嗽的病例，我临床使用时一般以苓桂五味姜辛甘草汤治疗，在本方中加入桂枝，效果更好。干姜茯苓温阳利水，而干姜细辛，温阳通脉，五味子炙甘草酸甘化阴敛肺止咳。《伤寒论》中五味子，干姜，细辛为对药，用于治疗咳嗽，但从药物来看适用于寒湿痰饮造成的久咳。若是痰热壅肺的咳嗽干姜细辛五味子恐是不能用的。

（九）炙甘草汤

炙甘草汤在我看来是生津养阴的经典方剂，经典在于生津养阴之时加入温阳药物，能平稳地化生津液，并布散周身。温病生津往往去其温阳药物，一派生津养阴之品，但是这并不利于生津和布散。到了阴津亏虚的程度需要使用大量生津药的时候，往往单用则不利于药物吸收，会出现腹泻甚至呕吐，损伤胃阳和脾阳。

用炙甘草汤可以有效地改善皮毛干枯和鼻头角质化的现象，因此临床中也用于治疗皮肤病。炙甘草汤主要是养阴方，治疗心阴不足出现心悸一类。

（十）黄芪桂枝汤

黄芪桂枝汤，是桂枝汤原方加入生黄芪，又名黄芪桂枝五物汤、桂枝汤加黄芪，在我看来就是黄芪用量多少的问题，用于血痹症，气虚盗汗等，桂枝汤治疗血虚身痛，可知桂枝汤有通络养血的功效，加入黄芪则增强益气健脾祛湿的作用，使气血生化有常，循行通畅。临床用时一般加入当归，鸡血藤等养血活血通络之品。桂枝汤有调和营卫作用，一些气血虚弱的狗患有皮肤病，造成皮表气血衰退，物质受到损伤，功能出现衰败，此时可以使用桂枝汤加入黄芪，由内而外的增强气血功能修复损伤。如果长期瘫痪，肢体肌肉气血衰败也可考虑黄芪桂枝汤加白术。通过健脾活血来充养肌肉。

（十一）麻黄汤

里有郁热兼有表闭，里热不能外透，因此症状表现相对严重，用麻黄桂枝行阳开表，里热外散即可，在里并非湿热，而是郁积之热，热随汗液而出。麻黄 6 ~ 15g 的剂量发汗力量确实强，强于同类发表药物。由于有开表作用，因此凡是表郁表闭皆可使用，风温表郁里热，也可以用麻黄开表，只是麻黄剂量要少，可用 0.5 ~ 1g 即可，只能开表无伤津的作用。同时对于有心脏病的犬要慎重使用，对服用匹莫苯丹一类强心药的犬不论生麻黄还是炙麻黄都应慎用。方中杏仁和麻黄是对药，不论麻黄汤还是麻杏石甘汤，麻杏相配，开表而不伤肺，因为郁热肺卫较重，必然会出现咳喘，但单靠杏仁一味平喘并不现实，杏仁降气润燥，而麻黄发汗宣肺力猛两者相配效果佳，麻黄最易伤肺助燥，因此用杏仁润肺，防麻黄之弊。

（十二）麻杏石甘汤 / 麻杏薏甘汤 / 麻杏术甘汤

有麻黄时多能见到杏仁，这三个方子是表不透，而里有热有湿。麻杏石甘汤，是里热很盛，需要用石膏清里热，麻黄开表，让里热外透，刘河间的双解散，是让里热外透和里热下行同施，给热创造多条出路。麻杏术甘汤和麻杏薏甘汤都是利水，白术是健脾利水，薏仁是利水健脾，白术比薏仁健脾作用强，但薏仁属于药食因此利水不伤阴。在使用时可以考虑白术茯苓薏仁泽泻配麻杏，开表利水。利水可止泻，可定喘，可利小便。

还要注意一点，麻杏术甘汤与苓桂术甘汤，从术甘二药看是健脾，苓桂是温阳利水，麻杏是宣肺利水。

麻杏石甘汤这几年比较流行的成药，由生麻黄、杏仁、炙甘草、生石膏组成，这个方子在传承过程中麻黄和石膏的剂量有所出入，现在一般认为生石膏是麻黄的 2 ~ 3 倍。该方属于基础方剂，麻杏石甘汤加减方在方剂学中也有几张，所谓加减方，是在方意没有改变的前提下作药物和药量的加减。麻杏石甘汤的方意是清里热，开表闭，郁热外达。

在什么情况下使用麻杏石甘汤通过三本古籍来看看麻杏石甘汤到底是治疗什么的。

"发汗后，不可更行桂枝汤。汗出而喘，无大热者，可与麻黄杏仁甘草石膏汤。""下后，不可更行桂枝汤。若汗出而喘，无大热者，可与麻黄杏仁甘草石膏汤。"以上出自《伤寒论》。

发汗后，不可更行桂枝汤，说明先用了发汗方，但到底是不是用桂枝汤发汗呢？发汗后，汗出而喘，无大热者。由此看用的不是桂枝汤发汗，可能是先用了麻黄汤发汗，这里提桂枝汤是因为桂枝汤是调和营卫，所谓的"有汗用桂枝"，但这里的汗是热郁并非表虚或是并非心胃阳虚所致，所以不能用桂枝汤调和，用桂枝汤容易出血或热陷。汗出而喘，这是鉴别无汗而喘，这是与麻黄汤鉴别。

汗出而喘，无大热者，可与麻杏石甘汤，提示了几个信息：①汗出，腠理是开的，汗能外透，不是闭表。②汗出无大热，一方面本身无大热，另一方面汗出后热退无大热。③汗出而喘，无大热，既然已经汗出，仍喘说明造成肺气宣降失合的不是风寒一类闭表。后面的无大热，说明有热，是因热所致的肺宣降失合造成的喘，升降失合的结果就是肺郁，也就是肺郁热，用生石膏清热，但郁热直接用大寒药就会造成凉遏甚至寒凝，因此配合麻黄宣散透热，而杏仁一方面缓麻黄对肺的燥性，一方面能降气平喘，麻杏为对药，外感造成的喘麻杏往往联合使用。

下后，不可更行桂枝汤。若汗出而喘无大热者，可与麻杏石甘汤。后半句与上述一致。前半句，下后，不可更行桂枝汤，从此处也能得知，发汗后，不可更行桂枝汤，其发汗的不是桂枝汤。下后，也同样不可能用桂枝汤攻下，下后多虚，用桂枝汤调和不虚，桂枝汤能强壮心胃阳气，调和营卫，故能补虚。此处下后不可使用桂枝汤，可能有以下几种可能：①并没有因下而虚。②用的不是寒下法而是热下法，此时在扩充肠道血管是会动血的，如同在血热便血时使用654-2。③用下法，里热不净，理应再下。但如果下后出现汗出咳喘，无大热，则不适合再下，而是用麻杏石甘汤，重用生石膏。从临床看，汗出而喘，无大热，用此方无碍，但下后，出现汗出而喘，是否仍能使用麻杏石干汤应另行考虑。提出异议，为何使用下法？临床能见到因腹满而喘，使用下法，下后一身轻松而有微汗出，是阳明腑实的一个证型。下后诸证缓解，仍有喘，腑实之热以泻，上有余热，给予麻杏石甘汤，帮助恢复肺的功能，宣透郁热。

"太阳病汗后喘,表邪未解也,麻杏石甘汤主之,按:太阳寒邪虽从汗解,然肺邪未尽,所以喘仍不止,故用麻黄发肺邪,杏仁下肺气,甘草缓肺急,石膏清肺热,即以治足太阳之药,通治于手太阴也。倘误行桂枝汤,以致壅塞肺气而吐痈脓,则桔梗杏仁煎可用也。太阳伤寒,误下做喘,亦用此方。"出自《寒温条辨》。

这是说汗后邪没有全解,也就是肺宣降功能没有完全恢复,有肺热的情况,也是郁热壅肺的咳喘,和我上面说的基本相同。后面提了一下如果用了桂枝汤增加里热会造成肺痈,给了一个方剂是桔梗杏仁煎以开思路。

"咳喘息促,吐稀涎,脉洪数,右大于左,喉哑,是为热饮,麻杏石甘汤主之。"出自《温病条辨》。

在吴鞠通自己的解释中也说"麻黄中空而外达,杏仁中实而降里,石膏辛淡性寒,质重而清气,合麻杏而宣气分之郁热,甘草之甘以缓急,补土以生金。"虽然吴鞠通用麻杏石甘汤也是治疗肺郁热,但石膏用量与麻黄等量,这个量的改变值得注意,吴鞠通的这个治疗方法源自叶案失声,音哑。

做个小结,从上述看可以确定麻杏石甘汤用于郁热喘咳或是郁热壅肺的喘咳。表现症状:发热,汗出,喘咳。

麻杏石甘汤,分开看,麻黄汤去桂枝,白虎汤去知母粳米,也可以看作大青龙的简化版,去掉桂姜枣。这都有助于理解方意。

在加减方面主要围绕开郁为主,这里说的开郁指肺郁,热郁气分可加石膏,就是麻杏石甘汤本方,卫气同病阶段的郁热可与栀子豉汤或是银翘散合方,而银翘散加入微许麻黄开郁效果理想。由上至中焦郁热烦躁呕吐腹泻,亦可考虑与陷胸汤类合方。2016年细小呼吸道症状与消化道症状合并,且呈现疫毒痢表现,为宣开攻下并用,仿双解散及防风通圣散思想用麻杏石甘汤合并升降散加减,多获良效。若病入下焦应审查其脉,脉微细无力者麻黄当慎用,因无可发之力。

在内伤杂病的咳喘及老年病咳喘,多用蜜麻黄,一来平喘效果好,二来发散之性有所收敛。多与其他行气活血,益气温阳合用,治疗老狗的心肺病。在加减方中去石膏加薏仁成麻杏苡甘汤,用于周身湿肿,从这个思路看其实出现以郁为主的任何病症只要脉沉取有力,腑无实邪,有可发之力时均可加减使用,前面说热加石膏,寒呢?不就是用的桂枝么,这不就是麻黄汤么。治疗其他的湿,麻杏术甘汤行不行?麻杏六一汤行不行?换换思路暑季的暑湿病"荷薷六一"行不行?其实中医一方面是诊断辨证,一方面是用药思维。其实不需要记忆太多的方子对一些小的基础方进行记忆就可以了。

(十三)大小青龙汤

大青龙汤在我看来就是发汗很猛的方子,在宠物临床中用到大剂量的大青龙汤的机会不多，一般使用大青龙汤都是中小剂量使用，即可见效，即麻黄汤合并桂枝汤去白芍加生石膏，增强去热作用，如果加白芍其实也无影响。小青龙汤，有麻黄汤和苓桂五味姜辛汤的影子，去了茯苓、杏仁，加了白芍、半夏。此方发散痰饮的力量很大，温散痰饮的经典方剂，我在临床使用的时候加入茯苓和杏仁，增强利水行气的作用效果是很好的。这里有个药对，前面讲过，就是五味，干姜，细辛，温肺行气，若加入半夏化痰作用增加，若加入茯苓则增加了利水饮的作用。细辛温燥行气血，利关节，作用迅速，是开郁的要药。

（十四）真武汤

《伤寒论》中温阳利水的方子非常多，每个方子都是有针对性的，如有单纯针对水饮的五苓散，有兼顾阴分的猪苓汤，有针对心脾阳虚蓄水的苓桂姜甘汤，有针对心脾气虚而蓄水的苓桂术甘汤，有针对心阳不足而蓄水的苓桂枣甘汤，有针对心肺阳虚痰饮内聚的小青龙，也有针对肾阳不足而蓄水的八味肾气丸，而针对脾肾阳虚蓄水的则是此方真武汤。由茯苓、白术、芍药、生姜、附子组成，附子白术温照脾肾，生姜茯苓发散水饮，四药合用又是一剂温阳利水的基础方。若寒湿阻塞四肢逆冷，则去生姜加干姜细辛，增强温阳通脉的作用。有医家说白芍利水，但我认为白芍在此方使用应该还是存阴止疼。另应注意，《伤寒论》113方中甘草使用次数最多，达70次，而此方不用甘草我想可能是药对拼凑所致，从《伤寒论》和《金匮要略》中看仲景用方，似乎均是小的经验方拼凑而成，当然拼凑的前提是符合病机的，如小半夏汤，《伤寒论》中出现呕吐的多数方剂均有小半夏汤在内。所以对于脾肾阳虚的，我想在仲景之前的经验方中可能存在着白术附子、白术茯苓、白术白芍、附子白芍、白术生姜、附子生姜等温阳利水方面的经验方，而其中没有甘草而已。

《伤寒论》条文中"太阳病发汗，汗出不解，其人仍发热，心下悸，头眩，身瞤动，振振欲擗地者，真武汤主之。"若真出现心下悸，头眩，身瞤动，振振欲擗地者，用此方未必有效。从条文看是伤阴造成的，而猛扶阳，似乎背道而驰。

太阳病，什么是太阳病，脉浮，头项强痛而恶寒，这里，用了发汗，没有缓解头项强痛恶寒，同时用了发汗方子后，反而因发汗而出现发热，心下悸等，"仍"在《说文》中解释为"因"。这样看我认为是发汗伤了津，这个时候用真武汤我真心觉得不合适。《伤寒论》本为战乱残本并且又有传抄整理，期间是否有错误遗漏后世难知，不知是否有人按照太阳病，发汗后出现这一系列症状时用过此汤的，用过的可以谈谈体会。

（十五）当归四逆汤

桂枝汤去生姜，加当归细辛通草。生姜发表，细辛通络，生姜走表，细辛走里。此方脉细欲绝者服之多死。我认为本方扶阳走窜，临床中我用此方治疗过关节炎和犬风湿性关节炎，是有一定效果的。若长期使用细辛其用量应该注意，我的理解就是营养和改善在里的组织，改善血液循环，具体病位应该在肌肉，关节。若真是津枯血少用此方，用此等量的细辛恐怕会津液枯竭出现抽动甚至死亡。当归白芍炙甘草虽然养阴生血，但是有形之物怎么可能速生呢。因此津亏血少严重者不适合用本方。"手足厥寒，脉细欲绝者，当归四逆汤主之。"从此条文看，脉细欲绝，若是体弱湿阻伤津，伤津不重，尚有精神，会考虑桂枝汤加细辛当归通草，但如果是津亏到了脉细欲绝的程度绝不会考虑此方。而此条文反映一点，四逆汤有四逆，用附子干姜炙甘草，治疗阳气不能敷布四末。而细辛桂枝炙甘草，我想应该是有瘀造成的阳气不能敷布四末的逆冷。提出细辛桂枝炙甘草温阳通络。

（十六）小柴胡汤 / 大柴胡汤 / 柴胡桂枝汤

小柴胡汤是疏肝利胆祛痰安胃的方子，小柴胡这张方子均是药对组成，柴胡黄芩，疏肝利胆清热，半夏生姜又名小半夏汤，人参半夏又名大半夏汤，人参大枣炙甘草，是健脾和胃的基础方。从小柴胡汤看，《伤寒论》中的方剂有很大一部分是小经验方拼凑而成的。小柴胡汤治发热效果很好，尤其是呕而发热，呕黄水并且发热，肝胆郁热，胆汁逆流就会呕吐黄水，因此我临床中见到呕吐黄水时基本都要加入柴胡黄芩来疏肝利胆。发热一般由气郁，血瘀，痰阻，气血虚等造成，均会阻塞气机而产生发热，而小柴胡这张方子，恰恰兼顾了气郁发热、痰阻发热和因虚发热这三点。同时小柴胡汤是治疗肝胆病的基础方，从很多老医生的书中发现，对于两肋胀痛的往往加入延胡索，金铃子，青皮，对于有瘀血而发热，烦躁，疼痛的可以加入郁金，红花，茜草，五灵脂。若兼有全身乏力，恶风寒的，可合并桂枝汤使用，对于肝郁困脾的又可配入干姜，白术，厚朴等健脾行气药。对于热利又可加入白芍重用黄芩酸苦泄热等，小柴胡汤变化灵活，根据具体情况拆方使用即可。日本人对此方使用频繁，根据国内一些老医生的著作看似乎受日人的影响颇多。但小柴胡当时在日本的滥用不亚于如今的抗生素，见发热就用小柴胡是不正确的，还应辨证论治。

柴胡药性辛平，主要目的就是疏肝解郁，属于行气理气药物，不知道为什么近年把它放到解表药物中。柴胡的解郁退热，要分开来看，解郁和退热，这就告诉了我们柴胡能退的热是郁热，并不是所有的热都能退，气机不通了，阳气不能疏散，郁在体内，这个产生的热，柴胡可以退，这是百试百验的。那么解郁退热用几克是不行的，一般我用柴胡退热 12 ～ 15g 最常用，最多不超过20g，如用小柴胡汤解郁退热，柴胡用量一般为15g，黄芩一般用 3 ～ 6g，柴胡黄芩基本比例为 2∶1 ～ 5∶1，黄芩用量不得超过柴胡，否则气机是不会被疏开的。我临床反复证实过，只有柴胡用量大于黄芩一倍以上退热效果才好，而黄芩大于柴胡效果不明显，往往热不退，而柴胡与黄芩等量使用退热是有效的但退热不理想。柴胡的作用就是疏通气机，清障道路，这就是解郁，而黄芩的清热作用只有在气机通畅的前提下才能发挥作用。推陈致新，这个实际上就

是放大化的解郁作用，气机郁阻得太厉害，中等剂量的柴胡不能通开，那么就要加大剂量，一般使用25～30g，这个计量的柴胡煎煮后内服有明显的肠鸣音，因此柴胡有去饮食积聚的作用，但如果使用50g喝完，有心慌或是胸闷的现象这可能是散太过则虚。

大柴胡汤是在小柴胡汤的基础上加入白芍、大黄、枳实。增加了攻下清热的作用。常用此方治疗胃肠炎、犬冠状病毒病和细小病毒病，呕吐黄水频繁，大便溏稀恶臭血便。一般两剂病愈。同时大柴胡汤重用柴胡，柴胡有行气攻下作用，推陈致新，配合大黄、枳实去除腐烂积聚效果最好，由于呕吐频繁因此加大生姜使用量，以开放胃中水饮，白芍、炙甘草生津止痛缓和因柴黄枳攻下引起的疼痛。

（十七）栀子豉汤／四逆散

栀子豉汤是比较常用的透热解郁方子，使用时淡豆豉用量大于栀子最少一倍，透热效果非常好。主要是透胸中热，治疗温热病初起在肺卫或肺气阶段均可加入栀子豉汤有助于透热外出。对于温热造成咳嗽有痰，一般用栀子豉汤配合银翘桑菊使用，同时加入郁金瓜蒌，透热化痰效果好。曾用栀子豉汤合并升降散，治疗一例雪纳瑞狂躁症，一付药病愈。

四逆散治疗气郁造成的四肢逆冷，也是疏解气郁的基础方剂，由柴胡、白芍、枳实、炙甘草组成。柴胡白芍，疏肝柔肝，柴胡具有疏散性，久用易燥，白芍制约其燥。因此在治疗肝病的时候往往柴芍同用。

（十八）白虎汤

白虎汤由石膏、知母、粳米、炙甘草组成，其中以石膏为君药，清肺胃热。辅以知母为臣药，清热泻火存津。粳米炙甘草安中养胃。石膏是历代医家公认的清热要药，但是机理不清楚，只是知道石膏为清热专药（气分热）。知母苦咸寒，主要清肾火，对于虚火上犯可以使用，我在临床中很少使用知母，多用西洋参或是天花粉代替。知母清肾火除性欲，在雄性犬猫发情时可以尝试给予知柏地黄丸改善性欲旺盛的情况。石膏小剂量使用似乎退热作用并不明显，但是用多了则会伤脾泄泻，甚至闭塞契机。用石膏必须是肺胃热盛时才使用。有说石膏辛寒，有辛透的性质，但从张锡纯用石膏配阿司匹林来看，似乎石膏的透热作用很差算不上辛。

（十九）三承气汤／厚朴汤

此四方是不同程度的攻下导下药，大黄配合厚朴或是枳实都能攻下，大黄的泻下力量并不强，但具有泄热活血的作用，同时祛腐生新，与厚朴、枳实相比其攻下作用相对小，厚朴、枳实导下力量很强，三药相配形成攻下之力。这类药物如果小剂量频服有去腐止泻作用，如果正常剂量分两次或做一次服则有攻下泄热作用。

（二十）半夏泻心汤 / 生姜泻心汤 / 甘草泻心汤

三泻心汤，在于对胃的不同，半夏是开痰结的，适用于中焦虚寒呕吐痰饮。生姜则是呕吐清水。炙甘草则是饮食入胃后数小时呕吐原物，是胃功能低下。其他药物要注意的是干姜与芩连的配合，寒热并用，不能让芩连的苦寒伤了胃阳，这种姜芩连的搭配是巧妙的。

对于心下痞的理解我认为是通过触诊可以摸到胃壁而且胃壁明显增厚。

1. 半夏泻心汤

半夏半升，黄芩，干姜，人参，炙甘草各三两，黄连一两，大枣十二枚（擘）

上七味，以水一斗，煮取六升，去滓，再煎，取三升，温服一升，日三服。

按一次治疗量：

半夏 15g，黄芩，干姜，人参，炙甘草各 15g，黄连 5g，大枣 4 枚（擘）

按现代煎药法煮取，一付药煎煮两次，作一服或二服。

功用：开结除痞，调和脾胃。

主治：心下痞满，呕而肠鸣下利。舌白口中涎多，呕黏液。

从方中药物看参、草、枣补胃中气，干姜温脾胃之阳，半夏祛痰，燥湿，开结。芩，连苦泻湿热。姜夏配，辛温开结，配芩连合成辛开苦降法。痞是寒湿热互结而成，其呕为黏稠液体如痰。

从半夏泻心汤，小柴胡汤方看仲景习惯用参、草、枣补胃气。临床中用此方半夏量应高于诸药。干姜黄芩比为 1∶1，干姜黄连比为 3∶1。本方终是中焦阳虚气弱兼有湿热互结。

宠物临床其痞是用手可以触摸胃壁并有增厚感，呕黏稠液，类似痰液。

加减：

半夏泻心汤主要作用中焦，健中焦之气，散中焦之寒，清泻中焦之湿热。若上焦不宣可加杏仁，下焦有郁加枳实，水多加茯苓，通草。热重可加栀子。阴伤加白芍，乌梅。痰多加陈皮，瓜蒌。

叶天士用其治疗湿热痞阻中焦的各类病证，因湿热不喜甘补，故多去甘药人参，甘草，大枣，只有在胃气明显虚损，必须兼补胃气时，才加入人参，但不用甘草、大枣。基本方用半夏，干姜，黄芩，黄连，加枳实，苦辛开泄湿热，或苦泄厥阴，辛通阳明。呕甚，或热重者，去干姜，用生姜；热轻湿重者，去黄芩。

其最基本的处方是用四位药：半夏，生姜，黄连，枳实；湿甚阳弱，或下利甚者，用干姜，或干姜、生姜并用，以辛开通阳。热甚者，黄芩，黄连并用，以苦寒泄热，或泄肝热。胃阳虚者，复加入人参，合姜，夏以通补胃阳。肝气冲逆甚者，加白芍或再加乌梅，合芩，连酸苦泄厥阴，或再加牡蛎平肝。湿甚者，加杏仁开宣上焦肺气。

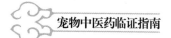

呕痞甚者，重用半夏、生姜或再加陈皮。下利而不呕者，去半夏，只用干姜。肝气冲逆甚，多为疼痛，上逆作呕，呕黄水（胆汁），冲逆甚呕伤津液，白芍，乌梅，酸敛津液。

2. 生姜泻心汤

生姜四两，炙甘草三两，人参三两，干姜一两，黄芩三两，黄连一两，半夏半升，大枣十二枚（擘）煎煮服法同前。

按一次治疗量：

生姜 20g，炙甘草 15g，人参 15g，干姜 5g，黄芩 15g，黄连 5g，半夏 15g，大枣 4 枚（擘）

本方以生姜为君，健胃消水饮以散痞气；佐半夏以燥痰饮之凝；芩连以清上热；干姜以温下寒；参草枣扶中气之虚，以用四旁，而斡旋上下。

功用：强健脾胃，消化水气。

主治：干噫食臭，腹中雷鸣而下利，腹胀小便不利，心下痞。

生姜与半夏：生姜散水饮，半夏燥痰饮。水与痰黏稠度不同，呕水液或咳痰稀水加用生姜；呕水液黏稠，或有咳痰色白，用半夏。

此方中焦阳气虚弱无力化水，有热成饮乃湿热互结成痞，与半夏泻心汤比此方侧重中焦水饮停聚。重用生姜宣散中焦水饮。

3. 甘草泻心汤

炙甘草四两，黄芩三两，干姜三两，半夏半升，黄连一两，人参三两，大枣十二枚（擘）煎煮服法同前。

按一次治疗量：

炙甘草 20g，黄芩 15g，干姜 15g，半夏 15g，黄连 5g，人参 15g，大枣 4 枚（擘）

功用：补中以治痞利。

主治：胃中气虚，水饮停聚，水谷不化，大便溏稀，下饮水谷，腹中雷鸣。下利日数十行。

重用炙甘草可知一为缓急，二为补中气，由此方可知既中气虚也可用芩连，甘草泻心汤热与水结相对轻，以气虚为主，芩连配干姜，半夏辛开苦降而不凝。此呕吐多食糜或食后不久即吐，胃气虚不受纳水谷，腐熟之力必大减。

观叶案中在用半夏泻心汤方时多加减，其中加减芍药、乌梅。晋（山西）人感寒用蒜酸发汗，酸味秉阳之气，居五味之首，与辛味合用，开发阳气最速。在应用变通半夏泻心汤治湿热病时，多加白芍、乌梅等酸味药，与半夏、生姜等辛香药及芩连等苦寒药配伍，不但不会妨碍祛湿，反而有利于清化湿热。

（二十一）理中汤 / 丁萸理中汤

理中汤由炒白术，干姜，党参，炙甘草组成，是温中散寒健脾的方子。后世方中有加入桂枝的，也叫理中汤，这张方子炒白术配干姜或是炮姜可以温中健脾止泻，对于水泻效果好。另外临床中，应注意舌象，如果舌淡白，可以使用理中汤加桂枝，但如果舌淡白而略宽软，光泽暗淡则是气虚，兼有寒象，若用理中丸的话应再配合一些健脾丸或启脾丸使用。理中丸证大便不臭而腥，凡气味一般遵循寒腥热臭的原则。丁萸是丁香和吴茱萸，增强温中通阳作用，止呕作用增强。如果四末凉就用附子，就是四逆汤加白术党参了。丁萸是对药，温中散寒芳化，丁萸偏走里，姜桂偏走表。

（二十二）黄连阿胶汤

此方由黄连，黄芩，白芍，阿胶，鸡子黄组成，其中芩连清热燥湿治下痢，白芍阿胶鸡子黄补肾阴。芩连配白芍酸苦泄热。白芍配胶黄酸甘化阴。并且阿胶有较强的止血作用。在热病后期，以动血耗血为主，而热邪未全退之时出现出血，心烦，抽动等现象均可考虑使用，在临床中细小后期，由于伤阴较重，并且肠中热毒尚存，若单补阴则加重热毒，若单清热攻邪则体虚亡阴亡阳。因此选用黄连阿胶汤滋阴清热。同时芩连在此处用并不是用于清泻实火而是虚火，所以用量不能太大。服用此方宜频服，由于伤阴较重胃阳多虚，大量多服恐胃无力受纳和运化。对于热病伤津较重时就要考虑是否可以加入适量的阿胶，与凉血生津增液药物同用，起到减少伤阴抽动的情况。对于老年犬阴虚烦躁的，用此方配合活血化瘀等药物使用。

（二十三）小陷胸汤

由黄连、半夏、瓜蒌组成，是去胸中热痰互结的方子，黄连清热燥湿，半夏瓜蒌除痰开结。这个方子半夏和瓜蒌是一组药对，我在临床中一般不用黄连，黄连苦寒败胃，不论人还是犬都很难以接受其味道，一般用栀子豉汤加入半夏、瓜蒌皮，去胸中热痰互结，通常要加入郁金以行气活血，增强开结除痰的力量，效果很好。黄连半夏是辛开苦降的基础方，一般从外感病考虑正气不虚的前提下邪在上在表，宜发散；病在下在里，以攻下；病在中则分消上下。

（二十四）四逆汤

四逆汤是温阳救逆的方子，附子走窜较强，而且祛湿，从扶阳派的一些著作中看云南潮湿一带好用附子炖肉，或是以附子当食物使用，目的在于其有祛湿通络的作用。与干姜相比较干姜的温热远盛于附子，而附子走窜力量强于干姜。四肢逆冷在于阳气不能达于四末，对于阳虚寒湿阻塞气机，四末逆冷，用四逆汤通络温中，强心阳。经络通畅，阳气充足四末气血运行正常就不会有四逆的情况出现。当然四逆证并非都用四逆汤，如果是气郁热郁，就不能用四逆汤而考虑四逆散加减。

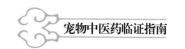

（二十五）麻黄附子细辛汤与大黄附子汤

麻黄附子细辛汤与大黄附子汤看上去一个开表，一个通里，但本质是固阳通络。从而灵活使用，我记得曾说过《伤寒论》的很多方子是有很多小的经验方组成，在这里再次验证了这句话。附子细辛固阳通络，配麻黄，开表闭，止咳喘，发热无汗。配大黄，通腑浊，逐肠中秽浊恶臭。配石膏，清热泻火，疗上焦虚热，引火归元。配桂枝，温阳解肌，强心肾阳气，开通经络。配白术泽泻，健脾利水，去肌肉经络水湿。配川芎生姜，引血上行，疗风湿头痛。配独活牛膝，引血下行，驱风湿痹痛。配干姜白术，温中健脾，强脾肾阳气，疗冷泻，腰寒。诸如此类，以附子细辛为主，固阳通络为根本。不论是温病还是伤寒还是杂病，机体已阳为用，阳为生之本。温病虽然不主张辛温发散但也绝不主张大举寒凉已灭阳。要尽量保持平衡状态，气血才能相对正常运行，才能达邪外出，才能自我修复，不论是伏邪还是新感均是如此。

（二十六）二陈汤

以半夏，陈皮为君药，化痰行气，以茯苓炙甘草为臣佐药，增强利水化痰湿的作用。半夏、陈皮、茯苓为对药，化痰行气利水的典范，这里要说的是陈皮，如果胃内痰饮凝聚呕吐黏稠，陈皮用量宜大，我曾在临床中给一个患细小的金毛口服陈皮、半夏、生姜、茯苓、炙甘草，用于行气燥湿、化痰止呕，其中陈皮用量为30g，一付药呕吐停止。说明陈皮的行气化痰饮的力量随着量的增大而增强。小剂量的陈皮有健胃行气的作用，对于中焦有湿的可以与苍术半夏等配伍使用。此方属于基础方类，配紫苏麻黄可宣肺祛痰，配合四君子一类可益气健脾，配合藿香正气一类可增强化湿健脾的力量。

（二十七）桑菊饮

桑菊饮和银翘散出自吴鞠通的《温病条辨》，吴鞠通给桑菊饮定性为辛凉轻剂。具有轻轻宣透的作用，桑叶菊花宣透肝肺郁热，因此凡外感风热或郁热应从肝肺入手，不仅仅能清肺热。桑菊饮治咳，这种咳是肝肺气郁所致，轻轻宣通，升降正常咳就止了。此方中有一组常用药对，桑菊杏桔，对于外感风热咳嗽效果非常好，杏仁桔梗是宣通肺气的要药。桑菊是宣透肝肺郁热的要药，另一张方子叫桑杏汤，实际上意义差不多，但注重于润燥止咳，其中桑杏仍然是宣透肝肺郁热。临床中桑菊饮与银翘散常合用对风热外感卫分证效果最理想。

（二十八）银翘散／银翘散倍玄参方

银翘散和银翘散倍玄参其实是一个方子，临床中对温病初起我更青睐银翘散倍玄参，因为其标本兼顾，银翘散清热宣透较好但生津凉血不足。因此我常用倍玄参同时加入西洋参、生地、丹参，步步呵护津液，同时宣透邪气。银翘散这张方子银花、连翘、竹叶这三药是清轻透热药对，不论卫气营血，凡有郁热均可使用，在《温病条辨》中常能见到。方中一味牛蒡子对犬下颌淋巴结有较好的消肿作用。

（二十九）杏苏散

杏苏散由苏叶、杏仁、桔梗、前胡、陈皮、半夏、茯苓、甘草、枳壳及大枣组成。风寒侵袭肺卫所致咳嗽。感受风寒程度并不重，因此只是宣宣肺气即可，如果风寒较重单凭苏叶一味很难做到透表的作用，一般加入麻黄，增强宣散透表的力量。《局方》中有一个药叫通宣理肺，不知道吴鞠通的杏苏散是否与通宣理肺有关，通宣理肺组方就是在杏苏散原方上加入麻黄黄芩，由于通宣理肺出自《局方》，因此往往考虑药物的平和型，所以加入黄芩，其实在这里加入黄芩意义不大。对于鼻流清涕，咳嗽气喘，白痰，昼轻夜重效果较好。

杏苏散这个方子中苏叶、杏仁、桔梗、前胡四药是宣肺基础药，一般对于咳喘重一些的，苏叶、苏梗、苏子同用，配合杏仁、桔梗、前胡使用。苏梗和桔梗宣通肺气效果较好，有开郁的作用因此往往同用，开郁也是平喘治法的一个关键。在湿邪较重的情况下苏梗、桔梗、藿梗常常联合使用增强开通上焦的作用。桔梗这个药物少量用我感觉效果不好，一般10g为宜，见效比较快，谈不上有明显化痰平喘作用，一次大剂量蒸熟服用有助火的作用。

2001年左右通州大马庄一带有一片药地，种植的是板蓝根和桔梗，当时很多人把桔梗当做高丽参，一些东北人知道这东西是桔梗于是用盐腌上做泡菜吃，北京人没怎么见过，真以为是高丽参，将其蒸熟蘸白糖吃，或是煲鸡汤加入好多桔梗，一礼拜发现这些人唇口生疮，后来这些人吃了几天牛黄解毒丸或是上清丸一类的到是见好。说明桔梗还是有一定热力的，并且是向上的热力。

（三十）茵陈蒿汤

茵陈是治疗肝胆湿热的要药。现在说是退黄要药，我认为不可信，只有肝胆湿热引起的黄疸有效果，而且退黄速度并不是很快，需要服用一周以上的药物，黄才能退干净。茵陈栀子大黄清热利湿退黄，同时这方子走膀胱，正常情况下吃这方子尿都发黄。因此膀胱湿热一类可以考虑此方。

治疗肝胆疾病这个方子是最常见到的，往往掺入其他药物中，我对肝胆病的治疗体会是，疏肝利胆活血化瘀健脾益气。健脾益气可以增强脾胃功能，气血有生化之源。疏肝利胆可以减轻肝乘脾土，横犯胃腑的症状，疏肝利胆目的在于行气开郁，恢复机体升降出入的能力。活血化瘀增强去腐生新的能力，可以改善肝胆的微循环，帮助消除炎症，同时有净化血液的作用，有利于清除黄疸。临床中往往与柴胡汤、龙胆泻肝汤等方剂配合使用。

若因阳虚蓄水发黄则考虑茵陈五苓散，退黄速度较快。

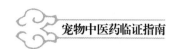

（三十一）青蒿鳖甲汤

此方是养阴透热的方子，由青蒿、鳖甲、生地、知母、丹皮组成。药味不多，用于热伤营血，夜热早凉。青蒿、鳖甲实际上这两味药物并不是药对，我认为这张方子的主要作用在于后三味，生地、知母、丹皮，是凉血活血生津药，符合叶天士所述的"凉血散血"，这三味药物是药对，凉血散血效果好，临床上一般用玄参不用知母，这只是个人习惯问题。透热则加入竹叶、连翘、银花或是桑菊。鳖甲咸凉是软坚散结的药物，有一定清虚热的作用，一般在有内脏肿大的时候使用，鳖甲胶则是滋阴正品，与阿胶类似，但补血力量不如阿胶。至于青蒿能否代替柴胡，很难讲，从疏肝解郁的角度看青蒿效果不好，所以退热效果不理想，但在当时是否青蒿还具有其他作用不得而知。青蒿具有芳香味道，因此有芳香透湿的作用，在湿热病方面可以使用，与藿香佩兰同用能增强芳香透湿的力量。另外青蒿配合艾叶丹皮做药浴可以预防和治疗湿疹皮炎以及预防真菌性感染。

（三十二）玉屏风散

玉屏风散是元代危亦林创制的，由防风、黄芪、白术组成，其中有几个注意的地方，首先黄芪是生黄芪，因为这个方子是固表用的，所以必须是生黄芪。白术可以是炒白术，健脾除湿。防风用量宜小，防风目的在于疏肝宣散，用多了固表能力就差了。一般临床我用这方子防风 3g、生黄芪 6g、炒白术 6g。此方可固表健中，因此我用这方子多用在治疗皮毛失养方面，另加入一些桂枝、当归、丹皮一类的可以行气血致皮表，来改善皮表功能。

现代把玉屏风散当作免疫增强剂来使用，这是错误的，对于湿热和实热体质不宜使用本方，不能看到补药就是免疫增强剂，这个错误的观念要变才行。

（三十三）泻白散

泻白散的方子有很多，这里说的是《小儿药证直诀》中的泻白散，有三味药组成，桑白皮、地骨皮、炙甘草，桑白皮宣肺止咳平喘，地骨皮清热凉血，炙甘草甘温安中。用于肺热咳喘，从临床看效果一般，我使用时配合清肺散使用，加入葶苈子、板蓝根、浙贝、桔梗、瓜蒌皮、郁金。对肺热脓痰效果很好。桑白皮和葶苈子是药对，二药能增强平喘效果，一升一降。对于肺热咳喘习惯使用清肺散合泻白散加减，不太习惯用麻杏石甘汤。麻杏石甘汤对发热而喘效果不错，但是对于肺热咳喘有脓痰效果并不理想。

（三十四）百合固金汤

百合固金汤是养阴清肺的方子，对于阴虚咳喘少痰的效果最好，由生熟地、百合、玄参、贝母、桔梗、炙甘草、麦冬、芍药、当归组成。适用于阴虚有热的咳喘，舌红少津。此方生熟地并用，养阴生津清热。生地、玄参、麦冬、芍药、炙甘草则是养阴清热生津的基础方，在这个基础上加入贝母、桔梗。这里的贝母用的是川贝母，止咳润肺效果强于浙贝母。这张方子有成药，口服液强于丸药。如果用于止咳养阴，咳嗽厉害，建议加大川贝用量，过去在医院抄方时经常见到呼吸科的主任医师用此方川贝用量达到20g以上，有的需要打粉冲服，或是以免煎药代之，减少用量。百合这味药物有清肺热的作用但是并不常用，而且一般效果并不明显，放在此处用于养阴，养肺阴，对于食材来说百合养肺阴比较好。

生地、玄参、麦冬、芍药、炙甘草这一组药物养阴生津清热，即可加入竹叶、连翘、银花、丹参、丹皮去除营血中的热邪，也可加入桂枝、干姜、阿胶润燥养血。

（三十五）三仁汤

三仁汤出自《温病条辨》，是治疗湿热证的代表方剂，目前很多呼吸科及消化科的老中医们还经常使用此方。该方八味药物，可做基础方使用。

由杏仁、滑石、通草、白蔻仁、竹叶、厚朴、生薏仁、姜夏组成，按现代煎药方法煎药，煎煮两次，分3次服。能宣畅三焦，清热利湿。用于湿温初起及暑温夹湿，邪在气分。但从临床上看用于湿温初起效果很好，但用于暑温夹湿其滑石多为六一散或益元散较好。该病主症舌色淡而苔白，脉弦滑或滑细。湿邪具有壅塞黏腻的特性，因此用猛方往往无法迅速清除，湿邪反而容易伤了正气，采用轻宣三焦的方法开通气机，领邪外出，这就是轻可去实意义，这类方子一般服用频繁都是少量频服。本方以杏仁、蔻仁、生薏仁开利三焦，以竹叶助杏仁宣清上焦湿热，以厚朴姜半夏助白蔻仁畅通中焦气机，以通草滑石，助生薏苡仁清利下焦。三仁汤其中三仁为药对，宣畅三焦。滑石竹叶通草为药对，清热利小便，加入黄柏栀子一类对下焦湿热的尿道炎、膀胱炎治疗效果较好。

若上焦湿热阻滞而咳嗽痰多，可增强开宣上焦之品，如前胡、桔梗、桑叶、紫菀、黄芩、瓜蒌皮、佩兰、蝉衣、紫苏、生姜、淡豆豉等。

若中焦湿热阻滞，不食呕吐，加入黄连、竹茹、砂仁、苍术、藿香、茯苓、三仙等。

若下焦湿热阻滞，造成腹泻、尿血，可选用乌药、枳壳、大黄、泽泻、龙胆草等。

若热重可酌情使用石膏、羚羊角、连翘、生甘草一类。

若气虚可使用太子参、党参、炙黄芪。此方以通为主，根据我个人经验最好酌情给予少许活血之品加入，可加快化湿速度，加快缓解相应症状如姜黄、郁金。

湿热造成的发热不可急于清热，不能使用大剂量的寒凉剂和抗炎药物，否则气机闭阻，热不仅不能退反而升高或反复发热。有临床医生使用抗生素加入皮质激素使用，但对于合并并发症的病例往往会出现严重的不良反应。进入长夏后很多人感到头晕，胸闷，四肢无力，甚至有发热，到社区门诊进行治疗，往往都是生理盐水加入抗生素和地塞米松，效果不错，药后病人排尿增多，热退、头晕及胸闷症状明显减轻。但遇到大便溏稀及呕吐病例则效果极差。这也说明地塞米松有很好的利湿作用但由于该药品的副作用往往很多湿热病无法解决。

治疗湿邪的常用药物如下：

上焦：苏叶、荆芥、防风、麻黄、桂枝、细辛、杏仁、桔梗、苏梗、藿香、佩兰、淡豆豉、瓜蒌皮、山栀、黄芩、枇杷叶、蝉衣、羌活。

中焦：蔻仁、砂仁、姜夏、生姜、干姜、苍术、白术、黄连、陈皮、菖蒲、茯苓、白扁豆、薏苡仁、竹茹、威灵仙、焦三仙、旋复花、吴茱萸。

下焦：滑石、木通、通草、泽泻、车前子、厚朴、枳壳、枳实、乌药、木香、大黄、黄柏、茵陈、虎杖、肉桂、防己、猪苓。

常用配药：制附片、郁金、片姜黄、僵蚕、白芍、柴胡、青蒿、当归、川芎、太子参、红景天、忍冬藤、络石藤、鸡血藤、伸筋草。

（三十六）藿香正气散

藿香正气散是以芳香化浊，宣畅中焦为主的方子，同时加减方较多，此方对于湿阻中焦引起的呕吐腹泻，效果最为理想，这类芳香药用药宜轻，口服时建议温服频服，若口服一次量较大则引起呕吐，若小剂量频服则止呕效果较好。对于湿而言无非风胜湿，芳香化湿，淡渗利湿，健脾利湿，温阳利湿，不论哪种均以通三焦气机为主，也就是叶天士说的通阳。对于湿热病，我习惯在藿香正气散中加入清热药，芳香逐之兼以解毒。

（三十七）一味山药汤——张锡纯方

一味山药汤，顾名思义，就一味鲜山药，注意此鲜山药为铁棍山药，鲜山药，不是药店买的生山药，而以河南产的怀山药（古怀化腑）最佳。去皮切片水煎煮，用于补虚，平喘效果最佳，对于肾气亏虚动则气喘的病例可以用山药汤送服八味丸，过去我不太相信此方，一味药食怎么会有如此大的效果，后来遇到几个老龄犬咳喘的病例，开了一些汤药或是成药效果都不理想，后来决定试试此方，一次100g以上鲜山药去皮，煎煮送服所开成药或是做水频服，效果大好。但我认为生山药仍然壅塞，壅塞气机，壅塞脾胃，有家人喜好吃山药，曾每日蒸山药蘸白糖吃了不到一周，湿阻极重，血压上升，压差较近，心率过速，不能进食，不能言语，不能坐立，面色灰暗，二便减少，由于家族无高血压病史，从未预备高血压药物，幸得家族有中医院主任，带其去泡温泉药池。搀扶进入，跳蹦着出来，在药池里泡了数小时，期间上岸休息，不许喝水，选择性少量吃水果，逐渐能说话，头疼眩晕消失，胃口开了，精神好了，排尿多了。由于开始湿阻极重，对药池的热度无法接受只能一点点入池。通过泡温泉可以治疗湿阻，当时我觉得真是不可思议，温泉药池的作用在于开表通阳，行气活血。还有个人，因吃山药而造成腹胀，给予香砂养胃痊愈。因此我认为山药壅塞气机，不可随意大量使用，如果使用可配合消导药物或是行气药物同用，减其弊端。张锡纯所说的白布圣也就是所谓的消化酶类药物，有助于消除郁滞。湿阻气滞不宜使用。对于脾（胃）肺肾气虚，无湿阻者均可使用，鲜山药小剂量使用几乎见不到效果，需大剂量使用，本人最多一次使用鲜山药 250g。

（三十八）续命汤

麻黄、桂枝、当归、人参、石膏、干姜、炙甘草各三两、川芎一两、杏仁四十枚。这个方子可以说发汗利水力量非常强，但是又侧重活血通络，因此是用于治疗内有水湿停聚阻塞经络，周身气血运行不畅，出现肢体麻木，行动不便。这里的石膏用量不能过大，因为不是清热而是防止发散太过引起发热。人参一方面增强发散力量，一方面防止发散太过，耗气伤津。

（三十九）黄芩汤小议

黄芩汤，去桂枝生姜加黄芩，白芍，炙甘草，大枣，虽然只有简单的四味药却是扶正清热的经典，不要忘记黄芩汤是治疗痢疾之祖方。为何说是扶正清热的经典，用白芍，炙甘草，大枣顾护脾胃，兼顾阴分，这就是扶正，用一味黄芩清热，即去邪。用于痢疾初起，或脾胃不足而内有大肠湿热之证。

进入 4 月后连续接到幼犬冠状病毒或合并细小病毒案例，连续几例均为黄芩汤证，表现均为纳差，呕吐清水，日 3～4 次，大便臭，稀酱，棕褐色，日 2～3 次。精神尚佳，按压腹部无痛感，小便正常，体温正常。均为初起病例。从血象看白细胞有高有低，红细胞及血红蛋白均在下线值，个别低于下线。

均给予黄芩汤加味。呕吐严重者加生姜，痰饮者加半夏，大便溏稀重则如白术。一般服用两日即可停药，呕吐及大便均有转归。对于幼犬我比较喜欢使用桂枝汤加减方及桂枝汤变方，看中的就是扶正祛邪同施，因幼犬功能并不完善，大清，大下，大温，大补均不适合，违背生理。所以桂枝汤系列方剂及变方是比较常用的。

黄芩汤与黄连汤其实是类似的，只是热的部位有所区别，且适口性不同。黄芩汤一般黄芩用量为 10g，其余药物为 6g。博美等幼犬一付做两日服。呕吐停止大便逐渐成形后已用益生菌善后。

第四部分

临床案例篇

一、传统医学理论在宠物临床中的运用

中兽医学与中医一样，同样以阴阳五行，脏腑经络，精，气，血，津液为基础，在整体观念和恒动观念的指导下，按辨证论治原则对动物进行保健和诊治。在历史的长河中，中兽医不断地完善，同时借助传统医学知识，来认识解释治疗疾病。我在临床中运用中兽医学理论指导临床收获颇丰。

（一）基本思想与辨证论治

中兽医学的"整体观念"和"恒动观念"是其中心思想，在这思想的引领下出现很多重要的学术思想，如"阴阳平衡"，丹溪老人的"阳长有余，阴长不足"等，对于阴阳而言《中藏经》："阳者生之本，阴者死之基，阴宜常损，阳宜常益，顺阳者生，顺阴者死"，就说明了在生的状态下，阴阳平衡是在阳主阴从的前提下保持的恒定。动物在自然中生存，就要适应自然的变化，在诊断和治疗时就要参合自然的变化，如季节的变化，温度的变化，等等。在中兽医学基础理论中的三因制宜就是整体思想的体现，同时自然界无时无刻不在有规律地变化着，机体也随之变化，不能顺从变化的机体就会出现不适，单独的不适可以称为一个症状，而一系列的症状则称为证候。自然界的一切都在永恒地变动着，只有做到融合才能使机体处于健康状态。在诊断和治疗疾病的过程当中就要时刻以整体恒动观念为核心进行辨证论治。辨证论治是中兽医诊疗疾病的方法原则，是整体观念和恒动观念的具体体现。辨证论治要先辨证后论治，辨证时借助以物比类和司外揣内的方法解释疾病的发生发展关系，对四诊收集的信息做出判断和分类，根据分类制定证型并加以阐述，即辨证，根据证型制定法则，根据法则制定方药，每一步都紧紧相扣，在辨证论治的指导下形成理法方药。目前笔者在

宠物临床上常用六经辨证，卫气营血辨证，三焦辨证，此三种合称外感辨证法。六经辨证主要以辨伤寒为主，在诊断幼犬、老年犬时及在冬季临诊时有着重要的指导意义，诊断温病或杂病时融汇六经的思想可以时刻提醒"阳者生之本"的意义。卫气营血辨证以辨温病中的温热病为主，横向地把温病的发展过程及主要阶段进行阐述并赋以治疗法则，根据 4 个阶段制定阶段性治疗大法，在每个阶段过程中又会出现不同的证候，在阶段性治疗大法的前提下兼以它法。如在卫分阶段，治疗大法是辛凉解卫，但如有伤津，就要在辛凉解卫同时兼以生津凉营。在诊断治疗犬温病中起到重要的作用。三焦辨证后世很多医家认为主要以辨别温病中湿热病为主，由上至下纵向地将温病进行阐述并赋以治疗法则。笔者认为三焦辨证是六经辨证和卫气营血辨证的融合，这三种辨证方法都以辨外感病为主，都在阐释某类疾病的发生发展过程，都在提示未病先防思想，都在从不同的角度"重阳"。"重阳"思想在《伤寒论》中无处不在，主要以护元阳为主，壮盛阳气，由内达表，敷布全身，驱除外邪，如桂枝汤，宣发阳气，使邪随汗解，同时不忘兼阴。卫气营血虽然以辨温热病为主，但是同样可见重阳思想，如透热转气，把过盛的热邪向外透达。三焦辨证更是体现了重阳的思想，不论银翘散，还是三仁汤都是向外透达。

笔者在临床中将三种辨证法结合使用，以三焦为主结合六经卫气营血，主导思想在于"通阳"，这样不仅仅适用于外感病同样也适用于内伤杂病，其"通阳"，意为内外表里相通无阻，阳气通达全身，方可处于健康状态。运用通阳思想指导宠物临床诊疗收获甚多。

（二）运用辨证法案例

病例 1

2008 年 11 月，接诊一例呕吐腹泻频繁的病例，5 月龄雄性萨摩耶，未免疫，8kg。饲主口述：5 天前发病，自行饲喂土霉素 2 粒和诺氟沙星 2 粒，一天口服两次，饲喂两天，病情加重，没有食欲，开始呕吐透明胃液，但大便次数和量减少，嗜睡，到某医院就诊，给予了补液，并注射抗菌消炎药物。治疗两天，呕吐加重，大便量增多，且带有腥味，该医院检测为细小病毒阳性，医院劝说放弃治疗，而后经人介绍来我处治疗，症状：呕吐透明胃液，食入即吐，大便水样而腥，量大；体温 37.8℃，四末及耳尖冷冰，喜暖；精神沉郁，肢体卷缩；不时发出低吟，牙齿紧咬难开，但尚有吞咽能力，脉沉无力。

诊断：三焦湿寒闭阻，危候。

治法：回阳救逆，益气生津。

处方：制附片 30g 先煎 2 小时，炮姜 20g，炙甘草 15g，细辛 9g，淫羊藿 30g，桑枝 15g，炙黄芪 50g，党参 30g，当归 9g，炒山药 12g，茯苓 12g，炒白术 9g，石菖蒲

3g，陈皮 6g，蔻仁 6g 后下，砂仁 6g 后下，葛根 6g，紫苏 3g，乌药 6g，诃子 5g，麦冬 9g，五味子 5g 后下，姜汁 6 滴。水煎一碗，频滴口服，每次 2～3 滴，用到体温恢复正常，四肢暖为止。滴到下午 5 时左右四肢开始逐渐恢复温度，体温开始回升，到晚上 9 时左右体温恢复正常，第二天改用参脉注射液缓慢滴注一次。口服四磨汤每次 5mL 频服，每日 2 次，连用 2 日。食物以米汤为主，连用 5 日而愈。

方解：此时既亡阴又亡阳，气阴双亏，"已亡之阴难以骤生，未亡之气当以急固"，所以用四逆法先回阳益气，护守元阳，同时建后天之本，复以功能，所以大量使用益气补中药兼以调气宣湿药，让三焦温暖顺畅，以利湿邪外达。佐宣阳药物，助热药升腾阳气而达卫，因为胃不受纳，量大则必吐，所以频服，每次 2～3 滴。阳气得复五脏六腑功能才能恢复，因为阳复而阴未复，所以第二天用参麦注射液点滴，以益气生津护养心源，用四磨汤调理胃肠功能，用米汤来养护胃肠。

体会：由于南昌地处亚热带地区，有湖中之城的美誉，因此四季空气当中都存在着湿邪，并与其他邪气夹杂侵袭。因为湿邪黏腻很容易导致气机不通，所以机体末端阳气不能到达而见冰冷，体温下降。由于病程相对较长，反复呕吐造成胃气衰，同时又有湿滞，脾胃功能严重异常，胃不受纳，脾不运化，失统摄，所以食入即吐，便水样带腥，低吟喜按说明寒湿凝滞，不荣则痛。全身出于衰竭状态，所以诊断为三焦湿寒闭阻。因为无胃气则无生机，所以为危候。在治疗上笔者采用了回阳救逆益气生津的法则，实际上是温固下焦，补益中焦，宣扬上焦。让元阳得壮，复其中气，达其卫外。

病例 2

2008 年 10 月，接诊一例 2 月龄雄性边境牧羊犬，1.5kg，刚购回 4 天，未注射疫苗，症状：体温 40℃，呕吐黄水，一日 3～4 次；粪便稀软，有黏膜，并带有腥恶臭气味，在我处排便一次，酱样深棕色；尿少而黄；精神食欲减退；喜饮；舌红苔白；脉细数；通过 CPV 检测试纸检测为细小病毒阳性。

诊断：湿热疫，热重于湿，中焦太阴血分证。

治法：清热燥湿，凉血止利。

处方：白芍 15g，大黄 2g 后下，槟榔 5g，乌药 5g，黄芩 5g，黄连 3g，木香 5g，当归 8g，槟榔 5g，炙甘草 5g，肉桂 2g，焦山楂 5g，水煎一次，分 3～5 次口服，1 小时内服完。

服药后 3 小时内共下便 6 次，由酱样带血，逐渐变为水样稀便血少。舌色由绛变红，苔薄白，脉缓，改以党参 9g，白术 9g，茯苓 15g，乌梅 5g，乌药 6g，诃子 5g，葛根 5g，制半夏 6g，陈皮 6g，枳壳 3g，水煎两次，分 10 次口服完，食物以二米汤为主。

二诊已止泻，改用四磨汤 10mL，分 20 次口服每次 0.5mL，连续口服两天，食物以二米汤为主，日后以二米汤连续口服两周。

方解：第一方芍药汤加减，取通因通用法，由上至下通开，不论气滞还是湿阻一概通开，同时芍药汤本为湿热痢疾所设。第二方用四君子调补中气，用二陈汤化湿，用乌药、枳壳、葛根升阳调肠，诃子、乌梅酸敛止泻。再改用四磨汤调理肠道，用二米汤养护肠胃。

体会：因为该病是以脾胃为中心，同时出现矛盾症状，又地处亚热带地区，湿热弥漫，且具有较强的传染性，所以诊断为湿热疫，10 月为秋主令，主燥，但是特定的环境导致四季有湿，10 月的南昌气温偏高所以环境当中就带有湿热邪气，因为发热，舌红，脉数，尿黄，酱样棕色粪便，并带有腥恶臭气味，呕吐黄水，所以诊断为热重，同时又出现了既呕吐又腹泻，以脾胃为中心的矛盾特点，所以带有湿滞。病位在中焦太阴，处于血分阶段。治法主要取其通因通用，后法以攻补兼施。

病例 3

2009 年 4 月 6 日，2 月龄京巴犬，1.17kg，未免疫。主诉：昨日上午食红烧肉，少量饮水，下午出现不食，粪便干硬。症见：脘腹胀满，拒按；舌红少津，花斑舌；尿短黄；纳呆厌食；便秘；脉数；口大渴；精神佳，体温 38.7℃。

诊断：食滞中脘。

治法：顺气降逆，消导化滞。

处方：四磨汤（木香、枳壳、槟榔、乌药）频服，服药后第二日就诊腹胀消大半，便一次。改用保和丸（炒神曲，焦山楂，炒麦芽，连翘，炒莱菔子，法半夏，陈皮，茯苓），并自由饮水，食米汤。第四日痊愈。

方解：四磨汤顺气降逆，保和丸消积和胃。

体会：该犬是因饮食失司，脾胃升降功能失调引起。脘腹胀满，拒按，便秘均为胃失和降，食积胃脘，气机停滞所致。花斑舌多属热证，多因胃中阳气有余，邪气太盛，蒸发胃中浊腐之气上升而成。舌红少津，尿短赤，为阴虚火旺。方中先以四磨汤顺气降逆，消积止痛，促进肠胃功能恢复。因此正气未虚，只存在食停中脘，积之未甚，故用保和丸消积和胃，清热利湿即达效果。

病例 4

2009 年 4 月初接诊一例 3 月龄德国牧羊犬，3.6kg。口述：不食，精神沉郁，时有呻吟。触诊肾区呻吟明显，无尿，腹部下坠，脉数，舌暗。

诊断：下焦淤滞。

治法：通利下焦。

处方：乌药 6g，木香 6g，枳壳 6g，槟榔 3g，竹叶 1g，通草 3g，栀子 2g。

方解：乌木枳槟四药以通下焦之气，竹叶通草栀子以利下焦之热而行阳气复水道。

体会：触诊肾区呻吟明显说明疼痛，实而惧触。无尿为下焦不通，腹部坠胀为停滞，再结合脉数有热，舌暗为瘀，所以诊断为下焦瘀滞。

病例 5

2009 年 1 月初接诊 1 岁半雌性迷你贵妇犬一例，饲主口述该犬共产仔 4 只，仔体型较大，生产用时 6 个小时，胎盘未让母犬自食，产后第二天早晨发现该犬站立时四肢颤抖，走路不稳，精神食欲不振，体温 39.6℃，下午该犬全身颤抖抽搐，呼吸急促，不能站立，并且少奶，甚至有的乳头无奶，另外该犬在生产前两天进食较少，舌淡，脉沉弦无力。

诊断：产后惊风，气血大亏。

治法：益气养血，镇静安神，甘温退热。

西药：10% 葡萄糖 100mL，配 10% 葡糖酸钙注射液 1 支静脉缓慢滴入。

中药：黄芪 30g，党参 12g，白术 9g，茯苓 12g，甘草 5g，熟地 12g，当归 12g，白芍 9g，川芎 6g，王不留行 6g，陈皮 6g，山楂 6g，羊肉 250g，先把羊肉切块用沸水焯煮后入大号砂锅加诸药入水，大火煮沸后小火慢炖 1 小时，饮汤食肉。连用 3 日，药量逐减少。

静脉点滴后颤抖停止，但尚不愿走动，低头夹尾，体温 39.2℃，舌淡，脉沉无力。食疗三天后痊愈，来院复诊时精神食欲恢复，并有充足奶水。

方解：使用葡萄糖酸钙静脉点滴的目的在于镇静安神，通阳养筋，葡糖酸钙被 10% 葡糖稀释后做静脉点滴即有甘温退热之意。因为气血不能速生，所以用加减八珍汤配羊肉做食补，以益气养血，通阳安神。

体会：该犬因产程较长，并且产前少食，产后又未进食，又因产仔率相对较高，所以导致气血生化不足，肝血空虚不能容养筋脉而见虚热抽搐呼吸急促，不能站立。因为气血消耗较大经络受阻所以见缺乳。

二、传统医学诊断与宠物临床病例

中兽医学是中国传统医学的一个分支，但随着西方医学的进入和社会原因中兽医学出现了严重的断层。随着国家不断的发展和建设，宠物医疗机构与日俱增，而传统兽医学在犬病方面的诊疗也十分欠缺，因此应不断完善和总结其诊断方法。同时对于急诊应发挥其应有的特色。

宠物临床中若运用中兽医学来进行诊治首先要弄清辨证，中兽医辨证论治是在整体观念和恒动观念的指导下进行的，所谓辨证即辨别证候。症与证之间不应通用，症指症状，是证候中的一个症状，如卫分证中的口渴，口渴即为一个症状；证是一系列症状的综合，如口渴，微恶寒，脉浮，舌淡红，薄白苔为卫分证。辨证的"辨"，是通过以四诊为主收集的各方面资料综合分析得出证，根据证，论述病因病机，制定治疗原

则和方法开具方药。另外自古中医以辨病、辨证相结合，如《伤寒论》《温病条辨》均已辨病、辨证相结合，如"辨太阳病脉证并治"。因此临床中应病证相合与西方病相结合。很多经验丰富的老医生往往辨症，善于"抓主症，活用经方"。由此得出中医中既存在辨证也存在辨症，对于普通病例就要辨证，对于急诊病例来不及辨证就要抓主症。

（一）辨证与诊法

辨证要对六经辨证，八纲辨证，病因辨证，卫气营血辨证，三焦辨证等辨证法了然于胸，大体上可归类为病位辨证和病性辨证。如六经辨证，卫气营血辨证，三焦辨证均是辨病位为主，而气血津液辨证和病因辨证等均是以辨病性为主。根据诊断的方法收集资料予以辨证。

1. 诊法

基本诊法当中包含了望闻问切，是每个临床中兽医均应掌握的，同时对脉诊、舌诊更应重视，掌握其方法。

（1）脉诊：中国中医学脉诊颇多，古人对脉诊也最为重视，在晋代就已经有了脉学专著，在更早时如《内经》《难经》中都大量记载了诊脉的方法和重要性。目前犬病临床中笔者常以三焦脉诊为主，由于犬的特殊生理结构并不适合采取三部九候的诊脉方法，因为犬脉诊在股动脉，下有股骨并且游离性较高，同时犬种类繁多大小不一，大型犬可三指平布，小型犬仅布一二指，因此寸关尺三关难定，所以不适合三部九候之诊，如果脉诊不清之时，应通过望闻问和其他诊法相结合。诊脉目的是探求病邪部位和机体体况。达到此目的即可，遵循一种形而有效的诊脉方法，不可以脉为神，不可夸大脉诊。另外脉诊虽然重要，但在犬病临床上也仅仅是作为参考，必须四诊合参，单靠脉诊不可定证。脉为心所主，候气血之象。犬脉多略数，与其性情有关。

三焦脉诊：三焦脉诊源于《伤寒论》，以轻取即得为浮，在上焦；以透皮按肉为中，在中焦；以按达筋骨得脉为沉，在下焦。脉重按不绝，为有根。从整体看脉浮病在体表心肺，脉在中病在脾胃及肝，脉在下焦病在肝肾。同时应注意弦、紧、滑、细、缓、迟、数，穿插其中反映三焦病变情况。如太阳病，病在表脉浮；少阳病，病在半表半里多在胸肋之间，则脉在中。少阴病，病在里在心肾，则脉在下，另见少阴病浮阳外越之象，此为无根之脉上越。正常犬脉一息 4 ～ 6 至（人脉搏约 70 ～ 80 次 / 分，呼吸约 16 ～ 20 次 / 分，一息 4 ～ 5 至；犬脉搏约 60 ～ 120 次 / 分，呼吸约 10 ～ 30 次 / 分，一息 4 ～ 6 至。犬脉搏和呼吸次数采自《宠物医师手册》，辽宁科技技术出版社），病轻或正常犬很难见到一息 4 ～ 6 至的脉搏，因为犬见陌生人或紧张或兴奋因此很难见到正常脉搏。

宠物临床常见脉象：

滑脉，指下如滚珠，多见内有湿。

　　弦脉，指下如琴弦，紧而略细有弹性，为热郁。

　　紧脉，指下如紧绳，紧而无弹性，为凝瘀，紧张。

　　细脉，指下如丝线，多见津液亏损。

　　缓脉，指下如棉，多见津气两虚。

　　迟脉，速度减缓，不足 3 至，心肾阳气不足，命门火衰。

　　数脉，速度加快，超过 8 至，内热旺盛

　　（2）口诊：口诊在犬病临床占有重要席位，"舌为心之苗，脾之外候"，以舌及苔为主要依据，古有"舌候血疾，苔察气色"，强调口色反映气血的循环情况，由于自然界气候变化，犬机体内环境也发生微妙的改变，如春季犬舌色粉如桃花，夏季舌色宣红，秋季舌色宣红而略暗，冬季舌色淡粉少红，四季在变化，舌色也有所改变，另外犬舌苔有别于人，人内热见黄苔，而犬黄苔少见。人舌苔有剥落，犬难见，犬舌苔与人舌苔比较，为少苔。犬舌色应四季尚有少许均匀薄白苔且略润，并有少许口气为正常。特种犬如松狮，沙皮犬等蓝舌除外。诊口色应先翻开一侧腮唇，观舌边齿况，口内滑、干，再开其口，观其舌上，舌中，舌根及苔象。我临床常用口色诊断如下：

　　淡红舌若在春季冬季多正常，夏秋舌色多红；应红之时反淡白即阳不足。评估舌色应与平日体质相结合。

　　舌红，内热旺盛，血分热旺。舌尖边红，心肝肺热重，温热病初起；红在舌尖心肺热重。舌红有薄白苔，夏季正常口色，温病初期。若有白苔为气分邪气内盛，若兼白滑苔为内有湿热。舌色鲜红似血而干，六味丸舌色，为阴虚内热。舌绛，为血分热重。舌绛而干，为血热耗津，阳盛阴亏。舌绛见苔，气营同病而渐入里。舌绛而裂，血分燥热，阴津大亏。舌绛紫，气血凝滞或瘀阻。舌紫黑，气血凝结，死色。

　　苔厚，为邪盛。苔滑，为内有湿邪。苔腻，为内有湿阻。黄苔，犬病临床中黄苔少见，其黄多见白中透黄，为气分热盛。胖舌，舌宽盖齿，或舌边齿痕，为内有湿邪。瘦舌，舌窄而短，为气血不足。口气淡，为正常；口气臭，为内火上犯；口气如大便，多为内有破损；无口气，多见内寒；口中反氨味多肾衰，血毒太盛。

　　（3）色诊：为眼部五轮之色。眼白为肺轮又为气轮；上下眼睑为脾论又称肉轮；目内眦为心轮又为血轮；瞳孔为肾轮又称水轮；瞳孔与眼白之间为肝轮又称风轮。眼为肝之窍，为五脏之精，"五脏之精皆上助于目"。根据眼部色泽变化可反映机体的内部表现。五轮常态：气轮白而润泽；血轮淡红而润；肉轮淡红润泽而不肿不陷；风轮以清澈为正常；水轮乌黑亮泽，可随光收展。

　　五轮异常：气轮少许血丝，血丝红润，为肺有热；血丝满布，为肺肝热甚；白而清润，表有寒；白而青润为内有寒郁；泛黄为胆汁外溢；少润则津伤；白而青瘀少润则内有热郁。白而污浊，为内有湿蕴。血轮红为血热，红肿为血热上涌；红而暗为血瘀；淡白为血虚。肉轮淡红而肿为内湿，淡白而肿为寒湿。风轮翳膜生则肝火旺。水轮神水少则

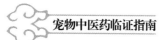

阴津亏,肾阴不足,神水多则阳虚。内生白翳为五脏气伤。另见双眼或单眼向一侧晃动,多见于邪扰心神的证候。

2.辨证

辨证需根据四诊合参,重点强调脉舌色的分析,将寒温杂病统一,将六经辨证,卫气营血辨证,三焦辨证,八纲辨证等综合一体化做到灵活辨证。在证候当中的每一个症状和姿势应进行分析。如恶寒,恶寒是一个症状,就是怕冷,得温不解,寒由内生,喜暖。但也能见到恶寒而不喜暖反喜凉,为寒在表而里热。如犬侧卧后肢抬起,或仰卧腹部皮肤泛红,侧卧不久,按之疼痛则腹部有结或穿孔。犬厌温食,而今反食温,则内必有寒。有犬饮水即吐,而食可停留数时,则胃内水邪内聚,等等。因此中兽医的症是具有重要意义的。所谓辨证就是综合的辨症。

(二)病例列举

病例1

2010年12月27日上午,接诊4月龄雄性苏格兰牧羊犬一例,已注射3次英特威疫苗并已用拜宠清驱虫两次。现脉浮弦细略数;舌淡白苔白厚腻;气轮泛黄,血轮白;呼吸急促,鼻干少许清涕;不饮食,干呕;尿淡黄少;耳内泛黄;少动;体温36.2℃。饲主口述:来我院前到当地兽医站诊疗,诊断为上呼吸道感染,并皮下注射4针,具体针剂不明。注射后出现精神下降,不食等症状。

诊断:湿阻三焦。

治法:宣三焦,畅气血。

处方:荆芥后下3g,防风3g,藿佩后下各3g,姜夏6g,陈皮3g,茯苓15g,生姜后下3g,三仙各3g,细辛3g,通草3g,茵陈6g,黄芩6g,干姜3,炙甘草6g,制附片先煎3g。上述药物水煎,口服,每天1付,分2~3次服完。

当日下午3时来院检查,中药已服完两次,还剩一次,体温37.8℃,呼吸平稳,进食。

脉细略数。气机得通,津液未复。上述药物继续口服,并皮下注射血浆30mL,求复津液。

二诊:2010年12月28日,电复,体温38.3℃,精神正常,鼻湿润无涕,未呕,耳内红润黄退,采食少。

处方:上述药量减半,三仙加至各6g,水煎口服,连用两天。

三诊:2010年12月30日,电复,食欲恢复。

病例分析:脉浮弦细略数,此脉尚有根,脉浮为表未解,脉弦细为内郁津亏,略数此为虚热。舌淡白为阳不足,苔白厚腻为内湿盛。气轮泛黄为胆汁外溢,血轮白为血虚。呼吸急促，下焦湿阻肾阳不升，上焦湿阻肺气难降，肺气不降则气不通。不食干呕，则中焦受阻，困阻中阳。气轮泛黄，耳内泛黄均为少阳不枢，郁而生热，迫使胆汁外溢。鼻干少涕，为肺气失司升降失常津液难布而见其窍干液滴。三焦阳气难通，阳气难布因此低温。综合脉舌色症来看此为湿阻三焦证。治则当以宣三焦阳气，通畅全身气血。方药宣上荆芥，防风，藿佩，以宣肺气，入生姜助其微微开表。畅中焦以姜夏，陈皮，茯苓，三仙，茵陈，黄芩辛开苦降，枢少阳和脾胃。温下焦扶肝肾之阳以复疏泄之职，以复卫气之根源以姜附草为主。佐细辛助其血行气动，少许通草则助通阳。诸药共用已达宣通三焦的目的。血浆为阴与熟地龟鳖相比少之腻，但又腻于芦根麦冬之类，所以须待通阳之后方可注射血浆已用阳布阴津。

病例 2

2010 年 11 月 10 日上午接诊 3 月龄阿拉斯加一例，12kg，未免疫，未驱虫，体温40℃，脉弦滑，舌淡苔白滑腻，气轮青瘀，腹痛明显，拒按，呕清水，大便溏稀恶臭，尿黄量大。使用安捷及瑞必珍试纸进行细小病毒和犬瘟热病毒检测，结果显示安捷和瑞必珍两家公司试纸均为阳性反应。同时被告知家中一只 10 月龄阿拉斯加 3 日前死亡，死亡前 5 日一直呕吐腹泻，死前吐血 3 次便血 5 次。

诊断：犬细小病毒病，湿热互结证。

治法：辛开苦降。

处方：干姜 6g，炙甘草 6g，白芍 30g，黄连 6g。水煎分 6 次口服，一天一付。

第一次服药后 10 分钟呕吐，呕吐物为少量药物，之后再无呕吐。下午腹部疼痛缓解，未见呕吐腹泻。

二诊：二日精神好转，饲主口述清晨大便一次水样无臭味，四处找水。脉滑略弦，舌淡苔薄白滑。

处方：干姜 3g，炙甘草 3g，白术 6g，茯苓 9g，水煎分 4 次口服。鲜橙 2 个榨汁少量多次口服，少量多次饮水。一天饮水量约 200mL（汤药量另计）。

三诊：昨日一天未吐未拉。今晨大便一次水样，气味清，小便少而黄，精神正常，四处寻觅食物，口渴。脉细少力，舌淡苔薄白。

处方：昨日方药继续口服，橙子 4 个榨汁加水饮用，口服米汤加入少许牛肉松调味。

四诊：精神正常，大便酱样，带有成型粪便，小便见多。

处方：昨日方药继续口服，橙子 4 个榨汁加水应用，口服米汤加入少许肉松和狗粮。

五诊：电复，大便成形，精神正常，食欲正常。上述药物再服一天去干姜加党参3g，三仙各 2g，水煎分 3 次口服，以巩固脾胃。

六诊：精神大便饮食均正常。停药。

病例分析：根据饲养环境，症状，两家公司检测试纸反映诊断为犬细小病毒病。气轮青瘀而少润则热郁于内，舌淡苔白滑腻内有湿阻，脉弦滑内有湿热郁结，处于湿裹热之势，同时伴见腹痛明显拒按属热郁不通则痛。又见呕吐清水，为内有水饮停聚，以辛开苦降之法去湿泄热。方药以干姜配甘草辛甘化阳以化湿邪，白芍甘草酸甘生津以保津，同时甘草甘而缓急，白芍柔肝而止痛。黄连甘草苦甘化阴以泄湿热。诸药合用已驱诸邪。药后食未复，便溏稀仍内有湿邪，以理中汤去参加茯苓健脾祛湿为善后。大病初愈不可多进生冷，因此饮水即少量多次为原则，以橙汁芳香理气化湿予以调养脾胃，复津液。

病例3

2010 年 11 月 24 日中午，接诊雄性土狗一例，体温 35℃不升，腹部胀大而满硬，四末冰冷，呼吸促伴有呼噜音，不能平卧，平卧则喘，尿少，两日未见大便，不食，常呈坐立姿势。脉微弱不清，舌色白，气轮白浊，神水多。

诊断：阴盛阳微，水饮内聚。

治法：扶阳利水。

处方：茯苓 30g，干姜 12g，白术 12g，炙甘草 12g，制附片 6g 先煎，红参 2g，水煎，一付分 6 次口服。

二诊：二日体温 38.1℃，四末渐温，呼吸缓和，饲主口述排尿一次尿量渐大。脉微细，舌淡白，气轮白浊。昨日方药继续口服 7 日。

三诊：12 月 1 日体温 38.3℃，四末温，能食少量牛奶，喜饮温水，脉微细，舌淡白透红，腹部见小，饲主口述尿量见多。上述方药再服 2 日。

四诊：12 月 3 日体温 38.4℃，四末温，脉微细，舌淡白透红，整体症状未见减轻。

处方：茯苓 30g，干姜 9g，白术 12g，炙甘草 6g，水煎口服。每天 1 付，分 3 次口服。连用 14 日，注意防寒保暖。

五诊：12 月 17 日体温 38.4℃，从 12 月 3 日起精神明显好转，四末温，能食鸡蛋、牛奶、面条等，腹部明显减小，每日排尿 5 次左右，每次尿量大，大便正常。舌淡白透红，脉略数。气轮渐白清澈。

处方：茯苓 15g，干姜 6g，白术 6g，炙甘草 3g。水煎，一付分 3 次口服，每次口服送服桂附地黄丸浓缩丸 2 粒，每日 3 次，连用 7 日。

六诊：12 月 24 日腹部胀满已消，精神食欲正常。舌淡红，脉略数。小便色黄尿量正常，大便正常。

处方：桂附地黄丸浓缩丸每次 2 粒，每日 3 次，连用 7 日。停药。

病例分析：该犬实为腹水，为水邪聚于腹内，这就说明了水液代谢失常。脾肺肾三脏分布上中下三焦掌控水液的代谢和敷布，三脏功能衰退，水入三焦腑，积聚为腹水。水为阴邪，耗散阳气，上下不通，气血运行不畅，因此，凭脉不清，舌色白为阳不足。

气轮白浊说明内有湿邪。机体水液积聚于三焦腑而少尿。此时卧必水气凌心则喘。卫气出下焦，壮于中焦，布于上焦，而此下焦阳微，难以生气，中焦水谷不进无所化生，上焦更无卫气敷布，因此体温低。治疗必当振奋阳气复其功能。方药采用苓姜术干汤加参附以振奋元阳，复三焦之职，否则水液还可聚集。显效后去参附防其热。脾肺肾三脏阳气恢复后给予桂附地黄丸，温肾阳，调肝血。

病例 4

2010 年 3 月，接诊一例 3 月龄雄性松狮犬。呕吐黄色黏液一次，大便溏稀腥恶臭，带血液，不食。饲主自己购买安捷试纸检测为犬细小病毒阳性，从高安来南昌就诊，在途中呕吐一次。来我院后在诊察之时大便酱血，腥恶臭之极，但该犬精神尚佳。脉滑数，气轮血丝满布而浊，血轮红。

诊断：中焦太阴血分证。

治法：清热凉血止痢。

处方：白头翁 9g，黄连 6g，黄柏 9g，黄芩 3g，葛根 15g，水煎，一付频服。

二诊：电复，精神正常，大便一次，先酱后成形。医嘱，昨日药方再煎一付，但仅服昨日的 1/4 量。

三诊：电复，精神大便正常，食欲恢复。

病例分析：此为典型的白头翁汤证，脉滑数为内有湿热，气轮血丝满布而浊说明内有湿热蕴浊。再加之大便酱血。因此白头翁汤较为合适，但白头翁汤过于寒凉闭塞气机又因该犬尚小，腹泻次数并不频繁，因此去秦皮加葛根，升阳清热止痢。

病例 5

2011 年 1 月 3 日，接诊一例 3 岁雄性可卡，未免疫，驱虫 2 次。呕吐黄水，肋下痛，不食，大便正常，喜暖，时而恶寒，脉缓，舌暗红少苔少津，气轮浊泛黄。血常规检测报告：白细胞 13.6×10^9 个 /L；中性粒细胞 8.4×10^9 个 /L，61%；淋巴细胞 4.2×10^9 个 /L，32%；中间细胞 1.0×10^9 个 /L，7%；红细胞 6.95×10^{12} 个 /L，血红蛋白 148g/L，红细胞比容 45.3%；平均红细胞体积 65fL，平均血红蛋白量 21.4pg，平均血红蛋白浓度 329g/L，红细胞分布宽度 0.6%；血小板 248×10^9 个 /L，血小板压积 0.24%，平均血小板体积 9.7fL，血小板分布宽度 5.8%。

诊断：少阳病。

治法：和解少阳。

处方：小柴胡颗粒热水冲开，温服。加温保暖，禁止饮食生冷。

二诊：电复，精神食欲正常，饮食后不呕。

病例分析：此为典型少阳病小柴胡证。《伤寒论》伤寒中风，有柴胡证，但见一证便是，不必悉具。另《金匮要略》诸黄，腹痛而呕者，小柴胡汤主之。因此使用小柴胡颗粒。

病例 6

2011 年 1 月 11 日，接诊 2 岁雄性贵宾犬一例，洗澡后在吹毛过程中从美容台跌落，头部撞击地面，美容师将其抱回美容台后出现角弓反张，僵直，牙关紧闭，略有抽动随后流涎，不能站立，右侧前后肢收缩，呼唤无意识。

诊断：气血滞瘀神明，危证。

治法：缓急解痉

处方：白芍 30g，生甘草 5g，大黄 10g 后下，水煎后冲云南白药胶囊一粒，并送服保险子。服药 30 分钟后抽搐减缓，流涎量减少，服药 1 小时左右抽搐出现间断性，流涎停止，头能轻微转动，服药 2 小时后抽搐停止，呼唤有意识，并能摆尾。危证去。静养待治。

二诊：二日，精神好转，自觉饮食，未见二便。

处方：大活络丸每次半颗，日 2 次，连用 7 日，并静养。

该犬半个月后死亡。询问，症状缓解后，吃喝正常饲主以为痊愈且该犬不喜吃药，因此饲主不再口服用药，13 天后开始精神差，纳差，饲主以为受凉感冒，未在意，第十五天时死亡。

病例分析：此为受到外力导致气血瘀滞，壅塞头颈，而至痉厥，因此通血行气，缓急止痉，给予大黄通行气血，白芍甘草缓急解痉。

病例 7

2011 年 1 月 5 日，接诊 5 月龄雄性玩具贵宾犬一例，已咳喘 3 个月，日轻夜重，天气寒冷病情加重。在其他医院注射过抗生素，氨茶碱之类，并使用抗生素，皮质激素雾化 4 天，病情有好转，但停药后反复。舌干瘦而红，肺轮青郁而浊，咳喘时有痰音。

诊断：肺阴不足兼有湿浊。

治法：燥湿养阴。

处方：姜夏 9g，陈皮 6g，茯苓 12g，炙甘草 6g，杏仁 6g 后下，沙参 3g，水煎温服，连用 3 日。

二诊：1 月 8 日，夜间咳嗽，遇寒加重。此有肾阳不足之象。

处方：百合固金口服液每次 8mL，日 2 次，温服；浓缩桂附地黄丸每次 4 丸，日 3 次，温水送服；连续配合用药 7 日，静养。

三诊：1 月 14 日，电复昼夜未咳喘已 3 日，病痊愈。

分析：该犬体型较小，由于有明显的日轻夜重的表现和长期咳喘认定为阴咳，同时遇寒加重,则肾阳不足,诊断就可确定此犬肺阴不足兼有湿浊,肾阳不旺。因此先去其湿,温阳养肺阴,因此用桂附地黄丸温阳,用百合固金汤养肺阴,两者一温一凉,寒温并用。

从上述病案来看脉舌色症是中兽医临床诊断中的重点,同时应熟悉经典可收事半功倍之效。中兽医学的发展必须建立在临床诊断之上,在临床上确实可以解决临床中的实际问题才是发展的硬道理。

三、温病学与宠物临床

传统医学学派众多,其中有一支后起之秀,起于明末,盛行于清,并流传于后世,同时很多经典方药流传至今,这就是温病学派。温病学派的建立对温热病,湿热病,瘟疫等都有创新,弥补了《伤寒论》中的不足,同时开创了很多行而有效的治法和方药。在宠物临床中时常能见到犬温热病和犬湿热病,通过运用其治法和方药均能收到满意效果。温病学派以卫气营血和三焦辨证为基本辨证法,在其指导下治疗疾病。崇尚"畅气血,存津液,保胃气,护元神"。用药多采取"分消走泄,刚柔并济"的原则。随着温病学的不断发展和逐渐完善形成了中医学中与伤寒并行的一门临床医学。

(一)温病学中的辨证法

1.卫气营血辨证法

卫气营血辨证是将机体横向划分4层次,即卫分,气分,营分,血分。按叶天士《外感温热篇》中的说法"卫之后方言气,营之后方言血"把卫气和营血分为两部分即气血。以气主功能,血主实质,即功能与实质进行分析辨别。同时把气和血再进行层次上的划分。形成了由浅入深的层次关系,依据病邪在卫气营血的层次来进行用药治疗。叶天士又提出了"在卫汗之可也,到气才可清气,乍入营分,犹可透热转气,至入于血直须凉血散血",是不同层次的治疗原则。他对湿温提出了"顾其阳气,湿盛则阳微也。如法应清凉,用到十分之六七,即不可过凉,盖恐湿热一去,阳亦微衰也"他也明确指出"顾护阳气"和过寒的后果。在宠物临床中尤其春夏之季温病最多,入秋后至冬季温病相对渐少。按卫气营血辨证,病邪的传遍依据是正气衰弱的程度,如病在卫分,正气继续衰弱就有可能进入气分,营分等,因此病邪的传遍反映了正气衰弱的程度。温病学派讲究用药灵活,所谓卫分证用银翘散并非所有卫分证都用此药而是举例说明,凡卫分证均可使用类似银翘散样的清轻透达之方药来治疗。如出现发热微恶寒或不恶寒,脉浮数的均属于卫分证,均可使用清轻透达的方药。

2.三焦辨证法

三焦辨证法即卫气营血之后的又一部温病辨证法,将机体纵向分为上焦,中焦,

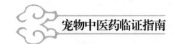

下焦三部，为便于对疾病的分析吴鞠通把肝列为下焦。形成了上焦心肺，中焦脾胃，下焦肝肾的三焦体系，同时三焦辨证中穿插了六经辨证和卫气营血辨证，从而形成了纵横交错的辨证体系，三焦辨证法是外感病辨证法之大成，同时三焦辨证法融入六经辨证和卫气营血辨证，因此内伤杂病即可使用。三焦辨证的用药在吴鞠通的《治法论》中说得非常清楚"治上焦如羽，非轻不举，治中焦如衡，非平不安，治下焦如权，非重不沉"此法适用于所有疾病，如上焦心阳不足予以附子则轻用 3g 即有效，若下焦肾阳不足则需大剂量使用，如扶阳派用附子治肾阳的计量高者可达百克，少者也于数十克。

《外感温热篇》中清楚的记载"辨营卫气血，虽与伤寒同，若论治法则与伤寒大异。"仅从辨证上看都是辨别营卫气血，只是由于邪气不同则治法大不相同，从而得出，三焦辨证穿插了卫气营血和六经辨证，因此在临床中也往往将三法合并辨证互补不足。

（二）温病宗旨

1. 畅气血

温病袭来，由口鼻而入，首先犯肺，逆传心包，顺传入中焦，再传入下焦，伤其功能，损其实质，在温病的各个阶段表现出的症状均是气机壅塞所致，即使入血分也可见到因气机壅塞而耗血。因此畅气机是治疗温病的首要任务，气机不畅则津液难生，郁而不发则火壮而食气。《内经》中指出"三阴三阳，五脏六腑皆受病，荣卫不行，脏腑不通，则死矣。"意思是说"三阴三阳，五脏六腑受病，气血运行不畅，脏腑气机不通，则死。"《温病条辨》中致死大纲中的"肺之化源绝""心神内闭，内闭外托""阳明太实""脾郁发黄，闭其诸窍""津液枯竭"。均是以气机不畅为前提，进而导致气血运行不通，上下不通，浊而内聚，津液难生的死候。所以在治疗温病过程中应时刻重视气机的畅通。

2. 存津液

津液是机体正常水液的总称，具有滋肤、润脏、濡筋、养血、生气的作用，又有平衡阴阳，通畅气机的作用，因此津液是机体宝贵的物质，津液为阴，温热为阳，感阳邪必先伤其阴。而温病若感温热之邪，从始至终均已伤津为主。机体以正气抗邪，而津是气的基础，因此柳宝诒提出"治疗温病步步固护津液""留得一分津液，便有一分生机"。如犬瘟热病毒病后期出现神经性抽搐，按照中兽医辨证其中肢体或头部肌肉瞤动，即津液枯竭不能濡润筋肉的表现。再如犬细小病毒病往往脱液于下，造成阴阳两亡。

3. 保胃气

胃指脾胃，为后天之本，脾胃为仓储之官，是机体气机升降的枢纽，脾胃之气即脾胃的功能，具有生化气血，茁壮正气之能，机体抗邪以正气为要，正气衰性命将亡。因此保护胃气就是在茁壮正气。保胃气可使气血生化有源，上下二焦相通。既使给予药液也可受纳升清，以助机体抗邪，修复损伤。

4. 护元神

元神心肾所主，心主神明，肾通于脑，脑即神之腑。叶天士强调："温邪上受，首先犯肺，逆传心包。"即热陷入营分，扰乱神明，湿热互结成痰干扰心神。另外温病中有一特殊诊法，强调"察舌之后必验齿"，验齿的目的就是反映肾气的情况，若牙齿无光而枯则大限将至，反映肾阴枯竭，无力生阳，肾阴枯竭是现代医学中肾衰的一个证型。心包带心受罪，病情已然危重，《内经》言"心为五脏六腑之大主""心不受邪，受邪则死"。肾先天之本，元阴元阳之始，温邪侵袭，肾阴若竭，则必死，若误用寒凉，肾阳既伤，则命危。因此守护心肾之阴阳可保机体一时之平安。

（三）温病分类

温病按发病分类可分为新感温病和伏气温病。

1. 新感温病

感受四时温邪，感而即发，即为新感温病，如风温病。新感温病往往卫气营血层次明显，治疗当遵循《外感温热篇》治法之要旨。

2. 伏气温病

四时温邪,疫疠之气,感而未发,潜伏于内,待而发之。发病有二,一为新感引动伏邪,此为邪气内伏, 外感它邪, 正气抗邪于卫外, 扰动伏邪而发。此必清里热兼散卫分之邪。升降散加减,羚羊银翘散等治之。另有内伤之邪扰乱正气伏邪自发,初期里热明显,治疗之时笔者常以升降散加减治疗,因内伤杂病无非气血损伤或气郁或血瘀,造成机体枢机失常,气血运行失常,所以畅气血兼清温邪,给邪已出路。

（四）温病治法

中医温病治法自明清两代逐渐完善，从喻嘉言《尚论》中的温病相关篇章和叶天士《外感温热篇》，薛雪《湿热论》，杨栗山《寒温条辨》，吴鞠通《温病条辨》以及后世名家如蒲辅周，孔伯华，赵绍琴等治温病均惯穿"透邪"之法，即使热入营血仍然不丢清透之法。因此可以得出透邪之法是温病的核心治法。"透则畅气机，逐温邪"。因此无论湿热，温热，疫疠均以透为治疗要旨。具体如下。

1. 清轻疏卫

温邪侵犯上焦卫分，病浅邪轻，用药宜轻，倘若药重则过病位，而损正气，温邪袭卫，

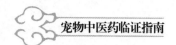

即用凉药，而机体气血运行，以动为要，因此配以辛透，以畅气机，驱邪外达，方药以桑菊饮、银翘散、栀子豉汤为主。卫分证忌辛温发汗法，防其伤阴逆传心包。

2. 辛寒清气

温邪侵犯上焦或中焦气分，邪入里病渐重，若再用桑菊，银翘之法则药力难以透邪外出，遵循《内经》"寒者热之"的原则，以石膏，栀子等清气分之药，配用薄荷，淡豆豉等宣散药物，领邪外透。方药银翘白虎汤、羚羊银翘散等等。

3. 升降和解

机体有三大枢机，一为脾胃，二为肝胆，三为三焦。此三大枢机共同掌控机体气机的升降出入，无论温热邪气还是湿热之邪均影响枢机功能，上下表里不能往来，因此阻碍抗邪之力。此时当使用升降和解之法予以治疗，此法具有开郁，疏解，调和等作用，代表方剂升降散、小柴胡汤、泻心汤等。

4. 宣畅三焦

宣畅三焦之法最适用于治疗以湿邪为主的疾病。湿邪侵犯机体往往以中焦为根基，同时弥漫上下二焦，造成三焦不畅。此法类似于升降和解之法但后者多用于热证，前法多用于湿证。选择流动之品为主兼以逐邪，予邪多条外达化解之路，代表方剂藿香正气散加减、三仁汤等。

5. 通阳攻下

此法以承气汤类和大柴胡汤为主，肠道有形之邪实势必以此法下之。邪气阻塞肠道气机不通，下后邪气外达，三焦气机复职，升降有序。但应注意所谓"温病下不厌早"是指肠道温邪阻滞之时，应一下得愈，若邪在上焦一下则病入于里，此为误下。

6. 养阴托邪

养阴托邪往往用于热入营血，养阴即为扶正，有托邪外出之根基。一般多用玄参、西洋参、麦冬、生地之品以养阴扶正再配以竹叶、茅根、连翘之品透邪外出，即所谓"透热转气"，代表方剂清营汤、清宫汤。

7. 凉血散瘀

温热之邪入血分当"凉血散血"，入血分后一为动血，二为耗血。均为血中热盛，迫血妄行或消耗血中精微已至枯竭。或在脉外或在脉内形成血结。若迫血妄行则止血无效，必以凉血活血以散血中之热，若耗血中精微则凉血活血并养阴，代表方剂犀角地黄汤、清瘟败毒饮、白头翁汤等。

8. 凉肝熄风

运用此法一般多见于两类，一类为血虚生风，温邪入血分后消耗血中精微，血不养筋，而出现的肢体瞤动；另一类为热极生风，温邪侵入血分，血热过重刺激筋脉出现角弓反张，筋脉拘急的抽动症状。血虚生风一般多采用"血肉有情之品"予以养血熄风，但血肉有情之品味厚黏腻，使用时应适量配以通畅气机之药，代表方剂大定风珠、三甲复脉汤。血热生风一般多采用羚羊角、水牛角凉血熄风之类，如羚角钩藤汤。

9. 回阳固阴

回阳固阴法是温病中的急救法，在温病发展过程中出现大吐大泻，津气血，快速丢失的急候，多采取固摄法，如独参汤、参附汤、生脉参附汤、一味牡蛎散等等。目的在于迅速阻止正气急速外泄。此法从扶正的角度看是因为正气大衰，托阳亡阴之候，无节制之能。因此使用固涩补养剂予以缓急。但固涩补养之药均有敛邪之性因此应慎重使用。

（五）误用寒凉

时下温病误用寒凉最多，一旦误用寒凉病情变得更加复杂，当代温病大家赵绍琴先生将其分为 4 个阶段即湿阻、凉遏、寒凝、冰伏，我习后豁然开朗。在宠物临床中常常可见温病误治病例，用西药解决实为困难。

1. 湿阻

湿阻除了病邪发展造成外，往往多见误用寒凉滋腻药品和饮食无节所致，每餐必给予大量肉汤或油腻厚味之品，或病在卫分初起即给予点滴生理盐水或葡萄糖并加入抗生素，造成湿邪内聚，阻滞气机，从"能吃药不打针，能打针不输液"的西方给药经验来看是十分科学的，也是经验教训的总结。另外过度使用抗生素和寒凉药品也是湿阻造成的重要原因，从临床上看抗生素和寒凉药物均伤害机体阳气，以伤脾胃之阳最重，"脾旺则湿邪难生，脾弱则痰湿具现"。治疗湿阻必从脾入手，药物往往使用芳香化浊等流动之品，如藿香、佩兰、荆芥、防风，代表方剂如三仁汤、藿朴夏苓汤、达原饮等等。

2. 凉遏

凉遏的产生临床常见抗生素和清热类药物的滥用，如外感伤寒，本应鼓舞正气以抗邪，温散则愈，而此不予鼓动正气之药反用头孢菌素之类伐阳抑阳药物，即能见到凉遏气机的情况。另见夏季炎热，饲主为防止宠物中暑将之放入空调房内，房内气温过低也可造成凉遏之候。病机为气机遏阻，升降失常。治疗应温散寒凉，宣畅气机。常用药物如苏叶、荆芥、防风、蔻仁、半夏、生姜等等。

3. 寒凝

寒凝一般建立在凉遏之上，用药过重或机体素有阳虚所致。临床中常见某医院治疗犬瘟热以抗生素和寒凉药物为主，而且使用剂量较大，即使使用中药也多是大剂量使用板蓝根，大青叶，三黄，石膏等寒凉伐阳之药，曾见 3 月龄萨摩犬患犬瘟热高烧不退，给予清开灵 5mL 注射，并口服安宫牛黄丸 1 丸，用药约 30 分钟后出现倒地不起，呼吸困难的病例。这类病例一般治疗多采用生姜、蔻仁、桂枝、紫苏等辛温走窜之品以解其寒凝。代表方剂为苏合香丸。

4. 冰伏

冰伏较寒凝更重，一般治疗多采用干姜、附子、细辛等辛温大热之药来化解。代表方剂四逆辈。

（六）临床病例

病例 1

2011 年 1 月 12 日，接诊 4 月龄雄性松狮犬一例，已完成免疫和驱虫。饲主口述：3 天前鼻流黄涕，嗜睡，体温 39.7℃，自行给予阿莫西林克拉维酸钾半片，连续口服 3 天，无效。现脉浮数有力，鼻流黄涕，气轮血丝满布，体温 39.9℃，少食，喜饮，尿黄，大便正常。

诊断：伏气温病。

处方：蝉衣 3g 后下，僵蚕 6g 后下，薄荷 2g 后下，荆芥 2g 后下，杏仁 6g 后下，银花 9g 后下，连翘 9g 后下，生石膏 9g 先煎，片姜黄 2g，黄芩 3g。水煎，分 3 次口服，一天 2 付药物，连用 3 日。

二诊：1 月 15 号，精神食欲正常，鼻子湿润。

病例分析：此病例从脉看，浮数有力，浮脉轻取即得，重按少力，此脉轻取即得，重按有力其数不减，热自内出。另用阿莫西林克拉维酸钾抑制类药物连用 3 日，但脉仍然浮数有力因此笔者认为该病为伏气温病，气轮候肝肺卫气之位，气轮变化反映肝肺部感邪性质和感邪程度，血丝满布（血丝满布指鲜红血丝满布）为肝阳上升，血热上蒸而至。因此属于伏气温病。治疗当引热外达，以石膏，银翘辛寒清透里热，以蝉衣，僵蚕，片姜黄，升降气机，再配杏仁、荆芥、薄荷辅以宣通气机给热予以出路。

病例 2

2010 年 4 月，接诊 2 月龄雄性萨摩耶犬一例，未免疫。鼻干流黄涕，眼分泌物脓样较多，咳嗽有痰，少食，大便稀软，小便少而黄，喜饮水，喜卧阴暗角落，体温 40.1℃，精神萎靡，脉细滑数有力，舌红略滑，气轮血丝满布，血轮红。饲主口述已发病2日，两天内体温在40℃左右，精神下降，逐渐鼻干有黄涕，通过安捷和BIT两家公司犬瘟热抗原试纸检测犬瘟热为阳性。

诊断：犬瘟热，新感引动伏邪，湿热伤津。

处方：蝉衣3g，僵蚕6g，片姜黄3g，银翘各9g，柴胡6g，黄芩3g，杏仁6g后下，荆芥3g后下，半夏6g，陈皮3g，浙贝6g，茅根20g，芦根9g。水煎，分3次口服，连用2日。

二诊：体温39.3℃，脉细滑数有力，舌红略淡，气轮血丝满布，血轮红，黄涕少，眼分泌物未见减少，尿见多而黄，精神有好转，大便正常，咳嗽渐少。

处方：上述方药芦根再加3g，连用2日。

三诊：体温38.9℃，脉数略细，舌淡红，眼分泌物未见减少，黄涕未见，鼻干缓解，咳嗽减少。

处方：蝉衣3g后下，僵蚕6g后下，片姜黄3g，银翘各6g后下，杭菊3g后下，杏仁6g后下，淡豆豉3g后下，栀子1g后下，荆芥2g后下，薄荷1g后下，法半夏6g，陈皮3g，浙贝3g，柴胡9g，黄芩6g，茅芦根各15g。水煎分两次温服，连用3日。忌油腻。

四诊：体温39.2℃，脉数细，舌淡红少苔，体表症状未见。

处方：茅芦根各30g，取150mL备用。加入鲜橙汁100mL，鲜苹果汁100mL，鲜甘蔗汁100mL，频繁口服，连用7日。

五诊：体温38.8℃，脉略数，舌淡红少苔，未见体表症状，精神活泼，饮食正常。上述方剂继续口服，连续口服14天。

六诊：体温38.8℃，脉略数，舌淡红少苔，未见体表症状，精神活泼，饮食正常。上述方剂减1/2量口服，连续口服14天观察。

七诊：体温38.7℃，脉略数，舌淡红少苔，未见体表症状，精神活泼，饮食正常。

30日后注射卫佳四联疫苗，21日后注射第二次，至今正常。

病例分析：犬瘟热为烈性传染病，按中兽医学分析犬瘟热属于外感病范畴，此病例初起热度高，鼻干流黄涕，眼分泌物脓样较多，少食，大便稀软，小便少而黄，脉细滑数有力，舌红苔略滑，气轮血丝满布，血轮红等一系列表现均为内热外越之象。因此认定此为伏气温病，通过咳嗽有痰，大便稀软，脉细滑数有力，舌红略滑，得知内有湿热邪气，所以诊断为伏气温病。以大量茅根清透内热保津液，以升降散调气机，用二陈杏贝去痰湿，用银翘芦根清透气分之邪，共奏清凉透热，调气存津的功效。后方加减均已调气存津透热为原则。茅芦根，鲜橙汁，苹果汁，甘蔗汁此五汁受《温病条辨》五汁饮的启发以生津透热为目的。

病例3

2011年1月25日，接诊6月龄雄性斗牛犬一例，鼻流清涕，体温39.2℃，咳嗽，脉浮略数有力，舌淡白，食欲正常，二便调。

诊断：外感风寒。

处方：通宣理气丸，每日 3 次，每次半丸，口服 1 日。

二诊：鼻流黄涕，体温 39.8℃，目赤，脉数有力，舌淡红，口渴喜饮，略好动，食欲正常，二便调。

处方：银翘各 12g，淡豆豉 6g 后下，荆芥 3g 后下，薄荷 3g 后下，黄芩 6g，茅芦根各 15g，生地 9g，竹叶 9g，栀子 3g，麦冬 6g。水煎，候温口服，日 2 付，连用 2 日。

三诊：大便稀软，鼻湿润，体温 38.9℃，小便黄，脉和缓少力。停药，改二米汤口服，连用 3 日。

四诊：体温 38.7℃，大便正常，精神食欲正常，脉和缓略数，舌淡红。自此停药。

病例分析：该病例实为伏气温病，为外感风寒所致，因此初用通宣理肺丸不但没有散寒解表，反加重里热耗散津液。所以即改清透生津之药有效。起初脉象考虑欠妥。大便稀软则中焦虚不可再用寒药，同时病情得到控制，因此充养中气以扶正，正气充足邪气自散。

病例 4

2010 年 5 月，接诊凯斯罗斗犬一列，5 个月，公，体温 41.3℃，精神萎靡不振，喜凉，吐血 3 次，量大，大便纯血 5 次，量大，时有头部点动或摇动的神经症状，脉细数少力，舌红绛。饲主口述来院前已发病 4 日，在他院诊断为犬细小病毒病，症状呕吐黄水，大便腥臭稀便，给予元亨单抗，拜有力，酚磺乙胺，西咪替丁等，并给予点滴补液。

诊断：热入营血，迫血妄行。

治法：清营透热，凉血止血。

处方：竹叶 9g，栀子 3g，茅根 30g，水煎，候温频服，送服局方牛黄清心丸一丸，日 2 次，并用生大黄粉 12g，白头翁 9g，黄连 6g，水煎，候温调入云南白药一粒，灌肠。

二诊：二日呕吐腹泻停止，精神渐复，未见神经症状。舌红，脉数少力。

处方：局方牛黄清心丸，每次 1 丸，日 2 次。并用自制五汁饮口服。食物以二米汤为主。

三诊：未见呕吐腹泻，精神渐复，未见神经症状，舌红，脉略数少力。

处方：局方牛黄清心丸，五汁饮，二米汤继续口服，连用 2 日。

四诊：排软便 2 次，未见呕吐，精神正常，未见神经症状，舌淡红，脉略数。

处方：五汁饮，二米汤加牛肉松少许，连用 3 日。

五诊：电复口述精神食欲正常。

病例分析：此病例营血热盛以致动血扰神，脉细数少力为热伤气津，气津亏虚，上不受纳，下不固敛，而见吐泻，动血则迫血妄行而见出血，神乱等神经症状则是血虚生风，因此治疗方药必以寒凉为主但又不能闭塞气机又要正邪兼顾，因此使用竹叶，栀子，茅根等清轻透热的药物送服清补兼施的局方牛黄清心丸，以取清心透热，养血熄风之意。用大黄，白头翁，黄连，白药等逐瘀清肠，凉血散血，血热之迫血妄行不能止血，必须凉血散血，除去血中之热则血自止。

（七）小节

上述病例均选自临床病案，此4例中两例为疫病，运用中国传统医学治疗宠物疫病必须遵循传统医学理论，在其指导下用药治疗，不宜中西理论互用扰乱思维。

温病学派忌用辛温发汗和大苦大寒之方，辛温发汗助心阳，易伤津。大苦大寒易闭塞气机，因此学习温病学应先从《伤寒论》入手，认识机体阳气，学习组方规律，所以每一位温病大家必是学惯寒温的临床家。

四、中兽医在宠物临床中的急救

中兽医是我国瑰宝之一，为传统医学分支，宠物临床中的急救往往借鉴中医急救方法和药物。急救的目的在于扭转病情，缓解危机，为进一步治疗赢得时间。要求医生必须具备丰富的临诊经验，丰厚的学识，扎实的理论基础，结合理法方药进行急救。在汉代《伤寒论》中就有诸多急救方剂和方法，四逆辈，白虎汤，大承气汤，灌肠法等，唐代《千金要方》《千金翼方》中记载了大量的急救方法如导尿，吹鼻等。历朝历代都对急救方面有所贡献，到了清代更是新的医学创新时期，如在《温病条辨》中的"三宝"最为盛名，直到今日还在临床急救中起到不可替代的作用，更提出诸多急救法，如豁痰开窍，回阳固脱等。为临床急危重症提供了有效的方药并开拓了新的思路。

（一）急救诊断

在临床遇到急救病例必须进行快速的诊断，及时给药才能争取时间取得胜利。故四诊尤为重要，并且密切观察其体征变化。确定证型，合理用药即可化险为夷。《内经》："正气存内邪不可干，邪之所奏，其气必须。"说明疾病的发生是正气不足，到了病危之时正气将亡，阴阳离散。《中藏经》："阳者生之本，阴者死之基。"这就提出阳为生死的关键，在急救中主要诊察动物体阳气的盛衰，保住一时的阳气可以争取一时的时间可以保住一时的性命。阳气的存亡全在脉舌色症的综合体现。

（二）治疗原则

阳气的盛衰太过都会造成机体出现危象，随时都有生命危险，阳气衰则助，阳气盛则泻的原则，即"泻有余，补不足"。阳气虚衰之时固护阳气为急救首要任务，《伤寒论》中记载了"厥逆，咽中干，烦躁，阳明内结，谵语烦乱，更饮甘草干姜汤，夜半阳气还，两足当热，胫尚微拘急，重与芍药甘草汤，尔乃胫伸，以承气汤微溏，则止其谵语……"，此为危症，厥逆同时胃津枯竭，用甘草缓急，用干姜扶阳，辛甘化阳，阳气还，再以

甘草缓急，芍药解痉，酸甘化阴，体现阳主阴从之意。《内经》："已亡之阴难以骤生，未亡之气所当急固。"阳气固，再化阴，单纯阳明内结而发谵语，乃阳明之热上犯，以承气汤轻下，以便微微糖稀为度。此例正反映了阳气衰则助，阳气盛则泻的原则。《内经》《伤寒论》《温病条辨》中对于疾病的治疗原则诸多，如上者下之，寒者热之，等等。

（三）临床急救方剂

1. 回阳救逆——四逆汤

四逆汤为回阳救逆代表方剂，由炙甘草、干姜、附子组成，炙甘草甘温，补中缓急。

附子大辛而热，温阳救逆，可入十二经。干姜大辛大热，有守中之热，除三焦寒湿。此三药合方可回阳救逆，除湿通痹。如阳衰阴盛可用四逆汤救治，如已现隔阳，通脉四逆汤，方药还是炙甘草、干姜、附子。不同的是干姜剂量加3～4倍，附子剂量增加0.5～1倍。由此看出格阳重于阳衰，干姜倍增目的在于守中阳，助附子温行十二经，用炙甘草护心胃之气，以缓和姜附对机体的刺激。而四逆汤则温心胃之阳，用姜附助之。若气津大亏则入人参。目前成药中有参附注射液，为回阳救逆药，此药与通脉四逆汤加人参意同，不同的是参附注射液中的人参为红参，性温，补气之力强，生津之力弱。但使用之时用葡萄糖注射液稀释后静脉点滴给药达到回阳救逆益气生津的功效，效果极佳。笔者使用参附注射抢救诸多阳气衰微病例均获满意效果。用量根据动物具体情况而定。另外免煎汤药也是目前急救急性之一，不仅减少煎煮时间，还可以快速发挥药效，在临床常见疾病中应大力推广。现代医学常以四逆汤救治心肾衰竭病例。

2. 益气生津——生脉散

生脉散为温病后期常用方药，由人参、麦冬、五味子组成。人参甘平，通补一身之气津；麦冬甘寒育阴生津之品；五味子甘酸化阴敛津。共同发挥益气生津的功效，用于治疗津气两亏，伤阴重于伤阳。由于津为有形之阴，气为无形之阳，已亡之阴难以骤生，未亡之气所当急固，因此以人参益气而生津，辅麦冬先除胃之余热而后养胃之津，胃为十二经之海，胃津复十二经自润。后佐以五味子收敛以固气津。为阳主阴从的又一经典方剂。如有阴阳气津两虚往往生脉散合四逆汤。目前有生脉注射液，以静脉点滴的途径给药，提高临床救治率，但生脉注射液在犬中使用过敏率较高，故用参麦注射液代之，效果极佳。现代医学中用生脉散治疗心衰病例。

3. 辛凉重剂——白虎汤

白虎汤为退热之良方，由石膏、知母、生甘草、粳米组成。石膏辛寒（本经言石膏微寒），退热如虎；知母苦寒泻火而滋阴；生甘草甘寒清心护胃，缓和诸药；粳米养护脾胃。治疗阳明气分无形之热盛。以胃盛为主，其热行十二经乃见大热，必先除胃热，以石膏配粳米清肺脾胃之热，以石膏配甘草清心及小肠之热，以石膏配知母，清肝肾之热。凡五脏实热即可用之。宠物临床中用于脉数有力的持续性发热。若脉大数持续发热数日，或脉洪，或是脉数细或数细少力，实热兼虚则加入人参以护气津。现代医学一般用此方治疗持续性高热。

4.豁痰开窍——安宫牛黄丸

安宫牛黄丸为清代吴鞠通所创，一直沿用至今，是中医药经典方剂之一，由牛黄、水牛角浓缩粉、麝香、珍珠、朱砂、雄黄、黄连、黄芩、栀子、郁金、冰片组成，主要目的用于开窍醒脑，清热解毒，是目前临床急救中常用的药品之一，现代医学用于脑梗、脑内出血等危重症疾病。

中兽医急救方剂还有待于开发利用，以中兽医为主，通过与西方医学给药途径相结合可以大大提高动物的急救成活率。

（四）病例列举

病例1

2010年1月，接诊2月龄雌性雪纳瑞一例。3日前发病,洗澡后外出,晚上精神萎靡，体温升高39.8℃，口服小儿布洛芬后，第二日精神下降，身体蜷缩，食欲不振，体温39.7℃,恶寒,大便4次,溏水无臭味。饲主给予葡萄糖水约20mL和阿莫西林克拉维酸钾，按成人量一半口服。今晨来我院就诊全身僵冷，耳尖，尾尖刺激无反应，体温36.6℃，呼吸微，舌质白，凭脉不清，双目闭，牙关不开，四末冰冷。

诊断：阳微寒厥。

治法：回阳救逆。

处方：参附注射液1mL肌内注射。炙甘草12g,干姜12g,制附片6g先煮40分钟后，下诸药煮20分钟，温后口服。红外磁疗灯照射30分钟，并进行按摩。参附注射后15分钟病犬僵硬状态缓解,耳尖、尾尖刺激有反应。用生姜汁两滴滴入齿缝中，有吞咽反应。中药温后频繁滴入口服，口服中药15mL左右，体温上升为37.2℃，头可抬起。再口服15mL左右（约40分钟）可行走，体温37.5℃，口服温糖水10mL左右，精神逐渐好转。

医嘱：回家后防寒保暖，饮食要温，3日内不可洗浴。3日后复诊，复诊时精神活泼，饮食正常，体温38.6℃。

病例2

2010年8月，接诊7只古代牧羊犬，1月龄，据口述有2只已在家中死亡。6只犬昏迷伴有抽搐，不时发出"哼唧"声音，两只耳尖、尾根反应全无，其余四肢有不同程度的反射反应减弱，肤热灼手，四末热，体温42℃以上。牙关紧闭，脉弦大数略滑。

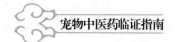

诊断：暑热致厥。

治法：开窍醒脑，清热解毒。

处方：安宫牛黄丸 1/3 颗，再分 3 小颗，塞入口中，再取剩余安宫牛黄丸 1/2 用温水化开，灌肠给药。用酒精擦拭肚皮脚垫，同时用手不断刺激大椎，身柱，陶道等穴位，30 分钟后犬只陆续苏醒，吞咽功能恢复后把一颗安宫牛黄丸分成 6 份口服，并用石膏 9g，生甘草 6g，麦冬 6g，白参 6g 煎汤送服。一小时后体温 40℃ 左右。随后剩余汤药服完（约 4 小时）。体温 39.5℃，回家静养，不断饲喂西瓜汁。2 日饲主电话告知已全部好转。此病例之前有 6 只阿拉斯加同为暑热致厥，治疗方法同前，死亡一例，其余成活。

病例 3

2010 年 9 月，接诊一例 2 岁雄性鹿犬，接诊时全身肌肉痉挛，抽搐剧烈，角弓反张，口内流涎，大小便失禁，双目圆睁，肺轮惨白水润，脾轮淡白，肾轮时大时小，肝轮不整，心轮红，饲主口述在草地玩时突然出现。

诊断：中毒。

治法：甘缓清解。

处方：紧急注射复方甘草酸铵注射液，再予甘草 50g、绿豆 150g，煎煮口服。服药 30 分钟后逐渐平稳，一小时后恢复正常。

医嘱：明日再予以甘草 10g、绿豆 50g 煎煮，口服 2 日。

病例 4

2009 年 12 月，接诊一例 3 月龄雄性哈士奇犬，咳嗽 2 周余，痰浊下咽，昼轻夜重，今日呼吸急促，不能卧地喜站，卧地必喘，开口呼吸，有明显的湿浊音，体温 39.1℃，不食，大便酱样，无小便，舌质淡，苔白腻滑，脉细滑略数无力。

诊断：寒湿阻塞三焦，危证。

治法：扶阳除湿。

处方：干姜 15g，白术 12g，桂枝 9g，茯苓 30g，炙甘草 12g。煎煮后 100mL，取 60mL 药液，并加入制附子免煎汤药 10g 冲服，频繁给药。服药 2 小时后喘息平稳，排尿淡黄味重，尿量大，舌色略红润，苔白腻，脉渐有力细数滑，见人摇尾。剩余 40mL 去药渣浓煎，剩余 30mL，分 6 次口服，食欲复，可食米粥 20mL 左右。

上述病例均为急症，如果中兽医在临床辨证准确，方药到位即可化险为夷。值得重视的是中兽医临床治疗方面采取以中兽医理论为指导，结合西方兽医学的给药方式构成以中兽医为主的中西结合治疗方法，提高急救效果明显。随着免煎汤药的问世，中兽医急救的速度也有了飞跃式的提高。

五、浅谈发热的治疗

在宠物临床中发热是最常见的症状之一，而导致发热的原因多种多样，在发热过程中往往可以见到伤阴，耗气的现象，所以治疗发热的病例要通过辨证时刻保证气机通畅，时时不忘护阴保气。

（一）发热的核心在于不通

历代温病大家认为温病发热的病机在于郁滞，或气郁或血瘀或凝滞，均是阻碍了正常阳气的升降出入，而《伤寒论》中的113方也多以开郁，行滞，通阳为目的，重视阳气的升降出入。《内伤杂病》中的发热虽然多与机体脏腑功能障碍有关，但本质问题还是影响了气机的升降出入，肺之气失常则不能通调水道，宣发肃降失常，难合皮毛；肝之气失常则有碍其疏泄调血，易失养于筋；脾之气失常则运化无律清浊难分，甚者血不得统，焉能达于肌肉四肢；心之气失常则血脉最易受损，神难安；肾之气失常则一身之水难以统治，一身之髓难以通养，元阳难于达于全身，等等。五脏之气失常均见郁滞，则热自内生。只有让气血通常升降出入有常才可稳妥降温。《素问玄机原病式》"所谓热甚则腠里闭密而郁结也。如火炼物，热极相合而不能相离，故热郁则闭塞而不通畅也。"所以发热的治疗核心在于通。

（二）发热时时不忘护阴保气

发热损阴耗气是不争的事实，温病与伤寒均有发热，而区别在于所付出的代价不同。温病常有存得一分津液，便有一分生机之说。在发热过程中不断以损伤阴液为代价甚至动其血，在伤阴之时必耗气，所以发热往往也能反映出正气的盛衰。同时对于体质素来较虚弱的病例或是久病的病例应对中气尤为重视。在临床中对于持久发热病例或低热病例采取甘温退热或滋阴退热措施都收到较好的成效。而细详其药，均是益气养血的药物，同时必辅通调气机的药物。持续性发热往往会造成阳脱阴亡，所以发热时时不亡护阴保气。

（三）病例列举

病例1

2009年9月末，接诊一例6月龄雄性萨摩耶。发热已4周，在多家医院治疗均效果不理想，该病例无其他症状，仅表现高热，在我院测量体温40.3℃，饲主口述体温近一个月一直保持在40℃左右，但食欲、大便正常，小便无色透明，精神略有不济，到几家医院治疗使用抗生素，消炎药甚至皮质激素效果均不理想，某家医院使用了地塞米松，使用后体温能暂时下降但第二天又恢复到40℃左右，同时使用了清开灵点滴效果也不理想，点滴后精神明显下降。到我院后查脉沉数少力，舌淡苔白滑，肺轮暗紫，食欲略减。

诊断：湿热困阻，气血失养。

处方：藿佩各 6g 后下，黄芩 6g，菖蒲 6g，荆芥 3g，苏叶 3g，桑叶 6g，杏仁 6g 后下，蔻仁 3g 后下，薏仁 9g，泽兰 6g，内金 6g，三仙各 3g，枳壳 6g，补中益气浓缩丸、归脾浓缩丸各 24 丸包煎口服，4 付痊愈，同时告知饲主停止饲喂犬粮改服米汤 5 天。

方解：此热乃湿阻气机，气血亏虚所致，当益气养血，应宣畅三焦。方中补中益气丸和归脾丸以益气养血为主，同时辅以通调气机等药物即可通气机畅湿热之邪，又可防补药滋腻郁滞，佐以消导之药以助畅中开郁，复后天之本。

病例 2

2009 年 10 月，接诊 3 月龄雄性古牧一例。体温 40.3℃，精神沉郁，咳喘较重，痰黏稠不能咯出，呼吸急促，无食欲，无二便，牙龈无血色，舌白苔白滑，脉沉数少力，眼白青郁，较为危险。此病被饲主延误多日此时表现符合湿寒闭阻气机证候。

诊断：湿闭三焦，危证。

法则：芳化开闭，宣畅三焦。

处方：石菖蒲 12g，郁金 6g，荆芥 3g，苏叶后下 3g，杏仁后下 6g，蔻仁后下 6g，砂仁后下 3g，藿香后下 6g，佩兰后下 6g，内金 6g，三仙各 3g，白芥子 6g，厚朴 3g，枳壳 3g，黄芪 12g，苍白术各 6g，茯苓 12g，薏仁 15g，通草 6g，姜夏 12g，陈皮 6g，水煎分 6 次温服。第二天咳喘减轻，痰少，神醒，牙龈粉红，体温 38.8℃，该药加减几味，调理 5 天痊愈。

方解：菖蒲、郁金开郁通闭，荆芥、佩兰等芳香宣化的药物利其湿邪，通畅三焦，芪、术予以建中扶正，复其功能。

病例 3

2009 年 9 月，接诊一例雄性 10 月龄金毛，23kg，体温 40.5℃，舌红，眼白布满血丝，大腿内侧灼手，脉细数，喜饮，喜卧水里，尿少而黄，3 日无大便，食欲略减，无其他体征。脉数为热，细为津伤，此气分未罢又伤营阴。

诊断：气营两燔。

处方：糖盐水 460mL 入清开灵注射液 5mL 缓慢滴入，口服温米汤 5 日。点滴一次后热退身良，排出黑色大便两截，尿色深味道重量较大，二便通后，精神明显好转，晚上电询食欲复。

方解：清开灵为清热解毒通络开窍之良药，配以糖盐水滴入起到清气凉营的目的，口服米汤养中安正。

病例 4

2009 年 6 月, 接诊 1 岁半雄性拉布拉多, 29kg, 体型健硕, 鼻流脓涕, 有脓性眼分泌物, 咳嗽清脆, 体温 39.9℃, 肺轮血丝少许, 舌红苔薄白, 脉浮数, CDV 阴性。饲主口述病已两天, 到江边草地玩回后第二天发病, 在家喜饮, 少食, 嗜睡。此外感风热之候。

诊断: 卫分风热证

处方: 僵蚕 9g, 蝉衣 3g, 薄荷后下 3g, 桑叶 6g, 荆芥 3g, 淡豆豉后下 3g, 菊花 6g, 杏仁后下 3g, 桔梗 3g, 芦根 9g, 茅根 3g, 银翘各 9g, 竹叶 2g, 栀子 1g, 上述药物先泡 1 小时, 水煎 1 次, 分 5 次口服, 禁止外出。4 付痊愈。

方解: 此热为风热外感侵犯肺经所致的郁热, 治疗理当宣卫展气, 乃升降散, 银翘散, 桑菊饮三方化载, 遵循治以咸寒佐以苦甘; 治上焦如雾, 非轻不举, 兼以解毒的原则。用僵蚕、蝉衣咸寒轻浮, 薄荷、桑叶、菊花质轻辛凉, 荆芥、淡豆豉辛温上扬, 银花、连翘轻清宣解, 共奏宣卫展气之能, 辅杏仁、桔梗以调气机, 芦根、茅根养营生津, 竹叶、栀子行气机利水道。

病例 5

2009 年 1 月, 接诊雌性 4 月龄苏牧一例。饲主口述: 呕吐腹泻已 3 天, 呕吐透明液体混有白沫, 一天 4 次以上, 大便水样, 恶臭, 精神沉郁, 绝食。来院后检测细小病毒为阳性, 四末凉, 牙关开合不利, 舌白, 脉模糊不清, 心跳快, 体温 40.1℃。

诊断: 脱阳亡阴, 危候。

处方: 急用参附注射液 10mL 分 4 次口服, 护其阳。干姜 3g, 生姜后下 3g, 肉桂后下 2g, 仙灵脾 12g, 苏叶后下 3g, 苏桔梗各 6g, 蔻仁后下 6g, 砂仁后下 3g, 石菖蒲 6g, 黄芪 30g, 太子参 9g, 五味子 6g, 麦冬 9g, 白芍 12g, 当归 6g, 南北沙参各 9g, 葛根 12g, 桑枝 12g, 乌药 6g, 甘草 6g。水煎两次, 分 30 次口服, 并饲喂温的糖盐水。第二日体温降至 39.4℃, 精神好转, 后按气阴两虚调理。

方解: 此为真寒假热极致转化所致, 红参附子, 回阳救逆, 延缓生存的时间, 同时再以干姜、生姜、肉桂、仙灵脾引火归元, 苏叶、苏桔梗、蔻砂仁、乌药等调三焦之气, 入大队养阴生津之品, 佐参芪护气升阳, 乃"阳主阴从""气为血帅, 血为气母""通调气机"之意。

六、通过 3 例呼吸道症状看三焦辨证在犬病当中的运用

中国传统兽医学即中兽医学, 与中医学基本理论一脉相承, 是历代人民与病邪斗争的经验总结, 在现今理应受到重视。

中兽医学以阴阳五行、脏腑、经络、精、气、血、津液为基础, 在整体观念和恒动观念的基础上按辨证论治原则对动物进行保健和诊治。在历史的长河中, 中兽医在

不断地完善，形成了一套完整的理论体系。笔者在学习过程中接受了三焦辨证的思想，应用于宠物临床诊治当中。

（一）三焦辨证思想

三焦辨证是清代温病大家吴鞠通受到内经、伤寒、《温热论》和喻嘉言的影响，结合自己的临床实践，建立了三焦辨证法。三焦辨证，不仅仅可以对湿热病进行辨证，同样对伤寒，温热病进行辨证，同时还可用于内伤杂病，三焦辨证的思想我认为在于"通"，而通的目的在于"行阳"，内外表里畅通无阻，阳气敷布全身，才可免受病邪侵扰，而在治疗中其原则就是通阳。

（二）病例列举

病例 1

2009 年 2 月，接诊一例 5 月龄雄性萨摩耶犬，已注射两次梅利亚六联苗，并已驱虫，4 天前外出后开始轻微咳嗽，有少许清涕，饲主自行给予土霉素和川贝枇杷止咳糖浆，连续用了 2 天，咳嗽加重，同时带有稀便，无恶臭气味。

咳嗽有痰且频繁，略喘，痰尚不能咯出反下咽，清涕；泪液较多；恶寒，喜暖（以往趴在地上），精神欠佳，体温 39℃；少食，少饮；便稀软似酱，无特殊气味，尿少透明；舌淡苔白；脉缓。

诊断：上焦太阴卫分寒湿证。

治法：宣阳散寒。

处方：紫苏 6g，白芷 3g，细辛 5g，藿佩各 6g 后下，桔梗 6g，杏仁 6g，前胡 6g，枇叶 6g 包煎，制夏 6g，陈皮 6g，茯苓 12g，炙甘草 5g，葛根 3g，柴胡 6g，焦四仙各 3g，乌药 6g，枳壳 3g，蔻仁 3g 后下。水煎后滴入生姜汁 3 滴，候温频服，连续口服 3 付。

药后咳喘，少食，稀便等症状基本缓解，再口服 2 付而愈，但有所不同的是后两付药物是一付药分两天口服。

方解：本方用紫苏、白芷、细辛、藿佩散寒化湿，以桔梗、杏仁、前胡、杷叶、葛根、柴胡宣升阳气，再用二陈、蔻仁温下传之寒，用加减四磨汤调肠消食，生姜助阳气宣发而逐湿寒。因有湿邪所以频服药物。

分析：首先从气候考虑南昌的 2 月阴寒较重，特殊的地理四季兼湿。所以自然界当中就存在着湿寒邪气。因为脉缓舌淡苔白，咳喘，清涕等一系列症状的表现其感邪性质为阴寒邪气，而在四季湿气较重的环境下生存，内湿是必然存在的。所以病性是寒湿证。又因为恶寒，咳喘及饲主口述其主要病位在上焦太阴肺卫，所以诊断为上焦太阴卫分寒湿证，其腹泻，咳痰喘，少食，便稀等皆因误用寒凉所致影响中焦脾胃。所以在用药上兼顾中焦脾胃，同时安未受邪之下焦。整体上以通为用。

病例2

2008 年 12 月，接诊一例 6 岁雌性已绝育斗牛犬，体型肥胖，因咳嗽就诊。2007 年 1 月发病，发病后到医院进行雾化、打针和口服药物等进行治疗，口服药物是复方鲜竹沥液。连续治疗 4 天基本不咳，两周后再次出现咳，同时带喘，再次治疗 5 天无效，反而咳喘加重，但精神食欲旺盛，饲主停止治疗，到 4 月回暖病情逐渐减轻，夏天基本没有听到狗咳喘，今年 11 月底又开始咳喘，并有痰鸣音，近日病情加重。现：体温 38.3℃，喜暖；动则喘，夜间咳喘较重，咳声低；两三天排便一次，粪便正常，小便清澈；脉沉缓无力；苔白微胖。

诊断：脾肺肾虚。

治法：温肾健脾调气。

处方：制附片 20g 先煎，生姜 6g，肉桂 2g，白术 6g，茯苓 12g，党参 9g，黄芪 15g，陈皮 6g，紫苏 6g，桔梗 6g，杏仁 6g，苏子 3g，炙甘草 5g。水煎 2 次，分 6 次口服，1 日 1 付，连用 7 日而愈，后随访 1 个月无复发。

方解：用制附片，生姜，肉桂，温下焦，用益功散补中焦，用黄芪，紫苏，桔梗，杏仁，苏子调上焦。使三焦通畅。

分析：该犬第一次发病为冬季，气候寒冷，阴邪最盛，多由阴寒湿邪导致咳喘，口服药物复方鲜竹沥液为寒凉药物，同时雾化和注射药物多为抗生素，压制体内阳气，再因犬体较胖阳气不足，连续用药后可把症状压制，待阳气恢复后症状又现。

诊断为脾肺肾虚的原因：①肺为华盖，娇脏，主一身之表，所以在冬季感受风寒邪气都可以导致肺的宣发肃降失常。②肾主水，应冬季，元阴元阳之腑，主纳气，肾纳气功能异常，肺肾两虚则喘。③脾主湿，主运化，机体之湿不能正常被运化，稽留于体内，于是有了"脾为生痰之本，肺为贮痰之器"的说法。④上述均是功能失常，实际上就是三脏阳虚。所以综合 4 点认为是脾肺肾虚。也可以说是三焦虚寒证，温肾健脾调气就是指温下焦肾阳，健中焦脾胃之阳，调上焦肺阳，使其达到三焦通畅阳行其中的目的。

病例3

2009 年 2 月，接诊 3 月龄雄性德牧一例，体温 39.2℃，饲主前一日在家测体温 40℃，大便稀黄恶臭，有大量黄涕，有大量脓性眼分泌物，轻微咳嗽，精神食欲下降，脉浮数而略芤，舌红。

诊断：上焦太阴卫分热证。

治法：通畅三焦兼以解毒。

西药：桑菊饮片，每次 2 片，日服 3 次，连用 3 日；四磨汤，每次 5mL，日服 2 次；阿莫西林，每次 0.125g，日服 2 次，连用 3 日。

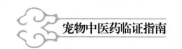

3日后二诊，体温，鼻涕，眼分泌物，精神食欲，粪便均正常。2009年4月20日电话回访，自上次生病治愈后没有出现任何症状。

方解：桑菊饮片，轻清宣肺，把肺之郁热外透。桑菊饮片其方为吴鞠通所创的桑菊饮。用四磨汤通肠道畅中焦。用阿莫西林清里，以退热邪。

分析：因为体温，黄涕，脓性眼分泌物，恶臭稀粪，脉象，舌色均为热象，所以说明病邪性质为温热邪气。又因为脉浮数，流涕，咳，划分在上焦卫分证，所以诊断为上焦太阴卫分热证。稀便等肠道问题均与肺气不通有关。本证应用银翘散，其粗粉，煎煮等方面饲主无法做到，所以改用他方，再者成药中的银翘解毒丸或银翘片等其作用均不理想。所以改用辛凉轻剂桑菊饮，配合抗生素阿莫西林代替辛凉平剂银翘散。其意在开通上焦复其功能，让三焦得通。

七、宠物中医临床犬瘟热论治

（一）犬瘟热简介

按西方兽医学确定犬瘟热是一种病毒性疾病，具有极强的传染性和致死性，主要感染犬科动物，不同年龄，不同犬种，均可感染发病，12月龄以下幼犬易感，四季均可发病，春冬二季发病较多。

病犬的鼻涕，唾液，眼分泌物，粪便，血液等均可含有病毒，传播途径主要由病犬及病犬排泄物直接或间接接触感染。临床多用犬瘟热病毒抗原试纸检测板检查作为诊断依据。通常认为该病具有7～14日的潜伏期，一般该病证型有4种类型，一为呼吸道型，以发热，咳痰喘为主要症状；二为胃肠道型，以发热，呕吐腹泻为主要症状；三为皮肤型，以皮肤脓疹，猩红斑，鼻头及脚垫角质化为主要症状；四为神经型，以狂躁，痉挛，癫痫为主要症状。4种证型往往先后出现或同时出现。

犬瘟热病毒不耐高温，对紫外线及有机溶剂敏感，因此可用紫外线或季铵盐类消毒液消毒。

（二）犬瘟热属于外感病范畴

外感病是指感受外来病邪而发病，而犬瘟热病正是外感病邪所致病，而非内伤杂病。中医中的外感病包含了伤寒与温病两大类，不同体质的犬感受犬瘟热病毒这种邪气后的表现不同，有类似于伤寒证，也有类似于温病的证候。病邪有风寒暑湿燥火之分，同一种邪气感染不同的体质往往表现证候不同。

伤寒，因感受风寒、寒湿性质的病邪而发病，是体质多阳虚，风寒、寒湿困阻三焦使气机凝滞，阳气无法外展敷布周身的一种病证。幼犬感染犬瘟热最初一两日内多有清涕，气轮青紫，咳嗽，吐泻，舌淡苔白，喜暖等外感伤寒的表现，在此过程中发热取决于病犬气机阻滞的程度和阳气集聚的程度。气机阻滞阳气集聚不得外达，郁而化热入里，机体阳气的盛衰决定了病邪侵入的深浅。犬瘟热的伤寒表现短则半日而化热入里，长则一两日后化热入里。

温病，是感受风温、温热、湿温性质的邪气而发病，有感而即发、伏邪自发和新感引动伏邪而发的 3 种发病模式。

（1）感而即发为新感温病，发病初期多无伤里之证，为病邪阻滞上焦肺卫气机，使阳气外达受阻，这种阻滞情况轻于伤寒。一部分犬瘟热的初起表现多为新感温病，类似于风温病的发展过程，主要徘徊于卫气之间。初起见稀黄涕，咳，少许黄色眼分泌物，发热，舌淡苔薄白，脉弦滑数或浮滑数。

（2）伏邪自发，是感邪而未发，伏于里而伤里，待里耗而虚时自里而发，类似于春温病，一部分犬瘟热初起即见高热，黄稠鼻涕，痉挛，斑疹隐隐，舌质红绛而暗，脉沉细数或弦细数。里已伤而病邪阻滞在里之气机，牵连他脏而发病。

（3）新感引动伏邪，是外感病邪，引动伏在里之邪。这类犬瘟热在临床中幼犬多见，有表重于里和里重于表及表里同重之分。此类里已伤，而又感新邪最为棘手。

无论伤寒还是温病发病过程均可兼湿，湿邪重浊黏腻，最易郁闭气机，又多以从中焦弥漫。兼湿多舌滑，舌宽，呕清水，小便少，大便后重明显，脉多见滑。

（三）犬瘟热常用的辨证法

犬瘟热既然属于外感病范畴，其辨证法以外感病辨证法为主，多用卫气营血辨证法和三焦辨证法。此两种辨证法寒温湿同辨，均包含八纲辨证法，脏腑辨证法及六经辨证法。

卫气营血辨证法虽被认为是温热病的辨证方法但实际上寒温均使用，《外感温热篇》曾说："辨营卫气血虽与伤寒同，若论治法则与伤寒大异。"也就是说伤寒温病均是辨营卫气血，只是治疗方法不同。犬瘟热属于新感而发的从卫分传入，因此一般使用银翘散或羚翘散配合桑菊饮连用数周即可治愈。若兼有气分证，则可少量使用抗生素或配合清热解毒药物使用，如银翘散配合阿莫西林克拉维酸钾或双黄连，清开灵，板蓝根之类。抗生素和清热解毒药物均属于苦寒药物不可过量使用，否则会造成气机凝滞，引起发热，或热不降反升。清开灵以芩连栀子为主口服清气分热明显，静脉缓慢滴入清营分热明显。若营卫同病，可用清营汤送服羚翘散。气血同病高热而狂躁或痉挛，则可给予清瘟败毒饮是有效的。若初起见里热个人认为应以升降散加减较为妥当。

临床中常能见到初起类似伤寒症状，涕唾检测犬瘟热病毒为阳性，此虽为营卫同病但不能清透，而应扶正温散，扶植心胃之气，给予桂枝汤加减。兴旺心胃之气以开肺卫之闭，若用清法，气机闭塞更重，而且更伤中焦之气，食欲渐退，食少则正气将亡，因气血生化之源减少，无力抗邪。

三焦辨证法，认为是以辨证湿热病为主的方法，并由口鼻而入，经鼻吸入则先伤上焦肺卫，经口而入则直入中焦，湿温往往以中焦为核心弥漫上下，用药多轻清芳化，分利三焦，总以透利为主，但又须防其伤津。在治疗湿温或寒湿病时少量加入活血药物有利于去湿，另外兼湿类型的犬瘟热从始至终都应酌情加入化痰药物。湿邪更易阻滞气机，酌情加入活血药和化痰药物有利于气机通透，使气血运行正常而不生瘀郁。

中兽医诊治疾病以辨证论治为核心，辨证以脉舌色为主来判断虚实寒热，卫气营血，而一系列的症状作为参考。举例，近期呼吸道疾病较多，1只2月龄萨摩耶幼犬，4.2kg，高烧41℃，呼吸急促，精神不振，不食，无力，肺部有湿啰音，鼻流清水样带黄色脓涕，脓样眼分泌物，尿黄，气轮青紫，舌白而滑，脉浮滑而少力，犬瘟热试纸阴性，白细胞$31×10^9$个/L，给予注射头孢喹肟0.42mL肌注，羚翘解毒片每次1片，每日3次，橘红化痰颗粒，每次1/3袋，每日2次，上述药物均属于寒凉类药物，2日体温39.9℃，鼻涕完全成脓样，诸症未退，反加重。因白细胞升高，又因症状提示为热性，虽然脉舌色反应为寒性，所以舍脉从症，而效果相反。按脉舌色判断为寒郁肺卫，给予通宣理肺片每次2片，日2次。2日诸证渐退，尤其是鼻涕，从黄涕逐渐转为清水涕。连用3日痊愈。此病例说明，脉舌色为本，症状为标。症状反应热象不一定真是热象，用凉药治疗就会出现问题。

（四）中气与津液对犬瘟热的影响

中气乃中焦之气，即脾胃之气，是气血生化的根本，是阳气强弱的关键。中气太盛胃口大开，能食能饮，则易生湿生热，治法以宣通攻下为主，相对容易治疗。而中气衰则为难治，正常之中气其性温，温而不燥，温能化生气血。在治疗犬瘟热时多用苦寒滋腻药品，最易损伤中气，而中气伤则难复，因此需要步步顾护中气，应贯穿整个治疗过程。

津液来源于水谷精微，入中焦通过气化而成津液，布散周身，为血之基础，气之载者。犬瘟热发热后伤其津，后期热入于里则耗伤血中之液，津液伤则功能败，气无津液所导则郁，无法正常发挥气的功能。血无津液所充则瘀，使经络不通而失其养。因此治疗此病又应步步顾护津液。

（五）对犬瘟热痉挛的认识

痉是指动物机体全身或局部出现抽动或抖动的总称，中医有瞤动、契纵等名词，现代医学称为痉挛。

犬瘟热的痉挛多由热所致，如初起即见痉挛，热盛伤津灼筋所致。与暑热病类同。应予以清热生津法治疗，热退痉挛即缓解或停止。多用羚羊白虎汤，清瘟败毒饮，新紫雪，八宝惊风散等。

而犬瘟热中后期痉挛多为热耗血中津液，使血不养津而痉挛，出现痉挛后立即给予血浆静脉补入抽动即可得到缓解，若耗损太重或伤其经络则难康复，应注意观察舌色，若红绛说明热入里，应考虑凉血、活血、养血之品，以祛腐生新。血虚者慎用苦寒，血虚气弱，邪深入于里则必死。

血已耗伤而入经络则宜在凉血、活血、养血之中加入清透之品，宜仿青蒿鳖甲汤，搜邪外达联用数周能见效果。若邪入太深，可考虑仿照吴鞠通先针其穴位再用药治疗。

癫、痫、狂往往在犬瘟热后期见到，此三证多湿热成痰，扰其心神所致，有热重，湿重或湿热并重之分。湿热互结最易成痰成痞。因此在治疗时不仅用龙骨牡蛎等重镇安神，也应配以豁痰开窍之品少佐活血化瘀之药。在犬瘟热发展过程中若有痰先行除痰，有湿则先利湿通阳。

对于针刺治疗抽动，是有一定作用的，主要穴位为风池、风腑。曾有多例左前肢抽动的犬，针刺后停止抽动。头部抽动者则需要配合三虫散（蝎子、蜈蚣、白僵蚕）口服。另外犬瘟热出现抽搐后不要着眼于抽搐，应反复查看病程及病程用药，在犬瘟热抽搐上补中益气汤、小承气汤、升降散、真武汤等，均有过止抽成功案例。

（六）几种治疗犬瘟热的法则

中医辨证后先立法再予以方药，对于犬瘟热立法尤为重要，立法是开方的依据。

（1）轻清宣透法：是治疗犬瘟热常用方法之一，适用于热性或湿热性质的病邪侵袭上焦卫分的一种治法，病在上焦卫分，用药其质其凉宜轻，重则过病位，甚至引邪入里，但应说明的是从目前临床看一些药品其用量不能太少，这可能与目前中药材质量有一定关系，如青蒿，白菊花，每次几克很难见效，而藿香佩兰之类使用几克则效果明显。清轻之品均有宣透开郁作用，如薄荷，青蒿，桑叶，银花，竹叶，等等。使壅于肺卫之邪外透，给邪以出路。

（2）清热解毒法：是治疗热邪积聚成毒的方法，苦寒药较多，过用或用之不当则伤中气。若见淋巴结肿大，气轮赤红，皮疹赤红并疼痛或有脓包，赤痢等均可酌情使用，清热解毒药物及方剂，此类药物多入血分，有一定凉血功效。如青黛，大青叶，板蓝根，连翘，牛蒡子等。在治疗犬瘟热过程中，凡热较重者均可先用一两味清热解毒药物配入宣透药品中使用，但不宜久煎。

（3）生津透热法：是贯穿犬瘟热整个治疗过程的方法，若津液不足，热是无法透出的。一般使用生津清透之品，如生地、玄参之类，但《温病条辨》中凡是涉及热入营分而需透热外出时，一般还需配银花、连翘、竹叶三药。若中阳虚寒，先用干姜炙甘草汤复中阳，水谷方可得生，中阳不足则津液无源。在临床中犬瘟热病例伤中阳者最多，中阳已伤此时使用甘寒，甘酸等生津药物是无效的。可参考《伤寒论》中的干姜炙甘草汤和炙甘草汤。中阳复，津液生，再佐以银花，连翘，竹叶以透热外出。

（4）凉血散血法：是指热入血分而动血耗血，用凉血活血养血法治疗。从临床观察，治疗犬瘟热从始加入一两味凉血散血药则有助于发挥其他药物的作用，凉血散血药物如丹皮、郁金、片姜黄、丹参、羚角等。而病邪入里，动血耗血还需养血，需有血可行。养血如阿胶、熟地之类。

（5）宣通攻下法：是宣通气机，攻下邪实的方法。此法受升降散，防风通圣散，清热感冒颗粒的启发，解表清里。临床中一部分犬瘟热发热恶寒，鼻流清涕，咳嗽，但舌红，口气重，尿黄，脉多浮数有力或浮滑数有力，此类多发于 6 月龄以上的犬，此时清里热而表易解，多用加减升降散，加减防风通圣散，加减大柴胡汤等，这类型犬瘟热病例 2012 年中遇到 4 例，年龄均在 6 月龄以上，观脉舌色症诊断为里热表寒，卫气同病，给予升降散加减合并大柴胡汤连用三四付痊愈，实在感到意外。同时在这 4 个病例中可以肯定的是治疗犬瘟热时，一些解表药物是可以使用的，并非禁忌辛温药，只是用量不宜过大，但如果中焦热盛确实不应使用辛温药物。

（6）调补中气法：调是调理疏通之意。若中焦阳明腑热，宜通下以泄其热；若不食少食，多中气不足或亏虚，理应补中益气。但补不能壅塞，应通补兼备，补得壅塞了气机则会加重病情。中焦虚寒可仿建中汤治疗，若中气虚而津大伤宜仿照炙甘草汤。在治疗犬瘟之时，中气已虚，则慎用苦寒，应先保胃阳，胃阳充盛才能化生气血，正所谓阳主阴从。调补中虚我个人喜好使用山药、内金，此法学于张锡纯。另外还可用景天，炙甘草，蜂蜜等补中益气。而在补药中常加入神曲、内金之类以减少壅滞之性。

（7）熄风诸法：是治疗动风证的几种方法，犬瘟热后期常常出现全身或局部抽动症状也有见癫痫狂躁现象。熄风乃停止抽动之意，动风者必伤其血，血伤又最易阻塞经络。犬瘟热之动风有三，一是热伤津耗血，阴不养津而灼筋抽动，此热盛为主；二是平素阴亏血少或日久耗阴，而出现的动风现象，此非热盛，而是阴亏血少所致；三是热与痰互结，阻滞心窍或扰心神而见狂躁、癫痫、顺时针转圈等。

熄风法以凉血、散血、养血、安神、通络药物为主。对热伤津耗血之动风以凉血、散血、通络兼以养血，多用水牛角、羚羊角、生地、丹皮、僵蚕、地龙之类，一般从临床观察在凉血散血药物中，加入一两味养血药则熄风效果更好。对阴亏血少者则以阿胶、熟地、山药、鳖甲胶之类为主，但不可滋补太过，应加入活血透气之品，可参考炙甘草汤法。对于痰热互结而阻窍扰神则以祛痰通络安神为主，如朱砂、龙骨、蜈蚣、胆南星之类，此类成药甚多，如八宝惊风散，至宝丹，抱龙丸等。

（七）几张常用的方剂

1. 辛凉三方

辛凉三方是指辛凉轻剂桑菊饮，辛凉平剂银翘散，辛凉重剂白虎汤。此三方用于宣郁透热，宣透在卫分之郁热，使营卫通透。其意义在于透热，其思想贯穿于整个《温病条辨》和《外感温热篇》。

轻剂桑菊饮,轻宣肝肺轻度郁热,主要用桑叶、菊花,一般桑叶用量9～15g,菊花以杭白菊为佳,一般用量15～25g,二药不可久煎,宜后下,二药用量太轻难见效果。方中桔梗、杏仁为宣降肺气的对药,且具有化痰之能。其余诸药,为随证之药。其中生甘草一味应重视,现代认为甘草调和诸药,缓诸药之毒,实际不然,生甘草甘凉,有清热解毒,通阳利水的作用,使用时不宜煎煮,应打粉后研磨,因为生甘草打粉后有大量束状粗纤维,不易吞服,因此打粉后再研磨,温汤冲服或填胶囊送服。此方对于犬瘟热属卫分证见干咳,气轮微红,脉浮略数,舌淡红时,效果很好。

辛凉平剂银翘散,以银花、连翘、竹叶为主药,此三药合用具有清热透热的作用。吴鞠通在治疗热入营分之时常常用此三药透热转气。桑菊饮轻宣有余,清热不足,而银翘散轻清宣透兼备,凡需以透热为法时往往以此方为主,严格说是以银花、连翘、竹叶为主。另外根据临床观察,牛蒡子有消除下颌淋巴结肿大的效果。若脉浮数少力,舌红润苔薄白,发热,鼻流黄涕,咳,气轮红多青少,热郁肺卫,可用银翘散或桑菊银翘散。若热偏于气分,则合白虎汤或阿莫西林,若热伤营分则入羚角、丹皮,去荆芥穗,以凉营透热。

辛凉重剂白虎汤,以生石膏清肺胃之热为主药,再配苦寒降火的知母和甘平合中的炙甘草粳米,临床中粳米我多改为薏仁,与炙甘草合用和中,又可利水健脾。或用山药代替粳米,健脾养阴以扶正气。若中焦本虚,不宜苦药败胃。方中知母苦寒我多避之,用西洋参代替知母,同为清热泻火养阴之品。若胃热重则用天花粉代替知母以清热泻火生津。白虎汤本为辛凉透热重剂,石膏用量轻则失其方义,因此石膏用量不能太少,一般15g左右。在宠物临床中还未见到四大症,一般见脉洪大,舌红,口渴,高热,气轮赤红,口气重,无腹满胀,一般给予生石膏30g左右。但需要频服,宠物临床上基本服药方法均已频服为主,中病即止。

曾有一转院病例,为新购犬,到某医院检查犬瘟热为阳性,体温正常,症状仅仅是打喷嚏,无其他症状。饲主自网上找到清瘟败毒饮煎煮口服,连用3日,喷嚏停止,但发热39.6℃,大便溏稀,咳喘。来我院治疗,气轮青紫,舌淡白,脉弦数,给予栀子豉汤合藿香正气散,两付药退热。此病例说明病在卫分不可过用寒凉,否则闭塞气机。正如《外感温热篇》所述"到气才可清气"。

2. 桂枝二越婢一汤

此方治疗阳虚外感风寒而内有郁热。桂枝二越婢一汤为治疗犬瘟热初起的常用方。幼犬多因受风寒而感病,初起多表现舌淡白,气轮青瘀,脉多浮弦或浮滑弦,鼻流清水,或鼻流清水兼有黄涕,咳嗽,流泪。此时用桑菊银翘辛凉清解,多药后发热或精神不振或食欲不振,也有药后鼻流黄涕,咳嗽加重,夜咳频繁。此时应用此方治疗,温散表寒,清透里热。宣散表寒从鼓舞心胃阳气为主,此为扶正,同时又能引里热外透,

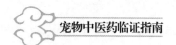

缓石膏之寒，毕竟此方是治以表寒为主，而非里热为主，因此石膏用量不宜过大。

3. 栀子豉汤

此方是开上焦郁热的基础方剂，主胸中郁热懊憹，懊憹多见烦躁不安，频繁更换趴卧地点，虽全方仅两味药物但宣郁透热效果极佳。犬瘟热常见湿热郁结胸中，咳痰较重，渐而引起肺炎，用此汤加入郁金、杏仁，瓜蒌皮，宣肺止咳化痰效果极佳，要说明的是仅用于热痰。此方淡豆豉用药量高于栀子一倍，方有透热效果。若栀子用量过高则郁热难宣。

4. 麻杏石甘汤

此方对犬瘟热邪热壅肺的咳喘效果较好，以麻黄杏仁开郁宣肺，以石膏清透肺热，以甘草和中。临床我用此方时水煎后再送服生甘草粉 1g 有助于化痰止咳，清解热毒。初学温病之时诸多著作全都告诫治疗温病禁用麻桂，此时再看温病，麻桂又有何禁用之处，温病初起无麻桂之证自然不用麻桂，有麻桂证用之无妨。温病用麻桂需要注意药量和配药，如此方麻黄配石膏，我曾一度认为，麻黄性热而发汗，在温病中使用会耗损阴液，而这两年我多次使用麻黄用于温病中发现开表之力强，用量少，药效强。比薄荷之类解表力强太多。临床中可将此方与清肺散合用,清热平喘化痰作用较好，对于热不高的可与栀子豉汤加杏蒌郁金方。对于中焦已虚的病例清肺散要慎重，因内含葶苈子，服后容易出现腹痛腹泻。

5. 三仁汤

三仁汤为治疗湿热病的基础方剂，以宣上，畅中，利下为原则。凡犬瘟热属于湿热病范畴此方有效，使用需加减变化。湿热在上焦者银花、防风、藿香、青蒿、郁金之类，在中焦加焦三仙、佩兰、茵陈、黄连、威灵仙之类，在下焦则加泽泻、猪苓、虎杖、黄柏之类。一部分犬瘟热病程长，起病缓和，明显地从上焦向下焦发展，而到中焦时往往停留时间较长，这类病例舌多淡白，脉多滑。因此部分犬瘟热属于湿热病范畴无疑。湿热病可用麻桂，一般麻黄用量 1 ~ 3g，桂枝用量一般不超过 3g。

6. 陷胸汤

陷胸汤由全瓜蒌、黄连、半夏组成，为治疗胸中痰阻的良方，我用此方多用瓜蒌皮，舍其润下之性，黄连用黄芩代替，专治胸中热，再合半夏共奏清热化痰之效。用于治疗犬瘟热痰热壅肺证。

7. 黄芩汤

黄芩汤为治伏邪温病的基础方，以白芍、甘草、大枣，甘酸化阴，并和中气，以此为扶正。以芍药黄芩，酸苦泄热，以此为祛邪。本方突出了扶正祛邪的理念。临床中我多用西洋参代替白芍，山药代替大枣，炙甘草改为生甘草，再加入黄芩用以清热生津和中。生津和中方面较好，而清热之力不如芍芩配。对于发热，呕吐黄水，大便稀臭，可加入柴胡，生姜，半夏，此为小柴胡汤。若腹痛加入大黄厚朴为大柴胡汤。柴胡用量应在15g左右为宜，一是可疏散郁热，二是可推陈致新。犬瘟热后期发热入少阴厥阴者多，非在少阳，不应以柴胡剂退热。

8. 青蒿鳖甲汤

邪入营血，耗伤营血，应透热养阴，凉血散血，此方以青蒿、鳖甲透热养阴，以生地、丹皮、知母凉血散血。临床应用时对于热重者可加入银花、连翘、竹叶增强透热转气之力。犬瘟热后期耗血而生风的病例加减使用有一定疗效。我曾开一处方，价格昂贵，里面不乏名贵药材，由于犬瘟热后期都被认为是死症，很多饲主少有愿意救治，此方一饲主使用7日而热退抽动停止。青蒿10g后下，秦艽15g，鳖甲15g先煎，西洋参6g，丹皮9g，地骨皮9g，阿胶12g烊化，鹿角胶3g烊化，鸡子黄一枚温调，黄连3g，黄芩3g，白芍6g，炙甘草6g，焦三仙各6g，鸡内金6g，水煎候温，送服升降散加蜈蚣蝎子粉每次2g，每日3次。此方以西洋参、阿胶、鹿角胶、鸡子黄、白芍、炙甘草、大补阴血，以扶正。再以黄连、黄芩，青蒿、鳖甲，秦艽，升降散，蜈蚣、蝎子，通络熄风清热，焦三仙、内金以助运化。

9. 升降散

升降散为治疫之方，《寒温条辨》中有15个加减方，升降散为总方。以僵蚕、蝉衣升清，以大黄、片姜黄降浊，使气机升降有常，借酒通散周身，以蜜养中缓急，我在临床中使用时多加蜂蜜不加酒。用此方治疗多例发热烦躁病例，同时通过此方也证明大黄泻下力不强，一般见有腹胀满硬的病例用大黄6g，泻下一次，再用时一般不腹泻。正如吴又可所说承气本为祛邪而非泻下之方。犬瘟热高热不退而脉有力时可用此方加减。

（八）病例列举

病例1

2013年5月12日，接诊2月龄雌性阿拉斯加犬，4.1kg，腹泻十余日，便稀酱而臭，近几日出现精神不振，鼻干，鼻流脓涕，黄色眼分泌物，咳嗽，大腿内侧有脓疹，尿黄，已在某医院治疗3天，给予土霉素，思密达等治疗。犬瘟热抗原试纸为阳性，体温39.4℃，脉浮数少力，舌红苔薄白。

诊断：犬瘟热，上焦卫分病，有向里传遍的倾向。

治法：轻清宣透。

西药：桑菊感冒片，2片每次，日3次，连用7日，口服；银翘解毒片，2片每次，日3次，连用7日，口服；阿莫西林，0.125g每次，日2次，连用7日，口服；庆大注射液，4万单位每次，日2次，连用2日，口服；乳酸菌素片，2片每次，日2次，连用3日，口服。

分析：从脉看浮而少力，病在卫分，从舌色看病在卫分但舌质的颜色已红说明热有向里传遍的倾向或说已有伤里的情况。而症状咳嗽，鼻涕，眼分泌物之类为热郁所致。因此用桑菊银翘散宣透卫分郁热，由于病有向里传遍的可能，因此使用抗生素轻清里热。而使用时先服阿莫西林，30分钟后口服桑菊银翘解毒片。庆大霉素和乳酸菌素片仅清肠道之用。

二诊：2013年5月20日，精神正常，活泼好动，食欲正常，大便成形偏软，略有咳喘，大腿内侧脓疹消退，眼分泌物明显减少，鼻头湿润，未见鼻涕。脉浮数少力，舌红苔薄白，舌红较一诊色红。有入营之象。

处方：桑菊感冒片，2片每次，日3次，连用7日，口服；银翘解毒片，2片每次，日3次，连用7日，口服；板蓝根冲剂，1/3包每次，日3次，连用7日，口服。

分析：舌红渐入营分，因此用板蓝根清热凉营，而用量不宜过重，仅用1/3包送服桑菊银翘片。

三诊：2013年6月2日，精神食欲佳，活泼好动，大便成形，偶尔气喘，近一两日气喘未见，鼻头湿润，未见鼻涕，脚垫柔软，舌色淡红，苔薄白，脉略数。

处方：同上，但桑菊感冒片3日后逐渐减量，每次1片，日3次，连用7日后停用。

四诊：2013年6月14日，精神正常，少食，体温正常，呕吐1次，大便溏稀水样，番茄色，腥恶臭，偷食鸡骨，复查犬瘟热为阴性，犬细小病毒为阴性，冠状病毒为阴性。按出血性肠炎治疗。血常规白细胞升高

处方：常规输液，肌内注射拜有利，雷尼替丁，口服云南白药，连续用药3日痊愈。

五诊：2013年6月18日，停止一切药物。

病例2

2013年5月27日，接诊3月龄雄性萨摩耶犬，2.35kg，病前患肺炎已治愈1个月，现：不食，双目下陷，黄色眼分泌物，鼻干黄涕，大便水样臭，呕吐，咳嗽，皮肤弹性极差，舌暗红无光，目赤，脉浮细数，体温40℃。听诊：心脏每跳5次停次。犬瘟热抗原试纸阳性，犬细小病毒抗原试纸阴性。饲主自行饲喂过通宣理肺片及阿莫西林。并在某医院注射一周的单抗和干扰素并对症治疗。

诊断：犬瘟热，营卫同病。

治法：透热生津，调气和中。

西药：复方生理盐水 25mL，5% 葡萄糖 25mL，能量合剂 4mL，混合静脉滴入；生理盐水 50mL，双黄连粉 300mg，混合静脉缓慢滴入；血清，5mL，肌内注射；复合维生素 B，1.2mL 皮下注射。

中药：桑叶 10g 后下，菊花 12g 后下，银花 10g 后下，连翘 10g 后下，竹叶 3g 后下，杏仁 10g 后下，桔梗 10g，柴胡 15g，黄芩 3g，生姜 6g，姜半夏 6g，党参 6g，炙甘草 6g，白芍 6g，蝉衣 3g，白僵蚕 6g，片姜黄 3g，滑石 6g 布包，厚朴 6g，枳壳 3g，焦三仙各 6g，生地 9g，丹皮 6g。水煎 1 次，分 8 次服完。

分析：从脉看浮细数，表热未解，热已伤津液，已伤里，舌质红暗无光说明两个问题：一个是营分有热，一个是中焦虚弱生津之力不足。因此透热生津为主，并且要固护中气，使津气自生。用桑菊银翘升降散配生地丹皮透热生津，用小柴胡透热和中，以求退热复食。

二诊：2013 年 5 月 28 日，体温 39.2℃，不食，鼻干，眼分泌物明显渐少，黄涕渐少，咳嗽，目赤减轻，舌淡红，脉浮细数。

处方：同一诊。

三诊：2013 年 5 月 29 日，体温 38.8℃，少食，眼分泌物未见，黄涕少，咳嗽，鼻干，气轮清淡，舌红，脉浮细数。饲主告知要去外地，要求多开药物带回自服。

建议转院到当地医院就诊。

病例 3

2013 年 6 月 1 日，接诊 3 月龄雌性阿拉斯加雪橇犬，5.6kg。体温 39.4℃，双目脓样眼分泌物，黄涕少许，鼻干温，咳嗽，大便成形，食欲不振，舌质淡红，苔白滑，舌形宽，脉中取滑数。犬瘟热抗原试纸检测为阳性。

诊断：犬瘟热，卫气同病，湿热证。

治法：芳香化浊，清热和中。

治疗：柴胡注射液，2mL/次，日 1 次，皮下注射；二联王血清，12mL/次，日 1 次，肌内注射；拜有利，0.6mL/次，日 1 次，皮下注射。

处方：苏叶 6g 后下，藿佩各 6g 后下，杏仁 10g 后下，前胡 10g，桔梗 10g，柴胡 15g，黄芩 3g，生姜 6g，法半夏 6g，瓜蒌皮 10g，郁金 10g，片姜黄 3g，山栀 3g，豆蔻 3g 后下，滑石 10g 布包煎，银花 10g 后下，连翘 10g 后下，竹叶 3g 后下，焦三仙各 6g。每日 1 付，水煎 1 次，送服小儿至宝丹半丸，日 3 次。

处方分析：舌质淡红，薄白苔，舌形宽，而脉滑数，说明病在气分，有向营转入的趋势；同时，舌淡红而薄白苔，说明卫分尚有余邪；舌形宽脉又兼滑数必有湿热，湿热最易成痰。因此按湿热证治疗，给予芳香化浊，清热和中，芳香化浊仿三仁汤法，用杏仁、蔻仁、滑石、桔梗之类配合苏叶、藿佩之流，芳香化浊，清热以轻清透热为主，因此方用银翘散法用银花、连翘、竹叶轻清透热，少佐芩栀。和中以小柴胡法最佳，和中而透热并能除痰。小儿至宝丹增强中药化浊，除痰之效。

二诊：2013 年 6 月 2 日，体温 39.5℃，舌质淡，苔白滑，咳嗽，食欲不振，昨日中药煎取 500 ~ 600mL，该犬仅服用不足 50mL。

处方：同一诊。并嘱咐中药必须口服总药量的一半以上，并要求中药药液煎取量在 200mL 左右。

三诊：2013 年 6 月 3 日，体温 39.0℃，鼻头湿润，眼分泌物减少，咳嗽减轻，大便成形，食欲正常，舌质淡，薄白苔，脉浮取滑数，重按有力。

处方：方药同前，但去柴胡注射液改为复合维生素 B 注射液，1.2mL/次，日 1 次，皮下注射。口服中药不变。

四诊：2013 年 6 月 4 日，体温 39.0℃，精神正常，食欲佳，鼻头湿润，未见鼻涕，偶尔咳嗽，眼分泌物未见，舌淡红苔薄白，气轮渐清澈，尿黄，大便正常。

处方：方药同前，但去掉拜有利。口服中药不变。

五诊：2013 年 6 月 5 日，精神正常，食欲正常，鼻有少许浊涕，气轮略灼，舌质色淡苔薄白，脉浮取弦细数，体温 38.8℃。血常规：白细胞 10.3×10^9 个 /L，红细胞 7.05×10^{12} 个 /L，血红蛋白偏低 77g/L，血小板 544×10^9 个 /L。

西药：二联王血清，12mL/次，两日 1 次，肌内注射；复合维生素 B，1.2mL/次，日 1 次，皮下注射。

中药：苏叶 6g 后下，藿佩各 3g 后下，杏仁 10g 后下，前胡 10g，桔梗 10g，柴胡 15g，黄芩 3g，生姜 6g，法半夏 6g，瓜蒌皮 10g，郁金 10g，片姜黄 3g，山栀 3g，蔻仁 3g 后下，滑石 10g 布包煎，银花 10g 后下，连翘 10g 后下，竹叶 3g 后下，焦三仙各 6g，生白芍 6g，炙甘草 6g，阿胶 10g 烊化。每日 1 付，水煎 1 次。

处方分析：首先犬瘟热湿热证耗损阴液，并且中药中又多兼香燥类药品，因此减少藿佩用量并且加入生津养血之品，仿炙甘草汤法加入生白芍、炙甘草和阿胶，因方中已有半夏生姜等因此可防止滋腻生痰，补而不壅。

六诊：2013 年 6 月 6 日，精神正常，食欲正常，未见鼻涕。

处方：西药停止使用。中药同五诊，继续口服。

七诊：2013 年 6 月 9 日，精神不振，食欲降低，少许鼻涕，气轮轻度青瘀，舌淡红苔薄白，口内多唾，体温 39℃，血常规：白细胞 42.5×10^9 个 /L，红细胞 3.9×10^{12} 个 /L，血红蛋白 102g/L。

处方：二联王血清，12mL/次，两日 1 次，肌内注射；中药同前，去栀子，加藿佩各 3g 后下，送服小儿至宝丹。

处方分析：由于气轮青瘀，鼻流清水，此为复感风寒所致，因此增加辛透的药力，以散风寒，外有寒而里热多郁因此散寒同时要清里热。

八诊：2013 年 6 月 13 日，精神食欲正常，大便稀软，呕吐一次狗粮。鼻头湿润，脚垫柔软，犬瘟热试纸阴性。

处方：二联王血清，12mL/ 次，两日 1 次，皮下注射；中药停止服用；乳酸菌素片，2 片 / 次，日 3 次，口服。

九诊：2013 年 6 月 19 日，精神食欲正常，二便正常，血常规：白细胞 9.8×10^9 个 /L，红细胞 4.5×10^{12} 个 /L，血红蛋白 110g/L。

处方：除阿胶外，一切药物停止。

（九）治疗经验

治疗犬瘟热首先应对脉舌色证清晰，根据脉舌色证有针对地选择方剂，选择方剂应先明方义，方与方合并用方效果显著。用中医药治疗犬瘟热不要以杀死病毒为主要目的，要因势利导，培养正气。使用西药尽量简化，过于繁杂不利于恢复，很多西药往往会干扰疾病的恢复，临床中应该注意。

八、一例犬瘟热合并寄生虫的治疗

2017 年 1 月 15 日，接诊 2 月龄雄性拉布拉多幼犬一例，3.46kg，已购买 20 日左右，购回两三天后出现咳嗽，流鼻涕，到某医院检查犬瘟热阴性，按感冒治疗一周有好转，但仍然咳嗽略喘。就诊时精神较差，发热，体温 39.5℃，喜暖；食欲不振，喜饮；咳喘加重，脓涕，鼻干；眼分泌物较多；大便稀酱色黑，带血；舌质淡白，苔薄白；脉浮细，沉取少力。

实验室检查：粪便镜检，绦虫阳性，蛔虫阳性，犬瘟热阳性，犬腺病毒 2 型阳性，细小病毒阴性，冠状病毒阴性。白细胞 26.4×10^9 个 /L，淋巴细胞 14.8×10^9 个 /L，红细胞 4.25×10^{12} 个 /L，血红蛋白 106g/L。

诊断：犬瘟热病毒病，犬腺病毒肺炎，绦虫病，蛔虫病。营卫失合，肺气壅塞，津气亏虚。

治法：中和病毒，抗菌，消炎，补液，杀虫。调和营卫，开郁生津。

西药：犬瘟热单克隆抗体，5 mL 每次，日 1 次，连用 7 日，皮下注射；常规补液，100mL 每次，日 1 次，连用 3 日，静脉缓慢滴入；生理盐水稀释头孢噻呋钠，200mg 每次，日 1 次，连用 7 日，静脉滴入；营养膏，每日 25g，分 3 ～ 4 次服，连用 35 日，口服；利血宝，每次 5mL，日 3 次，连用 35 日，口服；至宠清，每次 2 片，每 7 日 1 次，连用 2 ～ 3 次，口服。

中药：生麻黄 3g，桂枝 6g，生姜 6g（煮），白芍 6g，大枣 6g，山药 10g，杏仁 6g，葛根 10g。生姜水冲诸药，并煮沸。上述诸药以免煎剂为主。候温，分 5 ～ 6 次服完，每日 1 付。

16日二诊：发热已退，咳喘渐轻，鼻头湿润，舌质淡粉，苔白略滑，脉软略数，沉取少力，食欲正常，精神良好，驱虫药后排虫较多，大便稀。立法不变，西药不变。

处方：生麻黄5g，桂枝6g，生姜6g（煮），白芍6g，大枣10g，山药10g，杏仁6g，厚朴3g，葛根15g，黄芩1g。用法同前。

17日三诊：咳喘，有脓痰排出，鼻干，食欲旺盛，精神好，排虫较多。舌质淡粉略红，苔薄白，脉数少力。治法不变。

西药：减少常规补液量。双黄连注射用粉及炎琥宁分开缓慢滴入。

中药：蜜麻黄5g，杏仁10g，桂枝6g，生姜6g（煮），白芍6g，大枣10g，山药10g，葛根10g，厚朴3g，浙贝6g，连翘10g，鱼腥草15g。用法同前。

18日四诊：精神食欲较好，大便正常，鼻干，黄涕，咳嗽喘有痰，咳喘渐轻，舌质淡粉，苔白薄，脉数少力。治法不变，西药不变。

处方：蜜麻黄6g，桂枝6g，杏仁10g，生姜6g（煮），白芍6g，山药10g，大枣10g，葛根10g，厚朴3g，浙贝10g，鱼腥草15g，连翘10g，瓜蒌皮10g，苏子6g，橘红6g。用法同前。

19日五诊：舌质淡粉，苔薄白，脉数，沉取无力，精神食欲正常，腹部略胀，咳喘咯白痰。治法不变，西药不变。

处方：桂枝6g，白芍6g，生姜6g（煮），山药10g，大枣10g，连翘10g，杏仁10g，厚朴6g，枳壳6g，鱼腥草15g，沙参6g，浙贝10g，瓜蒌皮10g，苏子6g，白芥子6g，莱菔子6g，橘红6g，桔梗6g。用法同前。

临近春节，回家过年，20日至2月3日期间给予银翘解毒片，每次1片，日3次口服。间断性给予单克隆抗体。其余药物停用。

2月3日六诊：精神食欲佳，未见咳嗽，二便正常，舌象淡红，脉略数少力。白细胞44.5×10⁹个/L，淋巴细胞30.6×10⁹个/L，红细胞4.25×10¹²个/L，血红蛋白122g/L。

处方：银翘解毒片继续服用3日即可停药。观察情况，14日后复查血常规。分析：本案用中药考虑以下7点：①体弱，贫血，瘦，与虫有直接关系，因此先驱虫，有虫伤脾胃因此步步固护脾胃最为紧要。初期不能使用大苦，大寒之药败坏脾胃之气。因此姜、枣、山药每日必用，此法学于张仲景及张锡纯，通过固护脾胃来扶正。②肺气壅塞，必咳喘。开肺气前提是有可调动之气，中焦不足，则无正气以开上焦之郁。固护中气兼以开上焦。由于中气不足则不能过用辛开，仍以甘补为主。若单用甘补则壅塞更甚，郁热助邪。③凡用甘补必会助热，有多少热就清多少热，根据脉来反应。通过增加开郁药物佐少许清热药，疏通郁热，而不能直接过用苦寒清热。④郁热已成外发，则助其向外发之势，不能苦寒折热，则辛温，辛凉并用兼以清解，透热于外，保持气机通透。此学于叶天士，蒲辅州，赵绍琴三家。⑤宣透之药多伤阴因此不仅补液护津，仍用沙参，瓜蒌皮一类润燥，以防麻桂姜苏之燥，使发散有源，发散有源之理学于李东垣。⑥该病例正虚为主不能急于祛邪。⑦不要把犬瘟热完全当作温病看待。

在用药上其实没什么特别，无非用麻杏、厚朴、三子宣降气机，用桂枝汤加葛根调和营卫固护中气，用浙贝、鱼腥草、连翘、瓜蒌皮、橘红、沙参等，清热开郁除痰，防温燥药伤阴。用西药补液防燥，做发散之源。用抗生素和单抗、双黄连等清热祛邪。

九、一例犬瘟热合并犬冠状病毒案例

2017 年 10 月 30 日，接诊 2 月龄雄性哈士奇一例，2.06kg，未免疫，未驱虫，饲主购回 2 日。现：体温 39.3℃；纳差；大便稀，臭味正常；咳嗽有稀痰，鼻干，脓涕，脓样眼分泌物，眼底黏膜白；牙龈白，舌质淡粉，薄白苔；脉缓沉取少力。实验室检查：犬细小病毒阴性，犬冠状病毒阳性，犬瘟热病毒阳性；粪检有绦虫；血常规见文末表格。

诊断：犬瘟热病毒、犬冠状病毒合并感染；营卫不和，郁热壅塞。

西药：犬瘟热单抗，干扰素，头孢喹肟，科特壮，常规治疗，由于无明显脱水暂时不进行补液，西药连续用药 7 日，并口服体内驱虫药。

中药：调和营卫，宣透郁热。桂枝汤 6g，生姜 6g，白芍 10g，炙甘草 6g，大枣 10g，炒白术 6g，山药 10g，炒内金 3g，蜜麻黄 6g，杏仁 10g，砂仁 6g，生石膏 30g，免煎剂，50mL 水冲开煮沸，频服，每次 10mL。以桂枝汤调和营卫，以麻杏石甘汤宣散郁热。

服药 2 小时后（服药约 40mL）体温 38.9℃，精神有好转，大便仍然稀，气味不明显。

31 日二诊：体温 38.7℃，鼻涕及眼分泌物大减，精神良好，咳嗽减缓，大便稀酱不成形，黏膜颜色未见缓和；舌质淡红，舌苔薄白；脉略浮数而软，沉取少力。

处方：前方继续，并连用 3 日，做适当加减。

11 月 3 日三诊：体温 38.8℃，精神佳，纳差，腹胀，便溏臭，脓涕，咳嗽已退，舌淡红，苔薄白，脉浮数，沉取少力。血常规见文末表格。如果首诊见到这样的脉证，往往考虑银翘散等轻清宣透兼以通腑。通肠腑有利于后续药物的吸收，脉尚可泻，即使误泻仍有转机。

处方：蝉衣 3g，僵蚕 6g，片姜黄 1g，生大黄 6g，厚朴 6g，枳实 6g，生麻黄 5g，杏仁 10g，生石膏 30g，炙甘草 6g，生甘草 3g，滑石 18g，山药 10g，白术 10g，苍术 10g，北沙参 10g，茯苓 10g，麦冬 3g，大枣 10g，枸杞 10g，免煎剂，150mL 水冲开煮沸，4 小时内喝完。

药后大便 7 次，溏稀水样，臭味由重渐轻至无味。泻后伤阳伤阴，采取补液缓慢滴入能量合剂一次。

11 月 4 日四诊：体温正常，精神良好，食欲佳，但脓鼻涕增多，脓样眼分泌物增多，舌质淡红苔薄白而嫩，大便溏稀（夜间排便 3 次），小便多；粪检滴虫阳性。昨日通腑，食欲恢复，但已伤正气，先行止泻，并杀虫。止泻涩肠，健脾养阴。

处方：赤石脂 30g，干姜 6g，粳米 1 把，炙甘草 6g，白术 30g，茯苓 30g，砂仁 6g，厚朴 6g，山药 10g，大枣 10g，沙参 10g，枸杞 6g，生麻黄 5g，杏仁 10g，生石膏 30g，神曲 10g，滑石 18g，生甘草 3g，五味子 6g，煨葛根 15g，米汤 150mL 冲免煎药煮沸，6 小时内喝完；每日 2 次甲硝唑口服。

药后大便次数减少，小便较多，饮水量增加，采食量增加。

11 月 5 日五诊：体温正常，精神食欲佳，脓鼻涕，眼分泌物有所减少，大便稀，小便频，黏膜颜色见红，舌质淡红，苔薄白滑，脉浮略数，沉取少力。采取以益气养阴，宣通气机为法。目的在于强健中气。

处方：炒白术 30g，茯苓 10g，白芍 10g，生姜 9g，细辛 3g，党参 10g，大枣 10g，干姜 6g，枸杞 10g，赤芍 10g，杏仁 10g，生麻黄 5g，生石膏 30g，滑石 18g，生甘草 3g，煨葛根 15g，免煎剂，水冲 150mL 并煮沸，连用 2 日，每付 6 小时喝完。

11 月 7 日六诊：体温正常，精神食欲佳，眼分泌物及鼻涕维持原状，大便成形，小便频，贫血。脉有洪象，沉取少力，肚皮脓诊，舌淡红而暗略滑。洪象的脉多虚，前期连续腹泻，无实的可能，舌淡红而暗多为里热，因此考虑去姜辛。但脉洪沉取少力，说明气血并不充盛。采取益气养阴，温阳利水，行郁透热为法。

处方：黄芪 30g，白术 20g，茯苓 10g，炙甘草 6g，白芍 10g，当归 10g，麦冬 10g，五味子 6g，桂枝 6g，猪苓 10g，茯苓 10g，泽泻 10g，滑石 18g，生甘草 3g，栀子 3g，麻黄 5g，杏仁 10g，阿胶 10g，神曲 10g，香橼 6g，佛手 6g。免煎剂，阿胶烊化，150mL 水冲并煮沸，每日 1 付，连用 7 日。

这个病例用麻黄次数较多，一方面用麻黄宣通气机配合杏仁石膏宣透郁热，另一方面防止阿胶一类补血药物的滋腻。发必有物，补不壅塞。

11 月 15 日七诊：体温正常，食欲佳，小便多，大便正常，脓涕无，少许眼分泌物，黏膜颜色渐红，舌质淡红，苔薄白，脉浮略数，沉取有力。血常规红细胞及血红蛋白上升，见文末表格。

处方：7 日中药再用一周，一付做 2 日服。停药后益生菌维持。

11 月 30 日八诊：体温正常，精神食欲佳，双眼上下眼睑出现睑腺炎，中医病名土疳，中焦热上攻所致。

血针：耳尖及眼睑局部挑刺。

处方：蝉衣 6g，僵蚕 10g，片姜黄 3g，生大黄 6g，栀子 10g，牛蒡子 10g，生甘草 3g，黄明胶 10g，80mL 水冲开煮沸，2 小时内服完。药后大便 2 次稀便，精神食欲佳。

12 月 2 日九诊：体温正常，精神食欲佳，土疳症已消，单纯服用益生菌及保健品维持观察。

分析：此案例是这两年来比较乱的一个案例，同时脉舌症往往并不统一，治疗该病例时脉舌症仅仅是参考是否可发，是否可下，是否需要补益，不能按当时的脉舌来下方药，该病例的方子基本是按照以虚夹郁向前推进方药，根据脉是否可下可发可补来透邪，补益，维持体况（表4-1）。

表4-1　10月30日至11月15日血常规

检测项目	10月30日	11月3日	11月15日	单位	参考范围
白细胞数目（WBC）	18.9	44.4	46.6	×10⁹个/L	6.0 ~ 17.0
淋巴细胞数目（LYM#）	15.3	39.7	36.3	×10⁹个/L	1.0 ~ 4.8
混合细胞数目（OTHR#）	3.3	4.6	9.0	×10⁹个/L	3.0 ~ 13.0
嗜酸性粒细胞数目（EO#）	0.2	0.1	1.2	×10⁹个/L	0.1 ~ 0.8
淋巴细胞百分比（LYM%）	81.1	89.4	78.0	%	10.0 ~ 30.0
混合细胞百分比（OTHR%）	17.6	10.3	19.4	%	60.0 ~ 83.0
嗜酸性粒细胞数目（EO%）	1.3	0.3	2.6	%	2.0 ~ 10.0
红细胞数目（RBC）	3.66	3.48	4.74	×10¹²个/L	5.00 ~ 8.50
血红蛋白（HGB）	92	89	125	g/L	120 ~ 180
平均红细胞体积（MCV）	66.7	65.2	65.1	fL	60.0 ~ 77.0

十、一例犬细小病毒合并犬瘟热感染的中西药结合病例列举

2017年8月15日13：25左右，接诊4月龄雄性阿拉斯加犬一例，8.14kg，该犬刚购回4日。购买时发现犬肚皮有脓诊，量少而小，这几日逐渐增大，且多，部分已破溃，两日前该犬精神不振，厌食，到某医院检查，传染病为阴性，建议观察。

现：体温40.7℃，精神不振；大便酱样，墨绿色，恶臭，日1 ~ 2次；尿少而黄，上午仅见排尿一次；鼻干，眼分泌物较多；呼吸音较重且快；肚皮脓疹，且肚皮烫手，潮红；舌质灰暗，苔薄白而滑；脉细数略滑，沉取脉微；气轮赤。血常规：白细胞及淋巴细胞均为正常，红细胞及血红蛋白正常。犬细小病毒阳性，犬瘟热病毒阳性，犬冠状病毒阴性。

诊断：犬细小病毒合并犬瘟热病毒感染。卫营同病，湿热成疫。

治疗：常规补液，并注射血清，根据体重使用抗生素。

处方：白头翁10g，黄连6g，黄芩10g，大黄6g，茜草10g，白及10g，马齿苋15g，连翘10g，银花10g，栀子3g，生姜6g，半夏6g，枳壳6g，厚朴6g。200mL水冲，候温分4次灌肠。

舌质灰暗，苔薄白而滑，脉细数略滑，沉取脉微，此湿热成疫，且热重于湿，湿阻气机，热耗阴液，且脉细数根据经验最易动血，脉沉取微多为假象，因此补液以缓和津伤。中药大队清热解毒，泄热化湿之品，仅以生姜、半夏、枳壳、厚朴升降气机，一方面防止补液助湿，另一方面，防止苦寒凝滞，但毕竟苦寒之品较多，若热势缓和

多呈现中焦阳虚之象。清热解毒之品除白头翁汤过于苦寒浑厚外其余之品皆具"动性"。本方求其清热化浊，通腑开郁。

灌肠后，排大便2次，恶臭，略有血块，但未大出血。精神不佳，呼吸音重且快无明显改善，舌色由灰转为略红，能看到舌质有红象，脉象细略滑数，沉取微象有所改善，排尿一次量少而黄，但鼻窍仍干，体温40.1℃。

23：00左右，体温40.5℃，舌象略红，脉浮细略滑数，沉取少力，脉象比之前有缓和，且数象缓解，说明前方起效，已清其热。热渐退，而仍窍干，营阴不能敷布于表，且小便少而黄。已开鬼门，洁净腑，去菀陈莝之法开通表里。根据脉舌症此时用此法是有危险性的，最易亡心阳。

处方：蜜麻黄6g，桂枝6g，生姜6g，白芍10g，杏仁10g，炙甘草6g，生大黄3g，五味子6g，厚朴6g，干姜3g，茯苓10g，生石膏15g，150mL水冲，候温频服。

本方一方面开前方之弊，另一方面是散余邪并扶正，但仍以出多入少，并给予复方生理盐水生津，输液与发散同施。

药后3小时凌晨1：30，体温39.5℃，呼吸缓和，排尿两次，量少而黄，精神仍然未复。1：50大便一次水样，赭石色，无明显血腥味。2：00体温39.3℃，舌淡红，苔薄白，舌面略滑，脉缓和而滑，无明显数象。2：30体温38.8℃，脉象如前。5：10大便一次水样，恶臭，赭石色，小便一次，精神渐好，脉象滑数，体温39.1℃。

9：30体温39.2℃，精神渐好，找水，舔水但水未见明显减少，喜凉，时呕清水或黄水，脉象滑数，舌质淡红，苔白滑，肚皮潮红已退，烫手感消，鼻头湿润。血常规：白细胞及淋巴细胞偏低，红细胞及血红蛋白正常。

治疗：常规补液，注射血清，给予抗生素。西咪替丁0.3mL，双足三里水针。

处方：杏仁6g，桔梗6g，藿佩各6g，九节菖蒲3g，生姜6g，法半夏12g，苍术6g，蔻仁6g，薏仁10g，茯苓10g，猪苓10g，泽泻10g，黄芩6g，茵陈10g，滑石20g，浙贝母10g，生大黄3g，厚朴3g，白芍6g，生甘草6g，200mL水化开，候温频服。

五苓散与甘露消毒饮加减合方，开郁展气，清利化浊。

药后呕吐未见，小便次数渐多，但量少而黄，未大便，精神渐好。

3日，精神较好，体温正常，无食欲，饮水后呕清水，鼻头湿润，舌质淡红，苔薄白略滑，脉软略滑，沉取少力，未大便，白细胞及淋巴细胞较高。

治疗：血清继续，停止抗生素及补液，西咪替丁0.3mL，双足三里水针。

处方：香砂养胃颗粒一包，启脾丸一丸，水30mL冲化，一次温服，药后未吐。

前日用五苓散合甘露消毒饮加减目的在于去余邪，但仍然上伤胃阳，加之首方苦寒，中焦较弱，因此用香砂养胃配合启脾丸益气暖中，行气开郁。

4日，精神较好，食欲旺盛，大便成形，色黑。办理出院，定期注射犬瘟热单抗，以防节外生枝。

十一、一例犬瘟热右后肢抽动伴有痉挛疼痛的病例列举

2017 年 4 月 19 日，同事接诊一例 10 月龄雄性贵宾犬，该犬为遗弃犬。由于收养人距离我院较远，在附近医院治疗呼吸道问题一周有余，鼻涕及眼分泌物未见，随即停药。4 月 20 日左侧面部出现脓疮，就诊医院给予喷剂外用，病情加重，转入我院。

2017 年 4 月 23 日接诊，左侧面部呈圆形脱毛化脓，挤压后从皮下层出脓血，有痛感，局部略肿。进行常规清创，外敷自配药膏。因同事告知该犬月初确诊犬瘟热，询问其停药时间，并告知病程未结束，且脉弦细略数，舌红，可能在几天内出现神经症状。脓疮每日清创换药即可。

2017 年 4 月 27 日上午来院换药，发现右后肢出现抽动现象，频率不高，因早有告知，且不清楚原先用药未做处理，若处理应回原治疗医院。

2017 年 4 月 27 日下午右后肢抽搐加重，伴有痉挛疼痛，发作时尖叫，右后肢不能落地，持续数分钟后自行缓解，此种现象 2 小时内出现 3 次。傍晚又来院复诊，后肢仍有抽动，伴有痉挛疼痛发作一次。脉弦细略数，沉取不绝，舌红瘦而光，口中有少许唾液。

诊断：湿热耗阴，筋脉失养。

治法：化湿合营，舒筋活络。

处方：木瓜 30g，白芍 30g，赤芍 15g，晚蚕沙 10g，炙甘草 6g，免煎剂 1 付，24 小时内服完，连用 2 付。每日皮下注射单克隆抗体 1 次。

28 日二诊：换药时已停止抽动，饲主说昨晚服药 100mL 左右时已基本不再抽动了，之后未见抽动，也无痉挛疼痛尖叫，走路正常。就诊过程中摄像时右后肢略微抽动一下，但并不明显，之后未见抽动。药物继续。

29 日三诊：饲主在家未见抽动及轻微抽动，用手握住腿部未感觉到抽动。复诊时也未见到抽动，手握腿部未感知抽动。两付药服完后观察。单克隆抗体间断性注射，注射满 35 日病程结束后停药。

30 日四诊：仍然未见抽动。

6 月 1 日五诊：仍然未见抽动，走路正常。

分析：饲主口述该犬前期用药主要是注射单克隆抗体及干扰素，配合抗生素点滴。并有两日高热给予牛黄清心丸后退热，之后再未给药。从该病例用药看，似乎 27 日的抽搐与牛黄清心没有必然联系与单抗和干扰素也无必然联系。而就 27 日的脉舌来看，多为病未解，湿热阻滞经络，气血不荣养筋脉所致。湿热阻滞经络为阻滞在内，因此未重用熄风、芳化祛湿一类的药物，而是以疏通经络，和阴缓急为主。动则能通，挛急可能为自我调节的一种"通"的方式，在这种方式出现的时候伴随着其他组织的损

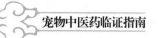

伤，所以不止其抽，而是帮助其动，动则是气血运行正常，前提是有气血可用，因此合营就较为关键，非功能失调而是物质不足，所以合营。从症状看，类似转筋，但是部位不对，与筋脉挛急吻合。综合考虑，治法上给予化湿合营，舒筋活络，用赤白芍合并炙甘草取桂枝汤的合营法，配合王孟英治疟转筋的舒筋活络法，药后效果满意。但类似情况还有待更多尝试及观察。

十二、从宠物中医临床十病例谈犬细小病毒的治疗

犬细小病毒是临床常见病之一，死亡率较高，发展速度较快，传染性较强。通过这些年的临床实践，发现运用传统医学理论进行辨证论治效果较好，大大提高了成活率。本篇分成两部分内容进行分析：第一部分为病例列举及分析，列举了10个不同证候、不同治法、不同方药的犬细小病毒病例，并加以分析；第二部分为对犬细小病毒主要症状进行分析，主要分析吐、泻、血、补4个方面。

（一）病例列举

病例1

2014年6月5日，接诊4月龄雄性贵宾幼犬一例，未免疫，1.9 kg。鼻头湿润，少许鼻涕，双目糜烂，少许眼分泌物，咳嗽，不食，呕吐未消化食物2次和清水带有泡沫4次，无大便，按压腹部无痛感且喜按，体温38.5℃，脉浮细数，舌白滑。试纸检测：犬瘟热阴性，犬细小病毒阳性，犬冠状病毒阴性。

诊断：犬细小病毒病；中焦虚弱。

处方：启脾丸1丸用热水化开后频服，2丸/天（启脾丸由人参、炒白术、茯苓、甘草、陈皮、山药、炒莲子、炒山楂、炒六神曲、炒麦芽、泽泻，辅以蜂蜜为丸组成）。

6月6日二诊：药后未呕吐，给予犬粮十余粒主动采食，精神好转，未大便，夜间咳嗽频繁，清涕少许，舌白。方药同上。

6月7日三诊：未呕吐，食欲正常，大便成形，精神正常，咳嗽，清涕少许，夜间咳嗽加重，舌白。复查犬瘟热病毒为阴性。

处方：通宣理肺片每次1片，3次/日，连用3日（通宣理肺片由紫苏叶、前胡、桔梗、苦杏仁、麻黄、炒枳壳、黄芩、陈皮、法半夏、茯苓、甘草组成）。

6月10日四诊：饲主前来告知，该犬用药后第二日咳嗽基本停止，精神良好，食欲正常。

分析：本例是典型的中焦虚弱证，首先不食，呕吐未消化食物和清水，这都说明胃的受纳和腐熟水谷的功能降低，属于胃气虚。气虚无力运化水湿，同时气血相辅相成，血由水谷气化所生，且气为血帅，现胃气虚，故见舌白滑。胃气虚不能受纳腐熟水谷，

因此消耗自身储备物质，并且由于呕吐丧失水液，因此脉见细数，而浮则表尚有邪未解。故先用益气补中药补中焦气虚，同时兼用消导有利于胃功能的恢复。对于之后的咳嗽，并且夜间重，舌白，清涕乃外有表寒郁闭之象，因此给予通宣理肺片来宣降肺气。该犬素来体质虚弱，因此在表证解除后应口服归脾、补中益气、理中一类补益药品来改善虚弱体质。

病例 2

2014 年 6 月 15 日，接诊 3 月龄雄性杂交犬一例，2.85 kg，体温 38.4℃。呕吐黄水且不黏稠；大便 3 次，腥恶臭，大便咖啡色水样带血丝；按压腹部无痛感；精神不振，倦怠少力，不食；舌色绛，苔薄白；脉细数。血常规：白细胞 21.40×10^9 个 /L，红细胞 14.88×10^{12} 个 /L，血红蛋白 145 g/L。试纸检测：犬瘟热阴性，犬细小病毒阳性。

诊断：犬细小病毒病；中虚下热，兼有津亏。

处方：干姜 3g，黄连 2g，黄芩 2g，大黄 1g 后下，白芍 3g，炙甘草 3g，大枣 1 枚掰开，党参 3g，水煎化启脾丸 1 丸，温服频服，每次 0.2 ~ 0.5mL。

6 月 16 日二诊：药后未呕吐，大便酱样 1 次，未带血，腥恶臭减轻，精神略有好转，清晨偷食几粒犬粮，饮水少许未呕吐。方药同上。

6 月 17 日三诊：药后未呕吐，大便 1 次，成型略软未带血，精神好转，仅吃肉。

分析：本例是一个错杂证，胃气虚弱升降失常而成郁，因此吐黄水，而肠有郁热积聚，故大便腥恶臭，因此补中同时清泻，用泻心汤苦泻清肠热，用干姜、白芍、大枣、党参温中益气生津，防止苦寒败胃，并化启脾丸以增强补中之力。我个人经验凡是粪便恶臭，具有腐败味道的先行清热攻下，否则容易传入营血，传入营血舌色多红绛。另外，但凡吐泻而见脉细数的切勿急于生津增液，应先降低内消耗，急于增液则有加重吐泻的趋势。

病例 3

2014 年 4 月 7 日，接诊 2 月龄雄性金毛幼犬 1 例，3.25kg，体温 38.7℃。咳嗽有痰且夜间频繁，肺部湿啰音明显；呕吐清水较多及未消化犬粮，喜饮，饮后数小时后呕吐；大便酱样色黄，少尿；舌淡红，苔薄白，舌上虫斑，脉数。试纸检测：犬细小病毒阳性，犬瘟热阴性。

诊断：犬细小病毒病；太阳蓄水证。

处方：犬细小病毒单克隆抗体 5mL/ 次，肌内注射；害获灭 0.15mL/ 次，皮下注射。桂枝 6g，生姜 6g，白芍 6g，炙甘草 6g，茯苓 12g，苍术 6g，猪苓 6g，泽泻 9g，水煎温服频服。

4 月 8 日二诊：呕吐黄水 1 次量少，大便 1 次酱样，小便频，咳嗽昼夜较重。昨日

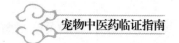

温阳利水，呕吐虽有减少但咳嗽加重，肺水较重，增强开宣力量。

处方：炙麻黄 6g，桂枝 6g，生姜 6g，白芍 6g，炙甘草 6g，杏仁 6g，桔梗 6g，法半夏 6g，炒白术 6g，厚朴 6g，枳壳 6g，柴胡 6g，黄芩 3g，太子参 6g，苏子布包 6g，水煎候温频服，连用两日。

4月10日三诊：精神良好，饮食正常，二便正常，偶尔咳嗽。

处方：4月8日原方，继续使用两日。

4月15日四诊：一切正常。

分析：这是一例阳虚蓄水的证型，之所以说是太阳蓄水是因为阳气虚弱，表气郁闭，水不得下。阳虚可能是由于寄生虫造成的，有寄生虫先行驱虫。给予苓桂剂温阳利水，苓桂剂后虽然小便频，但开表力弱，药后上焦太阴肺郁较重，因此开上焦，兼通中下二焦使水气得行。本案见数脉，不要直接清热解毒，要分析热的来源，如果是郁热，一定要"透利"为主，切勿苦寒清热。气机通透，郁热自然外达，若热势很重可在通透气机的同时适量加入清热药物。

病例 4

2008 年 10 月 8 日，接诊 3 月龄金毛幼犬一例，6kg，未免疫。精神不振，不食，体温 38.7℃；呕吐清水；大便恶臭，尿少而黄；四末温；舌淡，苔白；脉浮滑有力。试纸检测：犬细小病毒试纸阳性，犬瘟热试纸阴性。

诊断：犬细小病毒；湿阻中焦。

处方：防风 6g，苏叶 6g 后下，苏梗 6g，藿佩各 6g 后下，苍术 6g，炒白术 3g，蔻仁 3g 后下，陈皮 6g，生姜 3g，姜半夏 6g，乌药 6g，木香 6g，枳壳 3g，焦三仙各 3g，内金 3g，薏仁 6g，茯苓 6g，通草 3g，玄参 6g，白芍 6g，竹叶 3g，栀子 3g，水煎候温频服，连用两日。

10月11日二诊：精神正常，食欲恢复，未吐，大便成形，舌色红润，苔薄白，脉有力略数。

处方：中药停服，给予益生菌口服调理两日。

病例 5

2008 年 10 月 14 日，接诊转院 4 月龄雄性金毛一例，11.5kg，未免疫。饲主口述：两日前发病，体温 39.0℃，大便水样 2 次，腥臭，不食，精神正常，饮水正常。在某医院检查为犬细小病毒病，并注射犬细小病毒单克隆抗体和补液抗菌后，体温有所下降，但仍然无食欲，大便酱样带血，呕吐清水。继续注射细小病毒单克隆抗体和补液抗菌，药后精神萎靡，持续呕吐及腹泻，转入我处。现：倦怠无力，四末温，体温 38.5℃；呕吐清水，不食，大便酱样；脉细数无力，舌白苔滑。

诊断：犬细小病毒；湿阻中焦。

处方：苏叶梗 3g 后下，藿佩 6g 后下，淡豆豉 3g 后下，杏仁 3g 后下，蔻仁 3g 后下、苍白术各 6g，陈皮 6g，姜半夏 6g，乌药 3g，枳壳 3g，木香 3g，焦三仙各 3g，内金 3g，茯苓 12g，猪苓 3g，薏仁 12g，白芍 5g，玄参 6g，竹叶 3g，栀子 3g。水煎候温频服。

10 月 15 日二诊：药后未拉未吐，精神好转，能少量食用犬粮，但食量较少，舌淡苔白，脉细数。

处方：藿佩各 6g 后下，杏仁 3g 后下，姜半夏 3g，陈皮 3g，茯苓 12g，炒白术 6g，薏仁 12g，通草 3g，猪苓 3g，木香 3g，枳壳 6g，乌药 3g，蔻仁 3g，焦三仙各 3g，内金 6g，玄参 6g，竹叶 3g，连翘 3g，白芍 3g。水煎候温频服。服用两日巩固疗效，适量饮温水，少量饮食。

10 月 17 日三诊：精神正常，食欲恢复，二便正常。

分析：这是我刚到南昌时接诊的两个病例，2008 年南昌气候以湿为主，由湿蒙蔽三焦的证候非常多，此两案属于湿阻中焦证，在湿温病范畴内，主要证候是以脾胃为中心，弥漫上下二焦，治疗要兼顾三焦，见舌淡苔白，不能认为就是阳虚，一定要与脉合参。本案在使用众多辛温芳化药物的同时加入玄参、白芍、竹叶、栀子滋阴清热，顾护津液。

病例 6

2011 年 10 月 9 日，接诊 3 月龄雄性阿拉斯加幼犬一例，17 kg，在某医院注射过 3 针疫苗。就诊时大便 3 次，水样腥臭，呕吐清水 5 次以上，并时而干呕；倦怠无力，体温 38.6℃；腹满；脉浮而滑，舌淡白。试纸检测：犬细小病毒检测为阳性。

诊断：犬细小病毒；湿阻中焦。

处方：二联王血清 15mL/ 次，分开肌内注射；拜有利 1.7 mL/ 次，皮下注射；科特壮 2.5mL/ 次，皮下注射；维生素 B₆ 1mL/ 次，皮下注射；藿香正气水 3mL，分 10 次口服。

10 月 10 日二诊：口渴，饮水后半小时左右呕吐，呕吐黄水 3 次，大便 2 次水样色黄，脉弦滑数，舌淡红暗而滑。

处方：党参 12g，大枣 6 枚掰开，炙甘草 12g，白术 12g，桂枝 12g，茯苓 15g，肉桂 3g，姜半夏 12g，陈皮 6g，枳实 3g，生姜 15g，泽泻 12g，水煎候温频服。

10 月 11 日三诊：药后未吐未拉，精神渐好，少量口服瘦肉粥，食后未吐，清晨大便成形。

处方：给予益生菌口服调理肠道。

分析：本案脉舌色症相合，属于寒湿中阻，饲主不想使用中药，只能对症治疗，中和病毒，抗菌，止呕，并给予成药藿香正气水宣通湿阻。药后口渴，饮后过半小时左右呕吐说明胃受纳运化功能减弱，是本虚。因此复诊，给予苓桂剂温阳利水，并且配合党参、大枣、肉桂一类益气助脾胃，二陈、枳实以促进运化传导。药后病愈。我个人临床用药习惯不喜欢使用参芪一类补益药物，因为往往会助邪症状加重，但若本虚应该加入补益药物改善，有助于机体对药物的利用，如同小柴胡汤中的人参，使其有运药的能力。

病例 7

2012 年 10 月 23 日，接诊 2 月龄雌性杂交犬一例，3kg，未免疫。体温 39.6℃，呕吐白沫 3 次，大便水样腥臭，按压腹部无痛感，犬细小病毒检测为阳性。

诊断：犬细小病毒病；少阳太阴合病。

处方：柴胡 12g，黄芩 3g，姜半夏 6g，生姜 6g，炙甘草 6g，大枣 2 枚，厚朴 3g，枳实 3g，茯苓 9g，白术 3g，泽泻 6g。水煎候温频服，每日 1 付，连用 2 日。

10 月 25 日：来我处购买犬粮，告知一付药后就没事了。

分析：此案例见少阳枢机不利而见发热呕吐，太阴虚寒而吐白沫，大便水样腥臭。腥臭以腥为主，且按压无腹痛感，说明无里实热。用药以小柴胡汤为主方，使枢机通畅，配以白术、茯苓、泽泻健脾利水以止泻。本案用小柴胡汤合并理中汤也可。

病例 8

2010 年 11 月 10 日上午接诊 3 月龄阿拉斯加犬一例，未免疫，未驱虫，12kg。体温 40℃，脉弦滑，舌淡苔白滑腻，气轮青瘀，腹痛明显拒按，呕清水，大便溏稀恶臭，尿黄量大。使用安捷及瑞必珍试纸进行细小病毒和犬温热病毒检测，结果显示安捷和瑞必珍两家公司试纸均为阳性反应。同时被告知家中一只 10 月龄阿拉斯加 3 日前死亡，死亡前 5 日一直呕吐腹泻，死前吐血 3 次，便血 5 次。

诊断：犬细小病毒病；湿热互结证。

治法：辛开苦降。

处方：干姜 6g，炙甘草 6g，白芍 30g，黄连 6g。水煎分 6 次口服，每天 1 付。第一次服药 10 分钟后呕吐，呕吐物为少量药物，之后再无呕吐。下午腹部疼痛缓解，未见呕吐腹泻。

二诊：两日精神好转，饲主口述清晨大便一次水样无臭味，四处找水。脉滑略弦，舌淡苔薄白滑。

处方：干姜 3g，炙甘草 3g，白术 6g，茯苓 9g，水煎分 4 次口服。鲜橙 2 个榨汁少量多次口服，少量多次饮水。每天饮水量约 200mL（汤药量另计）。

三诊：昨日一天未吐未拉。清晨大便一次水样，气味清，小便少而黄，精神正常，四处寻觅食物，口渴。脉细少力。舌淡苔薄白。

处方：昨日方药继续口服，橙子4个榨汁加水饮用，口服米汤加入少许牛肉松调味。

四诊：精神正常，大便酱样，带有成形粪便，小便见多。

处方：昨日方药继续口服，橙子4个榨汁加水应用，口服米汤加入少许肉松和狗粮。

五诊：电复，大便成形，精神正常，食欲正常。上述药物再服一天去干姜加党参3g，三仙各2g，水煎分3次口服，以巩固脾胃。

六诊：精神大便饮食均正常，停药。

病例分析：根据饲养环境、症状、两家公司犬细小病毒检测试纸反映诊断为犬细小病毒病。气轮青瘀而少润则热郁于内，舌淡苔白滑腻内有湿阻，脉弦滑内有湿热郁结，处于湿裹热之势，同时伴见腹痛明显拒按归热郁不通则痛。又见呕吐清水，为内有水饮停聚，以辛开苦降之法去湿泄热。方药以干姜配甘草，辛甘化阳以化湿邪，白芍、甘草酸甘生津以保津，同时甘草甘而缓急，白芍柔肝而止痛。黄连甘草苦甘化阴以泄湿热。诸药合用已驱诸邪。药后食未复，便溏稀仍未内有湿邪，以理中汤去参加茯苓健脾祛湿为善后。大病初愈不可多进生冷，因此饮水即少量多次为原则，以橙汁芳香理气化湿，予以调养脾胃，复津液。

病例 9

2010年3月，接诊一例松狮，3个月，公，呕吐黄色黏液一次，大便溏稀腥恶臭，带血液，不食。饲主自己购买安捷试纸检测为犬细小病毒阳性，从高安来南昌就诊，在途中呕吐1次。来我院后在诊察之时大便酱血，腥恶臭之极，但该犬精神尚佳。脉滑数，气轮血丝满布而浊，血轮红。

诊断：中焦太阴血分热证。

治法：清热凉血止痢。

处方：白头翁9g，黄连6g，黄柏9g，黄芩3g，葛根15g，水煎，一付频服。

二诊：电复，精神正常，大便1次，先酱后成形。医嘱，昨日药方再煎1付，但仅服昨日的1/4量。

三诊：电复，精神大便正常，食欲恢复。

病例分析：此为典型的白头翁汤证，脉滑数内有湿热，气轮血丝满布而浊说明内有湿热蕴浊。再加之大便酱血。因此白头翁汤较为合适，但白头翁汤过于寒凉闭塞气机又因该犬尚小，腹泻次数并不频繁，因此去秦皮加葛根，升阳清热止痢。

病例 10

2010年5月，接诊5月龄雄性凯斯罗斗犬一例。精神萎靡不振，体温41.3℃，喜凉；吐血3次量大，大便纯血5次量大；时而头部点动或摇动的神经症状；脉细数少力，舌红绛。饲主口述来院前已发病4日，在他院诊断为犬细小病毒病，症状呕吐黄水，大便腥臭稀便，给予元亨单抗，拜有力，酚磺乙胺，西咪替丁等并给予点滴补液。

诊断：热入营血，迫血妄行。

治法：清营透热，凉血止血。

处方：竹叶 9g，栀子 3g，茅根 30g，水煎候温频服，送服局方牛黄清心丸 1 丸，日 2 次，并用生大黄粉 12g，白头翁 9g，黄连 6g，水煎候温调入云南白药 1 粒，灌肠。

二诊：二日呕吐腹泻停止，精神渐复，体温正常，未见神经症状。舌红，脉数少力。

处方：局方牛黄清心丸，每次 1 丸，日 2 次。并用自制五汁饮口服，食物以二米汤为主。

三诊：未见呕吐腹泻，精神渐复，未见神经症状，舌红，脉略数少力。

处方：局方牛黄清心丸，1 丸，分 2 次服。五汁饮、二米汤继续口服 2 日。

四诊：排软便 2 次，未见呕吐，精神正常，未见神经症状，舌淡红，脉略数。

处方：五汁饮，二米汤加牛肉松少许，连用 3 日。

五诊：电复口述精神食欲正常。

病例分析：此病例营血热亢以致动血扰神，脉细数少力为热伤气津，气津亏虚，上不受纳，下不固敛，而见吐泻，动血则迫血妄行而见出血，神乱等神经症状则是血虚生风，因此治疗方药必以寒凉为主但又不能闭塞气机又要祛邪扶正，因此使用竹叶、栀子、茅根等清轻透热的药物送服清补兼施的局方牛黄清心丸，以取清心透热，养血熄风之意。用大黄、白头翁、黄连、白药等逐瘀清肠，凉血散血，血热之迫血妄行不能止血，必须凉血散血，除去血中之热则血自止。

（二）对犬细小病毒常见症状进行分析

1. 对于呕吐的理解

呕吐是"逆"的一种表现形式，正常情况下饮食由口而入，纳入胃腑腐熟水谷，传至于肠，肠分清别浊，传导糟粕，排出体外。凡呕吐均为中焦升降失常，胃气上逆所致，犬细小病毒病的呕吐从临床看细分有胃反、蓄水、吐酸、干呕之分。

（1）反胃：《金匮》云"脾伤则不磨，朝食暮吐，暮食朝吐，宿食不化，名曰胃反。"从这个条文看，是胃受纳腐熟水谷功能下降，传导失司，食物停滞胃中，经过一段时间后反出。治疗上应考虑健中消导，药物以参、芪、姜、草、枣配合三仙、内金为主，成药如健脾丸、启脾丸一类。

（2）蓄水：这里说的蓄水，指水液积聚胃中，上逆作呕，其物均为水液，同时水液有清稀与黏稠之分，《内经》云："诸病水液，澄澈清冷皆属于寒。"若有黏稠则内有湿热所致，重则成痞。治疗上考虑温阳利水，药物多以桂枝、茯苓、蔻仁、砂仁、姜为主，方子如五苓散、猪苓汤一类。

（3）吐酸：吐酸腐是腐熟水谷之力过盛所致，属于热象，《内经》云："诸呕吐酸，皆属于热"。治疗应苦寒折热攻下，药物多以大黄、黄连为主，如黄连竹茹汤、大黄甘草汤等。

（4）呃逆：呃逆也称干呕，是胃气不疏，频频上逆所致，治疗应疏肝行气，药物多以陈皮一类开郁香药为主。方如大橘皮汤等。

造成上述4证无非寒热虚实所致，夹杂水湿燥火。临诊时应详细询问饲养过程和病前后变化，对舌诊脉诊和腹诊应详细掌握。特别是呕吐伴有腹痛应与实质脏器改变相区分。治疗呕吐，和顺为主，若有郁，先开郁，开郁必疏肝，顺其生理功能用药。凡使用苦寒必先查脉，脉虚弱无力则苦寒慎用。

犬细小病毒吐泻均见，有的同为热证，有的同为郁证，有的同为寒证，而寒热虚实错杂证在临床并不少见，因此要求对脉舌色症进行仔细的分析，考虑兼夹六淫邪气。对于寒证考虑理中类，对于热证考虑承气类，对于郁热考虑柴胡类，对于错杂证考虑泻心类及乌梅丸。此外，对于蓄水证应慎重补液。

2. 对腹泻的认识

犬细小病毒腹泻总的来看分为寒、热、湿、郁4类。在上面提过，诸病水液，澄澈清冷，皆属于寒；暴注下迫，皆属于热；同时从气味上分"寒腥、热臭、酸腐积"。而大便黏腻浑浊，每次排便不多但相对频繁，多为湿邪所致，又有寒湿、湿热之分。腹泻兼有腹痛且无异物肿块，脉弦属于郁。对于腹泻属于热证，属于郁证的，临床建议以开郁通下为主。对于寒证，临床以温中扶阳为主；对于湿应分消走泄，使气机透达。个人临床经验凡见到大便脓血恶臭之极必用大黄清下，去其腐毒，用量及配药取决于脉舌变化。对于特殊粪便如绿色便应给与疏肝健脾为主，同时对粪便气味、性状、腹痛与否、脉舌相结合确定寒热属性，在疏肝健脾的同时给予适当的散寒补中和清热凉血。治疗中焦病除考虑中焦问题外还应考虑上下二焦的关系。如温肾止泻，宣肺利水而止泻等。吐泻最伤津与气，重则动血耗血，对于津液与阳气在《宠物中医临床犬瘟热论治》和《精气血津液新释》两篇文章中已经说过不再复述。

3. 对出血的认识

出血在犬细小病毒病中有两种情况：一种是吐血，一种是便血。总的来说出血量少的相对安全，出血量多的相对危险；从血色上说出血色鲜红相对安全，血色暗红相对危险。从病性看分成虚寒和动血，虚寒为不统血，血色淡，气味轻，量相对较少，治疗多温中健脾止血，关键在于温中健脾而非止血，如中焦虚寒引起的便血往往用理中汤同时干姜多用炮姜炭代替，效果更好，亦可伏龙肝、赤石脂送服。动血指的是热盛所致的迫血妄行，出血多血色暗红且恶臭，治疗以凉血散血为主，凉血则出血自止，恶臭轻用云南白药一类与清热解毒凉血方药合用以清热凉血为主。若恶臭建议用大黄粉、

云南白药送服清心一类，也可灌肠，凉血散血，血能止，若此时一味地止血，往往效果不佳。吐血目前从临床看云南白药是比较理想的治疗胃出血的药物，但由于该药芳香浓郁大量口服容易引起呕吐，所以常温水化开小剂量频服，也可配合乌贼骨粉同用。

4. 对于补气药的理解

中兽医临床切勿乱用补药，参芪一类并非补益而是耗气助热之药。只有在气虚时才可使用，气虚的表现是脉的少力、细弱、萎软等，舌无神、萎软，吐泻频繁而虚，可适当使用补益药，并非凡病皆虚，这是错误的认识，不能随意使用补益药物，也要纠正"宁死于参芪，不碰硝黄"的思想。临床上看上去倦怠少力而脉滑有力，则非气虚而是湿阻，宣化湿邪其症状即可改善。另外要注意一点"至虚有盛候，大实有羸状"这在临床并不少见，也最易误诊，此时最易误用补药。

对于犬细小病毒而言我个人提倡以"通利"的思路，"通利"可开郁，可祛腐生新，可温阳散寒，可清热凉血。在"通利"的前提下可用补药，这个思想可能是受到了"痢无补法"的影响，将其用于临床效果良好。

应该注意若气虚较重，脉沉无力或浮而无力，四末逆冷，禁止大剂量使用补气药物，补气则为耗气，补气药物是调动机体积蓄的能量，而真虚是积蓄的能量衰竭，如果使用补气药物调动残存之气，是一种加快死亡的做法。此时应该扶阳救逆，给予附子、干姜、炙甘草一类少量加党参或是人参一类，不可以参为主。临床分清要亡阳还是要亡阴，或是要阴阳两亡，合理的给予方药。

真正的补药是食物，食物通过气化可化生水谷精微，水谷精微乃气血津液之源泉。因此犬细小病毒病康复后应进行饮食调理。尽量选择药食同源之品，连续食用一段时间才能见效。

十三、随诊犬细小病毒病例一

9月3日，接诊外地5月龄雌性贵妇犬一例，未免疫。已发病两日，在当地检查为犬细小病毒阳性，当地医生注射阿托品、氧氯普胺及头孢类药物，注射半小时后该犬全身抽搐约半小时，后抽搐自行停止，期间未用药物。

现：体形消瘦，精神不振，体温正常；无食欲；不大便，粪检取粪时大便黑色酱样恶臭；小便少；呕吐清水及白沫；舌质淡红而瘦，舌面滑；脉细数无力。检测犬瘟，细小，冠状，仅犬细小病毒为阳性，血常规白细胞 2.7×10^9 个/L（血常规见文末），生化指标基本正常。接诊医生常规补液并注射抗体治疗。

诊断：水湿阻滞，热耗营阴。

处方：猪苓10g，茯苓10g，泽泻10g，滑石10g，阿胶10g，免煎剂冲服。给药2mL后约10分钟呕吐，药物及清水，原药再灌服20mL，8小时内未呕吐。

4 日二诊：精神好转，小便见多，舌淡红而瘦，滑象大减。脉细弱，沉取无力，未大便，清晨呕吐清水，呕吐物中无药物。

处方：半夏 6g，生姜 6g，干姜 6g，砂仁 3g，黄芩 6g，黄连 6g，大黄 3g，人参 6g，大枣 6g，炙甘草 6g，枳实 3g，厚朴 3g。免煎剂，口服 20mL，其余灌肠。口服中药后未吐，首次灌肠 40mL 后约 15 分钟排出大量黑色液体似黑漆，其中有胶冻物一块，体积较大，排出物血腥恶臭。排出后，2 次灌肠 60mL 后约 4 小时后排出，咖色稀糊样粪便血腥恶臭。

5 日三诊：精神渐好，有食欲，能少量进食不吐，未大便，舌体基本正常，舌质淡红，薄白苔，脉细沉取有力。

处方：四磨汤，麻仁丸，益生菌等，自行口服，排粪停药。

7 日四诊：精神活泼，食欲正常，小便正常，大便无，血常规白细胞升至 18 万。

处方：同前。可返乡。

8 日五诊：电话告知，精神食欲正常，已大便，大便成形，尚软，停用麻仁丸、四磨汤，口服益生菌及处方粮调理。

分析：该病例首次诊断是错误治疗，虽然没有造成危害，但诊断上出现了错误，因为舌瘦，虽然阴虚，但原因是内有热，所以舌质淡红，脉细数，舌上的滑是内热蒸腾津液所致。所以首方应该清热育阴，虽然猪苓汤也是清热育阴的方子但是利水还是比较明显的，所以误在利水。这个病例提示了一个问题，诊断应该尽量在输液前完成，输液后容易影响诊断，输液后舌滑会明显加重，但脉无明显滑象，因此不应该诊断为水湿互阻。首次诊断虽然有误，但也绝不能一味苦泄，从脉和精神状态看是不允许的。第二个方子用泻心汤加减，是根据当时具体情况而定的，虽然服用一方有好转但没有达到目的，因此首诊有误。二诊沉取无力，本不应该用承气，但是排出的粪便气味血腥恶臭明显，因此承气当早用，使用时配合人参、大枣、炙甘草等同用，保护着中焦之气。其余药物是个泻心汤，就是辛开苦降，寒温并用的方子，恢复中焦升降之性。今年犬细小病毒一个是合并呼吸道感染的比较多，另一个是后期不大便的多，原来是因为大黄一类的鞣酸，但这个病例很可能是用过阿托品的问题。肠道内有宿血，且黏腻应当先通便，防止毒素反复吸收。从临床看这类病例凡是大便后精神都有明显好转，排便一两次食欲就能恢复。

9 月 3 日与 9 月 7 日血常规（表 4-2）。

表4-2　9月3日与9月7日血常规

检测项目	9月3日	9月7日	单位	参考范围
白细胞数目（WBC）	2.7	18.3	×10⁹个/L	6.0 ~ 17.0
淋巴细胞数目（LYM#）	0.4	11.9	×10⁹个/L	1.0 ~ 4.8
混合细胞数目（OTHR#）	2.1	6.1	×10⁹个/L	3.0 ~ 13.0
嗜酸性粒细胞数目（EO#）	0.2	0.2	×10⁹个/L	0.1 ~ 0.8
淋巴细胞百分比（LYM%）	15.9	65.3	%	10.0 ~ 30.0
混合细胞百分比（OTHR%）	77.2	33.6	%	60.0 ~ 83.0
嗜酸性粒细胞数目（EO%）	6.9	1.1	%	2.0 ~ 10.0
红细胞数目（RBC）	7.20	6.52	×10¹²个/L	5.00 ~ 8.50
血红蛋白（HGB）	168	153	g/L	120 ~ 180
平均红细胞体积（MCV）	72.3	70.0	fL	60.0 ~ 77.0

十四、随诊犬细小病毒病例二

2016年4月12日，接诊一例2月龄阿拉斯加幼犬，未免疫，体瘦，病前两周出现咳嗽，流少许黄涕，未经治疗，3 ~ 4日未见咳嗽，鼻涕无，正常饮食，小便正常，大便时干时稀，精神正常，近两日精神不振，体温39.3℃，不食，呕吐两次未消化食物及黄水，大便溏稀水样，腥臭。鼻头湿润，两目未见分泌物，诱咳阴性。皮肤腹部有较多脓疹，身体异味较浓郁；四末温；舌质淡红，苔白腻。

当天化验犬细小病毒、犬瘟热病毒、犬冠状病毒均为阴性。血常规，白细胞正常，淋巴细胞8000。

建议先口服小柴胡颗粒配合阿莫西林，退热止呕，明日复诊。因体味及发病过程似疫，所以二日再二诊。

2016年4月13日二诊：药后呕吐两次，大便鲜血恶臭，舌质淡红，苔白腻，脉细数，沉取少力。复查三项传染病，细小病毒阳性。在常规补液中呕吐一次，清澈，水液量大。

诊断：细小病毒，湿热中阻，里热伤阴。

西药：常规补液，注射单抗做常规治疗。

中药：生姜12g，半夏6g，黄连6g，大黄3g，枳实6g，炙甘草6g，茜草10g；免煎剂，沸水冲；口服20mL后呕吐。诸药给予灌肠。

2016年4月14日三诊：药后体温40.1℃，精神比前日好转，未呕吐，未大便，舌质红，苔白腻。脉疾，沉取少力。昨夜间大便一次血暗而少，恶臭。

诊断：湿热中阻，郁热入血。

西药：常规补液，给予白头翁汤去秦皮加大黄枳实马齿苋。免煎灌肠，灌肠40mL，

4小时后大便一次，无血，粪便镜检滴虫满视野。大便后灌肠第二次，并给予甲硝唑静脉滴入。

2016年4月15日四诊：药后体温38.6℃，精神好，少量进食进水未吐，夜间大便一次，水样溏稀略有成形。

西药：益生菌，配合少量进食，并每日3次口服甲硝唑。

2016年4月16日五诊：精神食欲较好，大便无水样，酱样。益生菌及甲硝唑继续服用，7日后六诊。

讨论：2016年入春以来，细小病毒初期表现不明显，呕吐腹泻均不严重，而且腹泻比以往病例缓和，有停滞现象，多有不吐不拉邪郁体内，但是一旦排便多出血，而且病情迅速恶化，甚至吐血且血量大，该病例一两周前有西高地白梗细小，症状亦是不十分明显，出血量极大，往往来不及治疗。这类病例脉多细数甚至疾，沉取无力。为阳极阴竭之象。若生津增液恐胃不能收纳，因此冒险急下存津，再以补液扶正津气。从临床看收到较好的效果。2016年春的这波细小，多有邪入膜原之象，症状不明显，不知先与达原饮一类再查其病发展会如何，虽然从脉看不像达原饮之脉，但从整体看还是个湿热郁阻之象。等其变化不如助其变化。

十五、一例犬暑温病的治疗

（一）病例信息

1. 患犬基本情况

4月龄雄性拉布拉多猎犬，13kg，体略胖；已注射过一次英特威二联疫苗以及一次卫佳五疫苗，驱虫一次。

2. 既往病史

6月30日该犬出现咳嗽，给予通宣理肺治疗。因7月4日吹电风扇，导致咳嗽加重，之后连续3日进行雾化治疗，且同时皮下注射科特壮（复方布他磷注射液），每日每次2mL，之后咳嗽消失。12日空调故障，导致屋内闷热，该犬整日处于此闷热环境当中，该日饮食二便均正常，仅表现为舌红绛明显。

（二）诊断与治疗

1. 发病首日诊断与治疗

7月13日早上9:30，发现笼底托盘中有大量稀便与未消化的食物呕吐物。在给予少量饮水10分钟后出现水样腹泻，粪便如酒糟状，浅白色清水中混有大量米粒样白

色颗粒，脏腥恶臭；体温 39.7℃，呼吸急促，小便未见，鼻干。舌色红绛，脉细数，沉取有力。气轮郁，血丝明显。血常规，红细胞数目 5.56×10^{12} 个 /L；血红蛋白 140g/L；白细胞数目 19.7×10^9 个 /L；淋巴细胞数目 10.7×10^9 个 /L。传染病检查，犬细小病毒检测为阳性，犬冠状病毒阴性，犬瘟热病毒阴性。粪检未见寄生虫与虫卵。

诊断：犬细小病毒病；暑温病，气营两燔，少阳阳明郁热证。

西药：清开灵注射液 4mL，生理盐水 100mL，混合静脉缓慢滴注，日 1 次；犬细小病毒单克隆抗体按每千克体重 1mL 肌内注射，共 13mL，连用两日；头孢噻呋钠 0.5g，生理盐水 100mL，混合静脉缓慢滴注，日 1 次。

中药：柴胡 12g，黄芩 6g，生姜 6g，法半夏 6g，白芍 6g，炙甘草 6g，黄连 3g，大黄 3g，枳壳 6g，茯苓 6g，免煎剂冲水口服。

病情转归：服药后 4 小时后精神好转，体温下降至正常范围，尿少而黄，粪便呈黄棕色酱状，流动性如果冻，恶臭味腥，有饮水欲望，少量饮水未吐，鼻头湿润。

2. 后续治疗

（1）第二日病况。

早 9：00 发现笼中有昨晚的两次排便，一摊面糊棕色；一摊稀，色较浅，混杂有颗粒状粪便；脏腥味重；并有一次排尿，量少色黄。精神稍差，食欲饮欲均正常。舌色较昨日稍淡，舌前段红绛；口腔中唾液少，不黏不滑；脉细数，沉取细而少力；气轮郁，血丝减少；体温 38.5℃；腹部按压无痛感。

西药：头孢噻呋钠 0.5g，皮下注射；犬细小病毒单克隆抗体 13mL，肌内注射。

中药：大黄 6g，黄连 6g，厚朴 6g，枳实 6g，马齿苋 15g，共得药汤 60mL，分两次灌肠。

病情转归：灌肠后，排出棕黑色腥臭稀便，之后未再排便。晚上 8：00 排尿一次，色淡；精神状况极好，与病前无异，喂食少量米汤，食欲饮欲良好；舌质淡红，舌尖红；脉搏平稳。

（2）第三日病况。

精神状态不佳，早上发现有一块棕黑色甜面酱样粪便；此外还发现有一片呕吐物，白色泡沫样略稠；体温 38.85℃；舌苔薄白，舌质淡，舌体宽，舌尖略红，口中干；脉搏软略滑，沉取无力；饮欲明显；烦躁，无法长时间待在笼中同一个地点；呕吐频繁，多为水饮。

治疗：前方不变，早晚分别再行灌肠。

病情转归：早上灌肠完后，立即排便，呈喷射样，药液当中夹杂有酱状粪便，有明显的败卵味；下午灌肠后 30 分钟，排出药液及一块烂肉夹杂少许粪便。夜间该犬无法入眠，双目不合，烦躁明显，反复更换趴卧位置，并且喜卧金属板之上，喜冷饮明显；体温 39.2℃。

（3）第四日病况。

昨日下午大便后未再大便，喜饮，饮后未呕吐，精神欠佳；脉浮滑数无力；舌质淡白，舌边偏淡紫，舌宽苔白而干；体温 38.2℃。

西药：糖盐水配入能量合剂常规补液；头孢噻呋钠 0.5g，生理盐水 100mL，混合静脉缓慢滴注。

中药：大黄、枳实、厚朴、玄参、生地、麦冬、蝉衣、僵蚕各 6g，桃仁 3g，煎药得 250mL 汤液，灌肠 60mL，其余药液备用。

病情转归：灌肠之后，每次 1～2mL 口服药汤，共计 15mL 左右，均未见呕吐；舌暗，口腔中唾液量少，但略有黏滑，舌质暗绛，舌前段较红，舌体宽，脉浮滑，沉取力弱，为水饮内停，口渴喜冷饮，无食欲，不排便，尿少而黄，气轮郁，烦躁不得眠，体温 38.5℃。两个半小时之后，前方汤剂再次灌肠 60mL；期间曾针刺后海穴，强刺激行针不留针，均未排便。

第四日晚 10：00 左右，烦躁不得解，已持续烦躁不得眠 24 小时以上，未排便 18 小时以上。脉浮细数而滑，沉取少力；舌质绛暗无光。

治疗：蜜麻黄（免煎剂）6g，桂枝 6g，生姜 6g 后下，白芍 6g，杏仁 6g，炙甘草 6g，砂仁 6g，大黄 3g 后下，五味子 6g，厚朴 6g，干姜 6g，茯苓 10g，生石膏（免煎剂）10g，除免煎剂外，其余均为饮片，水煎共得汤液 250mL。

病情转归：口服此中药 2mL，10 分钟过后，排尿，尿色黄，随后对自己阴茎头进行舔舐清洁。之后每次少量给药，一小时后，患犬食欲恢复，主动进食狗粮；舌色淡粉，舌苔白。直至当晚凌晨 3：00，频繁少量口服近中药汤液共计 15mL。于凌晨 3：00 左右排便一次，呈稀黑酱样。

（4）后期恢复。

第五日时，该犬精神良好，饮食正常，大便逐渐成形；舌质淡苔白，脉浮滑而细。给予益生菌观察。

第六日时，该犬精神良好，大便成形，不用再给予任何药物。嘱咐每日少量多餐喂食犬粮，逐渐将犬粮增至病前食量。

（三）分析与讨论

该犬前期咳嗽为湿寒外感所致，使用通宣理肺后较快缓解。但缓解后又复感风寒，造成咳嗽加重，使用雾化配合科特壮治疗。从中医角度看，雾化能通阳宣肺燥湿，科特壮则能温阳扶正，二者配合对体弱外感风寒的病例效果较好。

后出现细小病毒病，伴有发热，舌红绛，脉细数，沉取有力，大便腥恶臭，此为里有热像，又有伤阴之象，且发于夏至与大暑之间，诊断为暑温病，而从舌红绛，脉细数，沉取有力看，则病在气营，属于气营两燔，而主要症状则围绕少阳阳明，因此为少阳

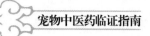

阳明郁热证，郁热主要表现为发热伴有呕吐，大便腥恶臭的气味。治疗以清热凉营，开郁攻下为主。方用清开灵静脉缓慢滴入清热凉营以增液，用大柴胡汤开郁攻下排浊。药后症状明显好转，而第二日，大便仍然秽浊，乃攻下不足，由于前方黄连大黄用量不足清下力弱，第二日邪未净。因此第二日着重攻下排浊，药后精神大好。

但暑温病湿与热合，湿热聚而成毒，第三日所表现的大便喷射，味如败卵，即为湿热成毒的表现。仍以清下为主，配合增液，注意增液是增加肠道液体，有利于排邪，并非增加湿邪。而反复泻下则伤气耗阴，且郁热不解，所以往往先兴奋，解后嗜睡。连续灌肠后由于大黄先下后止的特点，往往数下后不大便，但此病以通为主，再用大黄剂仍不能泻下，以针刺后海穴而促进大便无效，则改用另一途径，下病上治，宣上畅中利下，以麻黄汤合并承气汤加减，效如桴鼓，诸症减退，食欲恢复，安舒静卧。药后凌晨3∶00，大便一次，黑色稀酱。第五日精神好转，大便逐渐成形。

（四）注意事项

对于该犬的治疗应当注意以下几点：①发热不能直接选用消炎退热药，临床看往往药后或动血，若找不到发热原因而盲目退热使用清热药或消炎药往往发热容易反复。②用下法当审查其脉，若脉有力则能下，若无力则扶正祛邪，补下同施。③本病以"通"为常法。④用麻黄桂枝配先查脉，脉有力而滑或不细，则有可发之汗，若无力或脉细则应慎重发汗，必要时给予五味子、山萸肉等配合使用，散与敛同用。⑤烦躁不得眠，多从内有郁热着手，脉浮，沉取少力，则主要矛盾在上焦，在表，因此麻黄剂加减宣散清热而有效。

十六、一例暑湿病的治疗

1. 病犬概况

4月龄雌性拉布拉多犬，体重11kg，体格中等，已注射英特威二联疫苗、卫佳伍疫苗各一针，并已驱虫一次，平时居住于地下一层房舍，环境相对较潮湿。

2. 既往病史

7月初即见咳嗽，有痰音，鼻有浊涕，舌色偏淡，苔白。精神活动力无异常。给予芳香宣肺中药后咳嗽明显减轻，但痰仍在。由于该犬服药困难，因此给予3天疗程雾化治疗，雾化治疗首日效果明显，但随后两日雾化效果平平，咳嗽反复，痰量不少反多。

3. 症状及治疗

（1）治疗首日。

7月13日上午，见该犬发热、呕吐、排便成形；下午，见腹泻豆汁样稀粪并带有粪块，查得 CPV 阳性。尿淡黄澄清，咳嗽咳痰，痰呈白色黏稠蛋清样，且带泡沫；鼻有黏稠浊涕；体温 39.6℃。呼吸喘促，精神沉郁，皮肤烫。舌色暗淡，舌尖边偏红，苔薄白。

诊断：细小病毒病；暑湿病，表郁里实证。

西药：柴胡注射液，2mL，皮下注射，次 / 日；犬用二联王注射液，12mL，皮下注射，次 / 日；0.9% 生理盐水，100mL；头孢噻呋钠，0.5g；混合后静脉缓慢滴入，次 / 日。

中药：炙麻黄 6g，杏仁 6g，生石膏 18g，炙甘草 6g，大黄 6g，枳实厚朴各 6g，黄连 6g，马齿苋 15g，蝉蜕 6g，白僵蚕 6g，片姜黄 3g。免煎剂溶于开水候温灌肠，分 3 次灌入。

补液后精神沉郁，呼吸短促，舌暗淡偏紫，苔白。脉浮数而软，沉取脉实。体温 39.3℃。灌肠后精神状态良好，体温 39℃，呼吸平和，未排便。舌质淡，舌中偏暗，舌边粉红。脉浮软，中取有力而滑，脉象较之前缓和。咳嗽，有白色稠痰。鼻有浊涕，成股黏稠。有饮食欲，仅给予少量水。

（2）治疗第二日。

精神状态良好，活动力佳。见排便一次，量大，呈黄色米汤样（水样粪便混杂质），无特殊气味。尿色淡黄澄清，尿量大。偶见咳嗽，咳出痰液较之前更为黏稠且量大，呈透明或白色，带少量泡沫。舌中淡白色暗，舌尖边淡红，口津不黏。脉浮数而软，中取有力而滑，沉取有力。体温 39.1℃。有饮食欲，仅给予少量水。

处方：炙麻黄 6g，杏仁 6g，生石膏 18g，炙甘草 6g，大黄 6g，枳实厚朴各 6g，黄连 6g，马齿苋 15g，蝉蜕 6g，白僵蚕 6g，片姜黄 3g。免煎剂溶于开水，候温灌肠，分 3 次灌入。

当日灌肠完成后，体温 38.9℃，精神状态良好。舌色淡略暗，苔薄白，舌尖边略红。偶有咳嗽，每次基本都能将痰咳出，咳痰量大黏稠，至下午痰量逐渐减少，后期痰液呈黄白混杂样。尿色淡黄澄清。灌肠后约 5 小时排便，一摊呈土黄色稀酱状并混有少量块状粪便，另一滩则呈深色酱状，混有少量暗红血色。脉浮数，中取有力而滑。舌色淡，尖边略红，精神状态良好，体温 38.9℃。晚间给予少量米汤加罐头，食欲良好。

（3）治疗第三日。

精神状态良好，体温 38.8℃。舌体红润，中根偏淡。脉浮软，中取有力而滑，沉取有力。尿色淡黄澄清。咳嗽次数见少，咳痰量亦减少，痰呈白色黏稠样并带有泡沫。排便一次，质地不均但成坨状，土黄色。

处方：炙麻黄 6g，杏仁 6g，生石膏 18g，炙甘草 6g，大黄 6g，枳实厚朴各 6g，黄连 6g，马齿苋 15g，蝉蜕 6g，白僵蚕 6g，片姜黄 3g。免煎剂溶于开水，候温灌肠，分 3 次灌入。

当日灌肠结束后体温 38.3℃。仅夜间至清晨咳嗽 4 ～ 5 次，每次咳嗽两声，偶有咳痰，痰呈白色黏稠样并带泡沫。

（4）治疗第四日。

精神状态良好，体温38.4℃。脉略浮，中取有力而滑。舌质淡红，尖边颜色粉红，中根部白暗，苔薄白。咳嗽，痰液透明并混有浅棕色。镜检见少量红细胞及大量脱落上皮、白细胞等。尿色淡黄澄清，当日未见排便。

西药：云南白药，0.25g，口服，2次/日；通宣理肺丸，半丸，口服，2次/日；头孢喹肟，1.1mL，肌内注射，1次/日。

（5）治疗第五日。

精神状态良好，体温38.3℃。舌色红润好转，舌质淡粉色，苔薄白，中部至舌根偏淡。脉略浮，中取有力而滑，沉取有力。中午排便一次，成形质软，外层为深色膜状，内为土黄色；晚间大便一次，正常。CPV试纸复查结果为阴性。至此精神状态正常，饮食正常，二便正常，细小痊愈。咳嗽后期再行调理。

4. 分析

本案为夏至后发病，且发热而有痰湿，因此属于暑湿病范畴。暑与湿合，则最易成痰，此痰也最难以清除，阻塞气机，升降失常，表郁不开，里实不出，故诊断为暑湿病：表郁里实证，见发热、吐泻、咳喘、皮烫。需要注意的是，暑湿病和暑热病不同，暑湿舌色多舌质淡白暗、苔白，与外感寒湿病例的舌色极为相似，而暑湿病若用辛温解表扶阳药，体温不仅不降且又反升，舌质由淡白转红绛，且呼吸急促。暑病伤阴，而辛温解表扶阳药虽能化湿，但同时又助里热而伤津液，往往错误地连用三四日后会出现持续高烧，迅速出现热衰竭。

本案表郁里实明显，因此用麻杏石甘汤配合升降散灌肠，表里两解，麻杏石甘汤宣肺，承气升降散升降气机去腐实，更加黄连马齿苋增强清热祛湿的力量。暑期生麻黄还需慎重使用，尤其是南方，可用蜜麻黄代替，留宣肺之性，减发散伤阴之弊。香薷在暑期亦可考虑。本案中有个脉象需要注意，脉浮，即有表未除，不能单纯用下法攻里。

暑湿病的治疗需要注意以下几点：

暑湿病，既不能清热太过，也不能化湿太燥。

暑湿病病程相对较长，暑湿所致之痰不易迅速清除，可能因痰而再次造成发热，并且从临床经验看，容易出现急性肺炎，不能太急于清热，应时刻注意顾护阴液。

暑湿病不能按照暑热病治疗，输液不能太过，否则助湿易出现高热不退、肺水肿等。

暑病过后，不要急于补充所谓的营养，容易复感食伤。不要过度运动，暑病过后应注意养阴，如果大病初愈过度运动可能落下肺病。

暑病初愈诸证减退，可适当用清热利湿、养阴凉营的方子做食疗以善后。

2016年以来，犬细小病毒病非过去直接出现胃肠道表现，而多先出现呼吸道症状，一两日后或几日后出现胃肠道症状，上感或肺炎合并细小病毒病出现是 2016 年以来出现较多的情况，应对这种现象引起重视。

十七、少阴失禁的病例

2015 年 12 月 31 日，接诊一例 5 月龄雄性拉布拉多犬，12.8kg。饲主口述在狗场注射过两次疫苗，该犬 29 日发病，呕吐未消化食物，大便溏稀，精神尚佳，自行口服土霉素 4 ~ 5 片。30 日上午精神略减，未呕吐，大便成形，晚上呕吐频繁，约呕吐十余次，后五六次为褐色或黑色黏稠液体，血腥味浓郁，大便两次，褐色或黑色水便，腥恶臭浓郁。

31 日上午来院就诊，体温 37.5℃，四肢逆冷；体瘦（皮包骨），腹腔凹陷；无力；呕吐酱油色黏液，血腥味浓郁；大便血样，呈喷射状；舌质淡红，舌苔薄白；脉弦数，沉骨无力；鼻干；按压腹部无痛感。化验细小病毒，冠状病毒，犬瘟热病毒，其中细小病毒阳性，血常规白细胞 4.5×10^9 个 /L，淋巴细胞数目 0.7×10^9 个 /L。

诊断：细小病毒，郁热阻滞中焦，动血。

由于饲主有场外专家指导，要求使用头孢类药物及庆大霉素滴入，因此不便使用中药。仅做常规治疗，按饲主要求静脉给予头孢类抗生素，并口服少许云南白药。

1 月 1 日：药后病情未得到控制，并有加剧，精神沉郁，便血出血量较大，并呈现失禁状态，且失禁频繁。呕吐 4 次，呕血量也较大。按压腹部有痛感，但喜按；脉按取得，沉滑无力略数；舌质淡红，苔薄白；体温 38.3℃。场外专家建议放弃治疗，随后饲主告知可随意治疗了。

诊断：少阴寒化，阴阳不接。已出现频繁失禁先固涩止血，防止阴阳两亡。

西药：常规缓慢补液，纠正酸中毒。

中药：给予赤石脂 1 份，干姜 1 份，木贼 1 份，蒲黄炭 1 份，炙甘草 2 份，白芍 1 份，伏龙肝 30g，水煎两次，冲上述诸药。总药量约 120mL，每次口服 20mL，平均 6 小时内喝完。

服药期间未呕吐，期间排尿一次，尿量不大。服药 6 小时内失禁 7 次，黑色浓郁血水，药尽后 9 小时，凌晨 3 :00 左右呕吐黄水黏稠，未见血色，且无血腥味道，并排便一次，血水血腥味浓郁，但血色成浅褐色，色如汤药。凌晨 6 : 30 左右呕吐一次仍为黄色黏液无血色及血味，精神有好转。

1 月 2 日：精神好转，凌晨大便后未再大便，自行找水，饮凉水少许立即呕吐，呕吐黄色黏稠液体，无血色及血腥味。按压腹部有痛感；舌宽，质淡红，苔薄白水滑；脉按取得，芤而无力略数。

诊断：中焦虚寒，无力运化水湿，且昨日少阴寒化。起初想用苓桂术姜配合痛泻要方，但发现该犬喜按。

西药：常规补液。

中药：大半夏汤冲化理中丸及启脾丸，药后未吐。精神明显好转；饮凉水后呕吐一次，未大便；小便两次，尿量不多。尚未复食，以中药一半加入小米汤一半混合口服15mL未吐。

1月3日：精神好转，大便成形，未呕吐，按压腹部无痛感，舌宽，质淡红，薄白苔满布，有食欲，脉芤沉取无力。

西药：巩固治疗，启脾丸加减，求其大便。

1月4日：精神大好，夜间排便成形，未呕吐，早晨饲主喂食较多，中午大便稀软。

西药：巩固治疗，启脾丸与和胃清肠丸加减，调和脾胃，益气消食。

晚上未大便，未呕吐，精神佳，能食，能跑。晚上办理出院。

几个关键问题：

（1）细小病毒出现失禁症状是个危症，特别是失禁血水，极容易阴阳两亡，急当固涩，固涩后再益气养阴。

（2）两头出血特别是血量较大不容易止血的时候按照中医外科方法止血。

（3）在出现里急后重症状时或是想拉总拉不干净时要注意脉舌的情况，不能见到有大便后重感就用通下发，脉沉取无力，腹部胀满无实邪，不可下。

（4）注意每次给药后的反应，将清发病、用药过程及表现，结合脉舌色症做诊断，不可能太阴寒化药好转后又马上成阳明腹实。

（5）出血量大注意益气。虚寒与热盛都可以造成大量出血，不能一见便血就用白头翁，这样非常危险。

（6）出血固涩后的一两天内应让其大便排出瘀腐，否则恐生变故。

十八、一例细小水逆证的治疗

2016年，接诊一例3月龄雄性阿拉斯加幼犬，注射过3针进口英国疫苗（该疫苗查不到任何批号等正规信息）。饲主口述呕吐黄水，大便溏稀水样并有果冻样物质，并且排蛔虫两条，气味恶臭。不食，找水，饮后约30分钟左右吐出；精神倦怠，喜凉；尿少而黄；脉弦滑略数；舌暗而滑；并且发现该犬低头时能从嘴里流出黄色液体，饲主证实在家呕吐也是这样，低头或走几步就无声地从嘴里吐出黄水；体温38.5℃。检查犬瘟热细小，结果为犬细小病毒感染。

诊断：犬细小病毒病；水停心下，中阳虚衰的水逆证。水为阴邪停聚胃中，胃不受纳反上逆，此中焦功能异常，并呕水无声，大便溏稀，舌上无光则属阳虚证。给予温水则饮，说明喜凉为假，此喜凉为虚热所致。

治疗：给予补液，注射血清，抗生素，驱虫等常规治疗，发现输液过程中该犬出现摇头现象，并且头摇从嘴中呕水，频繁且量较输液前大。给予中药口服，桂枝12g，茯苓 15g，白术 9g，炙甘草 12g，姜夏 9g，生姜 9g，猪苓 9g，泽泻 12g。水煎口服，煎得 150mL 药汁，分 6 次服完，首次 5mL，逐渐加量。药后约半小时后呕出少许药汁。回家后饲主来电，到家半小时左右呕出少许药汁（一元硬币大，三四块）。

二日二诊：到家后呕少许药之后再未呕吐，未大便，小便两次，第一次尿量少而黄，第二次尿量相对较多，精神有好转，舌暗，已无湿滑之象。

治疗：给予补液，血清等常规治疗。今日输液未出现呕水摇头等情况。输液后，脉滑象偏重，并且输液后大便溏稀水样，臭味轻。给予中药口服，桂枝 12g，茯苓 15g，白术 12g，炙甘草 12g，姜夏 12g，生姜 15g，大枣 6 枚，泽泻 20g，党参 12g，肉桂 3g，陈皮 6g。水煎得 200mL 药液，取 20mL 口服，分 3 次服完。

服后一小时未呕，精神较好，自己清洁腿和阴部，能吠叫摆尾，给予泡软幼犬犬粮 40g，能食。

三日三诊：该犬未呕，大便成形，精神正常，饮温水。

停止用药，给予调节肠道菌群的保健品等回家拌粮口服，注意防寒避风。

今日饲主连电何时重新免疫，并告知该犬活泼正常。

分析：此病例虽为犬细小病毒，但该犬属于中阳不足，水逆上犯。水逆证的原因为中阳虚衰，无力化水，水满而逆。需温阳，降逆，利水。桂枝非大热之品，少许则宣散，重用则降逆，桂枝肉桂相同，肉桂降逆助火之性较桂枝强。茯苓、白术、党参健脾利水，与桂枝配则利小便止大便；大枣、生姜、半夏、陈皮、炙甘草温中和胃；猪苓、泽泻淡渗利湿，则助苓桂利水止泻。

本为中阳虚衰，无力化水，一味补液则加重水聚。ATP，辅酶 A，肌苷等补充品，虽为扶正，但针对性较差，不如此汤药目的明确。抗生素不能说无用，可在临床中确实出现很多病例按推荐剂量使用后出现呕吐现象，停药后缓解。血清为扶正品，提高免疫，中和病毒，虽有广泛的补益作用，但同样针对性差，对病原的针对性相对汤药而言强。中西各有所长，可互补其不足。

十九、热入营血的细小病毒

2017 年 1 月 16 日，接诊金毛幼犬一例，2 月龄，2.48kg。体瘦，体温 39.3℃；精神不振，无食欲；呕吐 5～6 次，清水有少许黏稠物；无明显气味，大便 4～5 次，稀酱恶臭，大便中带血点；按压腹部无痛感；舌质绛红，苔不明显，舌面无明显黏滑，口内臭，舌体基本正常（视频舌色比真实舌色淡一些）；脉细数，沉取少力。粪检球虫阳性，冠状病毒阴性，细小病毒阳性，犬瘟热病毒阴性。

诊断：细小病毒病合并球虫感染，营血郁热证。

治疗：常规补液，给予单抗注射；百球清按剂量口服；白头翁，茜草，生大黄，枳实，免煎剂 150mL 沸水冲，分 4 次灌肠。

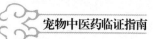

1月17日二诊：药后排出恶臭大便及脱落的肠黏膜数次，与药物混合排出。排出后未再大便，呕吐2次，第一次清水，第二次白沫，精神明显好转，体温正常，有食欲。舌色红绛但比昨日色浅，脉沉取仍然少力，但尚有力，在可下范围内，数象减弱，细有缓解。镜检球虫未见。给予白米粥自饮。

治疗：常规补液，给予单抗注射。拳参，茜草，丹参，生大黄。免煎100mL，分3次灌肠。

1月18日三诊：灌肠后，排恶臭粪便及药3次，排后未见大便，精神好，食欲旺盛，食米粥狗粮等未吐，舌色红，绛色不明显。脉缓和少力。停药观察。

治疗：益生菌口服，日2次；营养膏口服，日3次。

讨论：这个病例告诉我们前人留下来的治疗原则或是法则是正确的，是他们经验及理论的总结。在原则或法则指导下用药是有效的，而药物应当是灵活的，换药不换法。我不太相信"一病一方论"，一个病当有多方，但法则大同小异，或考虑角度不同，运用的原则也有区别，对同一个病都能起到治疗作用。这也符合一个事物不可能只有一个面，我比较相信"谨守原则，活用方药""方前先立法"。这样有利于对一些陌生或冷僻药材的使用和掌握。

二十、随诊7例犬细小病毒

2017年7月29日，接诊两只幼犬，边牧和贵宾。

病例1

基本信息：雄性6月龄边牧，未完成免疫，13.3kg。

中兽医检查：体温39℃，精神稍差；呕吐清水，带血，两次；大便稀连续两日，稀水样恶臭，带血腥味；腹部按压未见痛感；气轮青郁；脉浮滑数，沉取少力；舌质红苔白。

实验室检查：便检未见寄生虫；血常规：白细胞14.3×10^9个/L，淋巴细胞12.1×10^9个/L，红细胞4.86×10^{12}个/L，血红蛋白127g/L；细小病毒阳性，犬瘟热及冠状病毒阴性。

诊断：犬细小病毒病，湿热阻滞中焦，热重于湿。

处置：常规治疗及补液。

中药：防风6g，藿佩各6g，杷叶10g，杏仁10g，桔梗6g，白术6g，苍术3g，黄连3g，黄芩3g，生大黄3g，蔻仁6g，茯苓10g，薏苡仁10g，泽泻10g，滑石10g，厚朴6g，枳实6g，茜草6g，玄参6g。水150mL冲化，候温分3次灌肠。

2日二诊：精神良好，未呕吐，排药两次，小便两次，量较大，舌质红，苔薄白，脉浮数略滑，沉取少力。

处置：常规治疗及补液。

中药：生姜 6g，法半夏 6g，银花 10g，黄连 3g，黄芩 6g，生大黄 6g，枳实 6g，厚朴 6g，干姜 3g。150mL 水冲开，候温分 3 次灌肠。

3 日三诊：精神食欲较好，少量进食米粥后未吐，逐渐加入面包未吐，未大便。舌质红但比昨日略淡，薄白苔，脉浮略数。

处置：单抗巩固，诸药停用。

4 日四诊：精神食欲良好，口服药膳调理。

分析：该病例从症状及脉舌看，病位在中焦但有上焦郁热，且湿邪较盛，处于气分向血分阶段发展，有动血之象，用宣通三焦法兼以苦寒折热凉营散血。因此二日复诊时未见出血，灌肠药排出后也未再吐泻，精神良好，脉舌有变化，未有加重趋势，且有邪退的表现。二日用药的侧重点在于清热，但须防止苦寒败胃，又要保持气机升降，用辛开苦降法，半夏泻心汤类加减。

病例 2

基本信息：3 月龄雄性贵宾犬，3.72kg，未免疫。

中兽医检查：呕吐食物一次；大便稀酱，恶臭；腹部按压有满感；舌质淡红，苔薄白；脉数，沉取有力。

实验室检查：白细胞 12.6×10^9 个 /L，淋巴细胞 4.1×10^9 个 /L，红细胞 7.9×10^{12} 个 /L，血红蛋白 181g/L；细小病毒阳性，冠状病毒及犬瘟热阴性。该犬与边牧为一家所养。

诊断：犬细小病毒病，中焦热盛夹湿，运化失常，形成积聚。

处置：常规治疗及补液。

中药：香连化滞丸，半颗化开滴服。

2 日二诊，清晨呕吐一次水饮夹杂药物。未大便，脉数，沉取有力，舌质暗红，苔薄白略干，腹部满感未消。

处置：常规治疗，未补液。

中药：黄连 3g，黄芩 6g，生大黄 6g，枳实 6g，厚朴 6g，玄参 10g，生地 6g，生姜 6g，半夏 6g，银花 10g，栀子 3g，乌药 6g，白头翁 10g，大枣 10g，炙甘草 6g。水150mL 冲化，候温分 3 次灌肠。

3 日三诊：精神良好，有食欲，食后未吐，未大便。舌质淡红，苔薄白，脉略数。

处置：单抗巩固，其余药物停止。少量进食。

4 日四诊：精神食欲良好，大便成形，药膳巩固调理。

分析：该病例初起积食腹满，使用香连化滞丸先行清热消导，导邪外出，但药后效果不佳，热未能控制住，有热入营血的趋势，舌质暗红说明里热已成，舌面干为里热伤津，因此给予清热攻下，生津凉血法。药后效果满意。

病例 3

基本信息：2016 年 9 月 13 日，接诊一 7 月龄雄性拉布拉多犬，26.4kg，在宠物店注射过 3 次疫苗，但饲主出示不了任何免疫证明。

发病过程：10 日 18：00 左右偷吃螃蟹壳，到 22：00 左右，精神不振，呕吐，饲主自用肠胃宝（益生菌）口服，服后未吐。11 日清晨呕吐黄水，大便稀软恶臭。饲主仍然继续给予肠胃宝，晚上呕吐咖色液体，大便水样，带少量鲜血，不食。12 日，精神沉郁，不愿走动，呕吐带血，腥酸气味明显，大便喷射样血便，褐色及鲜血均有，腥恶臭；不食；无尿；饲主见吐血拉血未敢再用药。13 日就诊。

13 日：体温 40℃，精神沉郁，无力，行走缓慢蹒跚，呕吐血水，排喷射褐色血样便，恶臭；气轮赤；脉沉取有力而大，略数；牙关紧，舌红绛而宽，无明显舌苔；按压腹部无明显痛感；细小病毒阳性，血常规见表 4-3。

表 4-3　血常规

检测项目	提示	结果	单位	参考范围
白细胞数目（WBC）	L	5.7	$\times 10^9$ 个 /L	6.0 ～ 17.0
淋巴细胞数目（LYM#）		2.1	$\times 10^9$ 个 /L	1.0 ～ 4.8
混合细胞数目（OTHR#）		3.5	$\times 10^9$ 个 /L	3.0 ～ 13.0
嗜酸性粒细胞数目（EO#）		0.1	$\times 10^9$ 个 /L	0.1 ～ 0.8
淋巴细胞百分比（LYM%）	H	36.9	%	10.0 ～ 30.0
混合细胞百分比（OTHR%）		61.3	%	60.0 ～ 83.0
嗜酸性粒细胞数目（EO%）	L	1.8	%	2.0 ～ 10.0
红细胞数目（RBC）		7.37	$\times 10^{12}$ 个 /L	5.00 ～ 8.50
血红蛋白（HGB）	H	183	g/L	120 ～ 180
平均红细胞体积（MCV）		74.4	fL	60.0 ～ 77.0

诊断：血热动血，迫血妄行。

西药：常规补液，给予抗生素静脉滴入，并给予酚磺乙胺 2mL 皮下注射，单克隆抗体按每千克体重 1 mL 给予。

中药：白头翁 10g，马齿苋 15g，茜草 10g，阿胶 6g，炙甘草 6g，黄连 6g，黄柏 6g，生大黄 6g。免煎剂，冲 150mL，口服 20mL，其余分两次灌肠。用于凉血止血清浊。第一次灌肠约 60mL，15 分钟后排出大量药液夹杂大量血块及稀粪。排出后立即灌肠第二次，约 60mL，6 小时内未大便。口服 20mL 分两次服，药后 4 小时呕吐药液，未见鲜血。当日治疗后体温 38.6℃。

14 日二诊：精神好转，见人能摇摆尾巴，但仍然无力，不食，未大便，小便两次，量大而黄，呕吐两次清水，未见褐色及鲜血。脉细，沉取少力而数。舌红绛，舌体宽。

西药：西药治疗同前。

中药：由于药后未大便，而脉细，舌红绛，则凉血散血。竹叶 10g，连翘 10g，生地 10g，麦冬 10g，玄参 10g，茜草 10g，五味子 6g。免煎剂。冲 150mL，口服 20mL，其余分两次灌肠。

第一次灌肠 60mL，灌肠后 20 分钟左右排出，带有少许粪便，无血。排出后立即灌肠第二次，约 60mL，8 小时内未见大便。

15 日三诊：精神明显好转，可小跑，吃宠物火腿肠，饮水后呕吐，吐水不吐食。小便少而黄，未大便。晚上饲主给予鸡蓉粥食后一小时呕吐。

西药：西药同前。

中药停药一天观察。

16 日四诊：精神活泼，大便正常。饮水后未吐，食用鸡胸肉未吐。停药。

病例 4

2016 年 9 月 12 日，接诊 2 月龄雄性金毛犬，4.6kg，购买 10 天左右，饲主从医院购买试纸自行检测细小病毒为阳性，遂就诊。

就诊时精神尚佳，食欲减退，呕吐过两次清水，无大便，鼻头湿润，少许清涕，气轮青郁。舌质淡，苔薄白，脉弦细，按压腹部无痛感。血常规见表 4-4。

表 4-4 血常规

检测项目	提示	结果	单位	参考范围
白细胞数目（WBC）		10.8	$\times 10^9$ 个 /L	6.0 ~ 17.0
淋巴细胞数目（LYM#）	H	6.2	$\times 10^9$ 个 /L	1.0 ~ 4.8
混合细胞数目（OTHR#）		4.4	$\times 10^9$ 个 /L	3.0 ~ 13.0
嗜酸性粒细胞数目（EO#）		0.1	$\times 10^9$ 个 /L	0.1 ~ 0.8
淋巴细胞百分比（LYM%）	H	57.7	%	10.0 ~ 30.0
混合细胞百分比（OTHR%）	L	41.2	%	60.0 ~ 83.0
嗜酸性粒细胞数目（EO%）	L	1.1	%	2.0 ~ 10.0
红细胞数目（RBC）		5.10	$\times 10^{12}$ 个 /L	5.00 ~ 8.50
血红蛋白（HGB）		122	g/L	120 ~ 180
平均红细胞体积（MCV）		70.6	fL	60.0 ~ 77.0

诊断：湿热阻滞中焦。

西药：细小抗体按每千克体重 1mL 注射。

中药：半夏泻心汤。

13 日二诊：精神萎靡不振，体温正常，不食，呕吐 4 次，鼻干，饮水则吐，不大便，镜检少许滴虫。脉浮沉取无力，略滑。舌质淡白，舌体略宽，薄白苔。

西药：常规补液，单抗同前。

中药：宗提壶揭盖法，苏叶 10g，防风 10g，杏仁 10g，枇杷叶 10g，陈皮 6g，半夏 6g，生姜 6g，茯苓 10g，玄参 10g，黄芪 6g，枳壳 3g，蔻仁 3g。免煎口服。药后未吐。中药送服甲硝唑 115mg，药后 6 小时内未吐。该犬晕车，基本每次在车上都要呕吐一次，未吐出药物。

14 日三诊：清晨呕吐一次，未大便，精神不振，体温正常。脉浮，沉取少力，略滑。舌质淡白，舌体略宽，薄白苔。

处方：西药同上；中药停用，单纯给予饮料口服，并送服甲硝唑，药后未吐。

15 日四诊：未呕吐，大便成形，精神不佳，神情呆滞，但出去看到雌犬活泼，看到雄犬夹着尾巴低头不动，体温正常，舌质淡红，薄白苔，脉弦细。

处方：甲硝唑再口服一次，其余药物均停，给予饮料供应，少许营养膏饲喂。

16 日五诊：未呕吐，未大便，仍然去看到雌犬活泼，看到雄犬夹着尾巴低头不动，怀疑有过惊吓史，让其带回家陪伴抚摸。镜检粪便滴虫未见。

17 日六诊：精神略有好转，但仍然对雄犬有警惕感，狗粮伴营养膏食用。嘱其四磨汤每次 3mL 调理。

18 日七诊：精神正常，但对男性仍然有警惕感。

病例 5

2017 年 4 月 10 日，接诊一雄性 10 月龄阿拉斯加犬，28.6kg，自幼舌色淡白，即使运动后舌色仍然淡白，时不时腹泻，饮食较乱。在宠物店注射德国疫苗。

3 日前发病，就诊时脱水，体温 39.4℃，精神略不振，无呆滞，鼻干有少许清涕，大便稀臭酱样，大便颜色由全黄便转为全红便，再转为全褐色便，由酱样转为水样，平均每日 3～4 次。呕吐高黏稠液体，色黄及白，平均每日呕吐 3 次，腹部按压无痛感，无异物，小便日 2 次。舌色淡白略滑，脉似有似无。

实验室检查：犬细小病毒阳性，冠状病毒阴性，犬瘟热阴性；白细胞 3.3 万，血红蛋白略高，红细胞正常；粪便镜检未见寄生虫。

由于脉似有似无，精神略不振但从精神看与脉不服，而大便臭动血，与舌淡白也不吻合，因此当时先以小柴胡汤和解退热扶正祛邪，再以桂枝汤调和营卫，增强心胃之阳，呵护营阴。给予小柴胡汤合并桂枝汤。并给予常规补液及常规治疗，注射酚磺乙胺，并且调节电解质缓解酸中毒。补液量按照正常体重补液量一半补给，并观察输液反应，及时调整补液量。

补液后体温正常，精神明显改善，大便水样褐色，恶臭，呕吐两次，高黏稠液体，其中一次参杂中药，补液期间服用中药量 80mL。脉舌无明显变化。

但依据大便性质，气味，颜色看当属热证，呕吐物性质，颜色也均符合热证。因此停用小柴胡汤合并桂枝汤，改为白头翁汤加大黄及茜草，云南白药，凉血止血，泻浊，并给予中药灌肠。灌肠约 80mL，半小时后排出。排出后，脉象相对明显，脉象数，沉取有力，舌色无改善，从灌肠后脉象表现看当为热象，灌肠后精神略有恢复。继续灌肠 80mL，灌肠后约 30 分钟排出，排出气味减少，未见血便。

2 日二诊：体温正常，精神与昨日一致，夜间呕吐一次黄色黏稠液体，大便鲜血一次，量大，腥恶臭。来院后失禁两次，均为纯血。速煮伏龙肝，赤石脂，粳米，五味子，升麻等涩肠止血升提药物。煮药期间抽血 0.5mL，复查血常规。白细胞为 0，红细胞血红蛋白未见明显异常。并且反复做了几次，均为 0，而其他血常规检测均为正常（其中一次血常规见表 4-5），说明非仪器故障。半小时后该犬呼吸加快，有呻吟声，20 分钟后死亡。这个病例在之前骨髓造血出现问题是没有想到和诊察到的。

表 4-5　血常规

检测项目	提示	结果	单位	参考范围
白细胞数目（WBC）	L	0	$\times 10^9$ 个 /L	6.0 ~ 17.0
淋巴细胞数目（LYM#）			$\times 10^9$ 个 /L	1.0 ~ 4.8
混合细胞数目（OTHR#）			$\times 10^9$ 个 /L	3.0 ~ 13.0
嗜酸性粒细胞数目（EO#）			$\times 10^9$ 个 /L	0.1 ~ 0.8
淋巴细胞百分比（LYM%）			%	10.0 ~ 30.0
混合细胞百分比（OTHR%）			%	60.0 ~ 83.0
嗜酸性粒细胞数目（EO%）			%	2.0 ~ 10.0
红细胞数目（RBC）		7.02	$\times 10^{12}$ 个 /L	5.00 ~ 8.50
血红蛋白（HGB）	H	184	g/L	120 ~ 180
平均红细胞体积（MCV）		72.5	fL	60.0 ~ 77.0

病例 6

2017 年 4 月 13 日，接诊一 8 月龄蝴蝶犬，6.4kg，未免疫。

主诉：呕吐，腹泻 3 日，第二日开始便血，给予速诺片服用两日无效，益生菌服用两日无效。现呕吐黏液，日 3 次，大便腥臭，稀酱样褐色粪便，日 3 ~ 4 次。

中兽医检查：精神不振，体温 39.5℃，脱水，嗜睡；腹部按压无痛感；鼻干，鼻周有结痂；小便日一次；脉浮数沉取有力；舌质红略绛，苔光白厚，舌体瘦。

实验室检查：细小病毒阳性、犬瘟热、冠状病毒均为阴性；白细胞 4700，红细胞正常，血红蛋白略高；粪检未见寄生虫。

这个病例脉舌较为清楚，结合症状，诊为内热痰阻，消灼阴分，治以苦寒清热，涤痰凉血，兼以去湿。

处方：白头翁，黄连，大黄，拳参，茜草，紫草，马齿苋，云南白药。水 150mL，分 3 次灌肠。并给予单抗，补液等常规治疗。

第一次灌肠后 15 分钟排出血便及棕黄色泥样粪便，腥恶臭。第二次灌肠后 40 分钟排出少许泥样粪便，臭味大减，无血。第三次灌肠后当日未排。

2 日二诊：精神良好，对人有敌意，体温正常，有食欲，能吃。做常规治疗。给予益生菌，拌食妙鲜包口服。

3 日三诊：大便正常，未见呕吐。在家给予益生菌及利血宝调理。

病例 7

2017 年 11 月 23 日，接诊一 10 月龄雄性贵宾犬，4.36kg，注射过一次疫苗。两日前出现呕吐，纳差，饲主认为是着凉所致，自行给予妈咪爱，药后无效，饮食入胃约 1 小时即呕吐，均为食入之物。大便稀，有明显想排排不出的表现。在家时时发抖。

就诊时体温 38.1℃，已两日不食，当日强行饲喂糖水约半小时呕吐清水。大便里急后重，且后重明显，腹部明显；大便墨绿色淤泥样，恶臭；腹诊按压未见明显疼痛；小便少；鼻干，有少许清涕；舌红瘦，舌根白苔；脉中取细数，沉取少力。

实验室检查：犬细小病毒阳性，犬冠状病毒阴性，犬瘟热病毒阴性，犬胰腺炎检测阴性。

诊断：犬细小病毒病；湿热证（阳明湿热壅滞，郁热耗损营阴）。

治疗：常规单抗，抗生素治疗，并适当常规补液。

处方：以通腑化湿，清热生津为原则。

厚朴 6g，枳实 6g，生大黄 6g，马齿苋 30g，苦参 10g，玄参 10g，麦冬 10g，生地 10g。免煎剂，180mL 水冲开，每次灌肠 60mL，连续灌肠两次，观察体况。

二日二诊：精神良好，未大便，未呕吐，有食欲，食用犬粮少许未吐。

治疗：常规单抗，抗生素。停止补液，拆除留置针。给予益生菌调理。

分析：该病例是典型的按照脉舌症的反应诊断和用药的。所表现的里急后重症状是典型的湿热证表现，虽然肠梗阻、肠套叠也有类似症状但通过腹诊较容易分清。在诊断上郁热耗损营阴，郁热是从在家时时发抖这个症状体现出来的，因此通阳明，去郁热是必要的，且脉尚不绝，因此应泄热存津。承气汤加苦参马齿苋，通腑去湿热，合并增液汤加减，生津助清肠。

二十一、一例细小愈后出现白细胞减少症伴有腹胀痛的案例

2017 年 11 月 2 日接诊，萨摩耶，公，不足 3 个月，3.42kg。

饲主口述：该犬 10 月 27 日接回家。28 日洗澡，29 日接种六联疫苗，当天晚上出

现鼻涕，喷嚏，清水样，精神正常，食欲正常。30日宠物店购买"感康（麻杏石甘汤）"口服，精神食欲无异常。31日鼻涕减少，大便溏稀，精神良好，食欲正常。11月1日呕吐一次狗粮，大便溏稀，鼻涕全无，精神略差，尚有食欲。2日早晨精神不振，呕吐狗粮及黄色水样液体。

就诊时体温39.3℃，精神良好，但饲主认为精神比早晨略好，但没有前几日兴奋。纳差，小便正常，大便溏稀臭，色灰；诱咳阴性；舌质淡粉，苔薄白而嫩；脉中取力弱，沉取微弱。

实验室检查：便检未见寄生虫及虫卵，杂质及空肠弯杆菌较多；犬瘟热阴性，犬冠状病毒阴性，犬细小病毒阳性；血常规见表4-6。

表4-6　血常规

检测项目	提示	结果	单位	参考范围
白细胞数目（WBC）		13.5	$\times 10^9$ 个 /L	6.0 ~ 17.0
淋巴细胞数目（LYM#）	H	12.8	$\times 10^9$ 个 /L	1.0 ~ 4.8
混合细胞数目（OTHR#）	L	0.6	$\times 10^9$ 个 /L	3.0 ~ 13.0
嗜酸性粒细胞数目（EO#）	L	0.1	$\times 10^9$ 个 /L	0.1 ~ 0.8
淋巴细胞百分比（LYM%）	H	94.8	%	10.0 ~ 30.0
混合细胞百分比（OTHR%）	L	4.6	%	60.0 ~ 83.0
嗜酸性粒细胞数目（EO%）	L	0.6	%	2.0 ~ 10.0
红细胞数目（RBC）	L	4.75	$\times 10^{12}$ 个 /L	5.00 ~ 8.50
血红蛋白（HGB）	L	107	g/L	120 ~ 180
平均红细胞体积（MCV）		61.0	fL	60.0 ~ 77.0

诊断：犬细小病毒病，气虚夹热下痢。

治疗：给予单抗，抗生素，科特壮。由于精神尚可，未明显脱水因此不做补液。

处方：黄芩汤加厚朴，并办理住院。

药后情况：药后未出现呕吐，精神渐好，晚上进食犬粮和水，食后未呕吐。

3日：精神佳，撞击笼门，撕咬尿垫，饮食正常，大便略酱，已无臭味。

治疗：西药巩固一日，中药停止，改为益生菌调理。

4日：精神佳，大便成形，办理出院，但饲主临时出差，要求再住院两日。

5日：早晨该犬精神不振，嗜睡，体温40.6℃，但尚能少量进食和饮水，大便酱样带水，无臭味，舌质淡白，苔薄白，脉浮数，沉取无力，鼻头湿凉，鼻时流少许水液，足垫干，腹胀右侧按压有痛感，喉时有中痰鸣。

处方：给予桂枝汤合并理中汤加厚朴枳壳少许，约5小时内服完。

服药1小时后体温40.8℃，其余症状未见改善。14 :40分，采血测血常规见表4-7。

表 4-7　血常规

检测项目	提示	结果	单位	参考范围
白细胞数目（WBC）	L	0.8	$\times 10^9$ 个 /L	6.0 ~ 17.0
淋巴细胞数目（LYM#）	L	0.6	$\times 10^9$ 个 /L	1.0 ~ 4.8
混合细胞数目（OTHR#）	L	0.1	$\times 10^9$ 个 /L	3.0 ~ 13.0
嗜酸性粒细胞数目（EO#）	L	0.0	$\times 10^9$ 个 /L	0.1 ~ 0.8
淋巴细胞百分比（LYM%）	H	79.3	%	10.0 ~ 30.0
混合细胞百分比（OTHR%）	L	16.7	%	60.0 ~ 83.0
嗜酸性粒细胞数目（EO%）	L	4.0	%	2.0 ~ 10.0
红细胞数目（RBC）	L	4.81	$\times 10^{12}$ 个 /L	5.00 ~ 8.50
血红蛋白（HGB）	L	109	g/L	120 ~ 180
平均红细胞体积（MCV）		61.1	fL	60.0 ~ 77.0

血常规见白细胞骤降。中药继续服完。17：00体温41.6℃；21：00体温41℃，白细胞回升至 1.3×10^9 个 /L。根据《伤寒论》和《金匮要略》记载腹胀，腹痛，发热，再根据脉舌情况考虑两个方剂，其一为黄芪建中汤，其二为厚朴七物汤。而两方均以桂枝汤为底方，前方侧重补虚是虚而致胀；后方侧重通导，因虚滞所成胀。由于脉舌皆为虚象，因此先考虑给予黄芪建中汤，建中止痛，少佐枳壳，厚朴。药后未吐，但无效果，无好转亦无恶化。说明治疗原则基本没问题，是以虚为主的疾病，如果是实所致胀大剂量黄芪建中汤服后必吐或胀痛加剧。药后见无效立即改用厚朴七物汤，温阳行郁。该方重用厚朴，该药口服一半，药后2小时内大便7~8次，排出大量棕黄色粪便，无明显气味。排粪量较多，下腹部胀略有消减，按压比之前略软，但上腹部无明显改善，仍然腹部右上侧胀满，严重按压疼痛，初按疼痛明显，该犬回头顶手并咬手，但缓慢加力探求是否肠道结构改变，反而疼痛减缓，从中医角度看这种情况属于气胀。但仔细想想该病例从细小病毒诊断到大便成形，细小病毒阶段无问题，而高热前夜气温降低未开取暖器，从脉舌看不排除受寒，但所开药物均为散寒温阳行郁，不说一付见效，但应缓解，而3付药全无作用，好在无加重情况，说明本质仍是虚所致。

至6日凌晨3：00体温40.5℃；4：00体温41℃。一昼夜连进药3付，脉舌无明显改善，喉中痰鸣时有时无。凌晨4：42血常规白细胞升至 1.4×10^9 个 /L，并分离血液进行 CRP 检测，为强阳性，犬瘟热为阴性，心肌钙蛋白 I 为阴性，给予氟尼辛普甲胺按说明注射，抗炎退热止痛，由于夜间排便7~8次，凌晨4：00~6：00间排便3次考虑未正常进食为防止脱水，给予常规补液，每小时10~15mL，缓慢滴入，因鼻时流清水，不敢常速点滴。注射氟尼辛普甲胺后1小时左右，6：00体温39.8℃，腹胀及疼痛无明显改善，一夜排尿一次，量少色淡黄。10：00体温39.3℃。11：00体温

39.3℃，白细胞未升 1.4×10⁹ 个 /L，由于补液血液稀释，红细胞降低，此时停止补液。脉舌无改善，痰鸣音加重，精神萎靡，腹痛气胀，白细胞低下，仍从虚考虑，功能低下不能行气，功能低下不能化血，因此采取重益气补血，兼以行胃、肠之气，缓慢口服，每次 10mL，半小时一次。

药服 2 小时精神逐渐好转，痰鸣音消失，15：00 左右能少许进食鸭腿肉和蛋黄。16：16 血常规白细胞升至 1.7×10⁹ 个 /L。19：00 精神稳定，能正常饮食进食，小便两次，腹部右侧按压仍有疼痛，腹胀物明显减缓。23：00 体温 39.3℃，腹部右侧按压痛减缓，腹胀有所缓和，按压相对软。

中药仍继续，至 7 日 2：00 左右服完，体温 38.8℃。饮水正常，精神较白天好。5：00 精神良好，见人摇尾，见不到人时开始吠叫，按压右侧腹部疼痛消失，腹部较软，但仍略胀。6：00 能进食一个鸭腿肉，一个蛋黄，腹部按压无痛感，仍有略胀，给予启脾丸配合保和丸浓缩丸 3 粒，精神良好，体温 38.8℃，但未排大便。13：00 血常规白细胞恢复正常，红细胞回升（各血常规见表 4-8）。饲主回南昌办理出院，嘱防风避寒。益生菌调理，观察大便。23：00 饲主告知回家后精神良好，饮食正常。8 日 7：00 告知精神良好，饮食正常大便软。嘱益生菌调理。

本案重点在虚，而发热则为胀所致。对于益气补血，在功能低下时不应重用补血而应重用益气，从近几年的白细胞低下症病例看重益气有利于造血。而消胀行气从杂病考虑理应分段分区，选取适当的理气行气药。本案中使用氟尼辛普甲胺和 CRP 检测具有实际意义，在本案中也起到了至关重要的作用。理应相互重视。

本案所用中药及其剂量：

（1）黄芩汤加枳壳厚朴

黄芩 6g，生姜 6g，白芍 10g，大枣 10g，炙甘草 6g，厚朴 3g，枳壳 3g。

（2）桂枝汤合并理中汤加厚朴枳壳

桂枝 6g，生姜 6g，白芍 10g，大枣 10g，炙甘草 6g，白术 10g，干姜 6g，茯苓 10g，厚朴 3g，枳壳 3g。

（3）黄芪建中汤

黄芪 20g，桂枝 6g，生姜 6g，白芍 6g，大枣 10g，炙甘草 6g，红糖 60g，厚朴 3g，枳壳 3g。

（4）厚朴七物汤

厚朴 12g，枳实 6g，生大黄 3g，桂枝 6g，生姜 6g，大枣 10g，炙甘草 3g。

（5）益气补血行气汤

黄芪 30g，白术 30g，茯苓 10g，炙甘草 6g，当归 10g，白芍 10g，熟地 3g，厚朴 12g，玄胡索 10g，乌药 10g，佛手 10g，香橼 10g，生姜 6g。

2017 年 11 月 5—7 日血常规报告（表 4-8）。

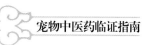

表 4-8　血常规

检测项目	①	②	③	④	⑤	单位	参考范围
白细胞数目（WBC）	1.3	1.4	1.4	1.7	10.6	×10⁹ 个 /L	6.0 ~ 17.0
淋巴细胞数目（LYM#）	1.0	1.2	0.9	1.3	6.0	×10⁹ 个 /L	1.0 ~ 4.8
混合细胞数目（OTHR#）	0.3	0.1	0.4	0.4	4.5	×10⁹ 个 /L	3.0 ~ 13.0
嗜酸性粒细胞数目（EO#）	0.1	0.1	0.1	0.0	0.2	×10⁹ 个 /L	0.1 ~ 0.8
淋巴细胞百分比（LYM%）	73.8	84.8	64.0	76.5	56.3	%	10.0 ~ 30.0
混合细胞百分比（OTHR%）	21.4	8.2	31.3	20.9	42.2	%	60.0 ~ 83.0
嗜酸性粒细胞数目（EO%）	4.8	7.0	4.7	2.6	1.5	%	2.0 ~ 10.0
红细胞数目（RBC）	4.54	4.39	3.97	3.46	4.24	×10¹² 个 /L	5.00 ~ 8.50
血红蛋白（HGB）	105	102	92	81	104	g/L	120 ~ 180
平均红细胞体积（MCV）	61.0	60.5	60.7	60.8	59.6	fL	60.0 ~ 77.0

　　注：①为 11 月 5 日 21：50；②为 11 月 6 日 4：42；③为 11 月 6 日 11：02；④为 11 月 6 日 16：16；⑤为 11 月 7 日 13：00

二十二、一例虚寒协热利证的犬细小病毒治疗

　　2018 年 3 月 3 日，接诊一 2 月龄雄性田园犬，2.3kg。两日前购回，昨日出现呕吐黄水带沫 3 ~ 4 次，大便稀水带酱样粪便，臭，色棕灰相兼，昨日排 3 次。今早大便 1 次，臭，性质和颜色同昨日，呕吐两次。精神与第一日比有所下降，不食。

　　就诊时恶寒，体温 38.3℃；鼻头略干尚有湿气；舌质淡白，苔薄白略滑；脉浮数，沉取无力。体表寄生虫较多。

　　实验室检查：犬瘟热阴性，犬细小病毒阳性，犬冠状病毒阴性；粪检未见寄生虫；血常规见表 4-9。

表 4-9　血常规

检测项目	提示	结果	单位	参考范围
白细胞数目（WBC）	H	22.3	×10⁹ 个 /L	6.0 ~ 17.0
淋巴细胞数目（LYM#）	H	17.9	×10⁹ 个 /L	1.0 ~ 4.8
混合细胞数目（OTHR#）		4.2	×10⁹ 个 /L	3.0 ~ 13.0
嗜酸性粒细胞数目（EO#）		0.3	×10⁹ 个 /L	0.1 ~ 0.8
淋巴细胞百分比（LYM%）	H	80.1	%	10.0 ~ 30.0
混合细胞百分比（OTHR%）	L	18.7	%	60.0 ~ 83.0
嗜酸性粒细胞百分比（EO%）	L	1.2	%	2.0 ~ 10.0
红细胞数目（RBC）		5.24	×10¹² 个 /L	5.00 ~ 8.50
血红蛋白（HGB）		126	g/L	120 ~ 180
平均红细胞体积（MCV）		60.6	fL	60.0 ~ 77.0

诊断：犬细小病毒，虚寒协热利。

分析：本案虚寒协热利，指外感风寒，而体质虚弱，出现恶寒而呕等桂枝汤证，即里阳不足，不能布散于表的表虚证。协热利是表邪未解，直入太阴，形成下利，要注意所谓协热利中的热并不一定都代表热邪，所谓热邪与大便气味有关。这是从临床治疗结果向回推断，不能见寒就认为是真寒，认为热就一定是真热。出现表不解而伴有下利，粪便臭的均可称作协热利。

治法：温阳散寒，调和营卫，生津止利。

西药：福来恩常规体外驱虫。

中药：桂枝 6g，生姜 6g，白芍 6g，大枣 10g，炙甘草 6g，葛根 15g，黄芩 6g，100mL 沸水冲开，并煮沸 1 分钟，候温频服，每日服用 50mL，两日内服完。进食糖米汤分次少许，温服。

3 月 5 日二诊：药后当日未大便，未呕吐，精神一般，4 日继续服药未吐，大便一次，稀软，臭味减轻，精神较好，找水。今日未呕吐，未大便，精神良好，找水。就诊时体温正常，舌质红，苔白嫩，脉略数浮，鼻头湿润，有食欲。

治法：温阳散寒，调和营卫目的达到，且大便未再频泻，转为益气健脾。

处方：小儿健脾丸（人参，炒白术，茯苓，炙甘草，陈皮，法半夏，白扁豆，山药，莲子，南楂，桔梗，砂仁，炒六神曲，炒麦芽，玉竹），每日 1 丸，连用 2 日。

3 月 7 日三诊：大便成形，精神良好，食欲佳，今复诊给予犬粮自食。

3 月 7 日二便正常时舌象见图 4-1，初诊时舌质比此图淡白。

医嘱：口服益生菌善后。

该病例饲主要求用纯中药治疗，未用任何生物制剂及抗生素，仅用西药驱杀体表寄生虫。

图 4-1　3 月 7 日二便正常时舌象，初诊时舌质比上图淡白

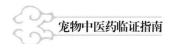
二十三、二例犬流感病毒的治疗

病例 1

2018 年 3 月 31 日，接诊 2 月龄雄性雪橇犬，3.9kg。体温 38.8℃，近两日开始咳嗽，咯白痰，夜咳明显，二便调，鼻头湿润，气轮青瘀，左侧气轮血丝少许；舌质红，苔白满布，舌体宽薄，舌面水滑；脉浮略数，沉取少力。食欲旺盛。

实验室检查：血常规见表 4-10，犬瘟热病毒阴性，犬流感病毒强阳性，犬冠状病毒阴性。

饲主口述：该犬 5 天前购回，购回第二天进行了洗澡，并在小区内遛狗，购买时宠物店要求每日给犬粮 15 粒。两日前开始咳嗽，夜间咳嗽频繁，托盘内有白色水样痰液，约一元硬币大小，大便正常，但量少，一般两日排大便一次，饮水正常，小便清澈（图 4-2）。

表 4-10　3 月 31 日血常规

检测项目	提示	结果	单位	参考范围
白细胞数目（WBC）		10.4	×10^9 个 /L	6.0 ~ 17.0
淋巴细胞数目（LYM#）	H	6.5	×10^9 个 /L	1.0 ~ 4.8
混合细胞数目（OTHR#）	L	2.1	×10^9 个 /L	3.0 ~ 13.0
嗜酸性粒细胞数目（EO#）	H	1.8	×10^9 个 /L	0.1 ~ 0.8
淋巴细胞百分比（LYM%）	H	62.8	%	10.0 ~ 30.0
混合细胞百分比（OTHR%）	L	20.2	%	60.0 ~ 83.0
嗜酸性粒细胞百分比（EO%）	H	17.0	%	2.0 ~ 10.0
红细胞数目（RBC）		5.62	×10^{12} 个 /L	5.00 ~ 8.50
血红蛋白（HGB）		133	g/L	120 ~ 180
平均红细胞体积（MCV）		65.2	fL	60.0 ~ 77.0

图 4-2　2 月龄雄性雪橇犬流感病毒

诊断：犬流感病毒病（图 4-3）；风寒束肺，水饮内停，里阳虚弱。

诊断分析：该犬为新购犬，食量极少，致水谷摄入不足，气血生化无源，里先虚。又加洗澡吹风，致使卫外失司，成外感风寒之势。里阳虚，而又感受风寒，又因饥饿而过多摄水，造成水液运化失常，即成水饮，所以舌面见水滑。

风寒束肺，肺气失宣，水饮停聚于肺胃，咳嗽多咯或呕白色水样稀痰。舌质红则为舌背面红，舌苔薄白满布，舌面水滑，舌体宽薄，说明水饮之邪与里阳相搏，舌体薄则说明气血不旺，即为虚。舌质红则为里阳与水饮之邪相搏而生郁热。脉浮，沉取少力说明病在

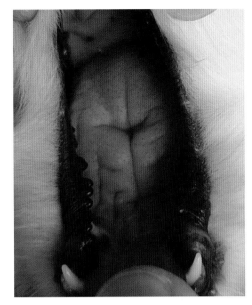

图 4-3　犬流感病毒病

上焦，略数则郁热已生。因此治法当温散水饮，固护阳气。

治法：温散水饮，固护阳气。

中药：蜜麻黄 6g，杏仁 10g，细辛 6g，干姜 6g，五味子 6g，法半夏 6g，生石膏 30g，桂枝 6g，炙甘草 6g，生白芍 10g。免煎剂，100mL 沸水冲开，煮沸 1 分钟。一付药分两日服，温服。

西药：α - 干扰素 160 万单位 / 次，日 1 次；头孢喹肟 0.4mL/ 次，日 1 次。

4 月 1 日二诊：咳嗽明显减少，未见咯痰。饮食正常。精神良好。

处方：停用西药，中药前方半付巩固 1 日。

4 月 2 日三诊：未咳嗽，精神良好，食欲佳，二便调。舌象淡嫩，有虫斑。

医嘱：停药，注意保暖，禁止洗澡，正常饮食，禁止外出，做体内驱虫。

病例 2

2018 年 3 月 30 日，接诊 2 月龄雄性杂交犬一例，1.4kg。

饲主口述：该犬购回已 4 日，购回当天洗澡，第二天出现流清水涕，晚上开始咳嗽，夜间咳嗽明显，咯白痰水样；精神不振，饮食下降。

就诊时咳嗽，咯白色稀水痰（图 4-4），夜咳重，鼻干，黄涕；精神略差；皮肤烫，体温 39.9℃；纳差，喜饮；脉浮数略大，沉取少力；舌质淡红嫩少苔；腹股沟淋巴结肿大。

实验室检查：血常规见表 4-11，犬瘟热病毒阴性，犬冠状病毒强阳性，犬流感病毒若阳性。

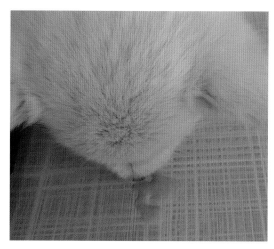

图 4-4　咯白色稀水痰

表 4-11　3 月 30 日血常规

检测项目	提示	结果	单位	参考范围
白细胞数目（WBC）	H	23.8	$\times 10^9$ 个 /L	6.0 ~ 17.0
淋巴细胞数目（LYM#）	H	16.3	$\times 10^9$ 个 /L	1.0 ~ 4.8
混合细胞数目（OTHR#）		6.6	$\times 10^9$ 个 /L	3.0 ~ 13.0
嗜酸性粒细胞数目（EO#）	H	0.9	$\times 10^9$ 个 /L	0.1 ~ 0.8
淋巴细胞百分比（LYM%）	H	68.4	%	10.0 ~ 30.0
混合细胞百分比（OTHR%）	L	27.7	%	60.0 ~ 83.0
嗜酸性粒细胞百分比（EO%）		3.9	%	2.0 ~ 10.0
红细胞数目（RBC）		5.34	$\times 10^{12}$ 个 /L	5.00 ~ 8.50
血红蛋白（HGB）		127	g/L	120 ~ 180
平均红细胞体积（MCV）		61.1	fL	60.0 ~ 77.0

诊断：犬冠状病毒合并犬流感病毒感染；风寒束肺。

分析：与上一案例有类似之处，之所以诊断为风寒束肺，因其有受寒史，且夜咳明显，咳嗽咯白痰，舌淡嫩，脉浮大沉取少力，均为外受寒邪，里阳不足，水液代谢不足的表现。主要表现症状又以咳嗽为主症，因此诊断为风寒束肺。该病例虽有黄涕，但属郁热，不可看作实热。

治法：温阳散寒，化饮止咳。

中药：蜜麻黄 6g，杏仁 10g，细辛 6g，干姜 6g，五味子 6g，法半夏 6g，生石膏 30g，桂枝 6g，炙甘草 6g，生白芍 10g，免煎剂，100mL 沸水冲开，煮沸 1 分钟，一付药分两日，温服。

西药：α-干扰素 60 万单位 / 次，日 1 次；头孢喹肟 0.15mL/ 次，日 1 次。

3 月 31 日二诊：精神、食欲良好，咳嗽大减，未见咯痰，二便正常，黄涕减少。

医嘱：昨日中药继续服用，西药同前。

4 月 1 日三诊：精神良好，未见咳嗽，二便正常，鼻翼有少许黄涕。

处方：干扰素、头孢喹肟巩固治疗。

因 4 月 2 日外出无法就诊，给予银翘解毒片，每次半片，日 3 次。

4 月 3 日四诊：精神食欲较好，在家开始撕咬鞋及沙发；二便正常，黄脓涕较多；舌淡红，苔薄白；脉浮略数，沉取少力。郁热尚未透清，银翘片对此时情况属于过凉，有凉遏气机的情况。

处方：蜜麻黄 6g，杏仁 6g，生石膏 30g，炙甘草 6g，桂枝 3g，生姜 3g，炒白芍 6g，免煎剂，100mL 沸水冲开，煮沸 1 分钟，一付药分两日服完，温服。嘱咐防寒保暖。

以麻杏石甘汤为底方，宣透郁热，合桂枝汤和营卫固护里阳。

4 月 4 日电复：精神良好，已无黄涕，今日暴雨仅能明日复诊。

医嘱：中药服完；若无其他症状静养，补充营养，15 日后接种疫苗。

4 月 8 日电复：精神良好，二便调，无咳嗽，黄涕。

分析：银翘解毒片与麻杏石甘汤合并桂枝汤，均有透热作用，但银翘解毒片用于卫分热郁，里阳不衰；而麻杏石甘汤合并桂枝汤则用于里阳不足，腠理郁闭，郁热不透。

二十四、一例八哥犬咳嗽的治疗

2018 年 4 月 13 日，接诊 1 岁雄性八哥犬一例，已完成免疫，4kg。

就诊时夜间咳嗽明显，咯白痰；二便调；精神良好，食欲正常；鼻头湿润；舌质淡白，苔薄白；气轮左侧略赤；两脉和缓沉取少力，略数；体温 38.3℃。病前该犬去青山湖边玩水，并未吹干。饲主因其咳嗽给予过清热止咳冲剂。

实验室检查：流感病毒阴性（图 4-5），血常规见表 4-12。

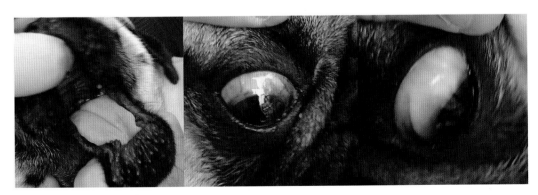

图 4-5　八哥犬流感病毒阴性

表 4-12 血常规

检测项目	提示	结果	单位	参考范围
白细胞数目（WBC）		12.0	$\times 10^9$ 个 /L	6.0 ~ 17.0
淋巴细胞数目（LYM#）	H	7.2	$\times 10^9$ 个 /L	1.0 ~ 4.8
混合细胞数目（OTHR#）		4.7	$\times 10^9$ 个 /L	3.0 ~ 13.0
嗜酸性粒细胞数目（EO#）	L	0.1	$\times 10^9$ 个 /L	0.1 ~ 0.8
淋巴细胞百分比（LYM%）	H	59.7	%	10.0 ~ 30.0
混合细胞百分比（OTHR%）	L	39.5	%	60.0 ~ 83.0
嗜酸性粒细胞百分比（EO%）	L	0.8	%	2.0 ~ 10.0
红细胞数目（RBC）		6.80	$\times 10^{12}$ 个 /L	5.00 ~ 8.50
血红蛋白（HGB）	H	182	g/L	120 ~ 180
平均红细胞体积（MCV）		66.7	fL	60.0 ~ 77.0

诊断：外感寒邪，里阳不足，渐而化热。

治法：温阳散寒，辛散透热。

处方：蜜麻黄 6g，杏仁 10g，生石膏 15g，炙甘草 6g，桂枝 6g，生姜 6g，生白芍 10g，大枣 10g，茯苓 10g，陈皮 6g，法半夏 6g，桔梗 6g。免煎剂一付，100mL 沸水冲开，煎煮一分钟，分两日服完。

4 月 15 日：药后再未见咳。

二十五、一例风寒外感的治疗

2018 年 2 月 23 日接诊，贵宾犬，公，3.9kg。昨日在湖南益阳段高速路上捡到，在当地宠物店剃毛洗澡并注射四联疫苗和狂犬疫苗后回南昌，回城行驶中该犬出现干呕多次，晚上到家后仍然出现干呕，发抖，仅食火腿肠少许，精神尚佳。23 日早精神不振，呕吐白沫，食欲不振。

中午就诊，体温 38.5℃，咳嗽咯白痰，恶寒明显；脉浮细缓，沉取少力；舌质淡白；颈右侧歪；鼻头湿；气轮清澈。

诊断：风寒外感（图 4-6）。

西药：莫比新 50mg 每次口服，日 2 次；白蛋白片 2 片每次，日 2 次；通宣理肺丸每次半丸，日 3 次。

医嘱：上述药物连用 2 ~ 3 日，若未见好转立即复诊，并复查传染病及血象，另注意防寒保暖。

2 月 24 日二诊：饲主口述通宣理肺丸狗不吃，不会饲喂。咳嗽无减轻，反而更为频繁，

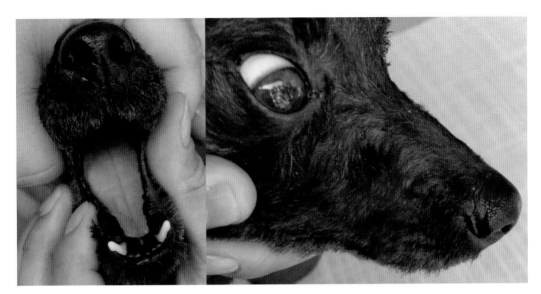

图 4-6　贵宾犬风寒外感

晚上咳嗽频繁，咯白痰，精神无改善，食欲较差，仅吃少量牛肉。脉舌症无明显变化，恶寒明显，体温 38.6℃。

血常规基本正常，犬瘟热阳性，犬细小病毒阴性，犬冠状病毒阴性，犬流感病毒阴性。胸片肺纹理增粗。

诊断：犬瘟热，风寒外感。

西药：前方不变；增加犬瘟热抑制蛋白及 α-干扰素，按体重注射。

医嘱：连用 7 日。通宣理肺丸化开温服，务必按要求服药，注意保暖。

2 月 27 日三诊：25 日 26 日因有事未来治疗，并按照网络建议给予阿奇霉素和小儿止咳糖浆。就诊时体温 38.3℃，精神不振，咳嗽咯白痰频繁，不食，恶寒严重，小便淡黄，已两日未见大便；鼻头湿冷；气轮清澈；舌质淡红，苔少，舌中淡白；脉细缓略浮，沉取少力。

因回外地过元宵节，办理住院治疗。

诊断：犬瘟热，风寒外感。

处方：干姜 6g，细辛 6g，五味子 6g，桂枝 6g，白芍 6g，炙甘草 6g，蜜麻黄 6g，姜半夏 6g。以 100mL 沸水冲开，并煮沸 1～2 分钟；今日服 60～70mL，剩余两日服用；每次 5mL，频服，温服。

药后 20 分钟咳嗽减缓，3 小时 60mL 服完，未闻咳嗽，精神好转，尚有恶寒。至晚间未闻咳嗽，晚上兴奋时仍未闻咳嗽，少量吃罐头。

2 月 28 日：上午兴奋时出现咳嗽，但未见痰，并且咳嗽较短；恶寒明显缓解；脉略有数象，浮力明显；舌象无明显改善；精神较好，食量有增加；已 3 日未见大便。

处方：昨日剩余药物煮沸后 1 小时内服完。

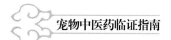

药后未闻咳嗽，并给予益生菌调理肠道。

3月1—5日精神良好，未见咳嗽，食欲正常。服用益生菌后3月1日晚见大便一次，成形。

3月7日一切正常，办理出院。颈歪斜未治疗。

分析：该病例在饲主口述上有错误引导，饲主不知狗咳嗽声音，把咳嗽咯痰当作干呕，吐白沫，因此饲主口述具体症状应再进行鉴别。另要注意如今饲主操作能力普遍降低，因此自行饲喂药物应当先行示范，并告知细节。

方药为小青龙汤原方，改麻黄为蜜麻黄，鼻头湿冷，津液能正常敷布于表，因此不需要生麻黄强力发散透表。两日脉有略数之象，此为小青龙汤鼓动里阳之象，是正常表现，继续服完前日药即可。

二十六、一例孕犬咳嗽的诊治

2018年4月10日，接诊雪纳瑞一例，母，1岁半，疫苗驱虫全部完成，已怀孕38日龄。4月9日白天精神、饮食、二便均正常，当夜突然咳嗽略喘，并咯白痰略黏稠，且频繁。

就诊时体温38.8℃，精神良好，食欲差，大便正常，小便少黄，诱咳阳性，鼻头湿润，气轮清澈，舌质淡白，苔薄白，舌面水润，左脉沉滑和缓有力，右脉浮滑而缓，沉取少力。

实验室检查：血常规见表4-13，犬流感病毒阴性，腺病毒阴性，冠状病毒阴性。

表4-13　血常规

检测项目	提示	结果	单位	参考范围
白细胞数目（WBC）		10.3	$\times 10^9$ 个/L	6.0 ~ 17.0
淋巴细胞数目（LYM#）	H	7.2	$\times 10^9$ 个/L	1.0 ~ 4.8
混合细胞数目（OTHR#）	L	3.0	$\times 10^9$ 个/L	3.0 ~ 13.0
嗜酸性粒细胞数目（EO#）	L	0.1	$\times 10^9$ 个/L	0.1 ~ 0.8
淋巴细胞百分比（LYM%）	H	70.3	%	10.0 ~ 30.0
混合细胞百分比（OTHR%）	L	28.8	%	60.0 ~ 83.0
嗜酸性粒细胞百分比（EO%）	L	0.9	%	2.0 ~ 10.0
红细胞数目（RBC）		6.03	$\times 10^{12}$ 个/L	5.00 ~ 8.50
血红蛋白（HGB）		167	g/L	120 ~ 180
平均红细胞体积（MCV）		69.6	fL	60.0 ~ 77.0

诊断：心阳不足，肺气失宣，痰湿阻滞。心肺阳虚，脾无心阳温照则生寒痰，贮于肺内；心肺阳虚气血不足而舌质淡白。故以温阳散寒为主。

治法：温阳散寒，理气化痰。

处方：桂枝 6g，生姜 6g，炒白芍 10g，炙甘草 6g，大枣 10g，杏仁 10g，桔梗 6g，陈皮 6g，法半夏 6g，茯苓 10g（桂枝汤合并二陈汤加减），免煎剂，100mL 沸水冲开，煮沸 1 分钟，两日服完，睡前服药不少于 20mL，务必温服。

4 月 11 日二诊：药后未见咳痰，偶尔咳嗽一两声，双脉中取和缓。舌质淡白，苔薄白。昨日中药今上午已服完。

处方：桂枝 3g，生姜 3g，炒白芍 5g，炙甘草 3g，大枣 5g，杏仁 5g，桔梗 3g，陈皮 3g，法半夏 3g，茯苓 5g（桂枝汤合并二陈汤加减），免煎剂，60mL 沸水冲开，煮沸 1 分钟，方与昨日同，半量温服，以巩固效果。

医嘱：近日天气变化频繁，切勿受寒，正常饮食，减少外出。

二十七、一例咳喘了 9 年的案例

2017 年 11 月 20 日接诊，比熊，10 岁，公，体温 38.3℃。

饲主口述：该犬幼时得过犬细小病毒病，康复后出现咳喘，一直认为是慢性气管炎，通过给予抗生素等治疗咳喘时好时坏。该犬 10 个月左右咳喘在未用药前提下自然减轻，饮食精神良好。2009 年冬季感冒后出现咳喘，之后咳喘症状未消，食欲、精神均良好。咳喘已经 8 年了，天气冷就加重。曾到某医院就诊，做影像心区肥大，肺纹理增粗，该医院诊断为肺心病。并使用肺心康两年，用药期间咳喘有所减缓，但运动、激动、天气较冷的情况下仍然会出现剧烈咳喘，时间较长。该犬冬季四末经常冰凉。家中另一犬一周前感冒咳嗽，服用阿莫西林克拉维酸钾后症状减轻，咳嗽很少听到。

就诊时咳喘频繁，且咳喘时间较长，伴有痰鸣，及呼吸伴有风门音，心律不齐，心音弱（咳喘及呼吸音严重影响心音听诊）。精神不振，夜间咳喘不能爬卧且频繁，已两日不食，四末冷，小便少，未见大便。气轮清澈，舌质淡白，脉细缓，沉取少力。D 二聚体阴性，心肌钙蛋白阴性，C 反应蛋白阳性。

诊断：心肺阳虚，水饮停聚，阻滞气机。

治法：温阳利水，降逆平喘。

处方：桂枝 6g，白芍 10g，生姜 6g，大枣 10g，炙甘草 6g，蜜麻黄 6g，杏仁 10g，苏子 10g，白芥子 6g，莱菔子 6g，茯苓 10g，白术 10g。150mL 水冲开煮沸，分两日喝完。停用肺心康，但备用。

22 日二诊：药后精神有好转，咳喘明显减轻，夜间能静卧睡觉，咳喘时间明显缩短。但仍然不食，时有睁不开眼的表现，气轮有明显血丝，舌色红略暗，脉细数，沉取少力。

治法：益气温阳，活血利水，降逆平喘。

处方：黄芪 30g，桂枝 6g，生姜 6g，白芍 10g，炙甘草 6g，大枣 10g，山药 20g，五味子 6g，丹参 10g，赤芍 10g，当归 10g，茯苓 10，白术 10g，细辛 3g，蜜麻黄 6g，杏仁 10g，苏子 10g，白芥子 6g，莱菔子 6g。150mL 水冲开煮沸，分两日服完。注意脉细数对于内伤杂病而言，不可见细脉马上补阴生津，凡气虚不能化阴，津液必不足，因此先益气扶正，通过正常饮食，能正常转化，津液自生，脉自复。

24 日三诊：精神食欲良好，咳喘次数较少，咳喘时间较短，呼吸音粗，睡眠正常。小便量增多，大便正常。舌色淡红，薄白苔，脉缓和略数，沉取少力。

治法及方药同前，再用两日。

26 日四诊：一天内咳喘 3～4 次，且咳喘时间很短。精神食欲良好，睡眠正常，小便较多，大便正常。气轮正常，舌色和脉同前。方剂调整做长期服用。

2018 年 5 月 18 日，该比熊犬，连日咳喘频繁，前来五诊。

饲主口述：这次发病从 5 月 17 日开始纳差，精神不振，咳喘比往日频繁，且明显痰音重，在家体温 40.1℃。给予柴胡滴丸后体温 39.6～40℃徘徊。17 日夜里该犬不能爬卧，坐立张嘴气喘，眯眼，并且坐立一宿，喜凉。

就诊时体温 40℃，咳喘，痰鸣音重，气轮赤，心律不齐；舌质淡红而嫩，薄白苔；左脉浮略数且略滑动，沉取无力，右脉中取略数而动，沉取少力。

实验室检查：犬 C 反应蛋白强阳性，犬流感病毒阴性，犬心肌钙蛋白 I 阴性，血常规见表 4-14。DR 胸部正侧各一张，双肺纹理明显增粗，肺部炎症严重（图 4-7）。

表 4-14　5 月 18 日与 5 月 22 日血常规

检测项目	5 月 18 日	5 月 22 日	单位	参考范围
白细胞数目（WBC）	18.0	18.7	$\times 10^9$ 个 /L	6.0～17.0
淋巴细胞数目（LYM#）	3.0	10.9	$\times 10^9$ 个 /L	1.0～4.8
混合细胞数目（OTHR#）	13.8	7.6	$\times 10^9$ 个 /L	3.0～13.0
嗜酸性粒细胞数目（EO#）	1.2	0.2	$\times 10^9$ 个 /L	0.1～0.8
淋巴细胞百分比（LYM%）	16.5	58.4	%	10.0～30.0
混合细胞百分比（OTHR%）	76.7	40.6	%	60.0～83.0
嗜酸性粒细胞百分比（EO%）	6.8	1.0	%	2.0～10.0
红细胞数目（RBC）	7.43	6.03	$\times 10^{12}$ 个 /L	5.00～8.50
血红蛋白（HGB）	179	153	g/L	120～180
平均红细胞体积（MCV）	66.7	65.7	fL	60.0～77.0

诊断：肺炎，痰阻肺胃，气机不畅。

西药：α-干扰素，200 万单位 / 次，皮下注射；头孢喹肟，0.6mL/ 次，皮下注射；氟尼辛葡甲胺，1.18mL/ 次，皮下注射。

中药：蜜麻黄 6g，杏仁 10g，生石膏 30g，炙甘草 6g，橘红 16g，桔梗 6g，法半夏 6g，茯苓 6g，苏子 10g，白芥子 6g，莱菔子 6g；100mL 沸水冲开，煮沸 1 分钟，候温频服，每日 1 付。

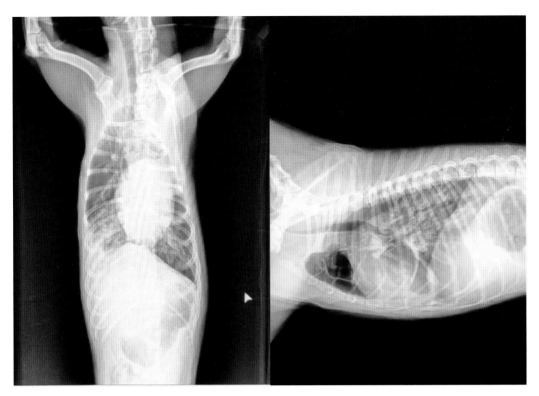

图 4-7　双肺纹理明显增粗，肺部炎症严重

　　5 月 19 日六诊：体温正常，咳喘大减，能爬卧睡眠，纳差，精神比昨日好转。脉舌变化不大。

　　处方同前，去氟尼辛葡甲胺改为科特壮 2mL/ 次，皮下注射。

　　5 月 20 日七诊：药后大便细软，咳喘和昨日比明显改善，食欲渐好，精神良好，脉舌变化不大。

　　处方：蜜麻黄 6g，杏仁 10g，生石膏 30g，炙甘草 6g，桂枝 6g，生姜 6g，白芍 10g，大枣 10g，苏子 6g，白芥子 6g，橘红 6g，法半夏 6g，茯苓 10g，白术 10g。100mL 沸水冲开，煮沸 1 分钟，候温频服，每日 1 付，停用西药。

　　5 月 21 日八诊：体温正常，精神良好，食欲好转，偶尔咳喘，大便软，脉舌变化不大。中药同前。

　　5 月 22 日九诊：体温正常，精神良好，食欲较好，偶尔咳喘，且频率和咳喘时间明显缩短。血常规见表 4-14。

　　医嘱：给予铁棍山药 250g，川贝母 10g，成糊状灌服，每日 1 付，连用 1 周，停用中药。

　　5 月 25 日十诊：精神良好，饮食正常，偶尔咳喘。DR 影像胸正侧位（图 4-8）。

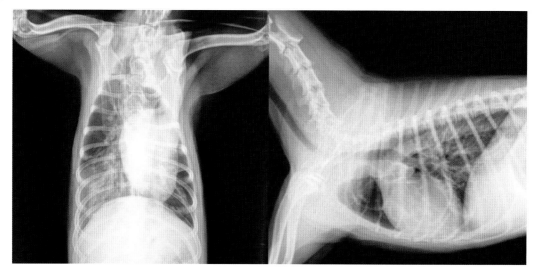

图 4-8　DR 影像胸正侧位

二十八、一例博美咳喘 3 个月的病例列举

2013 年 11 月 16 日，接诊 8 岁雄性博美犬一例，近两个月来昼夜咳喘频繁，每日仅有 4 ～ 5 个小时安静，夜间无法正常睡眠，该犬脾气暴躁，对陌生人有极强的攻击性，饲主口述家里是做兽药经销的，自行给予了土霉素，阿莫西林克拉维酸钾，头孢拉定，阿奇霉素，林可霉素，恩诺沙星等口服或注射，效果不明显，药后无明显变化，到某医院做雾化治疗，药后无明显效果。该犬舌淡粉，眼分泌物增多，大便时干时稀，少食，小便饲主未观察。

诊断：凉遏气机。

处方：苏子 6g，白芥子 6g，莱菔子 6g，郁金 6g，杏仁 6g，桔梗 6g，法半夏 3g，陈皮 3g。每日 1 付，连用 7 日，温服频服。

11 月 30 日二诊：药后咳喘频率减少，一次咳喘的时间缩短。

处方：效不更方，送服金匮肾气丸半丸，连用 7 日。

12 月 7 日 三诊：药后咳喘同前诊，有轻微痰鸣音。

处方：苏子 6g，白芥子 6g，莱菔子 6g，丹参 6g，郁金 6g，杏仁 6g，桔梗 6g，法半夏 6g，陈皮 6g，龙骨牡蛎各 12g 先煎，送服金匮肾气丸 1/3 丸，连用 7 日。

12 月 14 日四诊：药后咳喘未改善，大便软。

处方：苏叶 10g 后下，苏梗 6g，三子各 10g 布包，杏仁 10g，前胡 10g，白前 10g，紫菀 10g，桔梗 10g，水煎，送服金匮肾气 1/3 丸，连用 7 日。

2014 年 1 月 11 日五诊：咳喘频繁，昼夜无规律，精神良好，二便调，舌淡。饲主口述洗澡后咳喘加重。

处方：炙麻黄 6g，杏仁 10g，前胡 10g，柴胡 10g，桔梗 10g，紫菀 10g，三子各 6g 布包，白前 10g，厚朴 3g，蜜百部 6g，郁金 6g，沙参 6g，炙甘草 6g，连用 7 日，停用金匮肾气。

1 月 18 日 六诊：偶尔咳喘，舌淡。

处方：效不更方，连用 7 日。另生山药 250g 水煎代水，连用 1 个月。

3 月 15 日 七诊：药后咳喘极少，偶尔激动后咳喘。

咳喘病需要注意的一些问题：

（1）问诊当细致（饲养史，病史，发病经过，先期治疗史等），从饲主表述中探寻病因，病机，病程，通过脉舌作辅助诊断。

（2）须注意，药性与脉舌情况是否存在相反。

（3）长期咳喘不能恢复，必是功能紊乱，不能有效利用物质去修复。

（4）功能障碍，包括气虚或气郁，亦可能是血瘀或血虚，治疗咳喘当抓住虚实。

（5）切勿认为长期气喘必是气虚，因而迷信于补药，一味猛用参、芪，即使真是气虚，也当从食补。

二十九、一例气血两虚的咳喘病例列举

2018 年 10 月 28 日，接诊雄性雪纳瑞一例，3kg，患犬瘟热已 1 月有余，一周前继发犬冠状病毒，犬瘟热抗体时高时低，后转入我院。

就诊时咳嗽吞痰，因咳犯干呕，夜咳明显；食欲佳；大便稀，蛋腥味；腹胀满；皮肤有破溃，皮屑较多，瘙痒明显；气轮清澈；舌质淡红，苔薄白；脉细略数，沉取少力。在其他医院确诊为螨虫病。

诊断：风寒束肺。

处方 1：桂枝 6g，炒白芍 10g，炙甘草 6g，大枣 10g，蜜麻黄 6g，炒苦杏仁 10g，细辛 6g，干姜 6g，醋五味子 6g，炒苏子 10g，白芥子 10g，莱菔子 6g，法半夏 6g，120mL 水冲开煮沸 1 分钟，频服温服，作两日服；

处方 2：通灭，0.1mL/ 次，皮下注射，7 天 1 次；

处方 3：活力多，10mL/ 次，日 2 次，口服。

转归：中药口服 35mL 后，无明显好转，反而精神下降，咳喘加重。嘱咐立即停药。

10 月 29 日二诊：昨日进小青龙汤加减效差，详问咳嗽已近 35 日，且已多次使用通宣理肺、小青龙汤、清热感冒颗粒，初起药后咳嗽有减轻，但反复渐重，再行发散则无效。期间给予两日归脾丸，有助热表现，停药；并使用过速诺 7 日无效。购买当天开始咳嗽，且消瘦，大便有蛔虫，已口服驱虫药一次。

询问后考虑该犬初起确有表郁，宣散后症状减缓，但体质较差，气血不足，因此无可宣发之物。就诊时腹胀满，放屁频繁，舌质淡红，苔薄白，脉细弱无力略数。

诊断：气血两虚。

处方：黄芪 15g，白术 10g，茯苓 6g，炙甘草 6g，熟地 3g，当归 6g，炒白芍 6g，砂

仁 3g，蜜麻黄 6g，杏仁 10g，北沙参 3g，橘红 6g，蜜百部 6g，姜厚朴 6g，山药 10g，炒白扁豆 10g，桂枝 6g。100mL 水冲开煮沸 1 分钟，频服温服，作两日服。

转归：药后咳喘大减，精神食欲较好，大便成形，但 5∶00 ~ 7∶00 仍然咳嗽频繁。

医嘱：3∶00 左右服药 5 ~ 10mL，温服。观察 5∶00 ~ 7∶00 时咳嗽的频率。

10 月 31 日三诊：进上药后咳喘大减，白天咳嗽轻，凌晨服药后 5∶00 ~ 7∶00 咳嗽大减；小便渐黄；精神食欲良好，今晨进食较多，腹胀满，大便尚正常；药后喜饮；放屁明显减少；舌质暗，略干，舌面纵纹明显，苔薄白；脉中取细略数，沉取有力。

进补气药后有助热，当增液养阴。

处方：黄芪 10g，白术 10g，茯苓 10g，炙甘草 6g，生地 6g，熟地 3g，当归 6g，炒白芍 6g，玄参 3g，赤芍 6g，麦冬 6g，北沙参 10g，橘红 6g，法半夏 3g，砂仁 3g，蜜百部 10g，蜜麻黄 6g，杏仁 10g，桂枝 6g，乌药 6g，姜厚朴 6g，炒白扁豆 10g，山药 10g。150mL 沸水冲开再煮沸 1 分钟，频服温服，作 2 ~ 3 日服。

药后 4 小时大便较多，先排成形粪便后，再排少许水便，相对清澈，无明显气味。半小时内共排 4 ~ 5 次，精神佳。咳嗽减缓，偶有咳嗽。

11 月 2 日四诊：进药后偶有咳嗽，停药一日后晨咳 5 ~ 6 次，但咳轻。血常规见表 4-15。

医嘱：鲜山药 250g，川贝 5g，浓煎，口服。每日 1 次，连用一周。人参归脾丸，每次 1/10 丸。日 2 次，连用 3 日。

11 月 8 日五诊：精神食欲佳，未见咳嗽，舌体略宽，舌面有虫斑，脉略细略数，沉取少力。血常规基本正常（表 4-15）。

表 4-15　11 月 2 日与 11 月 8 日血常规

检测项目	11 月 2 日	11 月 8 日	单位	参考范围
红细胞计数	5.14	5.55	×10^{12} 个 /L	5.65 ~ 8.87
红细胞压积	33.50	36.7	%	37.3 ~ 61.7
血红蛋白	11.10	12.3	g/dl	13.1 ~ 20.5
白细胞计数	20.54	16.13	×10^9 个 /L	5.05 ~ 16.76
中性粒细胞计数	16.05	10.82	×10^9 个 /L	2.95 ~ 11.64
淋巴细胞计数	2.29	2.15	×10^9 个 /L	1.05 ~ 5.1
单核细胞计数	2.13	1.28	×10^9 个 /L	0.16 ~ 1.12
嗜酸性粒细胞计数	0.02	1.86	×10^9 个 /L	0.06 ~ 1.23
嗜碱性粒细胞计数	0.05	0.02	×10^9 个 /L	0 ~ 0.1
血小板	740.0	514.0	K/μl	148 ~ 484
血小板压积	0.76	0.56	%	0.14 ~ 0.46

医嘱：防寒保暖，增强营养。螨虫定期注射通灭，山药川贝饮继续巩固 3 天。

三十、重症肺炎的治疗

2017 年 10 月 5 日，接诊 1.5 月龄雄性金毛犬一例，2.1kg。从 9 月 28 日开始咳喘，病前洗过澡，在当地医院注射过抗生素及退烧针，药后精神好转，有食欲，自行饲喂阿莫西林 0.125g，连用两日，情况稳定，昨日开始不吃不喝。

就诊时精神萎靡，体温 40.1℃，不食；咳嗽呕痰，听诊双肺湿啰音明显，腹式呼吸，开口呼吸，鼻干；大便稀臭；舌体薄软，舌质淡红，苔薄白灰；脉细略数，沉取无力。

实验室检查：粪检未见活菌，未见虫卵；犬瘟热病毒阴性，犬流感病毒阴性，犬冠状病毒阴性，犬细小病毒阴性；血常规（表 4-16）。

表 4-16　10 月 5 日血常规

检测项目	提示	结果	单位	参考范围
白细胞数目（WBC）		13.6	$\times 10^9$ 个 /L	6.0 ~ 17.0
淋巴细胞数目（LYM#）	H	8.2	$\times 10^9$ 个 /L	1.0 ~ 4.8
混合细胞数目（OTHR#）		5.2	$\times 10^9$/ 个 /L	3.0 ~ 13.0
嗜酸性粒细胞数目（EO#）		0.2	$\times 10^9$ 个 /L	0.1 ~ 0.8
淋巴细胞百分比（LYM%）	H	60.1	%	10.0 ~ 30.0
混合细胞百分比（OTHR%）	L	38.4	%	60.0 ~ 83.0
嗜酸性粒细胞数目（EO%）	L	1.5	%	2.0 ~ 10.0
红细胞数目（RBC）	L	4.56	$\times 10^{12}$ 个 /L	5.00 ~ 8.50
血红蛋白（HGB）	L	94	g/L	120 ~ 180
平均红细胞体积（MCV）		60.9	fL	60.0 ~ 77.0

1. 诊断

重症肺炎（危症），寒湿阻肺，遏阻心阳。

（1）处方：蜜麻黄、桂枝、干姜、炙甘草各 6g，杏仁、五味子、白芍、大枣各 10g，细辛 3g，100mL 沸水冲开，并煮沸 1 分钟，温频服，0.3 ~ 0.5mL 每次，逐渐加量，一天半内吃完。

（2）分析：本为风寒外感，且正气不足，因延误治疗造成寒湿邪气入里，肺失宣降，心阳被遏，气机阻滞，所以有寒湿阻肺，遏阻心阳的表现。方中用小青龙汤加减，温散寒湿，固护心阳，求其宣通气机。

2. 二诊

（1）症状：10 月 6 日二诊，精神好转，呼吸较昨日平稳，咳喘大减；仍然不食，少量饮水；体温 40℃；舌质红，苔薄白；脉浮细数，沉取无力，大便稀稠而臭，大便两次；小便色黄；鼻头湿润，清水涕兼脓涕少许。

（2）处方：蜜麻黄、北沙参、内金、五味子、桂枝各 6g，杏仁、炒白术、茯苓各 10g，生石膏和山药各 30g，100mL 沸水冲开，并煮沸，温频服，2～5mL 每次，逐渐加量，8 小时内喝完。

（3）分析：一药后气机得通，呼吸逐渐平稳，鼻头湿润，从无涕到有少许清涕兼脓涕，说明气机得通，里热渐起；但里有寒湿水饮未尽除，因此以麻杏石甘汤合并苓桂术甘五味汤，可维持气机通畅，并用石膏清里之热，合入苓桂术甘汤温阳健脾利水饮，除痰湿；方中加入了北沙参、五味子和山药，沙参代炙甘草，一是当日炙甘草用完，二是小狗连续发散耗气伤阴，用沙参补养肺气肺阴，五味子敛气强心，重用山药补诸虚不足。

（4）三诊：10 月 7 日复诊，精神良好，能正常进食，鼻头湿润，呼吸平稳，偶有咳喘，双肺仍有轻度湿啰音，大便稀臭，体温 39.2℃，舌质淡红，苔薄白，脉细数，沉取少力。

（5）处方：上方巩固一次，停药，后用婴儿健脾散或益生菌调理，务必防寒保暖，静养。

（6）最后四诊：10 月 10 日，复诊：二便正常，体温 38.5℃，饮食正常；未见咳喘，双肺湿啰音轻微；停药观察，务必防寒保暖，静养。

三十一、法斗便血一例

2016 年 10 月 23 日，接诊法斗一例，公，2 岁，昨日晨在外捡食垃圾，中午开始腹泻，至当日上午看病前已大便十余次，大便稀带血，有明显腥臭味，小便少，未呕吐，四末凉，舌质红而暗，苔薄白，脉弦，沉取不衰（图 4-9）。按压腹部轻度疼痛，肠管内有明显圆形弹性物，按压该物体时痛感明显。精神不振，时而恶寒。

影像检查：腹内异物，脾略大。

诊断：腑瘀四逆

处方：枳实 9g，厚朴 6g，白芍 6g，炙甘草 6g，生大黄 3g，乌药 6g，云南白药黄豆大小一份。水 100mL。免煎剂，口服。

药后从中午至晚上 9：00 左右大便 4 次。

10 月 24 日中午复诊：大便成形，四末温，精神正常，按压腹部略有同感，但未摸到弹性物体。益生菌调理。

该病例思路为用四逆散为底，由于是腑瘀非肝脾不舒，因此去掉柴胡，加大黄，厚朴，乌药通腑。

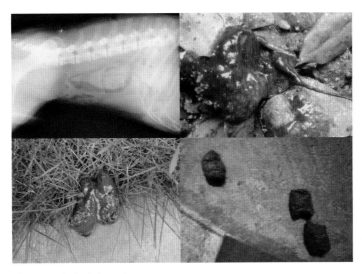

图 4-9　法斗腑瘀四逆

三十二、针药结合治疗肺炎

2017 年 10 月 6 日，接诊 1 岁半雄性德牧一例，37kg，已免疫。

就诊时精神不振，嗜卧，不食，体温 41℃；按压腹部疼痛，拒按，流涎；病前洗澡未吹，并暴食大量牛肝，呕吐牛肝及黄稠黏液，大便稀酱；咳喘，双肺湿啰音较重；气轮赤；舌质绛紫，苔白厚滑；脉浮紧硬，中取涩，沉取有力。该犬 10 月 4 日服用拜宠清 3.5 片后吐蛔虫一条。

实验室检查:D 二聚体阳性，CPL 试纸阳性，但生化淀粉酶 1380U/L 并未超过上限。血常规白细胞及淋巴细胞较高（表 4-17）。

表 4-17　血常规

检测项目	提示	结果	单位	参考范围
白细胞数目（WBC）	H	26.3	$\times 10^9$ 个 /L	6.0 ~ 17.0
淋巴细胞数目（LYM#）	H	11.1	$\times 10^9$ 个 /L	1.0 ~ 4.8
混合细胞数目（OTHR#）	H	14.6	$\times 10^9$ 个 /L	3.0 ~ 13.0
嗜酸性粒细胞数目（EO#）		0.6	$\times 10^9$ 个 /L	0.1 ~ 0.8
淋巴细胞百分比（LYM%）	H	42.1	%	10.0 ~ 30.0
混合细胞百分比（OTHR%）	L	55.5	%	60.0 ~ 83.0
嗜酸性粒细胞数目（EO%）		2.4	%	2.0 ~ 10.0
红细胞数目（RBC）		7.06	$\times 10^{12}$ 个 /L	5.00 ~ 8.50
血红蛋白（HGB）		175	g/L	120 ~ 180
平均红细胞体积（MCV）		65.0	fL	60.0 ~ 77.0

诊断：肺炎，胰腺炎（待复查）。风寒闭表，邪入阳明。

处方：

（1）头孢噻呋钠缓慢静脉点滴，20mL/h。

（2）针刺曲池，身柱，胸肺夹脊，腰胃夹脊，腰脾夹脊，腰肠夹脊，留针 20 分钟，5 分钟捻针一次，每日 1 次。

（3）蜜麻黄 6g，杏仁 10g，柴胡 18g，生姜 9g，半夏 6g，栀子 15g，生大黄 6g，芒硝 10g，白芍 20g，炙甘草 6g，丹参 10g，延胡索 6g，150mL 水冲开并煮沸，温频服，每次 5mL，并办理住院。

起针后腹部疼痛减缓，虽然仍然有腹痛，但可进行触摸，拒按抵抗的表现明显减缓。服药期间未出现呕吐。上午舌质绛紫，晚上舌质淡红。晚 9：30 左右大便一次，稀酱恶臭，便后仍有腹痛，但能少量进食进水，体温 39.5℃。咳喘严重，仍有流涎，晚上比上午流涎量降低。

10 月 7 日晨：精神好转，饮食饮水量增加，体温 38.6℃，咳喘明显，偶尔流涎。脉同昨日，无明显改善，舌质淡暗苔白滑。

处方：

（1）头孢噻呋钠缓慢静脉点滴，20mL/h。

（2）针刺曲池，陶道，胸肺夹脊，腰胃夹脊，腰脾夹脊，腰肠夹脊，留针 20 分钟，5 分钟捻针一次，每日 1 次。

起针后腹部疼痛消失，可随意按压腹部。全天体温正常，精神食欲好转，饮食饮水量增加。大便酱逐渐成形，臭味轻。

10 月 8 日晨：精神正常，饮食饮水正常，挑食，体温 38.6℃，咳喘未见，腹部无痛感。

处方：抗生素停止，针刺再行一次巩固，并给予益生菌口服调理肠道。办理出院。

三十三、宠物临床暑病证治

古人对暑病的认识为："凡病伤寒而成温者，先夏至日者为病温；后夏至日者为病暑，暑当与汗出，勿止""气盛身寒，得之伤寒，气虚身热，得之伤暑"，这两条出自《内经》，对暑病的发生有了时间的判断标准即"后夏至日者为病暑"。同时对机体体质做了判断，是气虚身热者易伤暑，气虚体质在过去是多方面的，气虚在《伤寒论》中往往指津液虚，所以白虎加人参汤用人参的目的在于津液虚，而非现今中医所属的气虚。《伤寒论》中很多提到气虚时使用人参的目的均是补津液。随着中医学的发展对暑病的认识又有不断的提升。从宠物临床看接到暑病病例的也往往是夏至日以后，夏至日前或处暑很少见到，如果出现多人为造成。

1.暑伤气分

暑为热之极，损津伤液，即可见到气分壮热，也可见到血分热极，及气血两燔之证，暑邪久久不去而入经络。伤气分大热，而喘，脉洪大，对于雪纳瑞这个品种而言往往会出现后背潮湿，而其他犬未见，气轮赤，由于壮热身体疲倦少力，此时可给予白虎人参汤，而现在的人参生津效果差，我多用太子参或西洋参代替并加入麦冬或天花粉及益元散。由于气分壮热伤津给予补液是急救的重要手段，在补液的同时给予此方或液后给予此方均能平稳退热。若遇见狂躁者，可尝试大量放两前肢静脉血，可制作真空装置，血见红则停。

2.暑伤血分

入血分而耗液，则凉血散血而透热转气，舌红绛，发热，重则昏迷，抽动，宜水牛角，羚羊角，生地，石膏，丹参，郁金，白茅根，芦根，丹皮，知母，连翘，青蒿，益元散，大黄等，生津凉血而活血透热。成药中可给予清开灵口服或静脉缓慢滴入，清开灵滴入时不可过快，维持3秒一滴，快速滴入则会闭塞气机而造成狂躁，也可使用小儿八宝惊风散。

3.气血两燔

气血两燔则壮热而耗血，多喘而烦躁，肤烫。我多给予剃毛，刮痧，用酒精擦拭降温，给予清开灵静脉缓慢滴入，若狂躁者可给予小儿八宝惊风散，神昏者给予安宫牛黄丸，安宫牛黄丸常温水化开滴入口腔，或取半丸化开直肠灌入。以上暑邪均为阳暑，体质盛而少湿。

4.暑湿蒙蔽

阴暑多暑湿蒙蔽三焦，暑与湿合往往难以速愈，此时输液要慎重，液量过多则湿加重，按正常量使用清开灵则容易凉遏气机。阴暑湿盛，口内多津，舌淡白滑，身体无力，触摸皮肤先温后热，呕吐水液，大便水样恶臭，高烧。一般给予三石汤合并三仁汤。对于以呕吐腹泻为主要症状的可加味藿香正气散。对于湿热并重的或热重于湿的，益元散是必用之药。不少犬发病在晚上八九点钟，犬在外面运动量过大，内热盛，饲主给予冰水狂饮，部分犬饮水同时突然倒地，昏厥，体温41℃以上，而后逐渐降低，低至不足35℃，而此时触摸皮表较热，热几秒钟后逐渐转温，昏迷不省人事，一小时左右时间呼吸停止，此等危候给予苏合香丸温开气机，通络醒脑，基本药后半小时左右能逐渐苏醒。

5.康复调理

一般暑病后康复期需要7日，由于发病过程中损津伤液耗气，因此调理时注重通调气机散余邪，健脾胃而生津液。这样确保不会在短时间内重复发病。一般可选用五汁饮，三才汤，银翘散，笔者常以太子参，生地，丹参，乌梅，甘草，冰糖，水煎温服，益气生津。

6. 常用成药

治疗暑病的常用药物有很多，市面上常用药物多分为两类，一类是清热凉血熄风开窍，一类是化湿解表开窍。

清热凉血熄风开窍：小儿八宝惊风散，牛黄抱龙丸，清开灵，万氏牛黄清心，珍黄安宫片，紫雪丹，安宫牛黄丸。

化湿解表开窍：藿香正气液，保济丸，小儿至宝丹，十滴水，六合定中丸，十香返生丸，苏合香丸。

7. 临床病例

病例 1

2012 年 8 月，接诊 1 岁金毛一例，该犬从上饶运输至南昌，一路将狗放入后备箱中，到达目的地时该犬已全身无力，萎软，流涎，喘，到我院就诊，体温 42℃以上，舌红，脉急数，皮下斑疹，色泽鲜红。

诊断：暑温病，热重于湿。

处理：全身剃毛，酒精棉擦拭腋下，大腿内侧，耳部，脚垫。

处方：生理盐水 250mL，清开灵 10mL，静脉滴入 3 ~ 4 秒一滴。

生石膏 15g，白茅根 20g，芦根 15g，干地 25g，知母 6g，栀子 3g，六一散 10g 布包煎，连翘 10g，丹参 10g，丹皮 10g，太子参 15g，麦冬 10g，青蒿 10g，生甘草 10g，绿豆 250g 后下煎煮 10 分钟，水煎候温频服。

药后体温 39.3℃，能站立行走。

第二日：能食，体温 38.8℃，尿红，日三四次。

处方：中药处方不变，连用两日。

两日后复诊：斑色暗，尿色淡黄，食欲精神正常。

处方：丹参 10g，丹皮 10g，白茅根 15g，水煎，送服云南白药一粒。连用 3 日，以凉血散血。

该犬 1 个月后来我院购买食品，皮肤上的红斑退去。

病例 2

2012 年 9 月，接诊 2 岁罗威纳一例，来院时已经昏迷，全身被饲主浇泼冷水，皮肤先温后烫，体温 42℃以上，牙关紧闭，脉搏微弱。

诊断：暑温病，寒凝气机。

处方：急用温水化开苏合香丸一粒，滴入鼻腔及口腔，针刺舌下穴使其吞咽。药后半小时左右能抬头观望四周，并能起身走动，体温39.9℃，用酒精棉球擦拭腋下，大腿内侧。

第二日：饲主口述该犬不食，精神不振，喜卧，大便水样，体温39.4℃，舌淡白，多唾液。

处方：小儿至宝丹一丸，合并六合定中丸半丸，每日3次，连用3日。

一周后，饲主告知该犬两日前被偷。

8.注意事项

暑温病包含中暑，治疗暑热以生津清热凉血散血为主法，见高热，舌绛红，脉不微者即可以暑热病治疗，若舌绛红，脉见滑象，肤先温后烫，上吐下泻，呈水样或稀酱样则可按照暑湿病治疗。暑湿病不可用安宫丸，紫雪丹开窍，寒凝气机多死，应用苏合香丸温开。暑热病不可用十滴水或苏合香丸开窍，燥热伤津，津液枯竭则死，可用安宫丸及紫雪清热开窍，并给予生理盐水补液，生津退热，但点滴速度不应过快。另外本病后期多引起肾脏损伤应当警惕。

预防犬暑温病通常是给予通风化境，及气温相对较低的环境饲养，饮食上建议不要给冰冷食品，同时可用乌梅绿豆汤等解暑。对于犬舍应尽量保持饲养厂的卫生及通风，对于排泄物及时清理，暑热与秽浊之气相合可导致整个犬舍发病。见到暑季出现上吐下泻的病例应慎重使用抗生素。

三十四、6只20日龄阿拉斯加雪橇犬中暑救治

2010年8月5日上午，接诊20日龄阿拉斯加中暑一例，体温42℃以上（体温表上限42℃），神昏时抽搐，呕吐奶块。牙关咬合较紧，舌尖边起刺，色淡暗，肺轮紫郁，双瞳孔无神。

诊断：中暑，热入心包，上窜于脑。

处方：同仁堂安宫牛黄丸中品，1/3丸，常温水送服，并用酒精棉反复擦拭耳内，足垫，肚皮，肛门。同时不定时掐捏尾尖，耳尖。并作由头至尾沿脊椎及脊椎两侧反复掐捏。待略醒后安宫牛黄丸1/8丸舌下含。并重复不定时掐尾尖，耳尖和由头至尾沿脊椎及脊椎两侧反复掐捏。待神志大致恢复后30mL生理盐水，加入维生素C 2mL，静脉点滴。点滴后体温39.5℃，用口服补液盐分次少量口服，并休息。整个过程空调室温24℃。休息一小时后体温38.9℃。回家后发现其余犬只均有呕吐，并神昏，伴有抽搐，其中两只已经死亡。根据上述症状和饲养史以及疾病的突发性可判断为中暑，送到我院后体温均在41℃以上，并且4只体温均超过42℃。表现与上午的病犬一致，并作相

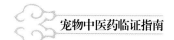

同处理。死亡一只，其余存活。

分析：此为受环境所致，由于气温较高导致中暑，另外与内环境也有直接的关系，由于饲主担心母犬无奶饲喂，每日给予鸡腿汤、猪脚汤等油腻厚味食物，导致母犬内热自生，幼犬通过吸食母犬奶水继而导致幼犬内热较重，所以在处于高温环境下易出现暑邪。根据上述症状和饲养史以及疾病的突发性可判断为中暑，暑为热之极，伤阴最甚，而神昏抽搐，牙关紧闭等均为高热伤阴所致，也反映了热入心包，心神相同，脑乃神之府也。所以治疗原则必清热开窍，药物当用安宫牛黄丸，醒神后再予以补液增津。

浅谈：此病例为典型中暑，很多人把呕吐、腹泻、发热、无力看作中暑，其实这并非中暑而是暑湿，或者说是暑病中的一种，使用芳香化湿，清热凉血，益气生津的方法即可。从病情的轻重上来看比中暑轻很多，中暑的主要表现症状是突发昏迷，伴有高热，抽搐，这也让我联想到了犬瘟热神经型高热抽搐（犬瘟热抽搐类型之一），都具有病势急、病情险、病程短的共同点。当然中暑实际上是一个统称。一般饲主往往会用冷水浇泼，甚至冷水灌肠，导致闭症的出现更加重病情。对于中暑严重的出现神昏高热（超过 42℃）抽搐的往往肌内注射清开灵后死亡，但用生理盐水稀释清开灵后点滴，生还的较多。上述病例中治疗后死亡的一只也是在给予安宫牛黄丸后肌内注射了1mL 的清开灵，体温逐渐下降，2 小时后死亡。这也提醒了在使用清开灵治疗中暑的时候应采取点滴的方式水药同给较为安全，既清热开窍又可生津。另外在救治过程中掐捏尾尖、耳尖的目的在于促醒，反复的强弱刺激可以有效地缩短开窍醒脑时间，通过由头至尾，反复地沿脊椎及脊椎两侧掐捏的目的在于帮助气血的运行，恢复各脏器故能。此次治疗中暑主要药物我认为是安宫牛黄丸和酒精擦拭其主导作用。安宫牛黄丸不愧是凉开三宝之一，开窍凉血作用极佳，同时药效迅速，含服既有效，不过应当注意的是用量不可太过，中病即止。酒精擦拭实际上起到的就是开腠理同时促进血液循环的作用，加速血液的散热。但不可太过，同时使用凉药后应观察反应，同时密切观察体温变化。有的狗用药后反复擦拭酒精出现寒战现象，在临床中应值得注意。再有此类病例脱离危险后往往几小时后继续发热，此时多为加减承气汤证，下后，热即退。也见有加减白虎汤证。同时要补充水分，缓解体内燥热，除了可以点滴补液外也可选择当季新鲜水果榨汁口服，或绿豆荷叶芦根汤口服效果颇为理想。愈后调理方面笔者建议忌肉荤油腻，多食清淡。

中兽医善于治未病，在进入夏季后从狗粮的选择到日常的运动都要注意，南昌由于特殊的地理环境形成了当地特殊的湿热气候，而今年热明显重于湿，在这种环境下生存饮食上就必须有所改变，不能冬天和夏天吃同样的食物，目前饲养者盲目追求进口高档犬粮，导致很多狗出现内热过重的现象，甚至出现食欲减退，更有在公园遛狗时常常发现自己的狗会啃草吃草，平日不爱吃蔬菜的此时往往连生苦瓜都可咀嚼下咽，反而肉类闻闻即退。所以根据这种现象应在入夏后改善饮食，平日多食绿色蔬菜，绿豆瓜皮更是夏季防暑良药。一般我建议每天煮绿豆 50～100g，大火煮沸后改小火煎煮 5～10 分钟即可，绿豆决不能煮开花，这种绿豆汤才具有清热解毒，解暑，利尿的作用。还可每日取瓜皮半个，与苹果等水果榨汁，供狗饮用，这样可以有效祛除内热，减少中暑概率，当然饲养环境一定要通风，有条件的家庭可用空调降温，但不可过低以免导致狗的寒热不适。在运动方面尽量避开午后外出，同时运动时间应相应缩短，并不宜做剧烈的奔跑。此未病先防。

三十五、刺血治疗英国斗牛土疳证与伤暑

进入 2015 年 7 月后北京气温较高，我回京休假，发现自家犬气轮逐渐赤。由于这类犬能食，少动，湿热体质为主，我对气轮赤就没在意，间断性的用过几次喹诺酮类眼药水，进入 8 月后脓样眼分泌物明显增多，气轮赤加重。

2015 年 8 月 6 日上午给其清理眼睛的发现，泪增多，脓样眼分泌物增多，并左眼肉轮上侧长一白色突起，传统医学叫作"针眼"或"土疳"。另外近几日该犬大便稀软而臭，尿黄味重。

诊断：土疳证，湿热成毒（图 4-10）。

病在眼睑，位属脾胃，湿热成毒，毒聚成疖肿。明代王肯堂所著的《杂病证治准绳》中说："土疳证为脾上生毒"，明代傅仁宇所著的《审视瑶函》中也记载："此症谓胞上生毒也，俗号为偷针"。毒为聚，气血不通，不通则壅滞为实，实则泻之。泻其壅滞，气血得通，其聚乃破，毒消矣。点刺放血治疗，放血为泻实通络之法，简单有效。若用白针留针法恐怕犬很难配合。

治法当选择具有清热消肿，化瘀解毒的穴位。一般原则为"实者泻之"，取与病位相关联的经穴或是奇穴。经穴则取下趾尖或是前肢指尖进行点刺（类似十宣位），亦可取耳尖穴。刺血手法以后详述。

此英国斗牛病例选择的是耳尖穴刺血，双侧刺血一次，5 小时后，针眼消退，目赤减轻。二日目赤大减。给予清暑绿豆甘草汤善后。

耳穴，属于少阳三焦经、少阳胆经、阳明胃经，阳明大肠经，围绕交汇与耳前后，耳尖点刺出血最易，耳尖亦属奇经穴，符合两极刺血治病原则，通过临床验证刺血耳尖对眼病却有实效。同时对中暑亦有效果。

该斗牛针眼治愈后三日外出，出现中暑，迅速抱回家，体温 42℃以上，周身烫，舌略绛，呼吸急促粗喘，腹胀紧明显，饮水则吐，不能站立，脉大略数。

诊断：伤暑，三焦热盛。

治疗：房间冷气开放降温，供氧，酒精棉擦耳、腋下，大腿内侧，前后脚垫。并给予双耳尖刺血，出血十余滴，自然止血。刺血 5 分钟后呼吸明显相对平稳，10 分钟后

气喘声音正常，粗喘音消失，刺血20分钟后能起身找水，但步态蹒跚，全身无力，腹胀紧缓解，舌色相对淡。给予沉香舒气丸和清暑盐水汤口服，服药20分钟后排尿，色黄气味重，嗜睡。

二日：精神正常，步态正常，体温正常，少食，嗜睡。未用药物。

三日：一切恢复正常。

伤暑是中医病名中的一种，病轻称为冒暑或感暑，病重称为中暑。伤暑起病急，病程短，无传染性，有高温或高度湿热环境活动史。暑温是温热邪气极重，证候表现类似伤暑，且多有传染性，无高温或高度湿热环境活动史。因此两者临床上应做鉴别。对伤暑病例进行刺血的方法同样属于"实则泻之"的范畴，刺末梢穴位，均有泻热开窍一类作用，包括了清热解毒，化瘀消肿，开窍醒脑等。刺血治疗的疾病较多，但注意仅适合实证的治疗，虚弱病例禁用。

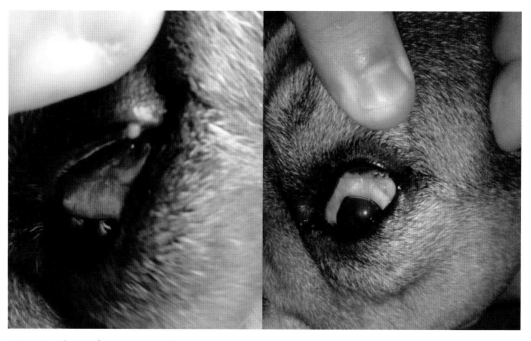

图4-10　英国斗牛土痧证与伤暑

三十六、针药结合治疗胃肠炎

2017年4月4日，接诊一例雌性已绝育杂交犬，已免疫，3日下午发病，体温38.6℃，精神略减，食欲正常，鼻头水湿，呕吐白沫及白色黏稠液体，日呕吐4次，大便溏稀腥臭，色黄绿暗，少许血液，日大便4次，有里急后重表现，按压腹部无痛感，舌质暗红，苔薄白，脉弦滑数，沉取少力。粪检无寄生虫，白细胞增多，杆菌活跃度高，少许红细胞。犬瘟热病毒，犬细小病毒，犬冠状病毒均为阴性。

病前饮食如常，未洗浴，3 日和 4 日上午给予益生菌口服未见效果。3 日晚已开始停食。

诊断：湿热阻滞中焦气分证。

治法：开郁化湿降浊。

针刺：胃脾俞穴，强刺捻弹针，留针 25 分钟。

处方：防风 6g，黄芩 10g，生姜 6g，半夏 6g，白芍 6g，泽泻 6g，炙甘草 6g，生大黄 3g。免煎剂，一付，水 80mL，1 小时内服完。药后口腔中流出约 10mL 药物。药后未呕吐，药后 30 分钟内大便一次，稀便量少。

二日：饮食正常，未见呕吐，精神良好，予以益生菌调理，下午大便先成形，后排出 1mL 左右的清水便，有一滴鲜血。中药停止益生菌善后。

三日：精神良好，饮食正常，未见呕吐，未见大便。

分析：这个病例针刺目的在于调理脾胃，疏通经络，有利于开郁化湿，并能止呕调肠。方药采用玉屏风及痛泻要方中用防风的方法以防风疏郁，合入黄芩汤清热和中，辛开苦泄，加入泽泻帮助分消，加入大黄增强苦泄力量有利于降浊，取通因通用法。

三十七、幼犬虚寒泄泻证治

幼犬多幼阳之体，其身体功能尚未生长完善，对自然界的六气敏感，入冬以来几乎每天都能接诊 2 ～ 4 个因风寒湿等因素造成的幼犬泄泻病例，总体来说这类病例为中焦阳气虚弱，中焦以脾胃为主，分阳和气，均为功能，阳的作用是腐熟热化，气的作用是受纳运化，往往阳虚弱的时候气亦虚弱，而气虚弱的时候阳也不会充足，但分清阳与气对于用药而言有实际意义。胃阳虚多水液蓄积，无食欲，多胃反呕吐未消化食物；胃气虚多积食，少食。脾阳虚，大便多清水无味，腹中鸣响，伴有痛感，得温则减；脾气虚多胀气，伴有痛感，揉按得缓，大便多有未消化食物。凡阳不足者多兼湿邪。临床中最多的病例是中焦阳气虚弱证，单纯的阳虚证和单纯的气虚证也能见到。

治法上凡阳虚证治法以扶阳健脾为主，气虚证治法以益气健脾为主。温阳健脾多姜附桂，益气健脾多参芪术。如理中丸，党参，白术，干姜，炙甘草，是温阳益气健脾法，属于中焦阳气虚弱证，温阳与益气相当；加入附桂则侧重温阳健脾兼以益气，若加入茯苓，升麻，炙黄芪之类则侧重于益气。入冬以后我都建议一些饲养贵宾幼犬的饲主在食物中每天加入 3 粒附子理中浓缩丸，每餐一粒，另可与归脾丸或补中益气丸同用，均一粒每餐，特别针对虚弱犬效果很好，因为不知何时开始主张贵宾犬少食，每天十几粒狗粮，这样的狗均中焦阳气虚弱。

中焦虚弱其舌淡白，肉轮淡白，气轮青紫，腹泻如水无明显臭味或有脏腥味，甚至带有血液，伴有呕吐。这种病例给予抗生素是无效的，甚至引起死亡，这是雪上加霜的做法，如果是给予益生菌等肠道调节剂，其效果很慢，有时会继发其他疾病，如果用思密达等收敛剂只能起到治标作用，同时经常使用思密达止泻还会出现不良反应。只有使用温阳益气健脾类中药效果最快，一般使用一天就能见效。

这类病的出血一般不需要用云南白药或是用其他止血药止血，出血是因为脾不统血，脾统摄血液的能力逐渐恢复后血可自止，如果出血量太多可以给予炮姜或是伏龙肝暖脾而止血，使用温阳益气健脾类药物后需要给予归脾丸强健心脾善后。

病例 1

2013 年 1 月 3 日，接诊贵宾犬不足 60 日龄，未免疫，精神食欲正常，大便溏稀，无臭味，带有果冻样物质，每日 4 ~ 5 次，到某医院就诊，诊断为肠炎，给予头孢喹肟注射，并口服宠儿香。药后饲主口述大便无改观，粪便带血，血色鲜，气轮青紫，舌淡白。犬细小病毒阴性，犬瘟热病毒阴性，犬冠状病毒阴性。

诊断：脾虚泄泻。

治法：温阳益气健脾。

处方：附子理中丸（浓缩丸），每次 4 丸，日 3 次。

二日告知犬大便正常，兼以给予归脾丸（浓缩丸）善后，每日 3 次，每次 2 丸，连用 3 日。

病例 2

2013 年 1 月 4 日，接诊贵宾犬 3 月龄，大便溏稀十余日，精神不佳，少食，倦怠少力，舌淡白，目前用思密达止泻维持。犬细小病毒阴性，犬瘟热病毒阴性，犬冠状病毒阴性。

诊断：中焦阳气虚弱。

治法：温阳益气健脾。

处方：附子理中丸（浓缩丸）每次 4 粒，补中益气丸（浓缩丸）每次 3 粒，每日 3 次。

二日二诊，大便未见好转，食入的浓缩丸没有消化吸收，排出 7 粒浓缩丸。

处方：附子理中丸大蜜丸 3/4 丸，补中益气丸大蜜丸 3/4 丸，用热水化开，温服。每日各 3 颗，日 3 次。二日告知大便稀软，建议继续用药。

五日三诊，大便成形，食量见多，走动见多，但与正常犬相比运动量还是少，同时舌淡，眼底黏膜。

处方：附子理中丸 1/5 丸，补中益气 1/2 丸，归脾丸 1/3 丸，热水化开，温服，每日 2 次，连用 2 日。

七日四诊，大便正常，精神正常，食量正常，活泼度与正常犬相同。建议归脾浓缩丸和补中益气浓缩丸各 3 颗，每日 3 次，连用 7 日善后。

病例 3

2013 年 1 月 9 日，接诊某犬场，一窝（6 只）刚满 30 日龄的喜乐蒂犬呕吐清水，大便溏稀，食欲差，精神欠佳，带两只犬来院诊治，两只犬舌色淡白，检测犬细小病毒，犬瘟热病毒，犬冠状病毒均为阴性。

诊断：中阳不足。

治法：温中散寒。

处方：生姜 6g 水煎，送服附子理中丸浓缩丸，每次 3 丸，每日 3 次，中病即止。

二日二诊：告知有 5 只痊愈，一只大便还是有点软，但没有再呕吐，去生姜，单服丸药。二日晚上告知 6 只大便均已正常。

分析：有不少同行询问对于腹泻，何时使用收涩药物，首先治疗泄泻的收涩药物一般多用诃子，乌梅，五倍子，伏龙肝，牡蛎。五倍子我在外科上面使用过，但内科上面极少涉及。诃子，这个药物是藏药方中多用，诃子多先破后敛，与大黄、黄连等同用有增强泻下清热的作用，但不宜大剂量使用，一枚砸碎使用就可以了，凡是脾虚或是热利均可以使用，但兼湿证的尽量不用。我遵循"痢无止法"，所以很少用诃子，除非大便溏稀如水，恶臭难闻，次数频繁，一般使用一两个诃子，用时砸碎，争取一付药物将热泻去；如果是虚泻一般使用一个诃子加入温补升提药物中。乌梅这个药物经常使用，酸苦，常与黄连等苦寒药物同用，酸苦泄热是理想的，对于热利伤津久痢可在苦寒泄热药物中加入 3 ~ 6 枚，有增强泄热力量，同时防止苦燥伤津。伏龙肝和牡蛎，伏龙肝用过几次，适口性极差，我实在难以下咽，但是止泻稀水很好，对于水泻次数频繁，可以单纯使用伏龙肝，其止泻效果比思密达这类药物好，热的可以放点黄连，寒性的给点炮姜。对于热利伤津，次数频繁可以加入牡蛎，清热坚阴止泻。牡蛎对于寒泻不可使用，用后一个是腹胀恶心，一个是想拉，拉不出来。曾有志愿试药者腹泻大便溏稀如水，臭味很轻，看脉舌没有热象，应为脾阳虚证，给牡蛎 60g，水煎一次服完，服后腹痛，大便想拉拉不出来，这应该是用牡蛎又造成脾肾阳虚。然后再给姜桂附类温通药物，温肾健脾类的，有明显缓解，服用 2 付得愈。用牡蛎时，寒热要弄清楚。整体来说，收涩药物还是慎用，如需要使用时应以小剂量为主。我主张以通为主，在通的前提下补泻升提敛。

若开汤药，其白术与干姜用量不宜过多，若开 6g 左右应分 3 ~ 4 次服，中病即止，以免寒散热聚而动血。

三十八、一例公犬尿血病例的中药治疗

2017 年 10 月 15 日，接诊 6 岁雄性柯基，14kg，犬饲养所在地宜春。

饲主口述：该犬自 3 岁开始每 2 ~ 3 个月出现尿中带血情况，到某医院治疗尿检有结晶体，诊断为尿结石，给予利尿化石止血药物，一般用药 3 日内见效。该犬平日饮水量较少，单一食用进口犬粮。出现尿血情况时精神食欲均正常。已发病 7 日，先服用之前利尿化石止血药效果不明显，连用 3 日仍然带血。

就诊时舌绛红暗，脉宽数有力，沉取不绝；尿中带血，排尿未见明显疼痛及尿淋漓；尿检仍有大量磷酸铵镁结晶体，白细胞 2+，C 反应蛋白阳性。

诊断：血淋证，血热动血。

治法：凉血散血，利尿通淋。

处方：茜草 10g，白头翁 10g，丹参 10g，赤芍 10g，栀子 6g，金钱草 30g，海金沙 15g，生内金 15g，通草 6g，茯苓 10g，泽泻 10g，白术 10g，砂仁 6g。150mL 水冲开煮沸，每日 1 付，连用 3 日，若药后便软属正常现象，若便稀舌淡则停药复诊。

18 日二诊：尿血已停止，精神食欲均良好，尿量增多，饮水量有所增加，舌红，脉略数，沉取有力，大便软。

处方：降低前方凉血药，调整剂量，连用 60 日，改善结石情况。每日服用药膳。

分析：本案尿血为血热动血所致，这与平日饮食有关，因此改善饮食较为重要。方药茜草凉血止血效果较好，亦可用于血热动血所致的便血。"三金"用于化石属于经典对药，但注意海金沙及大量金钱草易伤脾阳，严重时可出现滑泄，此时对脾阳应格外保护。后续应以缓和利尿化石方剂为主，以增加尿量。长期应用利尿需要对阴的保护。

三十九、一例法斗尿血病例的治疗

2018 年 8 月 1 日，接诊雌性法斗一例，1 岁半，已免疫，按要求定期驱虫，该犬已受孕十余天。昨夜出现尿血，尿中伴有血滴；今日血量加大，且排尿频繁，尿量减少。精神饮食良好，按压腹部无痛感。脉滑，沉取有力；舌质暗红，苔薄灰黏；气轮清澈。

实验室检查：尿检有磷酸铵镁结晶体，大量白细胞及红细胞，少许活菌；C 反应蛋白小于 5mg/L；血常规（表 4-18）。DR 显示膀胱内有点状高密度阴影，疑似结石。

表 4-18　血常规

检测项目	提示	结果	单位	参考范围
白细胞数目（WBC）		8.2	$\times 10^9$ 个 /L	6.0 ~ 17.0
淋巴细胞数目（LYM#）		3.6	$\times 10^9$ 个 /L	1.0 ~ 4.8
混合细胞数目（OTHR#）		4.4	$\times 10^9$ 个 /L	3.0 ~ 13.0
嗜酸性粒细胞数目（EO#）		0.2	$\times 10^9$ 个 /L	0.1 ~ 0.8
淋巴细胞百分比（LYM%）	H	44.5	%	10.0 ~ 30.0
混合细胞百分比（OTHR%）	L	53.2	%	60.0 ~ 83.0
嗜酸性粒细胞百分比（EO%）		2.3	%	2.0 ~ 10.0
红细胞数目（RBC）		6.38	$\times 10^{12}$ 个 /L	5.00 ~ 8.50
血红蛋白（HGB）	H	182	g/L	120 ~ 180
平均红细胞体积（MCV）		75.6	fL	60.0 ~ 77.0

诊断：湿热下注，络脉受灼。

治法：清热通利，凉血止血。

处方：金钱草 30g，海金沙 15g，鸡内金 10g，生甘草 3g，通草 6g，苍术 10g，茯苓 10g，黄柏 3g，蒲黄炭 10g，茜草 10g，牛膝 10g。120mL 沸水冲开，煮沸 1 ~ 2 分钟，候温，温服频服。

8 月 2 日二诊：精神饮食良好，大便正常，药后小便量增多，血减少，昨晚尿中已基本无血。今日尿中未见血。

治疗：前方不变，用量减半，连用两日，每日半付，并嘱咐清淡饮食。

分析：尿血、结石等从中医角度看多为湿热下注膀胱或是互结。诊断时脉诊上的考虑与外感不同，此时脉沉取有力即可清利，不必非要见数象；而舌不淡嫩即可清利。换句话说并不是用脉舌做诊断，而是用脉舌衡量是否出现药物禁忌证。

在选方用药上，三金是常用的清热利水化石药，配合四妙散增强清利湿热的功效。而通草、生甘草是个人经验对药，增强清热通淋作用。茜草、蒲黄炭凉血散血止血。注意四妙散原方有薏仁，我换成茯苓，则是取苍术茯苓利湿健脾，并避薏仁之滑寒，防止腹泻。如果脾胃虚弱或长期服药当配合健中服用，防止造成脾肾阳虚而致滑泄。

本案为法国斗牛犬，体型壮实，并处于妊娠期，用药不应拖拉，且活血化瘀不能太猛，中病即止，症状改善后当减量用药不可足量猛用活血化瘀药。

四十、中兽医角度治疗双侧对称性脱毛

双侧对称性脱毛按西方说法是属于肾上腺皮质激素亢进所致。从中兽医角度看，我认为多与血瘀有关，从 2012 年 2 月 7 日至 2012 年 6 月 10 日先后接诊 11 例双侧对称性脱毛病例，年龄在 2.5 ~ 6 岁，其共性为平日饮食多油腻，其中包含高热量高脂肪犬粮，有 6 例合并真菌感染，一例长期患有慢性肠炎；共同症状，双侧对称脱毛（左右肾区周边），瘙痒，脱毛皮肤局部增厚，黑色素不同程度沉着；其脉多见涩，气轮多瘀。

自拟处方一：丹参 12g，郁金 12g，生黄芪 9g，防风 6g，白术 6g，桂枝 6g，共粉过 100 目筛，装胶囊口服，日 2 次，连用 30 日。

自拟处方二：白鲜皮 30g，地肤子 30g，白及 10g，海桐皮 12g，透骨草 10g 等 9 味，水煎 5 次留汤外洗 15 分钟以上，每日 1 次或隔日 1 次，连用 14 次。

上述二方配合使用，11 例全部见效，部分病例已长毛痊愈。

分析：脉涩，气轮青瘀，局部色素沉着，为血瘀所致；而气为血帅，行其脉道，布散周身，因此用些行血走表的药物来开瘀，可理解为表瘀，与肺脾功能有直接关系。皮毛病，责之于卫气，卫气壮于中焦，用于上焦，脾统精气运送致肺，肺宣发布散。如内经所述，"上焦开发宣五谷味，熏肤，充身，泽毛"。自拟处方一的丹参、郁金，行心之血，开肺之气，二药合用行气血，开瘀阻；黄芪、防风、白术、桂枝则取玉屏

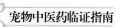

风散和五物桂枝汤之意，强中固卫，引药达表，实为增强皮表气血运行。自拟处方二则是活血清热祛湿，有助于在表之气血的行散。特别要说的是透骨草，外敷能引药深达肌骨，外洗则仅用其引药透表。

病例1

2012年2月13日，接诊一例贵宾犬，3岁，雌性，体型略胖，从未交配，精神正常，挑食，腰部两侧对称性脱毛，皮肤增厚，瘙痒，局部皮肤颜色略深，病后易攻击玩伴，小便黄气味重，舌色暗，绛红，脉涩略数，气轮青瘀。

诊断：血瘀内热。

处方：自拟处方一，去黄芪、白术，加淡豆豉10g，栀子10g，共粉过100目筛入胶囊，此为一付药，吃完再抓药，每次2颗，日2次，连用3个月，自拟处方二连续外洗10日。

二诊：2012年4月1日复查，脱毛处已经长毛，无瘙痒。

处方：按照上述方药加入生黄芪6g，再用一付巩固。

分析：该病例为血瘀内热，既有内热则去黄芪、白术，单留一味桂枝做引药。桂枝虽为辛温药物却有强心阳的作用，若与麻黄、苏叶等辛温药物同用则发汗，若与辛凉活血药物凉血药物同用则增强活血作用。小剂量使用桂枝一般引血走表，中等剂量使用多走四肢骨节，大剂量使用则降气逆。加栀子豆豉的目的在于去内热除烦燥。

病例2

2012年3月11日，接诊一例金毛犬，4岁，雌性，交配一次未生产，体型肥胖，精神食欲俱佳，毛色枯，毛色明显退化，腰部两侧呈现对称性脱毛，瘙痒，全身伴有脱毛，皮肤增厚，局部皮肤泛红，舌色绛，脉涩。

诊断：血瘀证。

处方：自拟处方一，加栀子6g，丹皮10g，碾粉过100目筛，入胶囊，此为一付，吃完再抓药，每次口服4粒，日2次，连用3个月；自拟处方二外洗，连用14日。

二诊：2012年6月8日，告知该犬局部已经长毛，药浴第4日后未见再抓痒。

处方：再用药一付巩固疗效。

讨论：此金毛犬病例由于过于肥胖，脾功能减弱因此不去黄芪、白术，同时加入丹皮栀子增强活血祛瘀的能力。

这类病例一般配合适量运动，禁食一切油腻类食物，可适量在食物中加入海藻粉等美毛产品。

四十一、治疗宠物皮肤病应重视气血

在宠物临床中犬的皮肤病很常见，运用传统医学治疗犬的皮肤病效果较好，即使对顽固性皮肤病也有较好的效果。笔者认为皮肤病多以气血失衡为前提，使阴阳失调，卫气难以固表，外招杂邪所致。因此治疗皮肤病的关键在于调理气血。在气血正常，生化不断，运行通畅的前提下，即使外感寄生虫、真菌或细菌之类也可轻易治愈。倘若气血失衡，外招螨虫即使使用再长时间的多拉菌素类药物也是徒劳，总是反复感染。宠物临床中常见到的皮肤病有癣，痈，疮，疔，湿疹，痰核，等等，包含了疥螨病，蠕形螨病，脂溢性皮炎，皮肤瘙痒症，皮炎，脓皮症，脱毛症，等等，甚至还包括内分泌系统疾病造成的脱毛。

1. 重视气血

气血是构成机体的基本物质基础，气血可以内养五脏，外充皮毛，运行周身，无处不到。气血相互为用，自古有"气为血帅，血为气母"的说法，意思是说"气推血行，血养其气"。血随气行，气行也就是气的运动，升，降，出，入4种。升降出入正常，气血才能充足，阴阳才能平衡，机体才有适应及抗邪的能力。气血的产生源于饮食，饮食可以充盛气血，也可以败坏气血，正所谓"健康是吃出来的""疾病是吃出来的"，饮食异常，阻滞气机运行，就会出现气滞血瘀，有停于内脏，有停于经络，有停于肌肉，有停于皮表，就会产生各种各样的病症。当然，往往一些疾病并非一次饮食所致，而是不断的累积造成，同时不同的地域，不同的气候，不同的体质饮食应该各异，自始至终总吃一种食物，往往就会出现问题，如南昌夏季炎热而潮湿，仍然食用高热量，高蛋白，甚至高脂肪的狗粮患湿热性质的皮肤病就非常多，往往通过皮肤病就可以猜测到该犬食用什么犬粮，通过调理饮食，改善气血，就可以加快治愈速度，并且防止复发。造成皮肤病有内在的气血因素，也有外在的杂邪，但杂邪与气血相比，气血显得格外重要。

2. 气血对皮肤病及治疗的影响

皮肤病的产生于机体气血关系密切，机体气血充盛，卫阳才能充沛，才能抵抗外邪，调节皮表腠里，即使有外邪侵袭也相对容易治疗，甚至不治自愈，或是不表现任何症状。相反如果气血不和，气血虚弱，则脏腑失调，营卫失和，就会使病情加重或是缠绵难愈，或反复发作。如气血虚弱无力充盈皮毛则皮毛无光，脱毛，甚至虚而生风造成痒，也可造成皮肤伤口久不愈合。局部气血瘀滞，郁而化热成脓，生痛等。

在治疗方面，针对久治不愈的病例多采取益气养血，活血化瘀，调和营卫的方法，脓已形成的往往托脓外出，配合清热化湿，清热解毒，活血化瘀法。针对初起病例，根据体质选择清热解毒，活血化瘀法和益气养血，活血化瘀法，配置方药内服或外用。气血如果得不到改善往往很难治愈疾病。另外值得注意的是在治疗化脓性皮肤病的时候在活血化瘀的同时适当配伍化痰开结的药物可以提高疗效，痰脓为一物，只是程度不同或是部位不同。

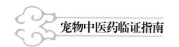

3.病例列举

病例 1

2012 年 2 月 13 日，接诊 3 岁雌性贵宾犬一例，体型略胖，从未交配，精神正常，挑食，腰部两侧对称性脱毛，皮肤增厚，瘙痒，局部皮肤颜色略深，病后易攻击玩伴，小便黄气味重，舌色暗，绛红，脉涩略数，气轮青瘀。

治法：活血化瘀。

内服处方：丹参 12g、郁金 12g、生黄芪 9g、防风 6g、白术 6g、桂枝 6g。去黄芪白术，加淡豆豉 10g，栀子 10g，共粉过 100 目筛入胶囊，此为一付药，每次 2 粒，日 2 次，连用 3 个月，药尽再抓。

外用处方：白鲜皮 30g，地肤子 30g，白及 10g，海桐皮 12g，透骨草 10g 等 9 味，水煎 5 次留汤外洗 15 分钟以上，每日 1 次或隔日 1 次，连续外洗 10 日。

二诊：2012 年 4 月 1 日复查，脱毛处已经长毛，无瘙痒。上述方药加入生黄芪 6g，再用一付巩固。

病例 2

2012 年 5 月，接诊 6 岁雄性金毛犬一例，饲主口述患螨虫一年有余，曾使用过 887 洗液，双甲脒，药用除螨沐浴露，按疗程注射过害获灭，通灭，按疗程滴过塞拉菌素滴剂，配合口服维生素，药后均有明显好转，但停药后 1 ~ 3 个月开始反复，平日该犬以鸡架子为主。目前该犬体味浓重，消瘦，脱毛，皮毛油腻感较重，局部皮肤增厚，瘙痒，身上有多处抓伤，胸腹部及大腿内侧红疹较多，精神食欲二便正常；舌暗，脉弦滑数。考虑已使用过不少化学药品，反复使用过伊维菌素类药物，决定给予中药治疗，治疗前剃毛以方便用药。

治法：活血化瘀，清热利湿。

内服药物：当归 12g，川芎 9g，生熟地各 12g，白芍 6g，丹参 12g，丹皮 12g，郁金 9g，桂枝 6g，黄芪 9g，防风 10g，僵蚕 10g，蝉衣 10g，桔梗 6g，栀子 6g，黄芩 6g，连翘 10g，大黄 1g，厚朴 3g，滑石 9g，白术 6g，生甘草 3g。上述药物水煎两次，生甘草 3g 研磨汤药冲服，每日 3 次服药，一日一付，连用 7 日。

外洗药物：无患子皮 15g，何首乌 10g，土大黄 15g，苦参 10g，硫黄 10g 布包煎，当归 15g，白鲜皮 30g，透骨草 15g。

上述药物大锅水煎，2 ~ 3 次，硫黄砂锅单煎，连续药浴 14 次，前 7 次，每日 1 次，后 7 次，每两日 1 次，药浴每次浸泡擦洗不少于 20 分钟。治疗期间禁止食用一切肉类，适量运动，内服药物用完后复诊。

二诊：饲主口述，用药第二天瘙痒明显减轻，用药第四天体味明显减轻，身体没有新的抓伤,红疹减少,药后大便气味明显加重,大便成形但较软,尿液较黄气味明显加重。

内服方药继续口服 7 日,减栀子、黄芩各 3g,药物服完后复诊。

三诊:药后第九日胸腹部及大腿内侧红疹消退,基本看不到抓痒,体味轻,抓痕基本淡化,皮毛基本无油腻感,大便气味重,尿液较黄气味重。

原内服中药停服,改用归脾浓缩丸 8 丸,日 2 次,配防风通圣丸 1/3 袋,日 2 次,连用 14 日。外用药物再开 7 付,每 15 日用药一次。饮食注意不要油腻,禁止去草地。

该犬 2012 年 11 月来院加强免疫,饲主告知自 7 月停药后再无反复,并且毛全部长出,体型相对 5 月胖了很多。

病例 3

2012 年 7 月,接诊 3 月龄雄性贵宾犬一例,未免疫,全身多部位呈现圆形脱毛,并有大量皮屑,背部有脓疹,胸腹部及大腿内侧伴有红疹,皮毛油腻,体味重,瘙痒,食量减少,嗜睡,体温 39.6℃,舌红暗,脉滑弦细数。

按体重给予害获灭,外用莫匹罗星,定期使用法国维克抗真菌沐浴露及皮特芬喷剂。口服美国 IN,阿莫西林克拉维酸钾,药后体温正常,精神好转,食欲正常,害获灭注射 4 次,阿莫西林克拉维酸钾连续口服 7 日,皮特芬每日 2 次外用,莫匹罗星每日 2 次外用,药浴每 2～3 日一次,症状基本全消,仅有少许皮屑。但 3 个月后,皮屑增多,瘙痒明显,全身脱毛严重,皮肤增厚,脓疹复发,体味浓郁,饲主自行口服阿莫西林克拉维酸钾及维生素,外用莫匹罗星和皮特芬,连用 15 日不见效果,全身皮肤开始破溃,流脓,伤口愈合慢,再次就诊,发现全身脓疹密集,用手轻挤压立即流脓。诊断为脓皮症,因四肢,背部,大腿等部位均已皮肤损伤严重,无法采取静脉给药和注射给药,采取口服和外用药物及药浴治疗。

治法:益气活血,清热解毒。

内服处方:防风通圣丸配合自制药粉(益气养血,活血化瘀,开痰散结),两药 1：1 混合,每次口服 2g 拌食,日 2 次。

外用处方：无患子 15g,皂角 10g,何首乌 15g,土大黄 15g,蒲公英 15g,连翘 15g,黄芩 10g,紫花地丁 10g,天葵子 10g,青黛 10g,硫黄 5g,天花粉 15g,大锅水煎 2 次外洗,每次浸泡外洗 20 分钟以上,药后擦干,外涂加味紫金膏,全身上药,用弹性绷带包扎,每日上药一次,连续用药 25 日痊愈出院。并给予蜂胶口服做预防保健。

病例 4

2012 年 6 月,接诊 1 岁半雌性阿拉斯加犬,全身多处呈现圆形脱毛,瘙痒,皮屑增多,在某医院治疗两周后,开始全身脱毛,皮肤变厚,肤色黑。遂于我院治疗,该犬消瘦,舌质淡苔薄白,脉弦细略数。治疗时全身剃毛。

治法：益气养血，活血化瘀，祛风止痒。

内服处方：十全大补浓缩丸，3丸每次，配合大黄䗪虫蜜丸，每次半丸，逍遥浓缩丸6丸，日2次，连用1个月。

外用处方：生地20g，当归15g，川芎12g，郁金15g，丹参15g，土大黄15g，无患子皮20g，何首乌15g，透骨草15g，桂枝15g，白藓皮30g，硫黄10g另煎。上述药物大锅水煎3次，外洗，每日1次，连用14日。

二诊：外用药物用完，基本无瘙痒，皮肤增厚的部位变薄，但肤色无太大改变，毛生长较快，新生毛无皮屑。内服方药继续口服，外用方药7付，每七日1次。

三诊：内服药物服完后，增厚皮肤与正常皮肤的厚度相当，但比正常皮肤粗糙，未见皮屑，肤色无太大改善，消瘦得到改善。

内服处方：归脾浓缩丸6丸，配合大黄䗪虫蜜丸1/3丸，逍遥浓缩丸4丸，连用半个月，巩固疗效。

4. 分析

从上述病例看，对于皮肤病调理气血是有益无害的，调理气血可以加快组织愈合，促进脓汁排除，消除斑疹，改善皮表血液循环。同时对于杂病而言在使用西药的同时使用中药调理气血往往可以加速疾病的康复或是加快减轻病症。因此在治疗宠物皮肤病，尤其是顽固性皮肤病时应特别重视气血的盛衰。

四十二、一例癫痫僵瘫的治疗

2016年11月14日，接诊6岁雌性贵宾犬一例，癫痫近1个月频发，每日数次，每次十几秒至二十余秒不等，发作时四肢强直，痉挛，角弓反张，流涎，多日不食，不能站立，颈部左歪，四肢僵，不能站立，右眼分泌物脓样较多。按压腹部满而紧，脉浮数，沉取细而有力，舌绛暗红，舌体瘦。脱水较重，血液高度浓缩。

诊断：癫痫，精亏血瘀。

治法：生津养血，活血化瘀，兼以透热通腑。

处置：先行给予补液，补充能量及水分。

中药：生地10g，麦冬10g，玄参10g，白芍10g，炙甘草10g，赤芍10g，丹皮10g，丹参10g，杏仁6g，厚朴3g，枳实6g，连翘10g，竹叶6g，送服麻仁浓缩丸4丸。

二日：大便溏稀一次，食欲旺，其余诸证未见好转。依照昨治法不变。

处方：生地15g，麦冬10g，玄参10g，白芍10g，炙甘草10g，党参10g，五味子6g，山药10g，枸杞10g，当归10g，白术6g，生姜6g，赤芍10g，丹皮10g，杏仁6g，厚朴3g，枳实6g，连翘10g，竹叶6g，蜈蚣1条。连用7日，方药略有加减。配合针刺颈夹脊三穴，腰夹脊三穴，留针20分钟左右，5分钟捻针一次。

11月23日：从11月16日后未再发生癫痫，食欲正常，大便成形正常，精神逐渐好转，20日停止补液，23日能蹒跚行走，舌红暗，眼分泌物未见，鼻涕渐多。脉浮略数，沉取细而少力。

治疗：停用汤药，给予牛黄清心丸，每次1/4丸，每日1次，配合针刺每2～3日1次，定期药浴巩固治疗。

四十三、一例癫痫脑炎的治疗

2018年3月14日，接诊3岁雄性比熊犬一例，近亲繁殖，2.6kg，2月23日正月初八突然发病，出现四肢强直前伸，角弓反张，口吐白沫，二便失禁，全身痉挛，呈现癫痫症状，迅速到就近医院就诊，给予甘露醇，苯巴比妥等药物，并口服溴化钠类药物，药后3日内未出现癫痫，但第四日一天内出现5～6次癫痫大发作，再次入院给予上述药物，药后4日未发作，但第五日一天内出现8～9次癫痫大发作。反复几次有规律性出现，药后有控制，但当再次发作时均频繁发作。饲主3月14日来我院就诊。

就诊时体温正常，神志清醒，纳差，每日癫痫大发作5～6次。舌质红，脉细数少力。

诊断：癫痫，营热伤阴，正气不足，灼液成痰，蒙阻心神（图4-11）。

处方：金箔牛黄清心丸水蜜丸（同仁堂），每次10～15丸，日2次；停用一切化药。

分析：使用金箔牛黄清心丸目的在于镇静安神，化痰熄风，补养气血。前期治疗癫痫使用甘露醇后未死，说明此次癫痫非脑贫血、脑压低所致，多为颅内高压所致。该犬现舌质红说明气分亢盛，营分有热已伤，灼液成痰，蒙阻心神引发癫痫。因此给予重镇安神，开窍豁痰之品。

药后情况：药后第一天症状加重，一日内癫痫9～10次。药后第二天未出现癫痫，第三天未出现癫痫但出现左侧转圈，对人呼唤无意识，伴有癫痫小发作。

图4-11 比熊犬癫痫脑炎

18 日二诊：C 反应蛋白强阳性，白细胞 2.2 万，左侧转圈，转圈时无意识，下颌淋巴结肿硬，腹股沟淋巴结肿硬。

处方：金箔牛黄清心丸继续服用；磺胺嘧啶钠注射液 1.1mL。

19 日三诊：症状无改善，药后不明显，转圈持续。

处方：17 日方继续一次。

20 日四诊：左转持续时间较长，每次能转 20 余小时，休息仅 2 小时左右，并时常碰撞，并右眼浑浊，右眼分泌物增多，肤热，腹满，不食，小便量大，每日 1 次。舌质红暗，苔灰白略厚，脉细略数，沉取有力。

诊断：热入营分，痰浊阻滞，阳明腑盛，已伤阴液。

处方：生大黄 6g，枳实 6g，厚朴 6g，生地 10g，麦冬 6g，玄参 6g，神曲 10g，龙骨 30g，牡蛎 30g，丹参 10g，琥珀 1.5g，僵蚕 10g，蝉衣 6g，竹叶 3g，连翘 10g，两日一付，见大便后停药复诊。

下午饲主电话告知，药后该犬能走直线，意识清醒时较多，嗜睡，癫痫未发。晚上 10 时电话告知已大便，成形伴有稀便。

21 日五诊：食量增加，睡眠时间增长，每次能睡眠 1 ~ 2 小时，每日多次睡眠，意识清醒时较多，对人呼唤有反应，能抬头；右眼浑浊减退一半；能走直线，但尚转圈。

处方：昨日药物今日服完。

22 日六诊：脉细数略滑，沉取少力，舌质淡红，舌苔白，舌面黏滑，大便稀，在家几乎不转圈，但仍有暴走情况，小便 6 ~ 7 次，小便量正常，主动对饲主舔手，体温 38.1℃。

处方：黄芪 20g，麦冬 6g，生地 6g，玄参 6g，白芍 10g，五味子 6g，竹叶 3g，连翘 10g，琥珀 1.5g，龙骨 30g，牡蛎 30g，生大黄 6g，蝉衣 6g，炒僵蚕 10g，石菖蒲 3g，丹参 10g，焦神曲 10g，天竺黄 3g。本想用远志代替菖蒲和天竺黄，但远志现无货。100mL 沸水冲开，煮沸 1 分钟，分两日吃完。

23 日七诊：精神良好，大便成形略软，意识清醒，能与其他狗互动玩耍，小便较多。当日吃药时有呛咳现象。因 24 日回京做学术交流 6 天，让其服用前方观察，切勿惊吓，过度兴奋。

24 日电复：精神良好，体温正常，食欲较好，无癫痫，无转圈，与狗玩耍正常，小便量增加。饲主担心呛咳造成肺炎死亡停止用药。

25 日电复：精神良好，食欲体温正常，自行饮水有呛水现象，无癫痫，小便多，电话询问小便情况，建议生化检查，血生化离心脂血严重。建议服用牛黄清心丸观察。

26 日电复：与其他狗能玩耍，精神尚佳，但睡眠增多，饮食正常，仍有呛水。小便仍然较多。

27 日电复：家中无人，回来后发现狗自己进入厕所，自行关门，倒地，后肢强直痉挛，该犬不断哼叫，目赤。2～3小时后，后肢强直缓解，面部抽动，流涎，无吞咽动作。晚上8时20分死亡。

死因疑似因情志造成脑梗或脑出血。该病例从饮水呛水时可能就有脑栓塞倾向。这种病例应结合脑部影像学综合判断，制定相应方案。

四十四、一例贵宾肉痿症的诊疗

2016年1月8日，接诊转院病例一例，1岁雄性贵宾犬，已免疫。

饲主口述：平日饲喂犬粮，上午正常外出，傍晚四肢不能站立，对声音恐惧，强行抱起出现角弓反张，四肢强直，身体震颤。送到某医院诊疗，生化血常规及影像检查后未确诊（生化结果见表4-19），按脑炎及缺钙处理，从处方看连续使用了磺胺嘧啶，曲松钠，能量合剂，B族维生素，葡萄糖酸钙，通灭，等等，并送入ICU舱，住院治疗7天，期间体温正常，出现过2～3次癫痫样症状。治疗期间精神萎靡，食欲低下，营养膏可以少量服用，不能站立及行走，大便稀软。

表4-19 生化结果

检测项目	提示	结果	单位	参考范围
谷丙转氨酶（ALT）	↑	155.3	U/L	≤31.0
谷草转氨酶（AST）	↑	83.9	U/L	8.0～38.0
总蛋白（TP）		66.4	g/L	54.0～78.0
白蛋白（ALB）		27.2	g/L	24.0～38.0
总胆红素（TBIL）	↓	1.01	μmol/L	2.00～15.00
γ-谷氨酰基转移酶（GGT）	↑	10.7	U/L	1.2～6.4
碱性磷酸酶（ALP）		62.4	U/L	≤80.0
肌酐（CREA）		76.2	μmol/L	60.0～110.0
尿素氮（BUN）		5.36	mmol/L	1.80～10.40
总胆固醇（TC）		4.08	mmol/L	3.90～7.80
甘油三酯（TG）		0.54	mmol/L	≤2.30
血清钙（Ga）	↓	0.01	mmol/L	2.57～2.97
磷（IP）		1.53	mmol/L	0.81～1.87
肌酸激酶（CK）		173.3	U/L	24.0～190.0
淀粉酶（AMY）		392.2	U/L	185.0～700.0
脂肪酶（LIPA）		96.5	U/L	≤258.0

转入我院治疗，就诊时四肢无力，不能主动站立，强行站立不稳，步行困难，双前肢撑地无力，左腕里弯，四肢末梢有痛感，四肢关节可弯曲，颈椎、胸椎、腰椎按

压无痛感，大便稀，小便正常，左眼白有瘀血，舌淡白，脉细无力。在饲主把狗从诊台抱入怀中时出现一次尖叫，并狂躁和抽动，头部撞击地面一次，用衣服遮住全身则狂躁抽搐停止。该犬对水及水声无反应，对光无明显异常。

诊断：肉痿症，肌肉失养萎弱不用。脾主肌肉四肢，后天之本，气血生化之源，脾不足气血必亏，气血不能相互为用，肌肉得血能用，《内经》讲："眼得血能视，手得血能握"，因此"得血能用"，是气血相互为用的体现。因此肌肉不用，先治其血，从舌淡白看其气血不充，为虚。脉细无力说明津亏阳弱，必和营固卫，益气行血。

治法：和营固卫，益气行血，兼以安神。由于对人及声音敏感，易惊恐，因此适当安神。

处方：桂枝加当归白术黄芪珠母汤，免煎一付。

方法：一付药 3～4 天服完，温服。嘱防寒保暖，静养。

二诊：服药 2 日后可正常行走，未出现狂躁抽搐表现。四肢凉，挑食，舌淡白，脉细。

处方：前方去珍珠母巩固治疗，亦可用其煮肉服，并适当补钙。

分析：肉痿病例多见于心脾两虚日久，复感寒湿，但肉痿亦有湿热侵袭所致。一些犬舔舐毒品后也有表现为肉痿症。一些瘫痪病例，由于久瘫，气血亏虚，局部循行不畅或瘀血亦可出现肉痿。肉痿并非一证还需辨别寒热虚实，重视脉舌症的结合。

四十五、一例贵宾被打后的格阳证

2016 年 1 月 27 日，接诊雄性 4 月龄贵宾犬一例。

饲主口述：由于随处大小便，拿橡胶制爱心拍敲打大腿及头面，无意中击打右侧面颊后突然出现短暂抽搐，呼吸急促，抽搐停止后呼吸急促未缓解，步态蹒跚，走路向右侧倾斜，流涎，嘴不能开，舌不能外伸，无法进食进水。观察一天后，卷卧不动，呼吸急促未缓解，观察的一天中未出现抽搐。入院治疗。

就诊时肛温 36.5℃，精神萎靡，右侧下颌关节按压疼痛，口不能主动张开，人为打开口腔费力的同时犬挣扎疼痛明显，舌不能外伸，四末凉，皮温热不凉，不能进食，全身抖动，心音亢进，心率促。

先采取针刺廉泉穴，不留针，捻进，口能开，舌能外伸时出针。开口观察舌色，舌质白暗略灰。

诊断：格阳证，是里有阴寒格阳于外，这个病例，从发病看，不排除惊吓，也不排除击打造成的脑部问题，目前从舌色，皮温，肛温，四末等综合症状看属于格阳证。但为何造成格阳证，从发病来看无法解释，只能从当时表现症状来判断。由于心音亢进，心率急促，已 24 小时，若再不温阳固脱恐亡阳而死。

处方：炙甘草 9g，干姜 6g，制附片 3g，桂枝 6g，生姜 6g，大枣 10g，五味子 6g，免煎剂，75mL 沸水冲服，48 小时内服完。在我院先服 20mL，未呕吐，回家自服。

两日后饲主发视频告知已没事儿了。

四十六、一例躁动病例

2012 年 3 月 30 日，接诊雄性 4 岁雪纳瑞犬一例。

饲主口述：走丢数小时，回来后两日不食，呕吐黄水一次，卧立不安，时而尖叫。触诊未找到痛点，腹满实，大便正常，小便黄，舌色红绛，脉弦数。

诊断：三焦郁热。

治法：开泄三焦（辛开苦泄法）。

处方：僵蚕 9g，蝉衣 6g，片姜黄 6g，生大黄 6g 后下，枳实 6g，栀子 3g，淡豆豉 6g。水煎一付频服。

二日二诊：食欲正常，卧立不安之象全无，腹满实全消，脉弦，中病即止。

分析：从舌色和脉象看为郁热，卧立不安，时而尖叫又没有痛点为烦躁，腹满实为下焦不通，下焦不通中焦多滞。

用升降散通三焦气机，配栀豉枳实汤除烦畅郁。如果诊断为肝胆郁热阳明腑实证也行，用大柴胡汤去甘补药及姜夏也行，若呕吐可再加半夏竹茹。

四十七、一例萨摩耶黄疸腹水的治疗和体会

2013 年 9 月 29 日，接诊 7 岁雌性萨摩耶犬一例，15.5kg，体温 38.3℃，腹中水满胀，腹围 74cm，皮肤黏膜色鲜黄，呕吐食物 2 次，大便酱样一次，动则气喘，在家时比平日呼吸急促，尿少，尿中有沉淀，尿色橘黄，舌胖质淡白，薄白苔津多，脉中取滑略数无力。

该病例在前一家医院治疗 5 日，并作血常规，生化等检查，结果见表 4-20、表 4-21（血常规未给出参考范围）。该医院给予保肝利尿一类药物，给予呋塞米后尿量反少。

表 4-20　生化结果

检测项目	9 月 24 日	10 月 8 日	11 月 5 日	单位	参考范围
谷丙转氨酶（ALT）	147.0	138.0	131.0	U/L	4 ~ 66
谷草转氨酶（AST）	93.0	89.0	89.0	U/L	8 ~ 38
碱性磷酸酶（ALP）	52.6	16.0	22.0	U/L	0 ~ 80
总蛋白（TP）	40.2	41.1	45.4	g/L	54.0 ~ 78.0
白蛋白（ALB）	52.9	12.5	14.7	g/L	24.0 ~ 38.0
总胆红素（TBIL）	109.8	85.0	50.9	μmol/L	2.00 ~ 15.00
肌酐（CREA）	6.1	194.0	100.7	μmol/L	60.0 ~ 110.0
尿素氮（BUN）	1.5	25.6	7.6	mmol/L	1.80 ~ 10.40
总胆固醇（TCHO）	4.8	1.6	1.2	mmol/L	3.90 ~ 7.80
葡萄糖（GLU）	147.0	5.7	4.6	mmol/L	3.3 ~ 6.7

表 4-21　血常规

检测项目	9月24日	10月8日	11月5日	单位
白细胞数目（WBC）	35.6	44.4	34.4	$\times 10^9$ 个 /L
淋巴细胞数目（Lym#）	6.2	11.1	6.7	$\times 10^9$ 个 /L
单核细胞（Mon#）	1.5	2.5	1.4	$\times 10^9$ 个 /L
中性粒细胞（Gran#）	27.9	30.8	26.3	$\times 10^9$ 个 /L
淋巴细胞百分比（Lym%）	17.4	24.9	19.6	%
单核细胞百分比（Mon%）	4.3	5.7	4.1	%
中性粒细胞百分比（Gran%）	78.3	69.4	76.3	%
红细胞数目（RBC）	3.46	3.00	2.44	$\times 10^{12}$ 个 /L
血红蛋白（HGB）	60	46	35	g/L
血细胞比容（HCT）	19.1	14.8	9.9	L/L
平均红细胞体积（MCV）	55.4	49.6	40.8	fL
平均细胞血红蛋白（MCH）	17.3	15.3	14.3	pg
平均细胞血红蛋白浓度（MCHC）	314	310	353	g/L
红细胞分布宽度（RDW）	15.1	17.0	17.1	%
血小板（PLT）	254	521	222	$\times 10^9$ 个 /L
平均血小板体积（MPV）	9.6	8.0	8.6	fL
血小板分布宽度（PDW）	16.2	16.2	15.1	%
血小板压积（PCT）	0.243	0.416	0.190	%
嗜酸性粒细胞百分比（Eos%）	8.6	27.8	3.4	%

治法：宣通三焦，利水退黄为主。

处方：荆芥 3g 后下，防风 3g 后下，苏叶 3g 后下，杏仁 10g，桔梗 6g，柴胡 12g，黄芩 3g，生姜 6g，法半夏 6g，陈皮 6g，茯苓 9g，茵陈 15g，蔻仁 3g 后下，焦三仙各 6g，厚朴 3g，枳实 3g，枳壳 3g，生薏仁 20g，泽泻 9g，通草 3g，苍术 3g，生黄芪 3g，桂枝后下 3g，每日一付，温服，频服，连用 3 日，忌盐。

分析：本方以荆芥，防风，苏叶，杏仁，桔梗，宣上疏风利水，用小柴胡汤，二陈汤，加茵陈蔻仁焦三仙，畅中燥湿利水，用厚朴，枳实，枳壳，薏仁，通草，五苓散，利下调气利水。以期待利水而黄退。

10月2日二诊：腹水，腹胀满减轻，肚皮相对松软，腹围未有明显改变，黄染未消，舌胖淡苔薄白而滑，与一诊相比较滑象减轻。呼吸平稳，排尿一次，尿量相对较大，尿中沉淀物减少，脉滑略数无力，未呕吐，大便渐干，无食欲。

处方：治法不变，个别药物略作加减。荆芥 3g 后下，防风 3g 后下，苏叶 3g 后下，杏仁 10g，桔梗 6g，柴胡 12g，黄芩 3g，生姜 6g，法半夏 6g，茯苓 12g，茵陈 15g，蔻仁 3g 后下，焦三仙各 10g，厚朴 3g，枳实 3g，枳壳 3g，生薏仁 20g，泽泻 9g，通草 3g，苍术 3g，生黄芪 6g，桂枝 3g 后下，当归 3g，每日一付，温服，频服，连用 3 日，忌盐及油腻。

10 月 5 日三诊：腹水，胀满减轻相对较软，黄染略淡，舌淡红苔薄白略滑，脉滑略数无力，食欲恢复，呼吸平稳。排尿 1 次，尿量相对昨日较大，尿中沉淀减少。

处方：治法不变，个别药物略作加减：荆芥 3g 后下，防风 3g 后下，苏叶 3g 后下，杏仁 10g，桔梗 6g，柴胡 12g，黄芩 3g，生姜 6g，法半夏 6g，茯苓 12g，茵陈 15g，蔻仁 3g 后下，焦三仙各 10g，厚朴 3g，枳实 3g，枳壳 3g，生薏仁 20g，泽泻 9g，通草 3g，苍术 3g，生黄芪 6g，桂枝 3g 后下，当归 3g，泽兰 10g，每日一付，温服，频服，连用 3 日，忌盐及油腻。

10 月 8 日四诊：腹水，黄染略淡，舌淡红苔薄白略滑，脉滑略数无力，食量渐增，主动饮食，呼吸平稳。每日排尿 1 次，尿中沉淀减少。整体情况与前诊相同，药后没有明显改善。建议复查生化及血常规。生化、血常规见表 4-20、表 4-21。

处方：治法不变，三诊药物继续口服。荆芥 3g 后下，防风 3g 后下，苏叶 3g 后下，杏仁 10g，桔梗 6g，柴胡 12g，黄芩 3g，生姜 6g，法半夏 6g，茯苓 12g，茵陈 15g，蔻仁 3g 后下，焦三仙各 10g，厚朴 3g，枳实 3g，枳壳 3g，生薏仁 20g，泽泻 9g，通草 3g，苍术 3g，生黄芪 6g，桂枝 3g 后下，当归 3g，泽兰 10g，每日一付，温服，频服，服用 3 日，若血常规及生化报告指标不理想，先停止服用药物尽快就诊，忌盐及油腻。

10 月 9 日五诊：昨日抽血复查血常规和生化，腹水未消，腹软，不食，体温 37℃，黄染未退，四肢无力，不能自主站立排便，大便稀，小便少，舌绛，脉沉数。病危。不知什么原因舌色一夜之间从舌淡红苔薄白滑，变为舌绛，怀疑与采血有关。据饲主口述该犬昨晚可能出现昏迷。

治法：滋阴增液，健脾利水。热入营血，清营透热，凉血散血，又防寒凉败脾胃而气分凉遏，黄未退仍需要利水退黄。以增液汤，苓桂辈，干姜芍药炙甘草汤为主。

处方：熟地 10g，干地 10g，麦冬 10g，玄参 10g，丹皮 10g，丹参 10g，郁金 10g，竹叶 10g，连翘 10g，栀子 3g，猪苓 12g，茯苓 30g，白术 6g，泽泻 10g，桂枝 6g，干姜 6g，白芍 10g，炙甘草 10g，焦三仙各 10g，每日一付，温服，频服，连用 3 日，忌盐及油腻。

10 月 12 日六诊：药后，精神明显好转，黄疸未退，腹水未消，但肚皮仍然松软，鼻干，舌绛，但比五诊舌色淡，脉沉略数，可自行排便，大便正常，小便 2 次，尿量较大，食欲好转。

处方：治法同五诊，个别药物加减，熟地 10g，干地 10g，麦冬 10g，玄参 10g，丹皮 10g，丹参 10g，郁金 10g，竹叶 10g，连翘 10g，栀子 3g，猪苓 12g，茯苓 30g，白术 6g，泽泻 10g，桂枝 6g，干姜 6g，白芍 10g，炙甘草 10g，焦三仙各 10g，生黄芪 15g，党参 6g，茵陈 15g，虎杖 20g，每日一付，温服，频服，连用 3 日，忌盐及油腻。

10 月 16 日七诊：精神较好，食欲较好，腹部柔软，腹水未消，尚有液体，尿量明显增大，并且每日 4 ~ 5 次小便，鼻干，舌淡苔薄白，脉芤。

治法：滋阴养血，健脾利水。效不更方。

处方：熟地 10g，干地 10g，麦冬 10g，玄参 6g，丹皮 10g，丹参 10g，当归 10g，郁金 10g，竹叶 10g，连翘 10g，栀子 3g，茵陈 15g，虎杖 20g，猪苓 10g，茯苓 30g，白术 10g，泽泻 10g，桂枝 6g，干姜 6g，白芍 10g，炙甘草 10g，焦三仙各 10g，生黄芪 10g，党参 6g，每日一付，温服，频服，连用 4 日，忌盐及油腻。

10 月 20 日八诊：脉数而芤略滑，黄疸未退，鼻湿润，食欲佳，尿量及次数与七诊相同，大便正常，腹水尚未消退。

治法：滋阴养血，健脾利水。效不更方。

处方：熟地 10g，干地 10g，麦冬 10g，玄参 6g，丹皮 10g，丹参 10g，当归 10g，郁金 10g，竹叶 10g，连翘 10g，栀子 3g，茵陈 15g，虎杖 20g，猪苓 10g，茯苓 30g，白术 10g，泽泻 10g，桂枝 6g，干姜 6g，白芍 10g，炙甘草 10g，焦三仙各 10g，生黄芪 10g，党参 6g，每日一付，温服，频服，连用 10 日，忌盐及油腻。

11 月 2 日九诊：黄疸渐退，尿量相对较大，大便正常，舌宽色红，薄白苔，脉滑数，腹水尚未消退，食欲正常，喜甜食，精神良好。

治法：滋阴养血，健脾利水。效不更方，个别药物加减。

处方：熟地 10g，干地 10g，玄参 6g，丹皮 10g，丹参 10g，当归 10g，郁金 10g，竹叶 10g，连翘 10g，栀子 3g，茵陈 15g，虎杖 20g，猪苓 10g，茯苓 30g，白术 10g，泽泻 10g，桂枝 6g，干姜 6g，白芍 10g，炙甘草 10g，焦三仙各 10g，生黄芪 10g，党参 6g，每日一付，温服，频服，连用 3 ~ 5 日，忌盐及油腻。尽快做血常规和生化检查，拿到结果后复诊。

11 月 5 日血常规与生化见表 4-20、表 4-21。

11 月 7 日十诊：黄色有加深，腹部未见增大，鼻头湿润，精神不振，食欲不振，24 小时内未大便，尿色棕并有沉淀，舌淡滑，宽胖；脉沉滑数。每次抽完血后证明显加重，体力食欲下降。

治法：养血化瘀，健脾利水，清利退黄。增强补血益气之力，加用阿胶山药，并且加大黄芪用量，以十全大补汤和苓桂辈再加入退黄药物。

处方：熟地 10g，全当归 10g，白芍 10g，阿胶烊化 10g，丹参 10g，片姜黄 6g，生黄芪 15g，党参 10g，生白术 10g，山药 10g，炙甘草 10g，茯苓 15g，猪苓 10g，苍术 10g，干姜 6g，桂枝 6g，茵陈 15g，虎杖 20g，泽泻 10g，内金 10g，焦三仙各 10g，每日一付，温服，频服，连用 3 日。

11 月 10 日十一诊：脉滑数有力，舌淡滑苔薄白，气轮色黄比上一诊淡，食欲减退，未大便，无力，尿中无沉淀。

处方：治法同上。熟地 10g，全当归 10g，白芍 10g，阿胶烊化 10g，丹参 10g，片姜黄 6g，生黄芪 15g，党参 10g，生白术 10g，山药 10g，炙甘草 10g，茯苓 15g，猪苓 10g，苍术 10g，干姜 6g，桂枝 6g，茵陈 15g，虎杖 20g，泽泻 10g，栀子 6g，焦三仙各 10g，郁金 10g，陈皮 10g，玄参 10g，枳实 6g，大黄 3g 后下，每日一付，温服，频服，连用 3 日。

11 月 11 日电话复诊：昨日药后大便一次，稀软，小便正常，食欲没有明显改善，精神状态不佳。今日症状未见明显变化，并食后呕吐一次。

11 月 12 日电话告知，凌晨 4：00 左右，该犬出现嚎叫随后死亡。

分析：这个病例从 2013 年 9 月 29 日接诊至 11 月 12 日死亡，一个半月的时间，血常规和生化检查一共做了 3 次。从生化指标上看各项指标有明显下降，但红细胞和血红蛋白持续下降。这个病例目前没有确诊，由于条件所限，很多检查无法进行，从指标及症状看疑似黄疸型肝炎后期出现的腹水。但是否有肝硬化，肿瘤，肾脏形态改变和腹水的性质均不得而知。

这个病例接手主要目的有两点：一是以退黄疸为主要目的；二是改善精神状态和食欲。退黄的目的没有完全达到，但是通过这个病例可以明确几点：①退黄绝不是以茵陈、栀子、大黄、郁金就可以退的，还是需要从整体出发，改善体况，同时适量使用所谓的退黄药，也就是说退黄应该是在次要位置的。②黄疸由湿阻所致，因此化湿开郁是主要方法，化湿有两个途径：一个是宣透，麻黄一类；另一个是利下，猪苓一类。而在本案中主要以利下为主，因为脉滑而不浮，同时阴虚津亏时必须养阴增液，这种养阴增液并不会加重黄疸同时也不会加重腹水；从生化看，这样用药总胆红素有明显下降。此次不足的地方是化瘀力不足，同时没有从开始就重视血少津亏的问题。我一直把红细胞和血红蛋白比喻为国家的粮库，而白细胞则为国家的军队。红细胞和血红蛋白较低应该在首次接诊时就重视起来，给予祛腐生新兼以养血的药，一来可以帮助消除炎症降低白细胞，二来可以降低内消耗，从而减缓红细胞及血红蛋白降低，同时去除血中废物帮助新血生成，三来可以增强化湿的力量帮助退黄。

另外从这样的病例可以明确根据脉、舌色、症来用药是正确的，虽然最后死亡了，那是由于目前尚有很多药物没有清楚掌握所致。在久病体质已虚之时不应重用壅塞药物和攻伐药物，并且慢性病或是重病治疗中不能急于求成，这个病例前期治疗我是很满意，药后不论从精神还是食欲都非常好，但由于有些急于求成，加了如山药、阿胶、大黄一类，壅塞攻伐之品，使气机壅塞，损耗残存的正气，加重病情。而考虑用大黄的目的是当时脉滑数有力，忽略了"至虚有盛候"的问题，同时最后的两张处方犯了"大虚大补"的禁忌，加速了灯枯油尽。而阿胶、山药确实是助热敛湿，在黄疸未退时不应使用。熟地与阿胶相比熟地养精髓，补血力量不如阿胶，阿胶补血快但黏腻。再有一些久病，慢性病，体弱的病例需要使用大黄的时候可以使用熟大黄，减弱攻伐泻热之力。

黄疸一证，湿邪阻塞气机，胆汁外溢，当健脾利水以祛湿，行气活血以开郁，清热养血以退黄。

腹水一证，本虚标实，我认为本虚应该是肝脾肾虚，而本案强调了疏肝养血，健脾化湿，但对肾的考虑欠妥。虽然用了一些温肾阳的药物但是力量有限，考虑使用助阳药，一方面增强利水效果并且有助脾阳，另一方面助肾阳以强心阳，而提高整体功能包括增强造血功能，食物转化功能，但助阳药物是否会增高肌酐、尿素氮指标还未知。

腹水形成多为肺脾肾虚，而肝失所养，阴血不足，气郁血瘀，心血不充，心气不足，血脉失养，津液外渗，积聚腹中。

红细胞，血红蛋白指标很低的时候应该减少抽血次数，以减少消耗。本案中凡是抽血后必定加重。

对于久病，慢性病而言，饮食至关重要，建议此时不要继续使用犬粮，特别是油腻类犬粮，尽量少油少盐。有少量活动，以走为主。

四十八、从病例谈犬腹水

2016 年 7 月 22 日夜间，接诊 4 月龄雄性金毛犬一例，已免疫，18.6kg，食物来源为某县生产的狗粮及网购零食和营养品。该犬 1 个月前驱虫使用拜宠清药后则吐，但精神食欲正常。22 日开始精神与往日比较略差，食欲不振，呕吐清水，22 日夜里就诊，精神不振，食欲差，呕吐清水，腹部松软下垂，大便细软不成形。血常规：白细胞 18.5×10^9 个 /L，淋巴细胞 15.7×10^9 个 /L，红细胞 4.1×10^{12} 个 /L，血红蛋白 110g/L。血生化：AST 56μmol/L，GGT 14U/L，TBIL 17.6μmol/L，DBIL 5μmol/L，Ca1.57mmol/L，TP 32g/L，ALB 15g/L。生化结果见表 4-22。

表 4-22　生化结果

检测项目	7 月 22 日	7 月 31 日	8 月 19 日	单位	参考范围
谷丙转氨酶（ALT）	50	62	55	U/L	4 ~ 66
谷草转氨酶（AST）	56	53	49	U/L	8 ~ 38
总蛋白（TP）	32	33	42	g/L	54.0 ~ 78.0
白蛋白（ALB）	15	18	21	g/L	24.0 ~ 38.0
总胆红素（TBIL）	17.6	17.5	9.3	μmol/L	2.00 ~ 15.00
直接胆红素（DBIL）	5	5	1	μmol/L	0 ~ 2
γ - 谷氨酰基转移酶（GGT）	14	15	16	U/L	1 ~ 11.5
肌酐（CREA）	55	63	67	μmol/L	60.0 ~ 110.0
尿素氮（BUN）	1.7	1.5	2.2	mmol/L	1.80 ~ 10.40

值班医生按照低蛋白腹水处理，给予抗菌补液，静脉滴入元亨白蛋白，氨基酸，注射维生素等，连续用药7日，药后犬精神有所缓解，但与病前相比较仍然属于精神不振，食欲不振，大便稀软，连续用药3日后食欲有所恢复但只吃鸭肉。腹部蓄水明显，逐渐增大。

7月31日二诊：血常规：白细胞 11.4×10^9 个/L，淋巴细胞 10.2×10^9 个/L，红细胞 3.69×10^{12} 个/L，血红蛋白84g/L。血生化：AST 63μmol/L，GGT 15U/L，TBIL 17.5μmol/L，DBIL 5μmol/L，Ca1.5mmol/L，TP33g/L，ALB 18g/L。

舌质淡白，口内滑，脉浮缓，中取滑涩，沉取少力。喜凉，饮冷则吐，腹大水聚而胀，乏力，大便溏稀，小便多，喜外出，有食欲，喜饮，吃鸭肉，略喘。

诊断：太阳蓄水，血虚气郁。停用西药及补液。

处方：荆芥3g，防风3g，桂枝12g，生姜6g，白芍6g，炙甘草6g，大枣6g，砂仁3g，炒白术20g，薏苡仁15g，白扁豆15g，黄芪10g，茯苓15g，猪苓15g，泽泻10g，厚朴6g，枳实6g，内金6g，赤芍6g，当归10g，枸杞10g，山萸肉10g，柴胡6g，陈皮6g，半夏6g，免煎剂一付。处方较大，但通过以往经验腹水而胀满的时候给予风药及理气药，有使腹部消胀的作用。

8月1日三诊，脉浮滑涩略数，沉取无力，舌质淡白，口内滑而舌体宽，小便多，大便溏稀，腹内水聚，腹部压力减小，腹胀减轻，吃鸭肉。抽腹水1 000mL。

前方药后腹胀缓解则去风药，改用温阳利水法，少佐行气开郁，另抽水后多气虚则重用黄芪以固气。

处方：制附片6g，生姜6g，白术20g，茯苓15g，猪苓15g，泽泻10g，薏苡仁15g，白芍10g，赤芍10g，砂仁6g，当归10g，枸杞10g，山萸肉10g，厚朴6g，枳壳6g，内金6g，柴胡6g，陈皮6g，香附6g，大腹皮6g，黄芪15g，免煎剂一付，送服补血凝胶15g。

8月2日四诊，脉浮滑涩，略数，沉取少力，舌质淡白，口内滑而舌体宽，小便多，大便溏稀，腹内水聚，吃鸭肉，昨日抽完腹水后，今日腹部又聚水，腹大如前，但按压柔软。

腹部已柔软，去行气药，纯用温阳利水，益气养血法，待正安再行逐水。脉虽然略数，此数为虚耗所致，非纯热之象。

处方：制附片6g，炒白术20g，白术10g，茯苓10g，猪苓10g，黄芪20g，当归10g，生姜6g，大枣10g，赤芍10g，枸杞10g。免煎剂一付，送服补血凝胶20g，连用3日。

8月5日五诊，脉弱少力而细，舌质淡红，苔薄白而滑，舌体宽，大便溏稀，腹内蓄水，吃鸭肉，食量大。血常规：白细胞 16.1×10^9 个/L，淋巴细胞 13.8×10^9 个/L，红细胞 4.52×10^{12} 个/L，血红蛋白94g/L。血生化：AST 75μmol/L，GGT 17U/L，TBIL 15.8μmol/L，DBIL 4μmol/L，Ca1.54mmol/L，TP39g/L，ALB 19g/L。

处方：同前，连用 10 日，每 3 日复诊一次。

8 月 13 日六诊，脉缓而滑涩，沉取少力，舌质淡红，口内略滑，舌体略宽，精神良好，吃喝正常，小便多，但吃米饭呕吐，腹胀，水未见消。抽水 1 300mL。

处方：同前，送服补血凝胶外加送服子龙丸，每日 2 次，每次一丸，连用 7 日。

8 月 19 日七诊，脉缓略涩，沉取少力，舌质淡红，苔薄白，舌体略宽，精神良好，恢复至病前状态，食欲正常，腹部收紧，按压无水感，大便正常，小便多。血常规：白细胞 13.2×10⁹ 个 /L，淋巴细胞 12.4×10⁹ 个 /L，红细胞 5.47×10¹² 个 /L，血红蛋白 97g/L。血生化：AST 49μmol/L，GGT 16U/L，TBIL 9.3μmol/L，DBIL 1μmol/L，Ca1.69mmol/L，TP42g/L，ALB 21g/L。

处方：前方巩固治疗方药同前，一付药做 2 日服完，再用 4 付停药观察。

9 月 4 日八诊，精神良好，食欲正常，腹水未见，大便成形，小便正常，增强营养。

自行观察 2 个月。

分析：该犬初起按照低蛋白腹水处理，结果白蛋白虽有升高，但在治疗过程中腹水加聚。中医诊断为阳虚蓄水，血虚气郁，腹水为水蓄腹中而胀满，如果腹胀严重从临床用药观察看给予风药及行气药对腹胀有明显缓解。另外腹水一证多阳虚不能化水，也就是功能不能运化水湿，一方面健脾阳兼益气，另一方面扶植心肾之阳，调肝肺气机，行而不瘀。用阳药则多耗阴，而腹水证津液离经，聚于腹内，则津亏。阳虚而气化不利，水谷难化成精微升清布散，化血不足，因此血虚，脉见涩象，涩脉脉形清晰，按压入刀刮竹，气不虚而血不足。随着行气药和病的消耗，逐渐出现气虚，而这个时候的脉则细而滑，无明显涩象。

治疗肝病腹水从历史上有两类大方向：一类是攻伐类，另一类是温阳利水类。攻伐一类方剂以十枣汤，控涎丹，子龙丸，白丸等为主；温阳利水类以真武汤，五苓散，苓桂类方等为主。两类方子可以配合使用，攻伐太过则伤阳，温阳太过则耗阴，因此两类配合相互为用。腹腔中的水为津液离经所致，乃精微物质，这和尿中检测蛋白类似，从中医角度看均为不固精，因此治疗时可以适当使用茱萸肉，五味子等固精。且这类药酸，配合炙甘草，大枣，当归，枸杞一类使用酸甘化阴亦能敛精，与温阳药合用扶植心肾之阴阳。另外治疗肝病慎用苦，一些肝炎虽属于湿热证，应用苦味燥湿清解，但过用重用，则败胃多吐，多用甘药配合。

这类病非三四日能见效，因此长时间用药要注意补益药物对血的影响，红细胞，血红蛋白低下而见涩脉，舌淡白时，补益药物可用，但红细胞，血红蛋白逐渐正常后，脉仍然有涩象，舌淡红或红时，不能一味地补，当给予凉血散血药，合入温阳补益利水药中，防止血热耗血。

一些医生比较抵制腹水抽水，其实腹水时抽水早在隋代就已经出现了，抽水后容易出现精神不振，纳差，呕吐，一部分是抽水太过，一部分是进针处感染，还有一部分属于抽水后气虚。前两者按照现在的消毒和放水量是可以避免的,而气虚往往被忽略。抽水后重用黄芪往往精神不减,食欲正常。

腹水消后当巩固治疗一周,随后观察 2 ~ 3 个月看是否复发,观察期间当禁油腻,均衡营养,切勿多给高热量食物。三豆汤加减可作为药膳调理。

四十九、低蛋白腹水的治疗

2016 年 9 月 23 日,接诊雄性 1 月龄哈士奇幼犬一例,1.65kg,未免疫,就诊时腹部膨大似球,相对较软,阴囊水肿,消瘦,舌质淡白而瘦,眼底黏膜苍白,头部左右频繁颤动,脉沉少力。精神饮食较好,饲主每日仅给予犬粮 30 粒。

血常规:白细胞 37×10^9 个 /L,淋巴细胞 34.4×10^9 个 /L,红细胞 3.31×10^{12} 个 /L,血红蛋白 80g/L。

血生化:总蛋白 18g/L,白蛋白 7g/L,钙 1.25mmol/L。

先给予元亨白蛋白半只静脉滴入,腹水不减反增,腹部胀硬。抽水 300mL,该犬挣扎明显放弃抽水。给予中药治疗。

诊断:阳虚蓄水,真阴大亏。

治法:温阳利水,填补真阴。

处方:生黄芪 15g,白术 20g,制附片 6g,茯苓 20g,猪苓 10g,泽泻 10g,通草 6g,枸杞 10g,五味子 6g,白芍 10g,赤芍 10g,蜜麻黄 6g,桂枝 6g,砂仁 6g,阿胶 20g 烊化,送服子龙丸 2 丸,日 2 次,先服一付观察。并给予营养膏,处方粮等增强营养。

二日二诊:药物仅服 1/3,腹胀大未减,腹水从昨日穿刺孔排水,腹部皮下层也出现水肿,阴囊水肿未见。

处方:原方不变,再服一日。

三日三诊:药物服完,腹部比昨日软,穿刺孔不再排水。舌象无明显变化。

处方:原方连用 15 日。

10 月 13 日四诊:腹水已消,期间出现大便偏软两三日,小便增多,精神食欲良好,体重 2.8kg。

血常规:白细胞 14.5×10^9 个 /L,淋巴细胞 13.1×10^9 个 /L,红细胞 4.34×10^{12} 个 /L,血红蛋白 101g/L。

血生化:总蛋白 52g/L,白蛋白 34g/L,钙 2.25mmol/L。

分析:这个病例比较突出的一点是血虚而生风,头左右频繁颤动,但并不大抽,且属于间断性颤动,随着血虚的好转,这种血虚生风引起的头颤得到缓解。另外千万别高估狗粮的营养价值。

治疗前后生化、血常规见表 4–23、表 4–24。

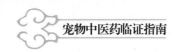

表 4-23　血常规

检测项目	9月23日	10月13日	单位	参考范围
白细胞数目（WBC）	37.3	14.5	$\times 10^9$ 个 /L	6.0 ~ 17.0
淋巴细胞数目（LYM#）	34.4	13.1	$\times 10^9$ 个 /L	1.0 ~ 4.8
混合细胞数目（OTHR#）	2.5	1.4	$\times 10^9$ 个 /L	3.0 ~ 13.0
嗜酸性粒细胞数目（EO#）	0.4	0.1	$\times 10^9$ 个 /L	0.1 ~ 0.8
淋巴细胞百分比（LYM%）	92.3	90.1	%	10.0 ~ 30.0
混合细胞百分比（OTHR%）	6.6	9.5	%	60.0 ~ 83.0
嗜酸性粒细胞百分比（EO%）	1.1	0.4	%	2.0 ~ 10.0
红细胞数目（RBC）	3.31	4.34	$\times 10^{12}$ 个 /L	5.00 ~ 8.50
血红蛋白（HGB）	80	101	g/L	120 ~ 180
平均红细胞体积（MCV）	65.6	65.9	fL	60.0 ~ 77.0

表 4-24　生化结果

检测项目	9月23日	10月13日	单位	参考范围
谷丙转氨酶（ALT）	38	78	U/L	4 ~ 66
谷草转氨酶（AST）	26	41	U/L	8 ~ 38
总蛋白（TP）	18	52	g/L	54.0 ~ 78.0
白蛋白（ALB）	7	34	g/L	24.0 ~ 38.0
总胆红素（TBIL）	6.9	7.1	μmol/L	2.00 ~ 15.00
直接胆红素（DBIL）	0	0	μmol/L	0 ~ 2
γ- 谷氨酰基转移酶（GGT）	9	7	U/L	1 ~ 11.5
肌酐（CREA）	40	107	μmol/L	60.0 ~ 110.0
尿素氮（BUN）	1.5	3.8	mmol/L	1.80 ~ 10.40
甘油三酯（TG）	0.6	0.6	mmol/L	0 ~ 0.56
总胆固醇（CHO）	1.30	5.57	mmol/L	2.5 ~ 5.9

（A）　　　　　　　　　　　　　　　（B）

图 4-12　哈士奇幼犬低蛋白腹水用药前（A）与用药后（B）

五十、一例犬肾病的治疗

2015 年 11 月 3 日，接诊 2 岁雄性杂交犬一例，16kg。皮包骨，体温 37.6℃，严重脱水，目赤，四末冰凉，两日无大便，尿多量大，尿色清而无味，呕黄色黏液，已 7 日不食，舌红，脉弦细，沉取有力。生化结果见表 4-25。尿检：白细胞 +，蛋白质 ++。

表 4-25　生化结果

检测项目	11 月 6 日	11 月 15 日	单位	参考范围
谷丙转氨酶（ALT）	115	397	U/L	4 ~ 66
谷草转氨酶（AST）	57	66	U/L	8 ~ 38
总蛋白（TP）	64	50	g/L	54.0 ~ 78.0
白蛋白（ALB）	29	28	g/L	24.0 ~ 38.0
总胆红素（TBIL）	0	0	μmol/L	2.00 ~ 15.00
γ - 谷氨酰基转移酶（GGT）	14	20	U/L	1 ~ 11.5
肌酐（CREA）	1050	158	μmol/L	60.0 ~ 110.0
尿素氮（BUN）	50.1	9.4	mmol/L	1.80 ~ 10.40
甘油三酯（TG）	0.4	0.4	mmol/L	0 ~ 0.56
总胆固醇（CHO）	4.04	3.27	mmol/L	2.5 ~ 5.9
葡萄糖（GLU）	5.9	5.3	mmol/L	3.9 ~ 6.1
淀粉酶（AMY）	1860	1366	U/L	300 ~ 2000
钙（Ca）	1.20	1.88	mmol/L	2.2 ~ 2.7

饲主口述：该犬将近一年左右不正常进食，进食较少，平均两三天吃一次食物，但精神大便小便都正常，近半年内经常啃草，偶尔啃草后呕吐。这一周内没有进食，精神逐渐较差，嗜睡，不愿意外出。

诊断：热郁气机，血毒伤阴。

治法：开郁解毒，生津增液。

处方：给予常规补液并配合抗菌，做生津增液。中药给予四逆散加味（免煎剂）冲化温服，日一付。

11 月 4 日二诊：体温 37.5℃，不食，排尿如前，未大便，未呕吐。

处方：西药如前，中药原方加五味子 6g。

11 月 5 日三诊：体温 37.5℃，未呕吐，大便酱样一次，多饮多尿，精神好转，目赤减退，舌尖边绛红，薄苔，脉弦细滑。

处方：西药如前，中药同 4 日处方。每天适当走动，观察大便。

11 月 6 日四诊：体温 38.0℃，未呕吐，大便酱样一次，饮水量减少，尿量减少，

精神好转，挑食，仅食用少量鸡胸肉。

处方：停止点滴及抗生素，给予葡醛内酯片剂，每日2次，每次1片，连用7日。中药如前，连用7日。

11月15日五诊：体温38.5℃，已主动进食，精神良好，饮水排尿量与病前相同，大便正常，小便黄有尿臊气味，舌淡红，脉弦紧。生化见表4-25。尿检：正常。

处方：中药如前，葡醛内酯停服，自配利血宝口服，每日2次，连用1个月，用于保肝。一般停药后指标会自然回落。

11月30日六诊：体温，食欲，精神，二便良好。

2016年2月20日七诊：一切正常。

分析：舌红，脉弦细，反应郁热伤阴，伤及津血，尿色清透无味，说明尿液气化障碍；不食无大便，说明中焦障碍，所谓障碍就是功能的亢进和衰败，那么这个病例是亢进还是衰败呢，是亢进，属于实证，虽然体温不高，7日不食，外表看似大虚，但均因里有实证，脉沉取有力，因此舍症从脉，立法开郁为主，用四逆散为基方。由于血生化肌酐、尿素氮过高，从中医角度看，某一物质过高即可成毒，且这些物质对机体是有害的，因此解毒是必要的，"实者泻之"用攻下解毒药，以泻实解毒，泻血中实毒。由于尿中有丢失蛋白质因此当固精。生津增液有利于泻血解毒，补液生津增液最为直接所以进行常规补液。

这个病例有个危险的地方就是"大实有羸状"虽然多日不食，但脉舌不虚不能一味地补益。

五十一、指标与实体症状应互参

2017年4月初从河南郑州来南昌我院看病的7岁大金毛可以返乡回城了。这是一个稀里糊涂的病例，整个发病过程5个月。

4月初，从郑州开车过来看病，携带了较厚的一本病例及化验报告。根据饲主口述和病例看该犬2015年12月发病病，表现为滴尿，尿中带血，经过检查尿中携带精子及红细胞，白细胞，尿蛋白5g/L，并作血常规、生化及影像检查。诊断为前列腺问题，做了绝育手术，术后滴尿情况明显改善，但由于尿中蛋白质怀疑肾脏问题，B超肾区肾盂肿大，输尿管增粗，输尿管堵塞，并在B超指导下进行穿刺。血生化肌酐尿素氮正常，医院建议口服进口保肾药物及肝肾康，救肾片，抗敏LP28，使用后一周，血肌酐尿素氮增高，血肌酐259μmol/L，尿素氮22.7mmol/L，血尿素氮/肌酐比22，后增加降磷片等，血肌酐214μmol/L，尿素氮16.5mmol/L。血尿素氮/肌酐比19。该医院诊断为肾衰竭，考虑摘除肾脏及其他保守治疗。在服药期间，限制食物，该犬精神沉郁，二便正常。在使用肾病处方粮时出现严重的呕吐腹泻。因保护该医院隐私不上传相应检查。该医院使用的生化仪为爱德士干式生化仪。

清明节从郑州来我院，路上排尿 3 ~ 4 次，饮水量正常。饲主认为该犬精神不振，但比在家时略好，舌绛暗，脉中取涩而缓，沉取有力。走路气喘，耐力明显降低，喜凉恶热，大便黑成形，小便正常带泡沫，尿骚味明显，尿蛋白 2++。尿素氮 7.9mmol/L，血肌酐 138μmol/L。体重 36kg。按照脉舌症诊断为营分瘀热。立法为开瘀透热。方药以升降散加减。每两日一付，连用一周。正常饮食配合食疗，饮食量每日约 1kg 量。

4 月 10 日二诊：脉中取和缓少力，沉取不觉，舌质淡白，苔中白，尿中蛋白质 2+至 1+，精神好，二便调，走路气喘，但喜外出。按心肾阳虚，腑中积聚，开瘀解毒处理。

治法：攻补同调。方药去蝉衣僵蚕，加补养通阳药。每两天一付，连用一周有余。食疗继续。

4 月 14 日三诊：血肌酐 119μmol/L，血尿素氮 11.9mmol/L，精神食欲较佳，饲主认为恢复到病前精神状态，气喘有所缓解。尿中蛋白 2++ 至 +。脉舌同前，方药如前。巩固两天，停药观察，食疗继续。

4 月 26 日四诊：血肌酐 105μmol/L，血尿素氮 8.7mmol/L，精神食欲较佳，尿中蛋白 + 至 +-。脉和缓有力，沉取不觉，舌质红略暗，内热尚存。给予三金片，每次一片口服，日 3 次。体重 36.5kg。注意饮食，两三日后可复查尿检，可返乡回郑州。

分析：该病例从结果往回看，似乎只是尿道炎，当然这只是从目前结果往回看，做相应检查和相应诊断也是应当的。这个病例告诉我们的是所有指标仅作为参考，以狗实体症状表现及体况与指标相互参考。有些肾病药物在正常情况下可能会造成血肌酐尿素氮的升高，因此使用时应该注意。运用中兽医诊疗，就没必要把它看作肾病一类治疗，只是根据脉舌色症进行辨证调整即可，在调整过程中指标只能作为参考，不是大幅度上升或下降都没有太多必要去处理，按照辨证思路继续给药即可。当然这个病最终到底是什么我不知道，只是从目前体况和肾脏指标以及尿蛋白等转归看目前没什么问题了。不过想想，7 岁的"老处男"，碰到发情母狗，平日再吃高热量食物出现尿道炎的问题并不难见。还是那句话这个病例到底是什么病还是比较稀里糊涂的。不过要提一句，别拿"度娘"当准绳。

五十二、流浪狗肺炎合并胰腺炎合并肾衰竭的治疗

2017 年 7 月 13 日下午 3 时左右，接诊流浪犬一只。据收养人口述，该犬收养前两三天能食，有暴饮暴食及食用高油脂情况，排尿呈现淋漓现象，且频繁。收养第四日开始呕吐，每日数十次，自找水饮用，饮后呕吐，不喝水时也出现呕吐，大便正常，自行购买试纸检测细小病毒为阴性，已连续 3 日未进食，但能饮水，饮后呕吐。在家无精神，趴卧不动。

就诊时体重 4.8kg，3 岁，体温 38.8℃，精神萎靡，四末冰凉，鼻干，口内有明显的尿骚味，排尿量增大，日 4 ~ 5 次，尿色淡黄且有白色泡沫，已 3 日无大便，当日

未呕吐。按压腹部未见痛感反应,按压肝肾区未见痛感反应;诱咳阳性,呼吸音增粗明显。

血常规、生化结果见表4-26、表4-27。

表4-26 血常规

检测项目	7.13	7.18	单位	参考范围
白细胞数目（WBC）	28.8	9.8	×10⁹个/L	6.0 ~ 17.0
淋巴细胞数目（LYM#）	24.3	7.9	×10⁹个/L	1.0 ~ 4.8
混合细胞数目（OTHR#）	4.2	1.8	×10⁹个/L	3.0 ~ 13.0
嗜酸性粒细胞数目（EO#）	0.2	0.1	×10⁹个/L	0.1 ~ 0.8
淋巴细胞百分比（LYM%）	84.5	80.9	%	10.0 ~ 30.0
混合细胞百分比（OTHR%）	14.7	18.2	%	60.0 ~ 83.0
嗜酸性粒细胞数目（EO%）	0.8	0.9	%	2.0 ~ 10.0
红细胞数目（RBC）	4.52	5.97	×10¹²个/L	5.00 ~ 8.50
血红蛋白（HGB）	100	125	g/L	120 ~ 180
平均红细胞体积（MCV）	65.4	65.6	fL	60.0 ~ 77.0

表4-27 7月13日至10月15日生化结果

检测项目	7.13	7.18	7.23	7.27	8.2	8.16	9.15	10.15	单位	参考范围
丙氨酸氨基转移酶（ALT）	55	60	47	38	108	59	36	38	U/L	15 ~ 70
天门冬氨酸转移酶（AST）	38	34	16	16	62	17	15	16	U/L	10 ~ 50
总蛋白（TP）	69	66	58	59	55	61	58	59	g/L	50 ~ 71
白蛋白（ALB）	28	28	28	30	30	32	31	32	g/L	28 ~ 40
总胆红素（TBIL）	10.6	11.2	8.8	9.3	6.8	7.8	5.1	4.1	μmol/L	2 ~ 17
直接胆红素（DBIL）	0	0	0	0	0	0	0	0	μmol/L	0 ~ 2
γ-谷氨酰基转移酶（GGT）	9	14	14	15	20	14	4	7	U/L	1 ~ 11.5
肌酐（CREA）	468	297	340	255	271	241	210	209	μmol/L	50 ~ 180
尿素氮（BUN）	26.7	25.1	25.2	39.8	16.4	23.4	32.5	31	mmol/L	3.5 ~ 7.1
甘油三酯（TG）	0.4	0.1	0.3	0.4	0.3	0.5	0.2	0.2	mmol/L	0 ~ 0.56
总胆固醇（CHO）	2.83	2.17	2.14	2.42	3.03	3.17	3.31	4	mmol/L	2.5 ~ 5.9
葡萄糖（GLU）	4.6	4.4	4.5	3.9	4.7	4.2	5.5	5.1	mmol/L	3.9 ~ 6.1
淀粉酶（AMY）	3 484	3 222	2 396	2 270	2 193	2 657	2 117	1 985	U/L	300 ~ 1 850
肌酸激酶（CK）	123	137	139	106	98	149	105	110	U/L	20 ~ 200
钙（Ca）	1.77	2.11	1.88	2.03	1.90	2.04	2.11	2.25	mmol/L	2.2 ~ 2.7
磷（P）			2.34	2.19	1.93	1.82	1.28	1.30	mmol/L	0.81 ~ 1.87

治法：给予常规补液，供应能量，抗菌，抑制胰蛋白酶，改善微循环。

生理盐水 80mL，5% 糖水 80mL，维生素 C，三磷酸腺苷，辅酶 A，肌苷各 1 支，氯化钾 0.4mL，静脉滴入，50mL/h；生理盐水 100mL，乌司他丁 1 万单位。静脉滴入，50mL/h；头孢曲松钠 120mg 皮下注射。

7 月 14 日中午 1 时左右二诊：舌质暗白而紫，舌体略宽，苔薄白，肉轮白，脉细滑数，沉取无力，精神不振，无大便，小便量大色清且有泡沫，鼻头湿凉，足垫干。按压腹部及肝肾区未见痛感反应；口内尿骚味明显；精神萎靡，体温 38.3℃。

治法：原则同前，配入中药口服。

生理盐水 30mL，5% 糖水 30mL，维生素 C，三磷酸腺苷，辅酶 A，肌苷各 1 支，氯化钾 0.4mL。静脉滴入，30mL/h；10% 糖水 50mL，乌司他丁 1 万单位，静脉滴入，25mL/h；生理盐水 30mL，头孢曲松钠 200mg，静脉滴入，30mL/h。

中药治法：温阳化湿，开郁行气，养阴固精。从症状看属于湿邪阻滞气机，气血生化无源，阳气不足不能生化阴津，形成外不能摄，内不能化。气血循行不畅，不能达于四末，且阴精不能固。从脏腑角度看，脾胃摄入及运化失常，造成外不能摄入，内无运化之物，且呕吐频繁，津气亏虚，过度消耗，心肾多衰，造成多脏功能衰败，排毒不利。因此先行温阳宣通，开郁化浊，行气导滞，而温阳化浊多用温燥药恐加重阴伤，配合养阴固精防止过度伤阴耗精。

处方：淡附片 6g，白术 10g，茯苓块 10g，白芍 6g，生姜 6g，桂枝 6g，细辛 3g，当归 10g，大枣 10g，砂仁 6g，乌药 6g，焦三仙各 3g，五味子 6g，炙甘草 6g，水 400mL，煎煮茯苓块，大火煮沸小火 12 分钟，冲诸药，温服频服，每次 3 滴。该犬服药 3 次后拒绝服药，且对人发出警告，改为 40mL 灌肠。

7 月 15 日 12：00 左右接诊，昨日灌肠后药物没有排出，有小便，精神无改善，有饮水欲望，四末回温，收养人口述昨日回家后有哼叫。昨日中药后四末回温，舌色暗紫今日比昨日更显著，考虑邪郁伤阴，气血不畅。口内尿骚味明显，脉弦细，沉取少力，舌质白暗而紫，苔薄白。精神萎靡，体温 37.8℃。

治法：西药同前。

中药：柴胡 6g，枳实 6g，白芍 6g，炙甘草 6g，生地 10g，五味子 6g，当归 10g，生大黄 3g，延胡索 6g，厚朴 3g，香附 6g。水 150mL 冲开，分 3 次灌肠。

7 月 16 日，13：00 左右接诊，口内腐臭兼有尿骚味，舌边尖灰暗泛白烂，舌质暗绛灰紫，苔薄白略滑；脉浮弦，中取弦略数，沉取有力；腹略胀紧；饮水约 100mL 以上未吐，有刺痛性尖叫一两声；皮肤失弹性，四末温，自昨日 21：00 至今 14：00 未小便，今 14：00 大便一次，量大，稀粥样，色黄黑，夹杂昨日中药，粪便无明显臭味；精神萎靡，体温 37.6℃。

治法：西药同前。

中药：浊邪已深入脏腑，郁热伤津，且蒸津上承。应开郁通脏腑，泻其浊毒，并护住阳气，以维持功能。

淡附片 6g，桂枝 6g，白芍 10g，赤芍 10g，炙甘草 6g，厚朴 6g，枳实 6g，生大黄 6g，重楼 6g，五味子 6g，当归 10g，150mL 沸水冲开，候温分 3 次灌肠。

7 月 17 日，11：45 接诊，体温 38.2℃，精神有所改善，小便两次，带白色泡沫，尿量之前略少；脉软略数，沉取软略数少力；舌质红，尖边白灰烂，白苔，口内滑，尿骚味大减，腐臭味较重；四末温，昨日灌肠 150mL 后，22：00 左右排大便一次，稀酱样。饮水 100mL 左右未吐。

治法：西药同前。

中药：淡附片 6g，生大黄 6g，枳实 6g，姜厚朴 6g，赤白芍各 10g，当归 10g，五味子 6g，重楼 9g。150mL 沸水冲开，候温，分 3 次灌肠。由于舌质颜色改变，舌质红，因此去桂枝。

7 月 18 日，12：00 接诊，脉中取弦细，沉取少力，舌质红，苔白滑，舌尖边溃烂部分已脱落，口腐臭，有小便，带白沫。昨日应灌肠 150mL，由于时间问题，仅灌入 80mL，灌肠后昨日和今日上午未大便。血常规指标及血生化指标回落，具体数值见表 4-26、表 4-27。

治法：西药同前，注射去乌司他丁。

中药：淡附片 6g，赤白芍各 10g，白术 10g，茯苓 10g，砂仁 6g，生大黄 6g，姜厚朴 6g，枳实 6g，五味子 6g，重楼 9g，炙甘草 6g，当归 10g。茯苓水煎，冲诸药，候温灌肠。舌尖边溃烂部分脱落，应辅以健脾生肌，增进食欲及精微运化，故增加茯苓、白术、砂仁。

7 月 19 日，11：00 接诊，体温 38.3℃，精神良好，食欲佳，昨日灌肠后未大便，小便两次，带白色泡沫，舌质红，苔白略厚而滑，口腐臭，脉滑数，沉取少力。

治法：西药停用。

中药：淡附片 6g，防风 3g，赤白芍各 10g，白术 10g，茯苓块 10g，砂仁 6g，丹参 10g，生大黄 6g，姜厚朴 6g，枳实 6g，重楼 9g，五味子 6g。茯苓水煎，冲诸药，候温灌肠。

肾衰，我个人觉得是阳虚不能运化废物，因此附子起阳助运，配合逐邪药降低废物。今方去当归改丹参，与大黄合用，活血化瘀，去腐生新；加防风 3g，有助于开郁逐湿，亦可杀附子毒。口内臭应由舌腐烂所致。

7 月 20 日，11：00 左右接诊，精神良好，食欲佳，小便两次，带泡沫。昨日灌肠后排大便一次，后未自主排大便。舌红略暗，苔白，口内滑，口臭；脉弦，沉取少力。

处方：生大黄 6g，姜厚朴 6g，枳实 6g，白芍 10g，赤芍 10g，白术 10g，茯苓 20g，丹参 10g，茜草 10g，重楼 9g，防风 6g，荆芥炭 6g，焦三仙各 10g，炙甘草 3g，五味子

3g，通草 3g。茯苓水煎，冲诸药，约 300mL，分 4 次灌肠。并用保和丸拌食服，以增强消导，去中焦浊邪。

入风药以加速消除尿蛋白。

7 月 21 日，11：30 接诊，精神良好，食欲佳，小便仍带有泡沫，但量有所减少；舌质红略暗，苔白厚，口内滑，口臭减轻；脉略弦滑，沉取少力。

处方：仍用前方，并每日 2 次口服保和丸，增强导邪作用。

7 月 22 日，精神食欲较好，小便量正常，色淡黄带白沫，沫量减少。

停用灌肠中药，给予保和丸口服。

7 月 23 日，11：00 接诊，精神食欲良好，小便仍带有泡沫；口臭较淡，舌质淡红，苔白，略滑；脉弦略滑，沉取少力。体重 4.4kg。由于早上进食，6 小时后查血生化后再做判断，生化具体数值见表 4-26、表 4-27。血生化指标肌酐、尿素氮升高，且高磷，肾衰有反复，明日开始继续灌肠治疗 5 日。

7 月 24 日，11：00 接诊，精神二便正常，尿中泡沫较少；食欲良好；脉弦紧，沉取少力；舌质淡红，苔薄白。

中药：用前法温阳利水，通腑导浊，兼以活血化瘀。

淡附片 6g，白术 10g，茯苓块 20g，泽泻 10g，生大黄 6g，枳实 6g，厚朴 6g，当归 10g，赤白芍各 10g，丹参 10g，重楼 9g，砂仁 6g，五味子 6g，炙甘草 3g。茯苓块 300mL 水煎，大火煮沸，小火煮 15 分钟，冲诸药，候温灌肠。

7 月 26 日，10：40 接诊，精神食欲较好，小便无泡沫，大便正常；舌质淡红，苔薄白，略滑，口内尿骚味明显；脉弦紧而滑，沉取少力。

余邪未尽，仍守方，原方加枸杞、柴胡，用柴胡配合防风开郁疏肝，配枸杞防久用温阳利水，通腑导浊而伤肝肾之阴。用枸杞配芍药，当归，和阴养血以扶正。

处方：防风 3g，白术 10g，茯苓 20g，泽泻 10g，生大黄 6g，重楼 9g，枳实 6g，厚朴 6g，赤白芍各 10g，当归 10g，五味子 6g，枸杞 6g，丹参 10g，砂仁 6g，炙甘草 3g，淡附片 6g，柴胡 6g。水 150mL 冲开，候温灌肠。

7 月 27 日，11：00 接诊，精神良好，大便正常，小便略带泡沫；舌质淡红，苔薄白，口内略滑，口内仍有尿骚味；脉弦紧少力。血生化指标肌酐及磷有所下降，尿素氮升高，具体数值见文末表格，采血前晚大量进食鸡胸肉。疑转为慢性肾衰竭。

中药：采用通三焦法，结合养血化瘀，凉血逐邪法。

防风 6g，苏叶 6g，荆芥炭 6g，枇杷叶 6g，白术 10g，砂仁 6g，厚朴 6g，枳壳 6g，焦三仙各 10g，赤白芍各 6g，丹参 10g，重楼 6g，当归 10g，五味子 6g，黄芪 10g，生大黄 3g。150mL 水冲开，分 3 次灌肠。

病程较长，舌色多日舌质淡红，薄白苔，口内略滑，说明风药胜湿，但易耗气伤津，固今日加黄芪益气扶正，观察其药后郁热之象是否形成。

7月28日，12：00接诊，精神良好，小便在外排尿时少许泡沫，但在屋内排尿时未见泡沫；食欲良好；口内尿骚味仍在，舌质淡红，苔薄白，口内略滑。昨晚饮水量大增，清晨呕吐黄水一次，未大便，今早进食正常。

考虑大量饮水可能与黄芪助内热有关，与防风、白术合用形成玉屏风闭表，内热加重饮水增大。且大量饮水而吐，一方面说明阳虚不能化水，另一方面饮水太过，阳不化阴，因此今日考虑从温阳利水配合益气养阴，与凉血解毒，通腑逐邪并用。并降低鸡肉摄入量。

处方：淡附片6g，白术10g，茯苓10g，沙参6g，五味子6g，麦冬6g，当归10g，茜草10g，丹参10g，重楼6g，生大黄3g，赤白芍各10g，厚朴6g，枳壳6g，焦三仙各10g，砂仁6g，通草3g。200mL水冲开，分3～4次灌肠。

7月30日，11：00接诊，精神良好，二便正常；舌质淡红，苔薄白；脉弦，沉取少力。原方去麦冬，灌肠，连用3日。

8月2日，9：30接诊，精神良好，二便正常，食欲佳，舌色正常。采血查血生化，具体数值见表4-26、表4-27。

肌酐略有增长，尿素氮下降，磷指标下降，肝指标升高，淀粉酶持续下降，停止一切药物，改为药膳调理，15日后复查。根据以往经验，在持续使用清热解毒药物后肝指标会有所上升，停药后往往回落。

8月4日，电话回访，精神良好，吃喝正常，二便正常。

8月16日，生化维持平稳，具体数值见表4-26、表4-27；精神良好，二便正常，继续药膳维持。淀粉酶虽有升高，多与前日饮食有关，慢性肾衰竭指标平稳，体况良好，切勿追求指标合格而忽略体况。

9月15日，精神良好，饮食正常，二便正常，生化指标稳定，淀粉酶下降，肌酐尿素氮指标略高于上限，具体数值见表4-26、表4-27。药膳继续。

10月15日，精神良好，饮食正常，二便正常，生化指标稳定，淀粉酶略高于上限，肌酐尿素氮指标略高于上限，具体数值见文末表格。可正常饲养，饮食注意，每日食用药膳随餐，适当运动，注意保暖。

12月17日，精神食欲佳，复查血生化，肌酐183μmol/L、尿素氮16.2mmol/L。至此，从指标看仍然高于上限，但在未用药情况下指标无上升，处于平稳状态，生活不受影响。

五十三、犬湿邪阻滞三焦的治疗

病犬基本情况：10月龄雄性比特犬，斗犬比赛用，23kg，正常免疫。平日以肉类为主，长期负重训练，每日口服21金维他和肌苷片。

一周前发病，初见精神、食欲变差，体温正常；近日症状加重，牙龈及眼底黏膜苍白，阴囊肿大下垂，尿量少、气味重、色棕黄如碘酊，体温36.5℃，喜暖。其间，饲主自行注射血虫净，20分钟后见抽搐、气促，注射阿托品5mL，抽搐停止，体温低于36.5℃。

初诊见精神沉郁，舌白少津，全身颤抖，不能站立行走，呼吸无力；四末尚温，脉弦数。因凌晨接诊无法购中药，即皮下注射地塞米松5mg。当日10：00左右精神好转，少量进食，尿量增加，尿色仍棕色，颤抖减轻，舌色脉象如前，体温回升至37.8℃。饲主遂停止治疗。次日病情又如前，见体温下降，精神沉郁，不食，等等。到某大学兽医院检测，仅被告知白细胞数偏高，红细胞数很低。饲主每日以鸡汤等油腻物饲之，如此拖延3日不见好转，决定放弃。我察其脉象和口色尚有生机，留院治疗。其脉象弦略数，舌色白滑，腹下、耳内轻微泛黄，阴囊肿大。我诊为三焦湿邪郁阻。

病机分析：该狗长期饮食油腻易生内湿，长期负重训练又易致内热，湿热互结、阻塞气机；又加之南昌地区冬季气候寒湿较重，束表而使内热不得宣散而内湿无所化。内有湿热、外有湿寒，导致湿邪堵塞表里、三焦，全身气机不通。湿在中焦，脾胃受困则水谷精微不能正常转化，致无力、舌色白滑；肝胆郁滞则皮肤黄染。湿性弥漫，常以中焦为中心弥漫上下。弥漫上焦，可使心阳与元阳不能相通，机体不得正常温煦，故见体温低；使肺气受损，则呼吸急促，动即气喘。弥漫下焦，则肾的功能障碍，水液代谢失常少尿，睾丸肿大下垂。

法当化湿邪、通气机、调营血，以通利三焦内外；药当以温散、温补并用。因根源是湿阻中焦，用药主要针对中焦。

黄芪15g，党参15g，白术9g，茯苓15g，炙甘草5g，熟地12g，当归9g，白芍9g，川芎5g，细辛5g，葛花12g，柴胡6g，陈皮6g，香附6g，三仙各6g，内金10g，豆豉（后下）6g，山栀5g，蔻仁（后下）3g，砂仁（后下）3g，苍术6g，藿香（后下）6g，紫苏（后下）3g，枳壳6g，乌药6g，通草6g，薏苡仁15g，淫羊藿6g，仙茅3g，杜仲3g，山药6g，枸杞6g，上述药物水煎取100mL分3次口服，每次送服3粒浓缩桂附地黄丸。

方中：苍术、藿香、佩兰宣化中焦湿邪，为君药；以异功散加黄芪、葛花、山药补脾，以三仙、内金、蔻砂仁、乌药、枳壳和胃宽肠并导腑邪下行，柴胡、香附疏肝行气，共为臣药，助君药化湿以通上下；以紫苏、豆豉、山栀宣其上，以通草、薏仁、泽泻、车前子利其下，桂附、阳藿、仙矛、杜仲以壮其原，四物加细辛以调其血，共为佐使以化湿通阳。

连服9剂，体温升至正常，舌粉红苔薄白，精神、食欲恢复，好斗性情恢复，四肢有力，呼吸平稳，散步后无呼吸急促现象，睾丸提升并恢复，尿色淡黄。

五十四、抗生素导致凉遏一例

2008年11月，接诊一例法国斗牛犬，1.5个月，饲主口述：该犬新购回4日，购回后就开始轻微咳，鼻流清涕量少，到某医院治疗，诊断为上呼吸道感染，连续注射了7天抗生素，其他药物没有使用，注射到第四天喉咙中有痰，但不能咯出，且咳嗽频繁，清涕见多，到第六天咳嗽带喘，痰不能咯，大便酱样，第七天体温39.3℃，食欲减退，精神明显下降，咳喘频繁，痰不能咯出，大便水样，清涕未缓解。转到我院后，情况如下。

表现症状：体型肥胖，体温39.3℃，恶寒喜暖，精神不振，少食，咳喘频繁，痰不能咯出，清涕量大，大便水样，小便清，喜按腹部，舌淡苔白，脉弦缓。

诊断：凉遏上中二焦。

诊断分析：因为当地气候潮湿寒冷，自然界中弥漫湿寒邪气，又因为该犬年龄仅1.5个月，体型肥胖所以本身阳气不足而内有湿邪，而冬令寒之主气，与之相和而至风寒犯肺，见咳、清涕，应宣阳散寒，而至阳气敷布全身，但抗生素性质本寒凉，在寒邪肃肺的基础上在不断压抑阳气，必导致脾胃虚寒。

治法：宣阳散寒，温中健脾。

处方：荆芥3g，防风3g，苏叶后下3g，薄荷后下1g，前胡3g，白前3g，杏仁后下3g，藿佩后下各3g，蔻仁后下3g，白术6g，柴胡6g，内金6g，法夏6g，陈皮3g，茯苓6g，党参6g，甘草3g，枳壳2g，桔梗3g。水煎1次，服前入生姜汁3滴，分5次温口服，米汤为食。4日而愈。

方解：方中党参、白术、蔻仁、半夏、姜汁，安正温中，开郁散寒；荆芥、防风、苏叶、藿佩、杏仁、柴胡之类宣阳散寒、芳香化湿。后用米汤养中。

体会：用药如用兵，但用兵不当就会造成严重的后果，抗生素的发明是挽救生命的，如果认真地研究它、使用它，那么它将是救主的良将，如果随意使用它则是兵变的使者。

五十五、一例柯基莫名发热的治疗

2018年4月12日，接诊8月龄雌性柯基犬一例，已完成免疫，9.2kg。体温39.9℃，体温40分钟内测量两次，并给予饮水，体温仍然在39.8～39.9℃。精神良好，食欲不振，舌质淡红，苔薄白；脉浮弦略滑，沉取少力。未见其他明显症状，饲主因当日早晨遛狗发现该犬精神不如平日，回家后自己主动进笼，该行为饲主认为反常，前来就诊。

饲主要求做体检，血常规，白细胞1.8万。血生化，总蛋白及球蛋白偏低。C反应蛋白强阳性。

诊断：上焦郁热夹湿。

治法：宣郁透热，升降中焦。

处方：速诺 100mg 每次，日 2 次，连用 2 日；小柴胡颗粒 1 包每次，日 2 次。

4 月 13 日，微信告知昨晚已退热，今晨体温正常，精神如常。

分析：该病例无明显症状表现，仅凭脉舌考虑，给予透热升降气机治疗，因此选择小柴胡颗粒，但因人给予少量抗生素以安人心。

五十六、一例胃胀气的治疗

2018 年 5 月 18 日，接诊 1 岁雌性杂交犬一例，5.9kg，已免疫，并定期驱虫。当日中午发病，在家有明显烦躁感，并有吠叫，饲主带其外出，但在楼道内气喘严重，且不能行走，呕吐白沫及清澈液体，呕吐后十余分钟，该犬能缓慢走动，外出大便，且味略臭，大便形态细。饲主带来就诊，体温 38.4℃，按压两肋下有痛感，按压时伴有流涎，饲主口述近 1 个月纳差少食，精神良好，平均两三日呕吐一次。舌质淡红，苔白滑嫩。脉浮弦数略滑沉取少力。

实验室检查：血常规、血生化结果见表 4-28、表 4-29；DR 影像腹侧位（饲主对 DR 影像拍摄有抵触，不愿意进行正位拍摄），胃内未见异物；粪检：镜下无虫卵，杆菌较多且活跃度高，食物残渣较多，白细胞少许。

表 4-28 血常规

检测项目	提示	结果	单位	参考范围
白细胞数目（WBC）	H	18.9	$\times 10^9$ 个 /L	6.0 ~ 17.0
淋巴细胞数目（LYM#）	H	10.1	$\times 10^9$ 个 /L	1.0 ~ 4.8
混合细胞数目（OTHR#）		8.7	$\times 10^9$ 个 /L	3.0 ~ 13.0
嗜酸性粒细胞数目（EO#）		0.1	$\times 10^9$ 个 /L	0.1 ~ 0.8
淋巴细胞百分比（LYM%）	H	53.4	%	10.0 ~ 30.0
混合细胞百分比（OTHR%）	L	46.0	%	60.0 ~ 83.0
嗜酸性粒细胞百分比（EO%）	L	0.6	%	2.0 ~ 10.0
红细胞数目（RBC）		5.92	$\times 10^{12}$ 个 /L	5.00 ~ 8.50
血红蛋白（HGB）		146	g/L	120 ~ 180
平均红细胞体积（MCV）		68.8	fL	60.0 ~ 77.0

表 4-29 生化结果

检测项目	提示	结果	单位	参考范围
丙氨酸氨基转移酶（ALT）		32	U/L	15 ~ 70
天门冬氨基酸转移酶（AST）		27	U/L	10 ~ 50
总蛋白（TP）	L	51.1	g/L	50 ~ 71
白蛋白（ALB）		33.4	g/L	28 ~ 40
总胆红素（TBIL）		1.0	μmol/L	2 ~ 17
直接胆红素（DBIL）	L	1.7	μmol/L	24 ~ 44
谷氨酰基转移酶（G GT）		1.89	U/L	0.8 ~ 2.0
肌酐（CREA）		99.6	μmol/L	50 ~ 180
尿素氮（BUN）		6.64	mmol/L	3.5 ~ 7.1
甘油三酯（TG）		<0.30	mmol/L	0 ~ 0.56
总胆固醇（CHO）	H	11.56	mmol/L	3.9 ~ 6.1
葡萄糖（GLU）		790	mmol/L	300 ~ 1850
淀粉酶（AMY）		129	U/L	20 ~ 200
肌酸激酶（CK）		2.36	U/L	2.2 ~ 2.7
钙（Ca）		2.15	mmol/L	0.81 ~ 1.87

诊断：胃肠炎，肝胃不和。

处方：2.5% 拜有力，1.1mL/次，日 1 次，皮下注射；10% 科特壮，2.0mL/次，日 1 次，皮下注射；维生素 B$_6$，1mL/次，日 1 次，皮下注射；自备小柴胡颗粒，半包/次，日 2 次，口服。

药后饲主将其放入车内，带其外出，车窗打开，但由于下午较热，车内无人，狗气喘连连，出现 3 次呕吐，均为白色泡沫及清水。17：00 左右再次来院，发现该犬腹胀严重。

下午复诊：体温 38.5℃，精神沉郁，上腹部胀大且硬，按压痛感明显，按压流涎，明显胃内胀气。因饲主外出，小柴胡颗粒未服。脉弦数略滑，沉取无力。舌质淡红，水滑，流涎。气喘严重，时有干呕动作，四末凉，坐卧行走不定。

诊断：胃胀气，肝胃不和，气滞胀满。

处方：苏叶 6g，生姜 6g，佛手 10g，香橼 10g，法半夏 6g，莱菔子 6g，人参 6g。80mL 沸水冲开，煮沸 1 分钟，常温服。

另开四磨汤 10mL，交替口服。

药后转归：

药后 1 小时，服药约 30mL，腹部按压渐软，按压时未见流涎，能爬卧平稳，急躁缓解。

药后 2 小时，服药约 60mL，服药开始抗拒，按压腹部已软，对饲主摇尾。

嘱饲主回家后将其剩余十余毫升中药温服。第二日早复诊。

5月19日，精神良好，能少量进食，腹部已无胀感，大便一次稀软。脉尚有弦滑，对医生有警惕感，已不让开嘴观舌。

医嘱：小柴胡颗粒，半包/次，日2次，口服，连用2日；益生菌，按说明口服，连用2～3日。

分析：胃胀气原因尚不明确，但已经出现，只能先治其主症。小柴胡本能开郁消胀，但饲主未能及时给予，而现胀气严重，已严重影响呼吸和心率，因此先行行气消胀，给予苏叶、生姜宣上，佛手、香橼、半夏畅中，莱菔子利下，通三焦气机，达到行气开郁的作用，配以四磨汤，增强行气开郁之力。人参仿小柴胡汤中人参，以助药力。莱菔子虽然与人参相畏但不应受其制约，相互为用能促进行气，于本病有利。

五十七、运用中医思维诊治犬阿狄森氏病

阿狄森氏病又称肾上腺皮质功能减退症，临床多表现为消瘦，嗜睡，乏力，纳差，哕，皮肤色素沉淀等，严重者出现持续性低血糖，高血钾，昏迷等。通过实验室做ACTH刺激试验可帮助确诊，该病现代治疗多采取口服激素的方式维持激素水平，但长时期口服激素其不良反应饲主很难接受，本病例运用中医思维给予中药进行治疗，效果较为满意。

2018年9月7日，应邀外省出诊阿狄森氏病，饲主口述：发病于2018年9月7日凌晨2时，6日早晨手术，术后精神良好，办理住院，凌晨2时医护人员发现该犬舌头外伸，全身瘫软，无意识。该院迅速组织抢救，抢救后意识恢复，电解质未见异常，血糖低下，静脉输入葡糖后血糖升高，停糖后迅速下降，且反复输糖和检测，确定自身不能维持血糖，且伴有低温，嗜睡，该院认为该病例高度疑似阿狄森氏病。给予糖皮质激素和葡糖静脉滴入。药后病情相对稳定，上午有短暂烦躁感，呼吸急促。7日下午该犬嗜睡，体温低，四末凉，药后有小便。电话约诊于我，建议先维持当前治疗方案，另炙甘草10g水煎频服。

饲主因不想给犬长期服用激素邀我出诊，尝试中兽医诊疗。8日凌晨到院，该犬仍多嗜睡；四末冷，体温不足38℃，喜凉；舌质红暗泛淡紫，罩薄白苔，舌体薄，宽窄适中；脉中取细弱，沉取无力。无食欲，无大便。

因夜间无法购药，原方案维持治疗，待补液结束后，停用激素，停止静脉输糖，给予口服葡糖。停糖15分钟后血糖1.9mmol/L，又立即静脉补糖。

9月8日上午，体温37.4℃，嗜睡，倦怠，喜凉，左右大腿内侧和腹部出现色素沉着；舌质仍是红暗泛淡紫，罩薄白苔，舌体薄，宽窄适中；脉中取细弱，沉取无力。

诊断：气虚血瘀。

分析：麻醉术后多虚，且症状表现嗜睡，倦怠，舌罩薄白苔，舌体薄，脉弱，沉取

无力，低温等上述症状均为气虚之象，即功能低下。因为气虚造成血行减缓，同时津液亏虚不能充养血脉，所以有血瘀之症，如舌红暗泛淡紫，脉细弱，皮肤色素沉着。

治法：温阳益气，养血通络。

温阳益气并非受外感寒邪，而是重度气虚，以致不能推动血行周身，不能维持体温，出现严重的功能低下即为寒。因此需要温阳益气。

处方：黄芪6g，桂枝6g，生姜6g，炒白芍10g，炙甘草6g，大枣3枚去核，五味子6g，当归6g，细辛3g，饴糖30g冲，水煎温服频服。此方即为黄芪建中汤加减。

服药后停止葡萄糖口服，共口服约60mL。全天血糖相对稳定，血糖检测改为2小时一次。睡前口服25%糖水一次，约10mL。

9月9日上午，血糖基本稳定，嗜睡，无力，鼻头干，不食，未大便，排尿正常，四末温度渐温，喜凉，体温37.5～38.0℃，舌质红暗，苔薄白，脉细软略数，沉取少力。

昨日药后阳气渐复，血瘀得以改善，气血循环得以调整，但药较酸适口性较差，且药后未能进食，因此今日在温阳益气为主的前提下加强中焦的改善。

处方：桂枝6g，生姜6g后下，赤白芍各6g，炙甘草6g，丹参6g，大枣3枚，五味子1g，黄芪6g，麦冬1g，砂仁3g后下，蔻仁3g后下，乌药6g，枳壳3g。一付药做2日服。

服药后10分钟开始吃少许鸡肉干，后30分钟精神有所改善，四末温度回升。每2～3小时检测血糖一次，血糖平稳。药后进食量不大，饮水量饲主认为明显增加，无大便，有小便。

9月11日上午，血糖稳定，精神好转，但仍有嗜睡现象，四末温，喜凉，未大便，小便时翘腿，双后肢内侧色素沉着退化，体温37.5～38.0℃，食欲有所恢复，但进食量少，饮水量仍多，舌质红略暗，苔薄白，脉细略滑弦数，沉取少力。

连日温阳益气，功能基本稳定，逐渐进食增加，气血生化有源，改温阳益气为益气养阴，防止助热耗阴，喜凉症状应逐渐改善，再配以芳香暖中，达醒脾开胃之功，进一步加强食欲。

处方：西洋参上品6g，白术6g，茯苓6g，炙甘草6g，玄参1g，麦冬3g，五味子1g，砂仁3g后下，生姜3g后下，佛手6g，陈皮6g，鸡内金3g。

水煎频服温服，一付药做2日服，连用20日。定期约诊。

9月12日上午，血糖稳定，药后进食增加，未大便，小便正常，嗜睡。

嗜睡，在吃喝正常情况下，能正常活动，安静时喜睡眠，在术后，这种表现可以认为是正常的。该病例已多日未大便，今日务必使其大便。

处方：原方不变，配合四磨汤口服，每次1.5～2mL，连续两次口服。晚间大便一次，偏软。四磨汤在肠道蠕动减缓的状态下口服，可以促进肠道蠕动，一次足量口服有导泻作用，小剂量频服有缓泻作用。如果在肠道蠕动亢进时使用四磨汤，小剂量频服则有减缓肠道蠕动的作用，大剂量仍然是导泻作用。

9月14日，回北京，做检测ACTH刺激试验，基础值为0.54ng/mL；刺激后为1.53ng/mL，结合之前症状可确诊为阿狄森氏病。原方继续口服。

9月16日，微信回复，食欲良好，外出精神良好，回家嗜睡。二便正常。

9月28日下午，该犬精神良好，饮食正常，警惕性高，体温38.5℃，在家玩耍正常。左脉略细，沉取少力；右脉滑，沉取有力，舌质淡，苔薄白。大便时有未消化残渣。体重增加100g。

因两脉有滑象，所以调整方药增强燥湿力量。

处方：西洋参上品6g，白术6g，茯苓6g，炙甘草6g，女贞子1g，五味子1g，砂仁3g后下，生姜3g后下，佛手6g，陈皮6g，鸡内金3g，苍术1g，厚朴1g。

水煎频服温服，一付药做2日服。连用30日。

9月25日，做第二次检测ACTH刺激试验，基础值为6.63ng/mL；刺激后为15.00ng/mL，指标有所回升，无明显症状，精神饮食良好。该犬病情稳定，随方加减继续巩固治疗。

五十八、读书随笔与经验随笔

1.《临证．燥》某，阳津阴液重伤，余热淹留不解，临晚潮热，舌色若赭，频饮救亢阳焚燎，究未能解渴，形脉俱虚，难投白虎。议以仲景复脉一法，为邪少虚多，使少阴厥阴二脏之阴少苏，冀得胃关复振。因左关尺空数不藏，非久延所宜尔。人参，生地，阿胶，麦冬，炙甘草，桂枝，生姜，大枣。

（1）热入阴分，耗损津液，因此临晚潮热，且热势不高，舌色赭，口渴为耗津所致，形脉俱虚，说明正气亏虚，所以用药不是清热凉血散血，而是生津凉血，温复胃阳，食复则津气血可生。这个病例反映了阴得阳而能用，阴得阳能布散。

（2）地冬配姜桂，相互制约寒热，有利于津液布散，阴得阳能布散。

（3）通过桂枝汤，小柴胡汤，四逆汤，苓桂剂，复脉汤等总结温阳规律，姜草枣复胃阳，参姜草枣复胃阳气，桂姜草枣复心胃之阳，附姜草枣复肾胃之阳，术姜草枣复脾胃之阳，芪姜草枣复肺胃之阳。参复诸气。复阴之阳气，为复脉法，生津配温阳。

（4）舌色若赭，生津凉营配桂姜，舌色赭，红，绛，不避辛温，辛温有助于散血。

（5）心肾阳虚，舌质白，脉沉无力当以姜附为主，慎用桂枝，桂枝散血达表。可少许肉桂。若脉沉少力，舌质淡红略白，可以考虑给予桂枝，因有可散之物。

2.湿邪内阻，慎用甘草，甘草敛湿且缓和药性。粳米补益大于甘草，胃阳严重亏虚则多用粳米。

3.叶案中赤芍、丹皮、生地多合用，用于生津、凉血、散血。丹参、西洋参、丹皮、生地亦可考虑。

4.昔肥今瘦，脉沉而弦，为饮家。治饮慎用滋阴，见消瘦认为阴不足而滋阴是错误的。

饮邪必用温药和之，更分外饮治脾，内饮治肾。脾肾阳气两虚为生饮之源。

5. 鳖甲煎丸方中大意，取用虫蚁有四：意谓飞者升，走者降，灵动迅速，追拔沉混气血之邪。盖散之不解，邪非在表；攻之不驱，邪非著里。补正却邪，正邪并树无益。故圣人另辟手眼，以搜剔络中混处之邪。通络以虫类药配合归须，桃仁等增强通络之力。

6. 补阴生津，多用阿胶，生地，麦冬，白芍之甘咸寒，用于肝肾真阴不足。而下焦热灼消耗真阴，则酸苦泄热与酸甘化阴同用，去下焦之热，如乌梅黄连。

7. 四逆散必是内郁之气不得外达，因此非少阴证而是少阳证。

8. 郁热上焦，痰阻气机，肺气不宣，惯用栀，豉，郁，蒌，杏。开郁清热。上焦郁热惯用栀子豉汤。

9. 半，蒌，枳，连治有形有滞。

10. 炒竹茹，半夏，橘红，化痰和胃，简化温胆汤。

11. 不论外感湿阻还是热郁，或是内伤气火痰湿之郁，均会使三焦气机运行不畅，而用栀子豉汤加减，微苦微辛，辛开苦降，开宣上焦肺气，使中下焦之气得以通调，即提壶揭盖。从而治疗气火痰湿，郁痹三焦的病症。

12. 中焦湿阻，多用半夏，茯苓通胃阳，通阳不在温而在利小便。寒湿困阻中焦多用干姜，半夏，茯苓通胃阳。陈皮，生姜，枳实，行胸中气，而化湿郁。

13. 从叶案看治疗湿热多用辛开苦降法，少用甘补生津益气，只有湿热造成浸漆亏虚时多用人参，而炙甘草大枣多不用，大枣助热，炙甘草敛湿。在肝脾胃不和造成的痞闷呕吐腹泻等中焦症候时多用半夏，生姜，黄连，枳实，多与流动之品，分消上下之品合用如杏，蔻，橘，桔（jié），朴，苓等，阻滞较重者多与达原饮合用草果，厚朴，知母。

14. 辛开苦降，辛开通胃阳，苦降泄肝火降肝郁。泄厥阴以舒其用，和阳明以利其腑，药取苦味之降，辛气宣通矣。

（1）泄肝，黄连为第一要药，肝热重加黄芩，肝火加金玲子，郁热三焦则用栀子。肝热伤阴，肝阳亢逆，加白芍，乌梅二者可合用，与芩连合用不仅滋肝阴还能酸苦泄热，阳亢化风则以牡蛎平肝潜阳。

（2）通胃，半夏生姜为第一要药，阳伤阴结较重多加干姜或再加附子。脏寒呕吐加吴茱萸温脏。胃虚者合入大半夏汤加入人参茯苓。

（3）半夏泻心汤等方剂辛开苦降或辛开苦泄，苦泄肝郁，辛通胃阳，非单一胃脾寒热论述。

（4）酸味厥阴之气，与辛味合用开发阳气最速，治呕吐不禁酸味。在使用半夏泻心汤和达原饮治疗湿热病时，多用白芍乌梅等酸味，酸苦泄热，辛酸开化，不但不敛邪，反而有利于清化湿热，但要注意治疗湿热仍然以辛开苦降为主。

15. 枳实，苦辛微寒，微寒助黄连等泄热，辛可助半夏等开结。瓜蒌《重庆堂随笔》中写道瓜蒌舒肝郁，润肝燥，平肝逆，缓肝急之功有独擅也。

16. 沙参，麦冬，扁豆，甘草，为养胃阴的基础方，为通补胃阴法。

17. 生津与增液，生津以生脉饮为代表，酸甘化阴。增液以增液汤为代表，苦甘咸，泄热存津，泄为向肠内泄水，多用腹泻。

18. 脾与胃功能不同，脾病胃病当分别而治，"数年病伤不复，不饥不讷，九窍不合，都属胃病，阳土喜柔，偏恶刚燥，若四君，异功等竟是治脾之药。腑宜通即是补，甘濡润，胃气下行则有效验。"

19.《温热论》："热邪不燥胃津，必耗肾液，"舌绛而光亮为阴亡。

20. 胃阴虚则肝阴失养，肝逆冲乘，可发为痉厥。

21. 津液源自于胃，胃阴虚则九窍的津液亦虚，进而导致功能失常。症虽见于九窍，而病因在胃，因此称为九窍不合都属胃病。

22. 腑宜通，即是补，是指腑气下行通降，不能守补，宜通补。胃虚益气而用人参，非半夏之辛，茯苓之淡，非通剂矣。人参，半夏，茯苓则为通补。干姜，半夏，茯苓则为守补。脾胃阳气虚弱，自然人参，干姜，半夏，茯苓并用。叶氏理胃阳以附子，半夏，生姜，粳米为主。胃阳大虚则用粳米而不用炙甘草。

（上述二十二条出自叶案及张文选先生著作）

23. 壮火尚盛者，不得用定风珠，复脉汤。邪少虚多者，不可用黄连阿胶汤。阴虚欲厥者，不可用青蒿鳖甲汤。

24. 阳之动使于温，温气得而谷气运，谷气上升而中气瞻，故名理中，实以燮理之功予中焦之阳。盖谓阳虚，即中阳失守。——清代程应旄

25. 四大名医之一的施老治疗脾胃病好用理中，但先生用此较为灵活，用此方意义不离中焦虚寒。若寒湿湿温并见，属于错杂症，中焦虚寒即可用理中，而合白头翁，左金等。若中焦寒湿较盛则合并平胃散，胃苓汤，兼有肾阳虚泻则合并四神丸。采取有何证用何方，证证相合，方方相合。

26. 蒲辅周先生治疗疾病注重辨证求本，重视保护卫气，在疾病调理上尤为注重食疗，认为药物多系本草金石，其性本偏，使用稍有不当，不伤阳即伤阴，而胃气首当其冲，胃气一绝，危殆立致。

27. 刘渡舟先生认为肝炎多大为湿热之邪所伤，由于饮食多膏粱厚味，积久化湿成热，造成肝疏泄不利，影响气血，因此多从气血入手治疗，多用柴胡剂加减。气分特点为右肋疼痛，小便黄赤，身体乏力，食欲不振，舌白苔腻，脉弦或沉。主方以柴胡解毒汤，三石柴胡解毒汤，三草柴胡解毒汤为主。血分特点，两肋疼痛，日轻夜重，或肋痛连背，面色黧黑，舌质紫暗，舌苔白腻，脉沉弦。化验：血小板减少，白蛋白与球蛋白比例倒置，查体多有肝脾肿大，刘湿热为此乃血分湿热。主方以柴胡活络汤，柴胡鳖甲汤，柴胡止痛汤。刘氏的气血三方版本较多，但主要药物基本不变，以去湿热为原则。

28.《温病条辨》下焦篇，第五十条，饮家反渴，必重用辛。上焦加干姜桂枝，中焦加枳实橘皮，下焦附子生姜。

桂枝干姜，枳实陈皮，附子生姜，为温通三焦范例。也可称为开通三焦之法。若兼有水饮则合并五苓散，真武汤一类。

29.《温病条辨》中有 5 个藿香正气散，固定药物为藿香，陈皮，厚朴，茯苓，此四药为基础，藿香开上，陈皮畅中，厚朴利下，茯苓通水。不离畅三焦而化湿。气机不畅则水湿难去。湿热重加栀子，茵陈，滑石，通草，苍术，木防己，大豆黄卷。气郁加草果，槟榔，杏仁，蔻仁。食积加焦三仙。上焦郁重加紫苏，白芷，荆芥，防风，羌活，独活。湿阻升降失常，在通行胃腑之时用生谷芽，生麦芽，升麻，柴胡等，升脾胃之阳以护胃气。

30. 白术一味，为拾脾要药，腹水一症多阳虚不能运化水湿，故心脾肾三阳不足，重用白术茯苓强调健脾利水，当能拾脾而利水，且血生化肝指标上升，重用白术指标非但无升反降。且治疗肝病确实重用甘甜，一能改善适口性，二能补中焦脾胃，有利于肝的恢复，大枣枸杞则多用。对犬白术一般能用到 20g 甚至更多，茯苓用量一般不超过白术或等量。大剂量用药时当先从小剂量开始，逐渐加大药量。腹水治疗过程中，用白术茯苓后腹泻或小便增多均为正常表现。待水减少后大便逐渐成形，适当抽腹水是必要的。

31. 鸡屎藤，气味重，能入络祛湿，亦能去肠道和皮表之湿，能开胃消积块。重用无害，重用会出现大便稀软但停药即可。

32. 脾胃病后期调理可使用山药和内金同用，补消并用，不能一味地消导。

33. 治肝病切勿过用苦寒，即使湿热所致也不能过用苦寒，慢性肝病宜用甘味药。

34. 茜草凉血止血效果较好。对热入营分所致的便血，尿血均有效果。

35. 提壶揭盖用于神志呆，呕吐，腹泻，但有轻微鼻涕或鼻干的情况，舌质正常淡粉，舌略宽，苔薄白而略湿润，达不到滑的程度。另外提壶揭盖主要是上焦气机不通，但有时表现并不明显，主要从脉看多浮。以神志呆为主症。

36. 细小病毒或冠状病毒或胃肠炎，出现呕吐并不频繁，水谷入胃几小时后呕吐，并伴有腹泻，出现肚皮朝上，仰卧的时候先要触按腹部，是否出现了肠套叠，肠套叠往往继发。所以每日接诊时都应在治疗前后按压腹部进行检查。

37. 痢疾，"无积不化痢""痢无补法""血行则变脓自愈""调气则后重自除"。多由热郁湿蒸，因热求凉，过食生冷，饮食停滞，不得宣通，遂成痢疾。痢疾，腹痛拒按，内有积滞，可与清导。——出自《赵绍琴内科心法》

38. 葛根，性凉，升阳通表，生津退热，治热痢及湿热痢常用之品。

39. 平素食少，而患胃肠道疾病，引起呕吐腹泻，因脏气薄弱，不能稳定结构，易脱肛，肠套叠。

40. 因食物，异物所引起的肠梗阻，可给予增液承气汤，而明显腹痛者，则可针刺腰夹脊穴，留针 15 分钟，捻针 3 ~ 4 次即可。

41. 犬细小病毒，湿温病，湿热阻滞，接诊时脉中取滑数，沉取无力或少力，给予芳香药或常规西药治疗后，脉中取滑象全无，仅剩数象，且沉取有力，精神未见明显改善，此多为动血前兆，当清热凉血攻下解毒，泻有余之邪。同时适当给予人参，五味子一类扶植心脾。

42. 半夏和生姜用于止呕吐，去痰饮，对于痰饮黏稠不化的可重用半夏，用量可到 18 ~ 30g 甚至更多，生半夏使用时应砸碎久煎。生姜用于水饮停聚，呕吐不止，为阳不振气化无能，用量可到 12 ~ 30g 甚至更多，切片与诸药同煎。一般使用剂量 6g 左右，效果不佳者而诊断无误的可加量使用。

43. 生地的常用剂量为 6 ~ 12g，用于凉血生津，但病重药轻，难以起效，重用可至 30 ~ 150g 不等，另对于经络不通，皮肤不荣者亦可重用生地配合通络活血之药，生地起到建立通路的作用，但生地重用刺激肠胃，可适当选择熟地，而熟地味道厚重，肝病慎用，易呕吐。曾给一肝腹水金毛使用中药，方中含有熟地，喝一次吐一次，而重新抓药去熟地则未再呕吐。

44. 皂角刺，用于治疗乳腺增生及肿块，但用量宜大，应在 50 ~ 100g，甚至更多，少则无效，常配合柴胡疏肝散使用并加入海藻，玄参，牡蛎。而蜈蚣，蝎子，壁虎，蜂房亦可酌情使用。（参王幸福先生著作）

45. 桑叶和地骨皮大剂量煎煮外用可用于皮肤瘙痒，内服配合凉血增液润燥亦可止痒，用于血燥生风。外用宜百克左右。

46. 斑蝥用于斑秃，改善局部循环毛发再生，一般用 5 ~ 6 只浸泡 75% 酒精一周后取上清液涂擦。多部皮科著作均有记载。但不可随意涂于其他地方。口眼鼻周边慎用。

47. 五倍子研磨装胶囊送服，可用于消除蛋白尿，敛精效果强于五味子。而五倍子使用易便秘，宜用汤药送服，或另用麻仁丸一类润肠缓解便秘（参王幸福先生著作）。我在宠物临床中对肾衰蛋白尿及腹水的治疗上往往多用五味子，收敛蛋白，并且能明显强脉。

48. 生麻黄，可用于止痛，应为引药，使诸闭得开。但虚证慎用麻黄。另外大剂量用麻黄应当配合杏仁石膏等使用，如果发汗太过烦躁不眠，五味子，山萸肉当敛汗敛阴。

49. 山萸肉急敛阴当重用，一般用量 30g，参李可先生的破格救心汤。对于犬病临床用于敛阴，我一般用量为 15 ~ 30g。

第五部分

图片总览

图1至图20为"流浪狗肺炎合并胰腺炎合并肾衰竭的治疗"

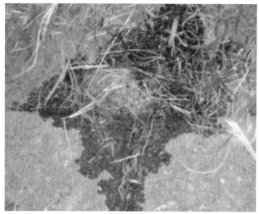

图1　7月13日尿

图2　7月14日舌

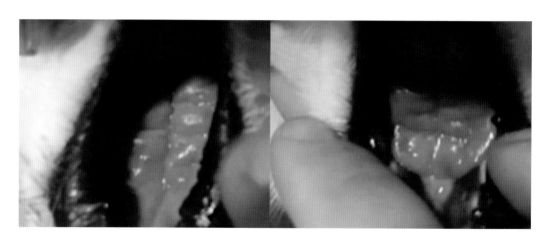

图3　7月15日舌

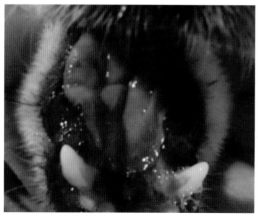

图4　7月16日舌

图5　7月16日大便

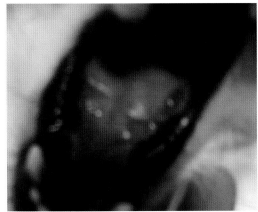

图 6　7 月 17 日舌

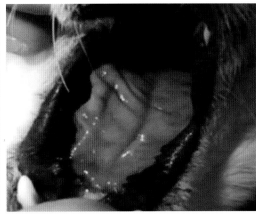

图 7　7 月 18 日舌

图 8　7 月 19 日舌

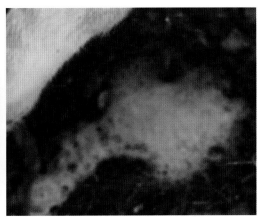

图 9　7 月 19 日尿

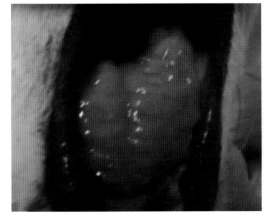

图 10　7 月 20 日舌

图 11　7 月 20 日尿

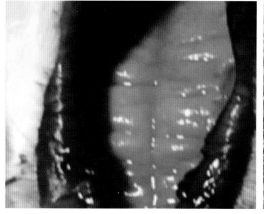

图 12　7 月 21 日舌

图 13　7 月 21 日粪便

图 14　7 月 21 日尿

图 15　7 月 23 日舌

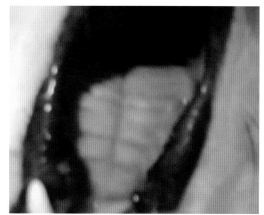

图 16　7 月 24 日舌

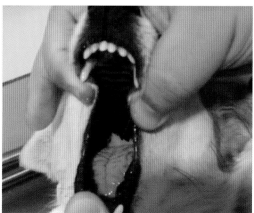

图 17　7 月 26 日舌

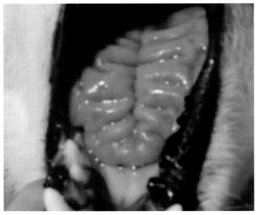

图 18　7 月 28 日舌　　　　　　　　　　　图 19　"针药结合治疗胃肠炎"夹脊穴

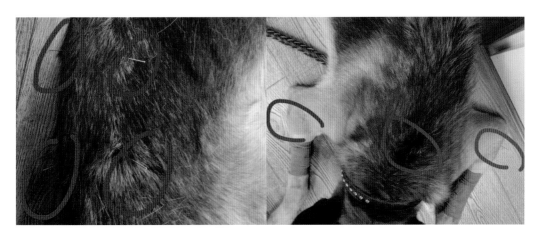

图 20　针药结合治疗肺炎

舌象

舌象，需要看舌质，舌苔，舌体，舌面。一般舌苔反应功能的盛衰，舌质反应物质的盈亏。另具有一定判断生死的作用。

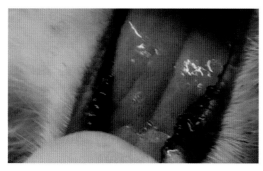

图1　舌质红，苔滑。宜清热。舌红，里有热要注意一些滑象非水湿所致，亦有里热蒸津上承于口，当先泻热。

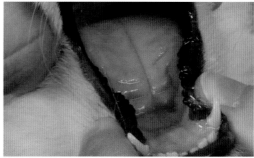

图2　舌质淡白嫩，苔白略滑，多为阳气不足，不能化水，治疗当扶持阳气以化水湿。

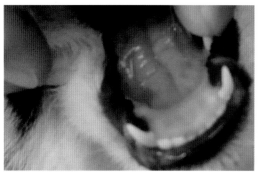

图3　舌质淡红，苔薄白，嫩。舌嫩多虚而不足，益气为主。

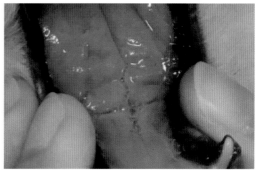

图4　舌质淡红而暗，苔白水滑。此舌象必须结合脉证的情况，若脉数见此舌象当清里热与利水合用，但利水不宜燥，需要注意利水发散等向外输出均有泄热作用，此类泄热为发有余之邪。若脉缓，当温阳利水。舌象暗要注意里热的一面，弄清邪在经还是在腑。

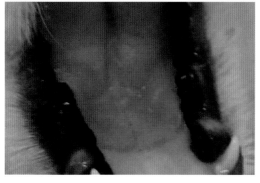

图5　舌质淡红，薄白苔，嫩。益气为主，舌面偏干兼顾津虚，参考四君子汤和生脉饮。

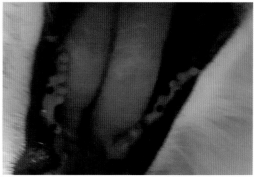

图6　舌质红略干。舌象如果由淡白嫩通过益气养血后舌质渐红，而舌面干，或偏干，此时应注意育阴，但不能过用生津品。

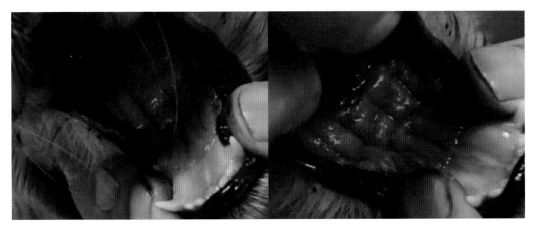

图7 舌质红，苔白厚腻。此舌象不能单一凭舌定证用药，必须结合脉症，若脉滑数，沉取少力，考虑辛开苦降法，如半夏泻心汤。

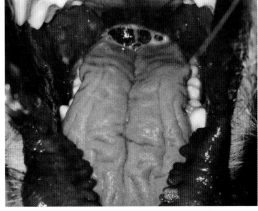

图8 舌质暗红，里有内热，兼有脓涕。此病例为犬瘟热属于卫营同病。要衡量营卫邪气盛衰，参考银翘散加生地丹皮大青叶玄参方和清营汤。

图9 舌质暗红，无苔，口内滑，有黏痰。舌体痿软。内有痰湿，法当清热祛痰，参考陷胸汤。

图10 舌质淡白，灰暗，苔白，舌面光而滑。多疫邪，毒邪内闭，此舌象为2016年8月细小病毒暑湿证，发热咳嗽，呕吐，腹泻。详见暑湿细小。法当表里两解。

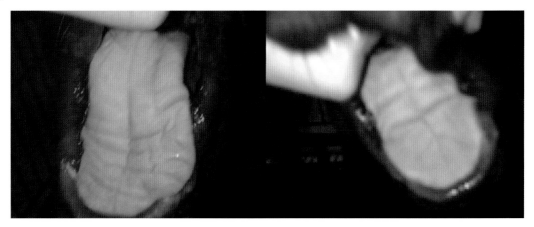

图11　此为表里两解后，舌显淡粉之象。舌质淡红而嫩，苔白滑，舌体略宽。

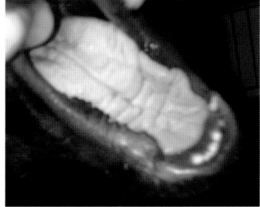

图12　舌质略红，苔厚如积粉，舌体瘦。法当攻导。此等舌可见精神不振，不食一派虚弱之象，但应注意临床警语"大实若羸状，致虚有盛候。"

图13　舌质淡红，舌苔白，舌体软略宽。阳虚痰湿之象。

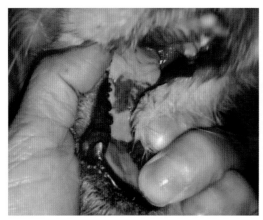

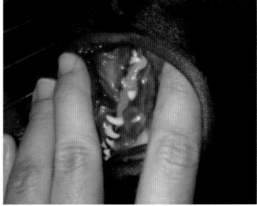

图14　舌质未见，舌苔白后而滑，舌中绛红成斑。痰湿郁热之重象。

图15　舌质边暗。

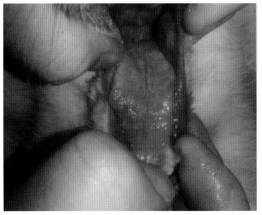

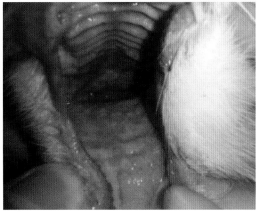

图 16 舌质红，苔黄腻腐，且滑。邪盛伤阴，法当攻下为主，但不可猛攻大下。

图 17 下后舌质淡，苔黄腐，且滑，略宽。与图16 为一个病例。

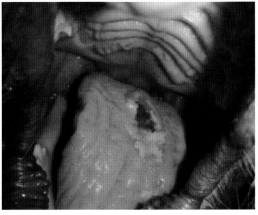

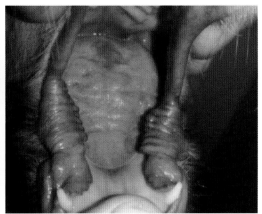

图 18 舌质淡红，苔薄白腻，舌中后腐而溃，乃痰湿内热，常以三仁汤加减。

图 19 三仁汤芳香化湿后舌质淡红，苔薄白，腐退。湿热退后当留意余热。

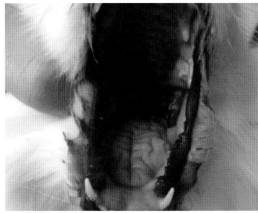

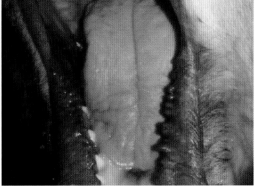

图 20 舌淡嫩，苔白，为虚象。多以四君子汤加减。

图 21 舌质淡而暗，苔薄白，舌体略宽，略滑，湿象。

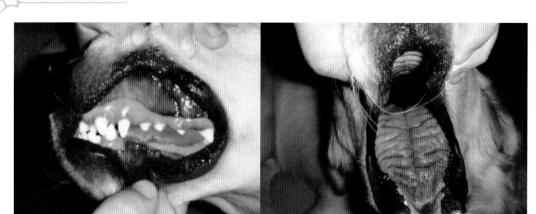

图22　舌质红绛，无苔，暑热之象，气营两燔可见。此时可用清开灵。若静滴宜缓。

图23　红贵宾，舌质淡，苔白暗，舌体略宽，内有湿阻郁热。

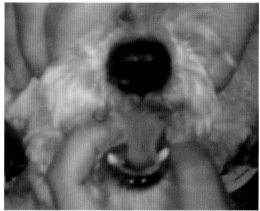

图24　灰贵宾，舌质淡红，苔薄白，两边略红，肝郁中虚之象。红贵宾性格活泼好动，灰贵宾内向警惕。二犬均腹泻但治疗则不同。

图25　舌质绛暗，苔薄白，略干，此为肺心病，血瘀气郁证。该犬脾气暴躁，昼夜咳喘。先以活血化瘀，宣降肺气，疏肝解郁为法治疗，服中药3个月平稳。

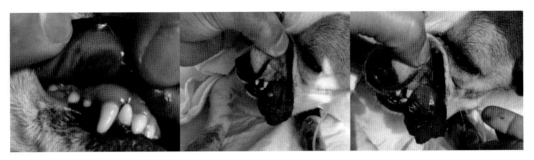

图26 该犬生化正常，黏膜瘀斑有破溃之象，误用温阳热药（金匮肾气丸）而舌烂。初期当清心导赤。

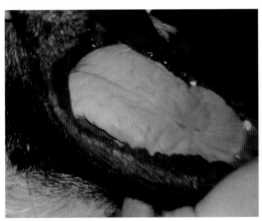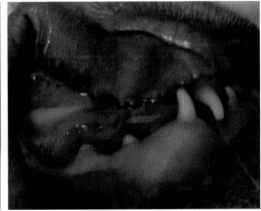

图27 舌质淡，舌根苔白，舌体宽，中下焦阳虚，附子理中，金匮肾气均可，药后大便正常，而停药后又犯，榴莲吃了1个月，大便正常。

图28 舌边绛而水滑，舌体厚。

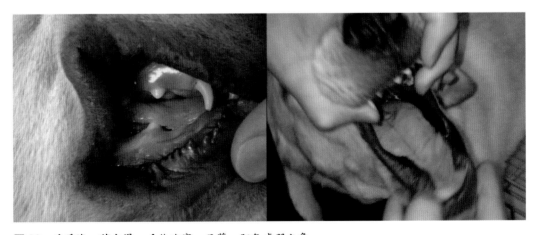

图29 舌质淡，苔白滑，舌体略宽，且薄，阳气虚弱之象。

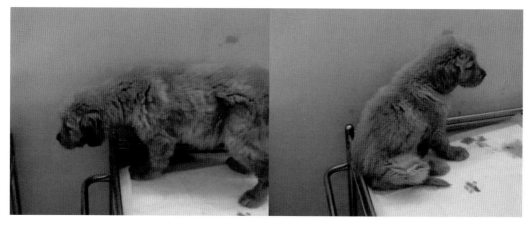

图30　阳虚喜暖。

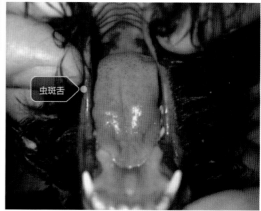

图31　舌质淡红，苔白光滑。湿热之象。舌质淡红，苔白光滑，应与嫩舌做区别。

图32　舌质淡红，苔敷布不全，味蕾圆，且多，较为明显，图标所示虫斑舌。

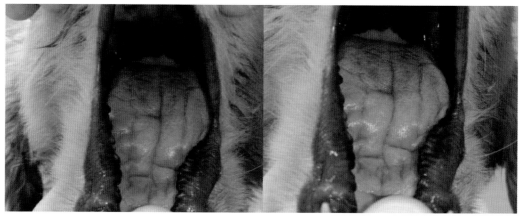

图33　舌质淡红，苔腐而黄，腐在舌中后位。郁热湿阻之象，热重。栀子豉汤，服后一天黄腐苔退。

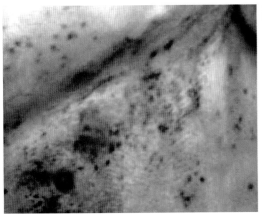

图 34 热入营血而发斑。

图 35 为栀子豉汤后舌象，舌质淡白，苔白腐。该病例为犬瘟热，后期使用温热药，附子桂枝均用，最终痊愈。所以犬瘟热并非全部属于温病瘟热范畴。

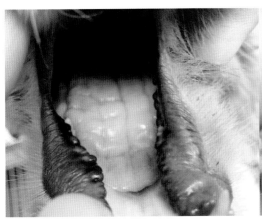

图 36 舌质淡白，舌体宽，苔白滑，阳虚舌。扶持阳气为主。

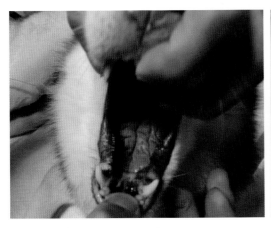

图 37 舌绛暗，无苔，舌体软。

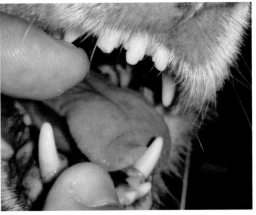

图 38 舌质淡，舌面干。重滋阴生津，配合少许扶阳。

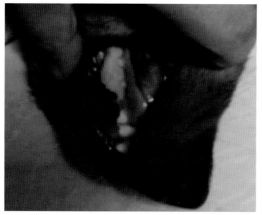

图 39　舌体宽，舌边宽出齿周。

图 40　舌质淡白，舌面水滑，苔不明显。阳虚舌。该病例为腹水。

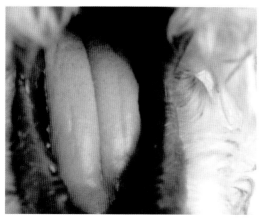

图 41　舌质淡，苔薄白，舌面光，舌体瘦。舌面光嫩少津为津亏，若舌面光嫩，津液略少，舌体瘦，多为气虚内热，消耗真阴。另要注意犬种。

图 42　舌质红滑，热入营分。该病例发热，呕吐，腹泻，为细小病毒病，清开灵证。

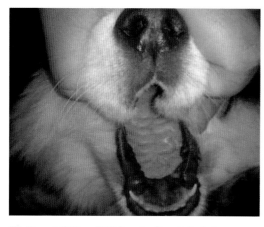

图 43　舌质淡，苔薄白，阳虚，舌上有虫斑。

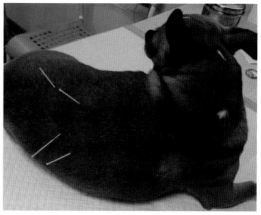

图 44　肠梗阻腹痛，服中药通腑，配合针刺止脐痛。

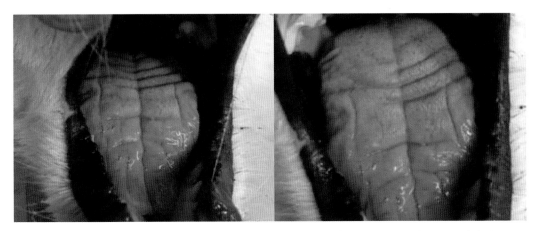

图 45　舌质暗红，苔厚白，舌面滑。内有湿热，三仁汤加减，兼顾营分热。用辛温纯热药多动血。

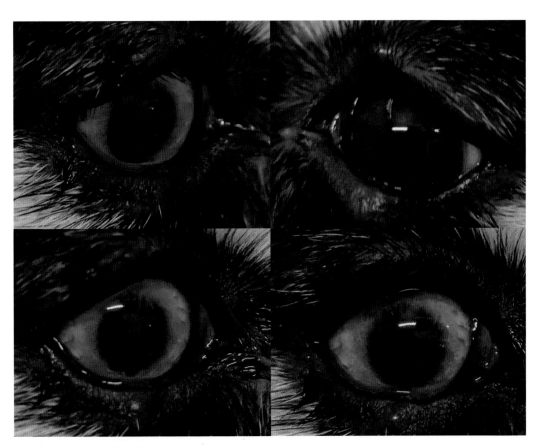

图 46　土疳症，为肝脾蕴热所致。民间称为针眼。

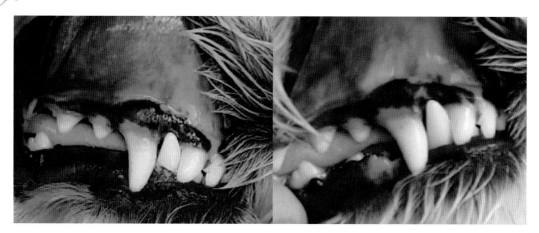

图47 从侧面观察可以看到舌体厚度和舌质颜色，且能观察齿和龈。该图为舌质淡嫩，薄厚适中，舌体柔软。左为治疗前，右为治疗后。对于虚寒类疾病舌色改变往往偏慢，色差有细微变化。

图48 舌质淡红，舌苔白，舌中纵纹明显，舌体略瘦。该犬为脑炎。治疗多以温阳重镇为主。

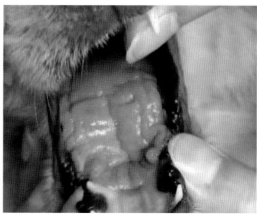

图49 质淡红，苔薄滑，舌体宽软。多为气虚湿阻。治疗时不能单一祛湿或是单一益气，单纯给予四君子汤多助热，易湿热互结。

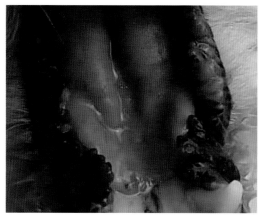

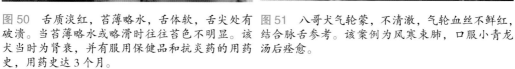

图50 舌质淡红，苔薄略水，舌体软，舌尖处有破溃。当苔薄略水或略滑时往往苔色不明显。该犬当时为肾衰，并有服用保健品和抗炎药的用药史，用药史达3个月。

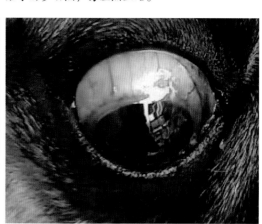

图51 八哥犬气轮蒙，不清澈，气轮血丝不鲜红，结合脉舌参考。该案例为风寒束肺，口服小青龙汤后痊愈。

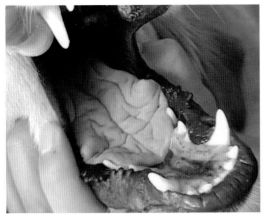

图52　舌质淡，苔薄白，舌体宽软。脾气不足之象。易生痰。

图53　舌质淡嫩，舌面光。阳气不足。另舌面若成镜面舌，舌面较平多为内有痰热。

图54　舌质淡红，舌体软，且宽，鼻流清黏涕。此正气已亏，此等舌应注意扶正，切勿以为祛邪。

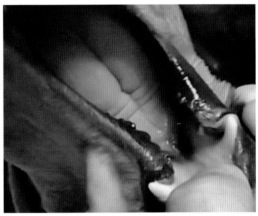

图55　舌质淡，舌苔白，舌面略干。

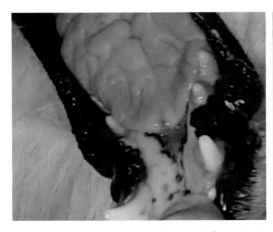

图56　舌质淡红而嫩，舌体宽软，苔薄白。与图64为一个案例。肾衰理当逐邪为主，兼顾气虚，益气当考虑重用黄芪。切勿急于补血。以免助邪。

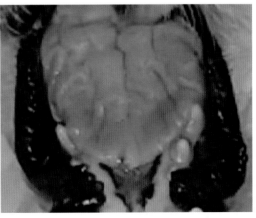

图57　舌质舌体无明显改善，舌苔虽然薄，略显薄黄苔。益气与逐邪分寸拿捏，每日当作调整。

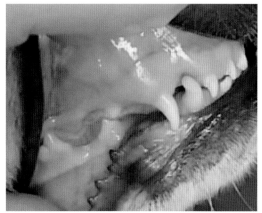

图58 体薄，平素气血不旺。精气不足。

图59 舌质红，苔薄白，舌面纵纹明显。当与脉互参，若脉细、弦、涩等则伤阴。

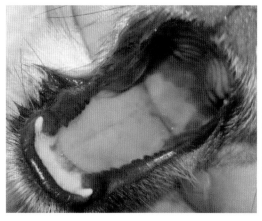

图60 舌质淡，舌面平，当结合脉互参，脉微弱则运化已衰，当缓慢温阳增强代谢。若脉反强则多在数小时内死亡。

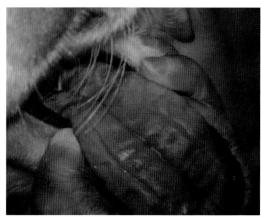

图61 舌质红，舌体宽，心肺热盛。

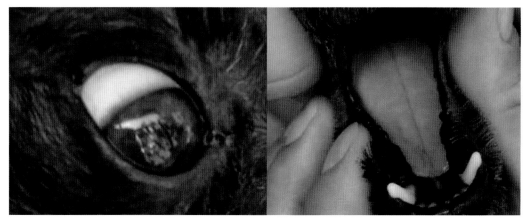

图62 为犬瘟热案例，气轮清澈，舌质红，舌体瘦，苔薄白，咳嗽，咯清晰痰水，小青龙汤，先行宣散水饮。药后舌色未见改变。咳嗽痊愈。

图 63　该病例为全身性重度脓皮症，包扎部分均为皮肤溃烂流脓。皮肤薄如蝉翼。通过中药油膏外敷，中药药浴，配合防风通圣丸口服治疗四周痊愈。

图 64　犬脉诊位置为大腿内侧，股动脉。

责任编辑　张志花
封面设计　孙宝林　高　鋆